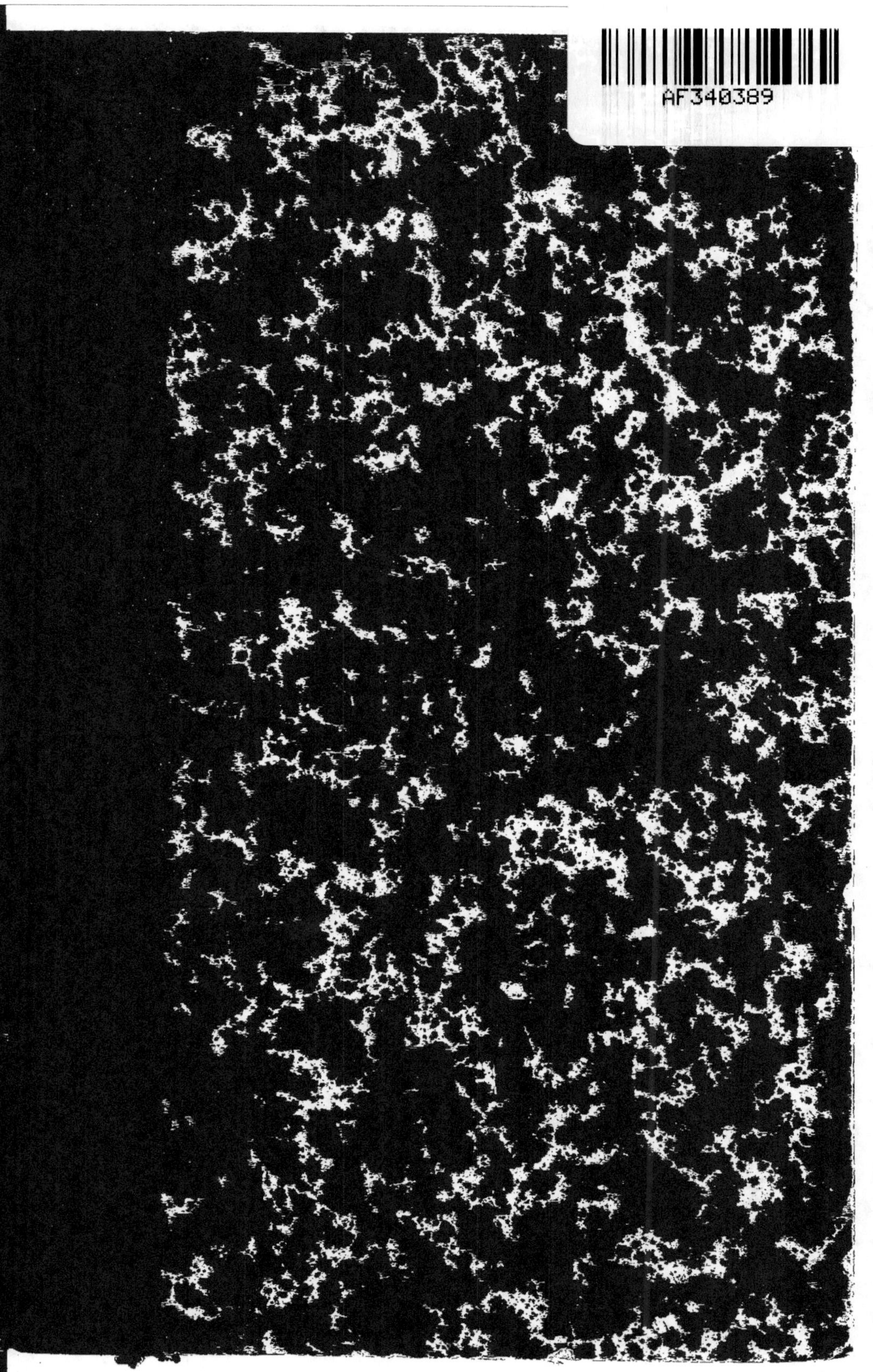

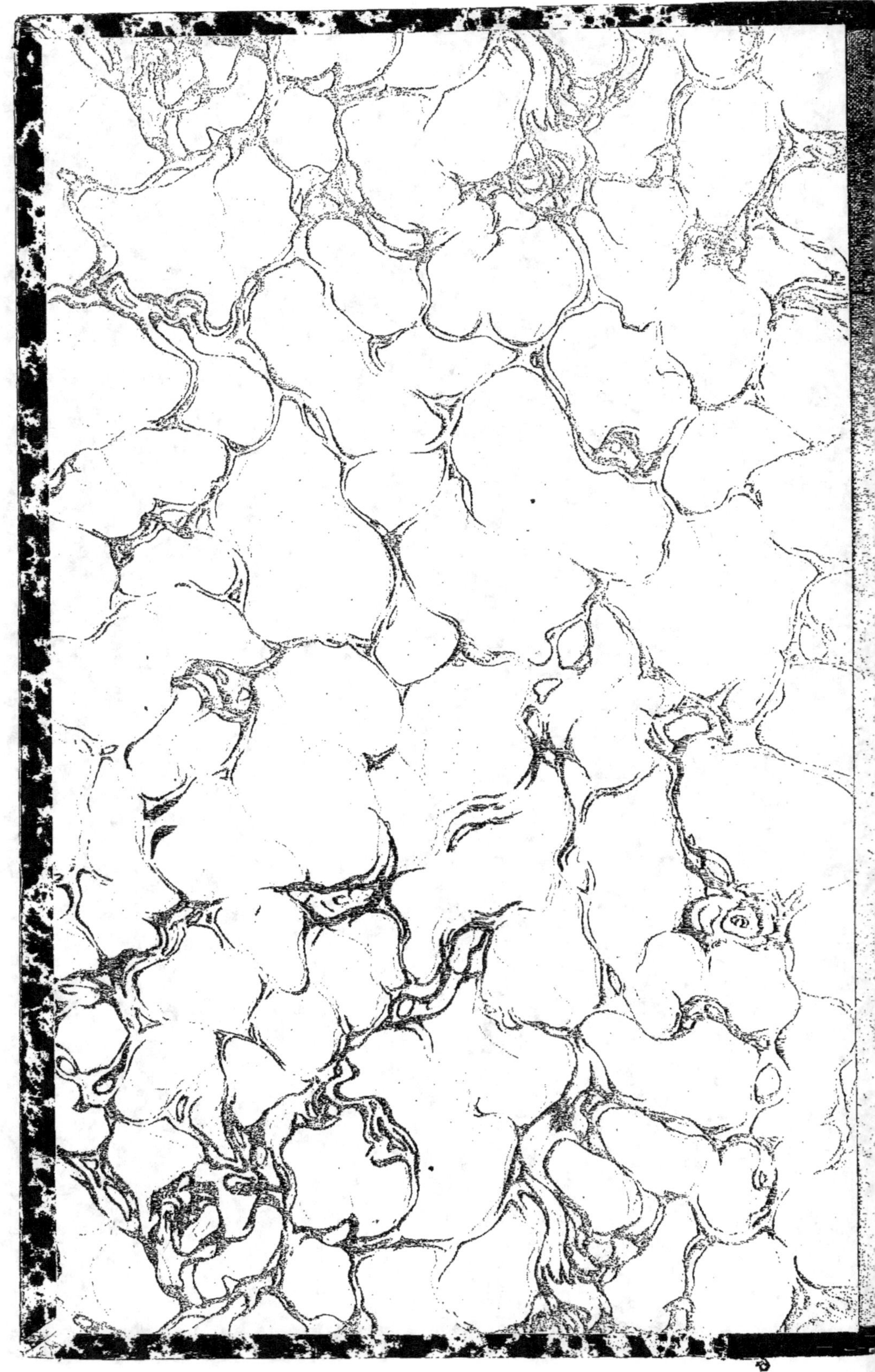

TRAITÉ

DE SERRURERIE

ET

CONSTRUCTION EN FER

Par un Comité d'Ingénieurs, Constructeurs, Architectes,
Professeurs de trait et de dessin de serrurerie

AVEC LE CONCOURS DE MM.

AGNEL, constructeur ; BARBEROT, architecte ; COULAROU, ingénieur ; DELALOE, ingénieur ; DUCASTEL, architecte ; GAVEAU, dessinateur ; GROU, dessinateur ; Eug. LE MAIRE, architecte ; L. LEPERCHE, ingénieur ; MAZEROLLE, professeur de trait ; MICHELIN, J., ingénieur-constructeur ; MILLET, dessinateur ; SERRAIRE Frères, constructeurs, etc., etc.

CH. JULIOT, ÉDITEUR

AVENUE DE PARIS, DOURDAN (SEINE-ET-OISE)

Précédemment à Paris, rue des Écoles, 22.

TRAITÉ DE SERRURERIE

ET

CONSTRUCTION EN FER

TRAITÉ

DE SERRURERIE

ET

CONSTRUCTION EN FER

Par un Comité d'Ingénieurs, Constructeurs, Architectes,
Professeurs de trait et de dessin de serrurerie

AVEC LE CONCOURS DE MM.

AGNEL, constructeur ; BARBEROT, architecte ; COULAROU, ingénieur ; DELALOE, ingénieur ;
DUCASTEL, architecte ; GAVEAU, dessinateur ; GROU, dessinateur ; Eug. LE MAIRE, architecte ;
L. LEPERCHE, ingénieur ; MAZEROLLE, professeur de trait ; MICHELIN, ⚜, ingénieur-constructeur ; MILLEZ, dessinateur ; SERRAIRE Frères, constructeurs, etc., etc.

CH. JULIOT, ÉDITEUR

AVENUE DE PARIS, DOURDAN (SEINE-ET-OISE)

Précédemment à Paris, rue des Écoles, 22.

Droits de reproduction et de traduction réservés.

GÉNÉRALITÉS

Fer. — Le fer proprement dit est malléable, ductile, tenace et de couleur gris bleuâtre ; il perd une partie de sa tenacité et devient cassant par l'écrouissage ; on lui rend ses propriétés en le faisant recuire, c'est-à-dire le chauffant au rouge et le laissant refroidir lentement. Le fer ne fond que vers 1700 à 1800°, mais il jouit de la propriété de se ramollir à une température bien inférieure et de pouvoir alors se souder sur lui-même, sans que le joint, si le travail a été bien fait, ait une résistance plus faible que le reste de la pièce. A cette température du rouge blanc, on peut le forger et lui donner au marteau ou de toute autre façon les formes les plus diverses. Au rouge, il s'oxyde rapidement et se couvre d'écailles dites *battitures* qui se séparent sous l'action du marteau ; donc, dans le travail du fer, il faut avoir soin de le garantir de l'action de l'air lors du réchauffage et de lui donner la forme voulue en lui faisant subir le moins de chaudes possible.

La texture du fer est naturellement grenue et sa qualité est d'autant meilleure que le grain est plus fin et plus brillant ; par le martelage, le fer devient nerveux, mais si les chaudes sont trop répétées et mal conduites, la cassure n'a plus aucun éclat et le fer est *brûlé*.

Les fers du commerce sont classés suivant leurs qualités :

1° *Fers communs*. — Cette classe comprend les fers profilés ordinaires, les tôles communes pour réservoirs, ponts et charpentes, les boulons et rivets du commerce.

2° *Fers ordinaires*. — Ce sont les fers employés en serrurerie, les fers profilés et tôles ordinaires.

3° *Fers forts*. — Dans cette catégorie, nous trouvons les fers de serrurerie, les boulons et rivets de bonne qualité, les profilés supérieurs.

4° *Fers forts supérieurs*. — Ces fers, de meilleure qualité que les précédents, ont les mêmes emplois.

5° *Fers fins*. — Cette classe comprend les meilleurs fers (profilés et tôles) employés en grosse chaudronnerie et ceux qui servent à faire des pièces de machines.

6° *Fers extra*. — N'ont d'emploi que pour les pièces très soignées et la taillanderie fine.

Ces diverses qualités de fers se classent sous la dénomination générale de *fers forts* et on désigne sous le nom de *fers rouverains* ceux qui cassent à froid ou à une température plus ou moins élevée et dont l'emploi est difficile. Les *fers métis* ont une cassure plus foncée et plus terne que les autres fers ; lorsqu'ils sont nerveux, leur nerf est plus gros que celui des fers forts et les fibres sont fendues dans le sens transversal, la cassure du nerf est lamelleuse au lieu de présenter des aspérités crochues.

Les *fers tendres* cassent à froid mais se travaillent bien à chaud et sont utilisés pour la fabrication des clous ; la cassure est unie et formée de grains plats blancs et brillants.

Les *fers aigres* cassent à froid, se travaillent à chaud, mais sont dépourvus d'élasticité ; la cassure blanche légèrement bleuâtre est très brillante et très cristalline.

Les fers présentent souvent des défauts, les uns peuvent disparaître par un nouveau corroyage, les autres doivent faire rejeter les pièces qui les portent.

Les *pailles* sont des écailles qui se détachent de la surface des pièces ; quand elles sont dans la masse, le fer a été mal travaillé et se soudera très difficilement.

Les *cendrures* ne diminuent pas sensiblement la résistance des fers, ce sont des taches noirâtres qui apparaissent par le travail et ne sont nuisibles que si le fer poli est employé comme surface frottante.

Les *doublures* sont des crevasses remplies de scories ou d'oxyde de fer qui indiquent que la matière ne s'est pas soudée au corroyage.

Les *criques* ou *gerces* indiquent un fer de mauvaise qualité ou brûlé ; elles se présentent généralement sur les arêtes perpendiculairement à la longueur. Pour les tôles, les criques se font voir sur la surface et en long.

L'air humide oxyde lentement le fer qui se recouvre alors d'une couche de *rouille* ; une fois l'oxydation commencée, elle se continue très rapidement. Pour prévenir cette action, on protège le fer par la peinture, l'étamage ou la galvanisation.

Les deux premières couches de peinture appliquées sur le fer doivent toujours être faites au minium de plomb, les autres ont la couleur que l'on veut donner à la pièce. Les chaux et ciments décomposant la peinture, il ne faut pas peindre la partie des fers encastrée dans la maçonnerie; c'est le contraire pour le plâtre, qui attaquerait promptement tout fer non recouvert de peinture.

La peinture exposée aux agents atmosphériques doit être renouvelée ; on a alors recouvert le fer d'une couche de zinc ou d'étain fondu. Ce mode de protection est plus durable que la peinture, mais il ne s'applique qu'à des pièces de dimensions assez restreintes, et, de plus, si en un point la rouille commence à se produire, elle se développe bien plus rapidement que si les fers étaient simplement recouverts de peinture.

Fonte de fer. — Lorsque le carbone est combiné au fer dans la proportion de 2 à 5 0/0, il en résulte un nouveau produit, la *fonte de fer* ou *fonte*, qui présente des caractères essentiellement différents de ceux du fer. On divise les fontes en *fonte de moulage* et *fontes d'affinage*.

Les premières ont une texture grise souvent très foncée ; celles qui sont obtenues au moyen du charbon de bois sont moins foncées et à grains fins, elles sont ordinairement employées en première fusion. Les fontes au coke sont d'un gris noir à gros grains, on ne les utilise guère qu'après une deuxième fusion et sont d'autant meilleures pour cet usage que le grain est plus gros et la couleur plus noire.

Les fontes d'affinage sont grises, truitées ou blanches, elles servent principalement à la fabrication de l'acier de forge. Les fontes blanches ont leur point de fusion vers 1100° et pèsent de 7.300 à 7.700 kilos au mètre cube ; elles sont dures et très difficiles à travailler à la surface, leur cassure est cristalline, quelquefois lamelleuse.

Les fontes grises fondent vers 1200° et leur densité varie de 6.800 à 7.400 kilos, elles présentent une cassure à petits grains, fine et régulière. Ces fontes se burinent, se liment et se percent facilement, elles s'aplatissent sensiblement sous le marteau avant de se rompre. La fonte truitée a des qualités intermédiaires à celles des deux précédentes.

La fonte phosphorée est plus fluide mais moins tenace que la fonte ordinaire, aussi est-elle préférée pour le moulage des objets qui ne réclament pas une grande résistance, mais pour lesquels on veut une reproduction parfaite.

En se solidifiant, la fonte se dilate, la fonte grise plus que la fonte blanche, elle se contracte ensuite, de sorte que le retrait définitif est de 1/100 suivant ses dimensions linéaires et de 3/100 en volume. Cette propriété permet de reproduire, avec une extrême netteté, les détails, même les plus délicats, des moules.

La ténacité de la fonte est d'environ 1/4 de celle du fer forgé et de 1/8 de celle de l'acier trempé et recuit, mais à l'écrasement la résistance est le double pour la fonte grise et le triple pour la fonte refroidie brusquement.

Fonte malléable. — Par la décarburation des objets coulés en fonte de fer, on est arrivé à modifier la fonte et à la rendre malléable dans certaines limites. L'effet de cette décarburation n'est sensible qu'à la surface et si la pièce a plus de $10^m/_m$ de diamètre, la cassure présentera une zone extérieure qui sera presque de l'acier, l'intérieur conservant tous les caractères de la fonte grise très douce.

La fonte malléable se soude mal à la forge, aussi est-il nécessaire de braser les pièces que l'on veut réunir ; à la lime, elle prend l'apparence du fer et se polit aussi bien que l'acier, mais, comme elle n'est pas très dure, elle s'use assez vite par le frottement.

On n'exécute en fonte malléable que des objets minces et légers, tels que clefs, boucles, pièces de coutellerie et de quincaillerie ou des pièces qui, faites en fer, présenteraient des soudures difficiles.

En décarburant moins la fonte, on peut obtenir des pièces qui ont à leur surface une dureté presque égale à celle de l'acier ; ce procédé est employé pour la fabrication des clous de souliers.

Comme le fer, la fonte peut présenter des défauts.

Les *soufflures* sont des cavités qui se forment dans la masse des pièces lors de la coulée ; elles proviennent soit de la mauvaise disposition des évents, soit de l'humidité des sables.

Les *piqûres* sont des soufflures très petites.

Les *retirures* sont des fontes placées généralement dans les angles rentrants et qui proviennent du retrait de la fonte.

Les *dartres* proviennent de ce que le sable du moule se détache quand on coule la fonte.

Les *gouttes froides* sont le fait d'une température trop basse lorsqu'on commence la coulée ; la fonte se solidifie dès son arrivée dans le moule et les différentes parties de la pièce ne sont pas toujours reliées.

Acier. — Le fer industriel renferme au plus 0,5 0/0 de carbone ; au-delà on obtient le fer fortement aciéreux et quand la proportion atteint 1 à 2 0/0 la combinaison donne l'acier.

L'acier se soude avec facilité, ne se fendille pas, supporte une chaleur très élevée et conserve presque toute sa dureté après un raffinage répété ; il fond à une température moyenne de 1500°. La cassure présente un grain très fin et très égal ; forgé, refroidi lentement et limé l'acier est sonore.

L'acier de *cémentation* est produit par la carburation du fer sous l'influence prolongée d'une haute température au contact du charbon de bois.

La cémentation modifie les propriétés du fer, la malléabilité disparaît et les barres se brisent facilement sous le marteau ; la surface est recouverte d'ampoules, d'où le nom d'*acier poule*, et dans la cassure on remarque de nombreuses fissures.

Les barres cémentées sont étirées ou laminées après l'opération du ressuage pour donner des qualités moyennes. Si avec les barres ainsi cémentées on fait un paquet que l'on chauffe au blanc soudant (1400°) et qu'on le soumette à l'action du martinet, le massiau ainsi formé reporté au feu et étiré donne l'acier *une fois* corroyé ; on obtient de même l'acier *deux fois corroyé* et enfin pour des pièces de qualité supérieure on donne quelquefois un troisième corroyage.

L'*acier de forge* est produit par la décarburation incomplète de la fonte ; on corrige les défauts par le corroyage qui suivant sa perfection lui donne les qualités nécessaires aux divers emplois.

L'acier fondu est un des deux précédents fondu généralement au creuset, pour avoir une température plus uniforme et plus d'homogénéité dans la masse ; on le coule dans des moules pour obtenir des pièces de forme voulue comme on le fait pour la fonte de fer. L'acier se solidifiant à une plus haute température que la fonte, le retrait est plus considérable. Chauffé au rouge cerise (900° à 1000°) cet acier peut être forgé à petits coups, et ce n'est qu'après cette opération qu'il est possible de le souder. La cassure est compacte, fine, homogène et d'un gris blanc.

Le degré de dureté d'un acier dépend de sa teneur en carbone et varie pour les échantillons du commerce de 0,200 à 1,200 selon qu'il est très doux ou extra-dur. Les aciers très durs, durs et mi-durs sont employés pour les ressorts, les outils, les bandages de roues, les rails, les essieux, les pièces de machines ; les aciers mi-doux, doux et très doux servent à faire les pièces mécaniques, les tôles, fers profilés et fils d'acier.

Trempe. — Par la trempe, l'acier acquiert une très grande dureté, qu'il ne perd plus que par un recuit très intense ; plus un acier est dur, mieux il prend la trempe ; les aciers extra-doux ne trempent pas.

La trempe consiste à chauffer l'acier au rouge et à le refroidir brusquement par son immersion dans un liquide froid, généralement dans l'eau et quelquefois dans l'huile si on veut obtenir une trempe plus douce. L'eau qui a déjà servi est préférée pour tremper les pièces ; les eaux acidulées donnent une trempe d'une très grande dureté. Dans certains ateliers on prend des compositions plus compliquées, comme par exemple celle que nous donnons ci-dessous :

Eau de puits. . .	1000 litres
Sel marin. . . .	215 kilos
Sel ammoniac . .	42 kilos

L'acier trempé est dur, brillant, susceptible de prendre un beau poli ; réchauffé à une température inférieure à celle de la trempe et refroidi lentement, la dureté et principalement la fragilité diminuent.

Le rouge cerise (900°) est le point à ne pas dépasser pour donner la meilleure trempe à l'acier ordinaire.

Les outils à tremper sont chauffés à feu nu sur la forge en les promenant en longueur dans le feu pour égaliser la température, puis on les plonge verticalement dans l'eau et on les y agite horizontalement pour les mettre en contact avec les parties les plus froides du liquide.

Les haches, cognées, ciseaux à froid ne sont plongés que partiellement et recuits par la chaleur qui reste à la masse, mais lorsque la couleur indique que le recuit est opéré, on les immerge entièrement.

Les enclumes et grosses pièces sont trempées en projetant sur les surfaces à tremper une forte colonne d'eau. Les scies sont trempées à l'huile et on leur donne l'élasticité par le martelage qui suit la trempe et les chauffant au jaune paille (210°) sur un feu clair.

Comme l'acier extra-doux, le fer ne se trempe pas mais nous avons vu que la cémentation le transformait, on s'est servi de cette propriété pour durcir la surface des pièces en fer. On se sert de caisses à cémenter où l'on met comme cément de la suie et du charbon de bois, des os calcaires ou des vieux cuirs que l'on arrose avec des matières ammoniacales. Il faut chauffer 5 à 6 heures pour obtenir une couche d'acier de $1^m/_m$.

Un autre procédé consiste à chauffer la pièce, la saupoudrer de prussiate de potasse et la remettre au feu de forge ; la cémentation s'accomplit et le fer est ensuite trempé. La surface ainsi durcie a une faible épaisseur et le prussiate a l'inconvénient de détruire le poli.

Si on remplace le prussiate de potasse par un mélange de

0,75 corne et 0,25 salpêtre, la cémentation se fait aussi bien et la surface reste lisse.

Bois. — En examinant la section transversale d'un arbre on reconnaît trois zones principales, l'*écorce*, l'*aubier* ou partie tendre et le *bois parfait*; c'est cette dernière partie que l'on emploie dans les constructions, les deux autres étant sujettes à une détérioration très rapide et ne présentant d'ailleurs aucune résistance.

Le bois se conserve indéfiniment dans l'air sec ainsi que lorsqu'il est tenu entièrement dans l'eau, mais s'il est exposé à l'influence alternative ou simultanée de l'air, de l'eau et de la lumière il s'altère peu à peu, perd de sa cohésion et se convertit en une poussière brunâtre.

La plupart des bois sont plus légers que l'eau, mais leur densité est très variable suivant les essences et l'état de dessication ; c'est ainsi que certains bois de pin ne flottent pas s'ils sont mis à l'eau même un mois après être abattus.

Sous le rapport de la solidité, de l'élasticité et de la dureté, les bois présentent encore de grandes différences qui assignent à chaque espèce une application particulière.

Nous allons résumer, à ce sujet, quelques observations intéressantes faites par MM. Cherendier et Wertheim.

La cohésion des bois augmente presque toujours avec la dessiccation et dans une proportion très variable ; le bois devient cassant si artificiellement on pousse la dessiccation jusqu'à ne lui laisser que 10 0/0 d'eau.

Les propriétés mécaniques augmentent d'une manière constante et quelquefois dans une très forte proportion du centre à la circonférence pour le sapin, le pin, le charme, le frêne, l'orme, le tremble et l'aune. Pour le vieux chêne et le vieux bouleau ces propriétés, après avoir augmenté jusqu'au tiers du rayon, redescendent ensuite jusqu'à la circonférence. Enfin, dans les arbres comme le hêtre, dont les couches les plus anciennes s'oblitèrent pour former le bois de cœur, on trouve la marche ascendante pour un jeune arbre et la marche décroissante pour un vieil arbre.

Les bois se divisent en plusieurs classes suivant qu'ils sont durs, blanc, fins, résineux, ou exotiques.

Nous n'étudierons que les trois catégories qui renferment les essences employées en charpente.

Bois durs. — Le *Chêne* est le plus employé à cause de sa tenacité et de sa durée. Sec sa densité varie de 800 à 900 ^{kg}. Le grain doit être serré et fin, les fibres droites et parallèles ; quand on enlève des copeaux la surface doit être brillante. S'il est trop vieux il est sujet à la vermoulure.

Le *Frêne* est un bois dur et pesant 785^{kg} formé de couches annulaires blanches veinées de jaune ;

L'*Orme* est le bois de charronnage par excellence, sa couleur est rougeâtre et sa densité varie de 750 à 900^{kg} ; il est aussi résistant que le chêne mais n'est pas sujet à éclater.

Le *Chataignier* pèse 685^{kg} le mètre cube, il est léger et résistant, peu sujet aux attaques des vers, mais il pourrit dans la maçonnerie.

Le *Hêtre* (800^{kg}) a une couleur brune, il est peu employé en charpente à cause de sa faible élasticité. Il casse net et on l'emploie pour faire des établis.

Bois blancs. — Le *Peuplier* est un bois tendre, blanchâtre et léger (400 à 600^{k}), n'est employé que pour les ouvrages de peu de durée.

L'*Aulne* est tendre, blanc rougeâtre et léger (500 à 700^{k}), sa durée dans l'eau est très longue, il donne de bons pilotis.

Le *Platane* (650^{k}) est tendre et a un grain très fin. A sec, il ne travaille plus ce qui le rend très propre à recevoir des assemblages.

Bois résineux. — Le *Pin* est un bois blanc ; lorsqu'il est sec sa densité est de 800 k. ;sa durée est assez longue lorsqu'il a conservé sa résine.

Le *Sapin* (500^k) est uni, homogène et dure longtemps ; c'est le bois le plus employé après le chêne.

Le *Mélèze* (650^k) a un grain plus fin et plus serré que les précédents, sa couleur est rouge avec veines foncées. Il se conserve bien à l'air et presque indéfiniment dans l'eau, aussi·est-il employé pour les grosses poutres et la charpenterie en général.

La qualité des bois ne peut se reconnaître qu'avec une grande expérience. Cependant, toute pièce de bonne qualité a une couleur plutôt pâle que foncée, une odeur fraîche, de la sonorité ; les copeaux sont flexibles et la surface en est brillante.

Les défauts des bois sont :

Le *double aubier* qui est une zône d'aubier au milieu du bois parfait.

Les *nœuds* s'ils proviennent de branches mortes.

Les *roulures* qui sont des fentes qui séparent les diverses couches de bois.

Les *gélivures* sont des fentes partant du centre et se dirigeant vers l'extérieur, sans atteindre la circonférence extérieure.

Les *gerces* sont des fentes longitudinales qui apparaissent à la surface des pièces et proviennent de leur dessiccation.

Les bois sont dits *tordus* lorsque les fibres sont disposées en hélice autour de l'axe de l'arbre.

Combustibles. — Les corps qu'on utilise pour produire de la chaleur et de la lumière en les brûlant par l'oxygène de l'air sont des *combustibles*. Ces combustibles sont solides, liquides ou gazeux ; nous ne nous occuperons que des premiers et parmi eux nous choisirons ceux qui sont plus spécialement employés dans le travail du fer. En plus de la production de chaleur, ces combustibles servent souvent comme agents chimiques pour modifier la qualité du métal.

La *calorie* est la quantité de chaleur nécessaire pour élever de 1° la température de 1 k. d'eau ; la *puissance calorifique* est le nombre de calories dégagées par la combustion complète de 1 k. de combustible.

Les combustibles industriellement employés sont le *bois*, le *charbon de bois*, la *tourbe*, la *houille* et le *coke*.

Bois. — Les bois durs brûlent lentement, les bois légers brûlent vivement en donnant peu de charbon. Les bois simplement desséchés à l'air renferment 25 à 30 0/0 d'eau, cette eau réduit la puissance calorifique des bois durs à 2.700 ou 2.900 calories.

Quelquefois on torréfie les bois dans des cylindres chauffés à 200 ou 250° par la chaleur perdue des fourneaux, ils perdent ainsi une partie de leur eau et le résultat est une économie de combustible.

Charbon de bois. — Le charbon de bois est noir, cassant et sonore, sa densité varie de 210 à 230 k. ou de 180 à 200 k. suivant qu'il a été obtenu avec du bois dur ou du bois tendre, sa puissance calorifique est de 6.500 à 7.000ᶜ.

Le charbon obtenu par distillation en vase clos, brûle facilement, il a donc moins de valeur que celui obtenu en meules. Le charbon provenant des bois durs peut seul donner une température élevée, mais cependant insuffisante pour la plus grande partie des opérations métallurgiques.

Tourbe. — La tourbe est formée par l'altération des végétaux ; on la trouve sous deux formes, l'une compacte et noire, l'autre herbacée, spongieuse et de couleur brune. Sa densité varie de 250 à 400 k., la puissance calorifique de 3.000 à 3.500ᶜ.

La tourbe contient 30 0/0 d'eau et laisse beaucoup de cen-

dres en brûlant ; elle ne peut s'employer que pour le forgeage au marteau, sous forme d'un charbon tendre friable
et brûlant facilement avec une légère flamme.

Houille. — La houille provient de la décomposition des
matières végétales ; les variétés sont très nombreuses suivant qu'elles sont grasses ou maigres.

Les houilles *grasses et dures*, sont estimées pour la fabrication du coke, le produit de la carbonisation est dense et
doué d'une forte cohésion.

Les houilles *grasses maréchales* et houilles à *longues flammes* conviennent le mieux pour la forge et le chauffage des
fours. Pour la forge, on emploie généralement le menu, dit
charbon de forge, dont on utilise les propriétés collantes pour
faire une voûte au-dessus de la tuyère ; de telle sorte que le
vent traversant du charbon enflammé et se réfléchissant sur
la voûte embrasée, n'exerce plus lorsqu'il arrive au contact
du fer qu'une action peu oxydante.

Les houilles grasses à longues flammes employées pour
la fabrication du gaz d'éclairage donnent un coke très bour-
souflé et convenant moins que le coke compact et dur aux
opérations métallurgiques.

La houille *demi grasse* est celle qui a le plus de valeur com-
merciale ; à la forge elle se comporte moins bien que la précédente, mais peut cependant être employée.

Les houilles *maigres* et *sèches* ne conviennent pas à la serrurerie ; elles sont généralement employées pour le chauffage des chaudières.

La puissance calorifique des houilles varie de 6.000 à
7.500 c., leur poids est de 750 à 1.000 k. le mètre cube selon que l'on a de la gailleterie et du menu.

Coke. — Le coke est obtenu, comme nous venons de le
voir, par la distillation de la houille. Son poids varie de 350

à 500 k. le mètre cube selon que le coke provient de houilles à longues flammes ou de houilles grasses et dures.

Le coke est un combustible très estimé dans les opérations métallurgiques, il demande pour brûler à être sous une grande épaisseur.

Formes commerciales des métaux. — Les métaux que nous venons d'examiner peuvent ou se mouler ou se forger et prendre ainsi les formes les plus diverses. Examiner la fabrication des pièces moulées en fonte ou en acier, dire quelles précautions il faut prendre pour rendre ce travail facile et possible, sortirait évidemment du cadre que nous nous sommes fixés pour cet ouvrage. Les albums des fonderies montrent tout ce que l'on peut obtenir par le moulage et donnent les modèles les plus variés, nous aurons d'ailleurs l'occasion, dans les différentes études que nous ferons, de prendre des exemples qui indiqueront comment on peut concevoir les pièces de ce genre.

Nous voulons dans ce chapitre donner les indications générales sur les formes que l'on obtient pour les fers et aciers par le travail du laminage et que l'on trouve dans le commerce.

Fers marchands, cercles et feuillards. — Les fers marchands se divisent en plusieurs catégories :

1° Les petits fers carrés, ronds ou plats ;

2° Les gros fers ronds et carrés ;

3° Les larges plats.

Chacune de ces catégories se divise en classes suivant les dimensions des fers.

Les cercles et feuillards sont moins larges que les larges plats et se divisent en trois classes.

Nous donnons ces diverses divisions d'après les indications qu'a bien voulu nous fournir la Société anonyme des Hauts-Fourneaux de Maubeuge (Nord).

Tableau 1

Extrait de l'album de la Société anonyme des hauts fourneaux de Maubeuge

FERS MARCHANDS

Classes	Dimensions en millim.	Classes	Dimensions en millim.
1re	Carrés... 20 à 54 Ronds... 30 à 61 Plats.... { 27 à 39 sur 11 et plus / 40 à 115 sur 9 à 30 Verges ou fentons pour bâtiments	4e	Carrés... { 10 à 10 1/2 / 82 à 110 Ronds... { 9 à 11 1/2 / 91 à 110 Bandelettes 14 à 39 sur 4 1/2 et plus Aplatis.. { 82 à 115 sur 4 1/2 à 6 / 116 à 160 sur 5 1/2 à 6 1/2 1/2 ronds 12 à 26 sur toutes épaisrs
2e	Carrés... { 16 à 19 / 55 à 69 Ronds... { 17 à 29 / 62 à 74 Plats.... { 20 à 39 sur 8 et plus / 40 à 81 sur 6 à 8 1/2 / 40 à 115 sur 31 et plus / 116 à 165 sur 12 à 40 Verges pour clous		*Gros ronds et carrés* 1re — Carrés... 115 à 135 / Ronds... 111 à 135 2e — Carrés... 140 à 145 / Ronds... 136 à 150
3e	Carrés... { 11 à 15 / 70 à 81 Ronds... { 12 à 16 / 75 à 90 Plats.... 116 à 165 sur 41 à 60 Bandelettes de 20 à 39 sur 5 1/2 à 7 1/2 Aplatis { 40 à 81 sur 4 1/2 à 5 1/2 / 82 à 115 sur 6 1/2 à 8 1/2 / 116 à 165 sur 7 à 11 1/2 1/2 ronds 27 à 60 sur toutes épaisrs		*Larges plats* 1re — 170 à 250 sur 11 et plus 2e — 180 et 200 sur 8 à 10

CERCLES ET FEUILLARDS

Classes	Dimensions en millim.
1re	116 à 135 sur 4 1/2 et plus 82 à 115 sur 3 1/2 et plus 60 à 81 sur 2 1/2 et plus 20 à 60 sur 2 et plus 14 à 19 sur 3 1/4 et plus
2e	136 à 144 sur 4 1/2 et plus 145 à 154 sur 5 et plus 116 à 124 sur 3 1/2 et plus 125 à 134 sur 4 et plus 82 à 115 sur 3 et plus 70 à 74 sur 2 et plus 20 à 60 sur 1 1/2 et plus 14 à 19 sur 3
3e	116 à 124 sur 3 et plus 140 à 144 sur 4 et plus

Classification des qualités

Qualité MAUBEUGE, 2 prix servant de base
— 3 majoration de 2 fr. p. 0/0k.
— 4 — 4
— 5 — 7

NOTA. — Les plats et feuillards ne se font en n° 2 qu'à partir de :
3m/m d'épaisseur pour ceux de 25 à 50 de largeur
4m/m do do de 50 à 100 do
5m/m do do de 100 à 160 do

Tableau 4   **Fers**

Dimensions en millimètres		POIDS DU MÈTRE linéaire		Dimensions en millimètres		POIDS DU MÈTRE linéaire		Dimensions en millimètres		POIDS DU MÈTRE linéaire	
largeur	épaisseur	Kos	grammes	largeur	épaisseur	Kos	grammes	largeur	épaisseur	Kos	grammes
10	4	0	312	30	20	4	680	50	9	3	510
10	5	0	390	40	5	1	560	50	10	3	900
10	6	0	468	40	6	1	872	50	11	4	290
10	7	0	546	40	7	2	184	50	12	4	680
10	8	0	624	40	8	2	496	50	13	5	070
20	5	0	780	40	9	2	808	50	14	5	460
20	6	0	936	40	10	3	120	50	15	5	850
20	7	1	092	40	11	3	432	50	16	6	240
20	8	1	248	40	12	3	744	50	17	6	630
20	9	1	404	40	13	4	056	50	18	7	020
20	10	1	560	40	14	4	368	50	19	7	410
20	11	1	716	40	15	4	680	50	20	7	800
20	12	1	872	40	16	4	992	50	21	8	190
20	13	2	028	40	17	5	304	50	22	8	580
20	14	2	184	40	18	5	616	50	23	8	970
20	15	2	340	40	19	5	928	50	24	9	360
30	5	1	170	40	20	6	240	50	25	9	750
30	6	1	404	40	21	6	552	50	26	10	140
30	7	1	638	40	22	6	864	50	27	10	530
30	8	1	872	40	23	7	176	50	28	10	920
30	9	2	106	40	24	7	488	50	29	11	310
30	10	2	340	40	25	7	800	50	30	11	700
30	11	2	574	40	26	8	112	50	31	12	090
30	12	2	808	40	27	8	424	50	32	12	480
30	13	3	042	40	28	8	736	50	33	12	870
30	14	3	276	40	29	9	048	50	34	13	260
30	15	3	510	40	30	9	360	50	35	13	650
30	16	3	744	50	5	1	950	50	36	14	040
30	17	3	978	50	6	2	340	50	37	14	430
30	18	4	212	50	7	2	730	50	38	14	820
30	19	4	446	50	8	3	120	50	39	15	210

Plats Tableau 4

Dimensions en millimètres		POIDS DU MÈTRE linéaire		Dimensions en millimètres		POIDS DU MÈTRE linéaire		Dimensions en millimètres		POIDS DU MÈTRE linéaire	
largeur	épaisseur	Kos	grammes	largeur	épaisseur	Kos	grammes	largeur	épaisseur	Kos	grammes
50	40	15	600	60	40	18	720	70	30	16	380
60	10	4	680	60	41	19	188	70	31	16	926
60	11	5	148	60	42	19	656	70	32	17	472
60	12	5	616	60	43	20	124	70	33	18	018
60	13	6	084	60	44	20	592	70	34	18	564
60	14	6	552	60	45	21	060	70	35	19	110
60	15	7	020	60	46	21	528	70	36	19	656
60	16	7	488	60	47	21	996	70	37	20	202
60	17	7	956	60	48	22	464	70	38	20	748
60	18	8	424	60	49	22	932	70	39	21	294
60	19	8	892	60	50	23	400	70	40	21	840
60	20	9	360	70	10	5	460	70	41	22	386
60	21	9	828	70	11	6	806	70	42	22	932
60	22	10	296	70	12	6	552	70	43	23	478
60	23	10	764	70	13	7	098	70	44	24	024
60	24	11	232	70	14	7	644	70	45	24	570
60	25	11	700	70	15	8	190	70	46	25	116
60	26	12	168	70	16	8	736	70	47	25	662
60	27	12	636	70	17	9	282	70	48	26	208
60	28	13	104	70	18	9	828	70	49	26	754
60	29	13	572	70	19	10	374	70	50	27	300
60	30	14	040	70	20	10	920	70	51	27	846
60	31	14	508	70	21	11	466	70	52	28	392
60	32	14	976	70	22	12	012	70	53	28	938
60	33	15	444	70	23	12	558	70	54	29	484
60	34	15	912	70	24	13	103	70	55	30	030
60	35	16	380	70	25	13	650	70	56	30	576
60	36	16	848	70	26	14	196	70	57	31	121
60	37	17	316	70	27	14	742	70	58	31	668
60	38	17	784	70	28	15	288	70	59	32	214
60	39	18	252	70	29	15	834	70	60	32	760

Pour faciliter la tâche du constructeur, nous empruntons à l'album de la maison Nozal le calcul des poids des divers fers marchands. (Voir aussi pages 21 et 22).

Extrait de l'album de la Maison Nozal.

Tableau 2	**Fers carrés**				
Côté du carré	Poids	Côté du carré	Poids	Côté du carré	Poids
	kilos		kilos		kilos
5	0 195	24	4 492	43	14 422
6	0 280	25	4 875	44	15 100
7	0 382	26	5 272	45	15 795
8	0 499	27	5 686	46	16 504
9	0 634	28	6 115	47	17 230
10	0 780	29	6 559	48	17 971
11	0 943	30	7 020	49	18 727
12	1 123	31	7 495	50	19 500
13	1 318	32	7 987	51	20 287
14	1 528	33	8 494	52	21 091
15	1 755	34	9 016	53	21 910
16	1 996	35	9 555	54	22 744
17	2 254	36	10 108	55	23 595
18	2 527	37	10 678	56	24 460
19	2 815	38	11 263	57	25 342
20	3 120	39	11 863	58	26 239
21	3 439	40	12 480	59	27 151
22	3 775	41	13 111	60	28 080
23	4 126	42	13 759		

Tableau 3	**Fers ronds**				
Diamètre	Poids	Diamètre	Poids	Diamètre	Poids
	kilos		kilos		kilos
5	0 153	24	3 528	43	11 326
6	0 220	25	3 828	44	11 859
7	0 300	26	4 140	45	12 405
8	0 392	27	4 465	46	12 962
9	0 496	28	4 802	47	13 532
10	0 612	29	5 151	48	14 113
11	0 744	30	5 513	49	14 708
12	0 881	31	5 886	50	15 314
13	1 035	32	6 272	51	15 933
14	1 200	33	6 671	52	16 563
15	1 378	34	7 082	53	17 207
16	1 568	35	7 504	54	17 863
17	1 770	36	7 939	55	18 530
18	1 984	37	8 385	56	19 209
19	2 211	38	8 846	57	19 903
20	2 448	39	9 317	58	20 607
21	2 701	40	9 792	59	21 324
22	2 964	41	10 297	60	22 053
23	3 240	42	10 805		

Fers spéciaux. — Parmi ces fers, nous nommerons les fers à double T, ailes ordinaires et larges ailes, les fers à T, les fers en U, les cornières et les fers à vitrages.

Dans les tableaux 5 et 6 (pages 23 à 32), nous donnons les diverses dimensions des fers double T et en U, avec les valeurs de $\frac{I}{V}$ et de la charge uniformément répartie pour les portées de 2^m à 8^m.

Tableau 5¹

SOCIÉTÉ ANONYME DES HAUTS FOURNEAUX DE MAUBEUGE

Résistance des fers I *(ailes ordinaires)* d'après diverses expériences

NOTA. — Pour le cas de charges placées au milieu de la longueur, il ne faudra prendre que la moitié des chiffres indiqués.

Dimensions en millimètres	Poids par mètre en kilos	$\frac{I}{V}$	Coefficients de résistance	Charge uniformément répartie sur une portée de :												
				M 2,00 (kil.)	M 2,50 (kil.)	M 3,00 (kil.)	M 3,50 (kil.)	M 4,00 (kil.)	M 4,50 (kil.)	M 5,00 (kil.)	M 5,50 (kil.)	M 6,00 (kil.)	M 6,50 (kil.)	M 7,00 (kil.)	M 7,50 (kil.)	M 8,00 (kil.)
5 / 80	6,500	0.00002157	6	547	414	345	295	258	230	207	188	172	159	147	138	129
			8	687	550	458	382	343	309	275	252	229	210	191	181	171
			10	858	687	572	489	429	386	343	314	286	265	244	229	214
7 / 80	8,500	0.000024304	6	583	466	388	333	291	259	233	212	194	179	166	155	145
			8	775	619	516	442	387	344	309	283	258	239	221	207	193
			10	967	773	644	552	774	629	386	354	322	299	276	257	240
4,5 / 100	8,500	0.000034004	6	816	652	544	466	408	367	325	296	272	251	233	217	204
			8	1085	867	723	619	542	488	433	393	361	333	309	288	271
			10	1354	1082	903	773	677	609	541	491	456	416	386	360	328
5 / 100	11,500	0.000040825	6	980	784	653	556	490	435	392	356	336	301	278	261	245
			8	1383	1042	868	739	651	578	521	473	434	400	369	347	325
			10	1626	1301	1084	922	813	722	630	590	542	499	461	433	406
3 / 120	9,750	0.000045507	6	1092	873	728	624	546	485	436	397	364	336	312	291	273
			8	1452	1159	968	829	726	645	579	528	484	446	414	387	363
			10	1712	1447	1208	1035	856	805	723	659	604	557	517	483	428
8 / 120	13,000	0.000052429	6	1258	1007	838	719	629	559	503	457	419	387	359	335	314
			8	1673	1339	1114	956	836	743	668	607	557	514	477	445	417
			10	2088	1674	1391	1193	1044	927	834	758	695	642	595	556	521
6 / 140	12,500	0.000064902	6	1557	1246	1038	890	778	692	623	566	519	479	445	415	389
			8	2070	1657	1380	1183	1034	920	828	752	690	637	591	551	517
			10	2584	2068	1723	1477	1251	1148	1034	939	861	795	738	688	645
10 / 140	17,000	0.00007797	6	1871	1406	1247	1069	935	831	748	680	623	575	534	498	467
			8	2488	1989	1658	1421	1244	1105	994	901	829	764	710	662	622
			10	3105	2483	2070	1774	1552	1379	1241	1123	1035	954	887	826	776
6 / 160	13,500	0.000078153	6	1875	1500	1250	1072	937	833	750	682	625	577	536	500	468
			8	2493	1995	1662	1425	1246	1107	997	907	831	766	712	665	623
			10	3112	2490	2075	1779	1556	1382	1245	1132	1037	957	889	828	778
10 / 160	18,500	0.000095313	6	2288	1830	1525	1307	1145	1017	915	832	762	704	653	610	572
			8	3043	2433	2028	1738	1521	1352	1216	1106	1014	936	869	811	760
			10	3798	3037	2531	2169	1899	1688	1518	1381	1265	1168	1084	1012	949

Tableau 5ª

Résistance des fers I *(ailes ordinaires)* d'après diverses expériences

NOTA _ Pour le cas de charges placées au milieu de la longueur, il ne faudra prendre que la moitié des chiffres indiqués

Charge uniformément répartie sur une portée de :

Dimensions en millimètres	Poids par mètre en kilos	I/V	Coefficients de résistance	M 2,00 kil.	M 2,50 kil.	M 3,00 kil.	M 3,50 kil.	M 4,00 kil.	M 4,50 kil.	M 5,00 kil.	M 5,50 kil.	M 6,00 kil.	M 6,50 kil.	M 7,00 kil.	M 7,50 kil.	M 8,00 kil.
7 / 180	18,500	0.00012828	6	3072	2463	2052	1759	1536	1368	1231	1119	1026	947	879	821	768
			8	4085	3275	2729	2339	2042	1819	1637	1488	1361	1259	1169	1091	1021
			10	5099	4088	3406	2919	2549	2270	2044	1857	1703	1572	1459	1382	1274
11 / 180	24,000	0.00014987	6	3596	2877	2398	2055	1798	1598	1438	1307	1199	1100	1027	959	898
			8	4782	3839	3189	2733	2391	2125	1919	1738	1594	1470	1366	1275	1195
			10	5969	4792	3980	3411	2884	2652	2396	2169	1990	1835	1705	1591	1442
7 5 / 200	20,500	0.00016998	6	4079	3263	2719	2321	2039	1813	1631	1483	1359	1255	1165	1088	1019
			8	5495	4339	3616	3100	2712	2411	2169	1972	1808	1669	1550	1467	1306
			10	6771	5416	4513	3869	3385	3009	2708	2461	2256	2083	1934	1806	1692
11 / 200	26,000	0.0001933	6	4639	3799	3092	2651	2319	2062	1854	1687	1546	1427	1325	1237	1159
			8	6169	4932	4112	3525	3084	2742	2465	2243	2056	1897	1762	1645	1542
			10	7700	6156	5132	4400	3849	3422	3077	2800	2566	2368	2200	2053	1944
6 / 220	24,000	0.0001968	6	4723	3778	3148	2698	2361	2090	1889	1717	1574	1453	1349	1259	1180
			8	6284	5024	4186	3588	3140	2791	2512	2283	2093	1704	1794	1674	1570
			10	7840	6271	5225	4478	3929	3484	3135	2850	2612	2239	2239	2089	1960
12 / 220	31,000	0.00022909	6	5498	4398	3665	3144	2749	2443	2199	1998	1832	1691	1570	1467	1374
			8	7319	5849	4874	4177	3556	3249	2924	2657	2437	2249	2088	1951	1783
			10	9128	7300	6083	5214	4563	4055	3600	3316	3041	2807	2607	2435	2281
10 / 240	28,500	0.00024169	6	5800	4640	3866	3314	2800	2577	2320	2109	1933	1784	1657	1546	1450
			8	7714	6171	5141	4407	3857	3427	3080	2804	2570	2372	2203	2056	1928
			10	9628	7702	6417	5501	4824	4277	3851	3500	3208	2961	2750	2566	2412
16 / 240	39,000	0.00029928	6	7182	5745	4788	4104	3591	3192	2873	2612	2394	2210	2052	1915	1795
			8	9552	7642	6369	5458	4776	4245	3821	3473	3184	2939	2729	2546	2388
			10	11922	9538	7948	6812	5961	5298	4764	4335	3974	3668	3406	3178	2980
10 / 260	32,000	0.0003048	6	7244	5795	4829	4139	3622	3219	2897	2634	2414	2228	2069	1931	1811
			8	9634	7707	6422	5504	4817	4281	3853	3503	3211	2903	2752	2568	2408
			10	12025	9619	8016	6870	6012	5343	4809	4372	4008	3698	3435	3205	3006
16 / 260	44,000	0.00026947	6	8867	7092	5915	5066	4433	3940	3546	3228	2955	2728	2533	2364	2216
			8	11793	9432	7866	6737	5896	5240	4716	4293	3933	3628	3368	3144	2948
			10	14719	11772	9818	8409	7359	6540	5886	5356	3909	4528	4204	3924	5679
/ 60	7,500	0.00028054	6	673	538	448	384	336	299	269	244	224	207	192	179	168
			8	897	718	598	512	448	398	359	326	299	276	256	239	224
			10	1122	897	748	641	561	498	449	408	374	345	320	299	280

Résistance des fers I (*larges ailes*) d'après diverses expériences

NOTA. Pour le cas de charges placées au milieu de la longueur, il ne faudra prendre que la moitié des chiffres indiqués

Charge uniformément répartie sur une portée de :

Dimensions en millimètres	Poids par mètre en kilos	I/V	Coefficients de résistance	M 2,00 kil.	M 2,50 kil.	M 3,00 kil.	M 3,50 kil.	M 4,00 kil.	M 4,50 kil.	M 5,00 kil.	M 5,50 kil.	M 6,00 kil.	M 6,50 kil.	M 7,00 kil.	M 7,50 kil.	M 8,00 kil.
80 · 5 · 32	10,000	0.000030253	6	725	580	483	414	362	322	290	263	241	223	207	193	181
			8	964	771	642	687	483	428	385	349	321	296	343	256	241
			10	1203	962	801	550	601	534	481	436	400	370	275	320	300
100 · 2 · 60	20,000	0.00009$$555	6	1094	875	729	625	547	486	437	397	364	337	312	292	272
			8	1458	1166	972	833	729	648	583	530	486	448	416	388	364
			10	1822	1458	1215	1042	911	810	729	663	607	561	521	486	455
100 · 8 · 84	13,100	0.00005220	6	1253	1001	836	717	627	557	502	455	418	385	357	333	313
			8	1670	1336	1114	956	836	743	668	608	557	515	478	446	418
			10	2088	1671	1393	1194	1044	928	835	760	696	642	597	557	522
120 · 5	14,000	0.00007428	6	1782	1425	1188	1017	891	793	744	649	595	549	508	474	445
			8	2377	1902	1583	1357	1187	1055	951	865	791	731	678	633	593
			10	2971	2375	1977	1697	1485	1319	1190	1082	988	915	848	793	742
120 · 2 · 75	17,700	0.00008397	6	2015	1615	1345	1151	1008	896	806	733	673	620	575	535	504
			8	2688	2148	1791	1535	1344	1129	1076	977	895	826	767	715	672
			10	3360	2688	2237	1918	1680	1492	1344	1220	1118	1033	959	896	840
110 · 6 · 80	18,000	0.00011148	6	2675	2138	1782	1528	1337	1188	1069	972	891	822	764	713	668
			8	3566	2852	2376	2038	1783	1584	1426	1297	1188	1097	1019	950	891
			10	4458	3566	2972	2546	2229	1980	1783	1621	1486	1371	1273	1188	1114
140 · 10 · 84	22,300	0.00012452	6	2989	2390	1991	1710	1494	1327	1196	1087	997	920	855	797	747
			8	3986	3180	2654	2278	1992	1770	1595	1450	1327	1227	1139	1062	996
			10	4981	3980	3320	2846	2491	2213	1994	1813	1660	1534	1423	1328	1245
150 · 7 · 80	22 000	0.0001326	6	3182	2546	2123	1819	1691	1414	1273	1157	1061	979	909	848	795
			8	4232	3386	2823	2419	2116	1880	1693	1538	1411	1302	1209	1127	1058
			10	5282	4226	3524	3019	2641	2347	2113	1920	1762	1625	1509	1407	1320
160 · 11 · 88	27,000	0.0001497	6	3592	2874	2395	2053	1796	1596	1437	1305	1197	1104	1026	957	898
			8	4777	3822	3185	2730	2388	2122	1911	1735	1592	1468	1365	1272	1194
			10	5962	4770	3975	3407	2981	2649	2385	2166	1987	1832	1703	1588	1940
175 · 7 · 30	19,500	0.00014184	6	3404	2733	2269	1944	1702	1513	1361	1238	1134	1047	972	907	851
			8	4527	3634	3017	2585	2263	2012	1817	1648	1508	1392	1292	1206	1131
			10	5650	4536	3766	3227	2825	2511	2268	2055	1883	1738	1613	1505	1412
175 · 11	25,000	0.00016226	6	3894	3111	2596	2224	1947	1730	1555	1416	1298	1195	1112	1039	973
			8	5179	4137	3452	2957	2589	2300	2068	1883	1726	1589	1478	1381	1294
			10	6464	5164	4309	3691	3232	2871	2588	2350	2154	1983	1845	1724	1616

Tableau 5ᵇ

Résistance des fers I (*larges ailes*) d'après diverses expériences

NOTA – Pour le cas de charges placées au milieu de la longueur, il ne faudra prendre que la moitié des chiffres indiqués

Dimensions en millimètres	Poids par mètre en kilos	$\dfrac{I}{V}$	Coefficients de résistance	Charge uniformément répartie sur une portée de :												
				M 2,00 kil.	M 2,50 kil.	M 3,00 kil.	M 3,50 kil.	M 4,00 kil.	M 4,50 kil.	M 5,00 kil.	M 5,50 kil.	M 6,00 kil.	M 6,50 kil.	M 7,00 kil.	M 7,50 kil.	M 8,00 kil.
7 / 180 (100)	27,100	0.00021788	6	5229	4180	3486	2988	2619	2324	2090	1900	1743	1609	1494	1394	1309
			8	6972	5576	4648	3984	3486	3093	2788	2535	2324	2145	1992	1859	1743
			10	8715	6972	5810	4980	4357	3873	3486	3169	2905	2681	2490	2324	2178
12 / 180 (105)	33,900	0.00026488	6	5871	4702	3914	3360	2935	2611	4351	2136	1857	1808	1680	1567	1467
			8	7832	6245	5222	4475	3916	3478	3122	2848	2611	2410	2237	2089	1958
			10	9795	7837	6532	5595	4897	4350	3918	3561	3286	3015	2797	2613	2448
7 / 200 (80)	26,000	0.00022291	6	5348	4279	3326	3056	2674	2377	2139	1925	1663	1645	1528	1426	1337
			8	7114	5691	4423	4064	3557	3181	2845	2560	2211	2187	2032	1896	1778
			10	8879	7109	5521	5072	4439	3945	3551	3195	2760	2730	2536	2367	2219
11 / 200 (94)	34,000	0.00024053	6	5988	4790	3991	3421	2994	2661	2395	2177	1995	1842	1710	1597	1497
			8	7964	6370	5308	4549	3982	3539	3185	2895	2654	2449	2274	2124	1991
			10	9940	7951	6635	5678	4970	4417	3975	3613	3317	3057	2839	2651	2485
8 / 200 (100)	28,000	0.00024153	6	5796	4636	3864	3312	2898	2576	2348	2091	1932	1783	1656	1545	1449
			8	7708	6165	5139	4404	3854	3426	3082	2781	2569	2371	2202	2504	1927
			10	9621	7695	6414	5497	4810	4277	3847	3471	3207	2959	2748	2564	2405
13 / 200 (105)	37,000	0.00027486	6	6596	5272	4397	3768	3298	2930	2636	2398	2198	2029	1884	1759	1649
			8	8772	7011	5848	5014	4386	3896	3505	3189	2924	2698	2505	2339	2193
			10	10949	8751	7299	6254	5474	4863	4375	3980	3649	3368	3227	2919	2737
15 / 200 (140)	55,000	0.00042155	6	10113	8090	6743	5779	5056	4494	4045	3677	3371	3111	2889	2696	2528
			8	13450	10759	8968	7686	6750	5977	5379	4890	4483	4137	3843	3585	3375
			10	16787	13420	11193	9593	8393	7460	6714	6103	5595	5164	4796	4475	4196
20 / 200 (145)	63,000	0.00065489	6	10917	8734	7278	6239	5458	4852	4367	3970	3639	3374	3119	2911	2729
			8	14519	11616	9679	8297	7258	6453	5803	5280	4839	4487	4148	3871	3629
			10	18122	14498	12081	10356	9061	8054	7249	6590	6040	5800	5178	4832	4530
10 / 220 (100)	33,000	0.0002907	6	6978	5582	4652	3988	3489	3101	2791	2537	2326	2147	1994	1860	1744
			8	9305	7443	6203	5317	4652	4135	3721	3383	3101	2863	2658	2481	2326
			10	11631	9304	7754	6646	5815	5169	4652	4229	3877	3578	3323	3101	2907
13 / 220 (103)	58,000	0.00031499	6	7559	6047	5039	4349	3779	3359	3023	2748	2519	2325	2159	2015	1884
			8	10079	8062	6718	5758	5038	4479	4031	3665	3359	3101	2879	2687	2519
			10	12599	10078	8398	7198	6299	5599	5039	4581	4499	3876	3599	3359	3149
10 / 235 (96)	35,000	0.00032404	6	7776	6220	5184	4443	3888	3456	3110	2827	2592	2392	2221	2072	1944
			8	10368	8294	6912	5924	5184	4608	4147	3770	3456	3190	2962	2761	2592
			10	12961	10368	8641	7406	6480	5760	5184	4713	4320	3988	3703	3452	3240

Tableau 5⁵

Résistance des fers I *(larges ailes)* d'après diverses expériences

NOTA. — Pour le cas de charges placées au milieu de la longueur, il ne faudra prendre que la moitié des chiffres indiqués

Dimensions en millimètres	Poids par mètre en kilos	$\frac{I}{V}$	Coefficients de résistance	Charge uniformément répartie sur une portée de :												
				M 2,00 kil.	M 2,50 kil.	M 3,00 kil.	M 3,50 kil.	M 4,00 kil.	M 4,50 kil.	M 5,00 kil.	M 5,50 kil.	M 6,00 kil.	M 6,50 kil.	M 7,00 kil.	M 7,50 kil.	M 8,00 kil.
15 / 235 (100)	44,000	0.00037006	6	8882	7105	5921	5075	4444	3948	3553	3230	2961	2733	2538	2369	2221
			8	11842	9474	7895	6767	5901	5263	4737	4306	3948	3644	3384	3158	2961
			10	14803	11842	9869	8459	7401	6579	5921	5383	4934	4555	4230	3948	3701
10 / 250 (100)	36,500	0.0005552	6	8595	6877	5731	4911	4228	3780	3438	3126	2865	2644	2455	2292	2149
			8	11462	9169	7641	6548	5731	5040	4584	4168	3820	3526	3274	3056	2865
			10	14328	11462	9552	8186	7164	6301	5731	5210	4776	4408	4093	3821	3582
17 / 250 (107)	42,900	0.00042447	6	10186	8125	6791	5821	5093	4527	4062	3704	3395	3134	2910	2716	2546
			8	13582	10833	9055	7761	6791	6036	5416	4939	4527	4179	3880	3624	3395
			10	16978	13542	11319	9702	8489	7546	6771	6174	5659	5224	4851	4527	4244
8 / 250 (110)	37,000	0.00038507	6	9001	7201	6000	5142	4501	4000	3600	3273	3000	2769	2571	2400	2250
			8	12001	9601	8000	6856	6001	5334	4901	4364	4000	3692	3428	3200	3000
			10	15002	12002	10001	8570	7501	6668	6001	5455	5000	4616	4285	4000	3751
14 / 250 (116)	48,400	0.00045423	6	10850	8685	7238	6204	5428	4825	4342	3948	3619	3340	3202	2895	2714
			8	14476	11580	9651	8272	7238	6434	5790	5264	4825	4454	4136	3860	3619
			10	18096	14476	12064	10340	9048	8043	7238	6580	6032	5568	5170	4825	4524
10 / 250 (115)	39,500	0.00037753	6	9060	7248	6040	5176	4530	4026	3624	3294	3020	2787	2588	2416	2265
			8	12080	9664	8053	6902	6040	5368	4832	4392	4026	3716	3451	3221	3020
			10	18101	12080	10067	8628	7551	6711	6040	5491	5033	4645	4314	4027	3775
9 / 250 (120)	39,000	0.00038748	6	9299	7412	6199	5313	4649	4146	3706	3381	3099	2813	2656	2479	2324
			8	12399	9888	8265	7084	6199	5528	4941	4508	4132	3751	3542	3306	3099
			10	15499	12354	10232	8856	7749	6910	6177	5636	5166	4689	4428	4133	3874
10 / 260 (100)	40,000	0.00037794	6	9070	7256	6046	5466	4535	4029	3628	3407	3023	2791	2733	2418	2267
			8	12093	9675	8062	7288	6046	5372	4837	4513	4032	3720	3644	3224	3023
			10	15117	12094	10078	9110	7558	6716	6047	5679	5039	4651	4555	4031	3779
15 / 260 (105)	50,000	0.00043427	6	10422	8337	6948	5958	5211	4632	4168	3789	3474	3206	2969	2779	2605
			8	13896	11116	9264	7918	6948	6176	5558	5052	4632	4275	3959	3705	3474
			10	17370	13896	11580	9898	8685	7720	6948	6316	5790	5344	4949	4632	4342
9 / 260 (120)	43,350	0.00048627	6	11670	9336	7780	6668	5835	5186	4668	4246	3890	3590	3334	3111	2917
			8	15560	12448	10373	8891	7780	6915	6224	5658	5186	4787	4445	4148	3890
			10	19450	15560	12967	11114	9725	8644	7780	7073	6483	5984	5557	5186	4862
14 / 260 (125)	55,500	0.00054260	6	13022	10417	8681	7441	6511	5787	5208	4735	4340	4006	3720	3392	3255
			8	17363	13889	11575	9921	8681	7716	6944	6313	5787	5342	4960	4523	4340
			10	21704	17362	14469	12402	10852	9646	8681	7892	7234	6678	6201	5654	5426

Tableau 5⁶

SOCIÉTÉ ANONYME DES HAUTS FOURNEAUX DE MAUBEUGE

Résistance des fers I (*larges ailes*) d'après diverses expériences

NOTA. Pour le cas de charges placées au milieu de la longueur, il ne faudra prendre que la moitié des chiffres indiqués

Dimensions en millimètres	Poids par mètre en kilos	$\dfrac{I}{V}$	Coefficients de résistance	Charge uniformément répartie sur une portée de :												
				M 2,00 kil.	M 2,50 kil.	M 3,00 kil.	M 3,50 kil.	M 4,00 kil.	M 4,50 kil.	M 5,00 kil.	M 5,50 kil.	M 6,00 kil.	M 6,50 kil.	M 7,00 kil.	M 7,50 kil.	M 8,00 kil.
10 / 280 (100)	42,000	0.00047961	6	11510	9207	7673	6577	5755	5120	4603	4185	3838	3541	3288	3069	2877
			8	15347	12276	10231	8769	7673	6827	6138	5580	5115	4721	4384	4092	3836
			10	19184	15346	12789	10962	9592	8534	7673	6976	6394	5902	5481	5115	4796
15 / 280 (105)	53,000	0.00054435	6	13078	10462	8719	7473	6539	5818	5231	4755	4359	4024	3736	3631	3269
			8	17438	13950	11625	9964	8719	7758	6975	6340	5812	5365	4982	4842	4359
			10	21708	17438	14532	12456	10899	9698	8719	7926	7266	6707	6228	6053	5449
11 / 300 (120)	55,000	0.00060809	6	14593	11674	9729	8338	7296	6486	5837	5307	4864	4490	4164	3891	3648
			3	19458	15566	12972	11118	8729	8648	7783	7076	6386	5987	5559	5188	4364
			10	24323	19458	16215	13898	12161	10811	9729	8845	8107	7484	6949	6486	6080
18 / 300 (127)	71,000	0.00071308	6	17113	13690	11409	9778	8556	7604	6845	6223	5704	5265	4889	4563	4278
			8	22818	18254	15212	13138	11409	10139	9127	8297	7606	7020	6569	6084	5704
			10	28523	22818	19015	16298	14261	12675	11409	10372	9507	8776	8149	7606	7131
10 / 300 (130)	50,200	0.00065232	6	15631	12525	10420	8931	7815	6947	6252	5684	5210	4809	4465	4168	3907
			8	20841	16673	13894	11908	10420	9263	8336	7579	6947	6412	5954	5557	5210
			10	26052	20842	17368	14886	13026	11579	10421	9474	8684	8016	7443	6947	6513
15 / 300 (135)	62,900	0.00072732	6	17455	13964	11631	9974	8727	7491	6982	6347	5815	5370	4987	4654	4363
			8	23273	18619	15508	13299	11636	9988	9309	8468	7754	7160	6649	6206	5818
			10	29092	23274	19385	16624	14546	12485	11637	10579	9692	8951	8312	7758	7273
12 / 350 (140)	70,000	0.00097976	6	23514	18811	15675	13418	11757	10450	9405	8550	7837	7234	6709	6270	5878
			8	31352	25081	20900	17894	15676	13934	12540	11400	10450	9646	8945	8360	7838
			10	39190	31352	26126	22364	19595	17418	15676	14251	13063	12058	11182	10450	9797
17 / 350 (145)	84,500	0.00109135	6	26192	20953	17461	14966	13096	11641	10476	9524	8730	8059	7483	6984	6548
			8	34923	27937	23281	19955	17461	15521	13968	12699	11640	10745	9977	9312	8730
			10	43654	34922	29102	24944	21827	19402	17461	15874	14551	13432	12472	11041	10913
14 / 400 (140)	82,000	0.00124284	6	20827	23314	19885	17044	14913	13257	11907	10846	9942	9177	8522	7954	7456
			8	39770	31752	26513	22726	19885	17676	10876	14461	13256	12236	11363	10605	9942
			10	40713	39690	33142	28408	24856	22095	19845	18077	16571	15296	14204	13257	12428
19 / 400 (145)	98,000	0.00137617	6	33027	26421	22018	18873	16513	14679	13210	12010	11009	10162	9436	8807	8256
			8	44036	35228	29357	25164	22018	19572	17114	16013	14678	13549	12582	11743	11009
			10	55046	44036	36697	31456	27523	24465	22018	20017	18348	16937	15728	14679	13784

SOCIÉTÉ ANONYME DES HAUTS FOURNEAUX DE MAUBEUGE

Résistance des fers I (*Types nouveaux et spéciaux*) d'après diverses expériences

NOTA. — Pour le cas de charges placées au milieu de la longueur, il ne faudra prendre que la moitié des chiffres indiqués.

Dimensions en millimètres	Poids par mètre en kilos	I / V	Coefficients de résistance	Charge uniformément répartie sur une portée de :												
				M 2,00 kil.	M 2,50 kil.	M 3,00 kil.	M 3,50 kil.	M 4,00 kil.	M 4,50 kil.	M 5,00 kil.	M 5,50 kil.	M 6,00 kil.	M 6,50 kil.	M 7,00 kil.	M 7,50 kil.	M 8,00 kil.
15 / 250 / 203	88,00	0.0009683	6	23240	18592	15500	13280	11620	10350	9296	8470	7750	7165	6640	6210	5840
			8	30986	24788	20660	17750	15498	13795	12394	11385	10330	9580	8875	8300	7799
			10	38732	30984	25820	22230	19866	17240	15493	14410	12910	11990	11115	10350	9683
19 / 250 / 207	96,00	0.0010113	6	24271	19416	16180	13870	12135	10850	9708	8850	8090	7410	6876	6470	6062
			8	32362	25890	21440	18450	16181	14530	12915	11800	10720	9840	9203	8650	8092
			10	40452	32360	26900	22940	20226	18020	16180	14750	13450	12250	11503	10820	10113
10 / 200 / 172	41,00	0.000319027	6	7658	6120	4990	4360	3820	3385	3050	2770	2524	2338	2170	2022	1910
			8	10206	8168	6792	5820	5090	4520	4072	3700	3376	3124	2900	2724	2545
			10	12750	10216	8496	7281	6360	5658	5100	4626	4235	3911	3627	3380	3180
10 / 175 / 115	44,00	0.000304136	6	7225	5740	4755	4035	3500	3078	2730	2451	2211	1995	1820	1665	1520
			8	9650	7693	6377	5432	4718	4159	3707	3330	3020	2750	2520	2318	2137
			10	12090	9620	8000	6832	5934	5240	4685	4220	3833	3500	3210	2960	2740
8 / 80 / 90 / 50	11,500	0.00003067	6	736	588	489	420	363	326	294	267	244	226	210	195	184
			8	981	785	653	560	490	435	392	356	326	301	230	261	245
			10	1226	981	816	700	613	544	490	445	408	377	350	326	306
4 / 60 / 40	4,600	0.0000122	6	294	235	196	167	147	130	118	107	98	91	83	77	73
			8	392	313	262	223	196	172	155	145	131	120	112	103	98
			10	490	392	327	280	245	218	196	182	164	152	140	133	122
75 / 60 / 135	6,215	0.00001403	6	336	268	230	190	168	145	134	123	112	102	95	90	84
			8	448	358	309	254	224	204	179	104	146	136	127	120	112
			10	560	448	380	320	280	250	224	205	185	170	160	150	140
6 / 60 / 45	5,215	0.00001345	8	322	253	216	180	161	135	129	115	108	98	91	84	80
			8	430	344	286	244	215	180	172	150	143	131	122	112	108
			10	538	430	358	310	269	225	215	190	179	164	153	140	135
45 / 60 / 22	5,100	0.0000103	6	247	203	164	140	124	110	99	91	82	75	70	66	62
			8	330	275	218	183	165	150	132	122	109	101	94	89	83
			10	412	348	268	234	206	185	165	153	134	125	117	110	103
60 / 50 / 20	4,300	0.00000815	6	195	156	130	110	98	89	78	69	65	60	55	52	49
			8	260	208	172	148	130	120	104	92	86	81	74	68	65
			10	326	260	216	186	163	150	130	115	108	102	93	86	81

Tableau 5³

SOCIÉTÉ ANONYME DES HAUTS FOURNEAUX DE MAUBEUGE

Résistance des fers I à rainures d'après diverses expériences

Nota. Pour le cas de charge placée au milieu de la longueur, il ne faudra prendre que la moitié des chiffres indiqués

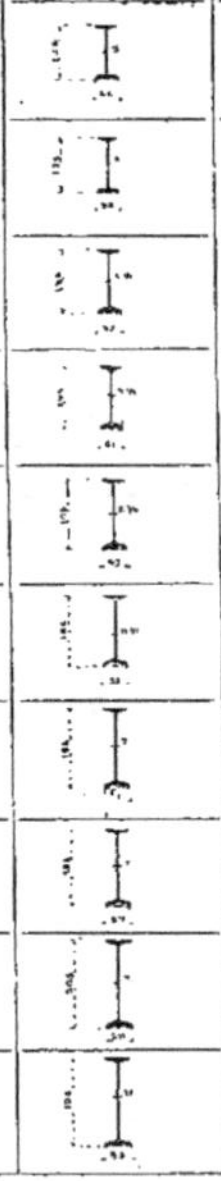

Dimensions en millimètres	Sections en millim. carrés	Poids par mètre en kilos	$\dfrac{I}{V}$	Coefficient de sécurité	CHARGE UNIFORMÉMENT RÉPARTIE SUR UNE PORTÉE DE :																
					2m000	2m500	3m000	3m500	4m000	4m500	5m000	5m500	6m000	6m500	7m000	7m500	8m000	8m500	9m000	9m500	10m000
[illegible]	1363	10,500	0,000051381	6	1233	987	829	705	617	546	490	448	410	379	352	329	308	293	275	260	247
				8	1644	1315	1093	940	822	728	658	598	547	508	470	439	411	387	365	346	329
				10	2055	1644	1367	1175	1058	910	822	747	684	632	587	548	514	484	457	433	411
[illegible]	1780	13,730	0,000058699	6	1414	1131	940	808	707	630	566	514	471	435	404	377	354	333	315	299	283
				8	1895	1507	1254	1077	943	837	754	685	628	580	539	503	472	444	419	397	377
				10	2354	1885	1567	1345	1178	1047	943	856	785	725	673	628	589	555	523	498	471
[illegible]	1558	12,999	0,000065338	6	1569	1255	1043	896	784	694	627	570	522	482	448	418	392	369	349	330	314
				8	2093	1674	1391	1195	1046	935	837	760	695	643	598	557	523	493	465	440	418
				10	2615	2020	1739	1494	1307	1157	1044	950	868	804	747	697	654	616	581	550	523
[illegible]	2273	17,560	0,000082244	6	1960	1585	1313	1132	990	880	791	720	659	608	566	527	494	465	439	415	394
				8	2606	2007	1757	1506	1318	1171	1053	958	878	810	752	701	656	612	585	558	525
				10	3233	2611	2194	1889	1665	1459	1315	1195	1095	1011	939	875	822	774	731	692	657
[illegible]	1851	14,350	0,000089203	6	1997	1593	1331	1149	993	887	799	728	646	614	571	532	498	468	441	410	397
				8	2905	2124	1770	1517	1327	1179	1052	958	835	816	758	708	663	624	589	557	529
				10	3314	2651	2210	1895	1666	1472	1326	1205	1104	1019	944	882	829	780	736	697	662
[illegible]	2688	29,700	0,000097767	6	2346	1877	1542	1341	1173	1038	939	853	780	721	670	625	580	553	522	494	470
				8	3129	2503	2061	1800	1565	1392	1252	1137	1044	952	894	835	783	737	696	658	625
				10	3911	3128	2571	2234	1955	1730	1564	1421	1300	1208	1117	1043	977	921	870	830	752
[illegible]	2305	17,730	0,000139700	6	3353	2688	2230	1911	1676	1464	1341	1215	1115	1031	956	894	838	790	745	706	670
				8	4470	3576	2973	2548	2225	1978	1788	1620	1485	1375	1274	1192	1117	1053	994	941	894
				10	5689	4470	3716	3185	2794	2473	2235	2026	1856	1718	1593	1490	1397	1316	1243	1176	1118
[illegible]	3117	24,000	0,000184230	6	3948	3153	2621	2247	1971	1744	1577	1429	1311	1212	1123	1050	985	929	878	850	798
				8	5256	4204	3495	2996	2628	2326	2102	1905	1747	1616	1498	1401	1314	1238	1168	1107	1031
				10	6569	5255	4368	3744	3284	2907	2628	2384	2184	2020	1873	1751	1643	1547	1460	1383	1314
[illegible]	2708	23,850	0,000174260	6	4201	3381	2794	2401	2100	1867	1680	1527	1400	1293	1200	1120	1049	989	934	885	840
				8	5687	4469	3724	3193	2793	2483	2234	2031	1852	1719	1596	1490	1345	1315	1241	1176	1117
				10	6874	5578	4648	3985	3498	3099	2789	2533	2334	2145	1999	1860	1742	1642	1540	1457	1394
[illegible]	3503	27,450	0,000205147	6	4898	3913	3282	2797	2446	2175	1956	1779	1631	1505	1398	1305	1228	1156	1091	1032	980
				8	6507	5294	4338	3719	3254	2893	2600	2366	2189	2001	1859	1735	1637	1539	1453	1384	1308
				10	8124	6494	5414	4642	4061	3610	3245	2954	2707	2498	2321	2165	2031	1928	1815	1717	1620

SOCIÉTÉ ANONYME DES HAUTS FOURNEAUX DE MAUBEUGE

Résistance des fers [d'après diverses expériences ([posés de champ).

NOTA. — Pour le cas de charges placées au milieu de la longueur, il ne faudra prendre que la moitié des chiffres indiqués

Dimensions en millimètres	Poids par mètre en kilos	$\frac{\mathrm{M}}{\mathrm{V}}$	Coefficients de résistance	Charge uniformément répartie sur une portée de :												
				M 2,00 kil.	M 2,50 kil.	M 3,00 kil.	M 3,50 kil.	M 4,00 kil.	M 4,50 kil.	M 5,00 kil.	M 5,50 kil.	M 6,00 kil.	M 6,50 kil.	M 7,00 kil.	M 7,50 kil.	M 8,00 kil.
15 × 30	1,600	0.00000460	6	38	31	26	22	19								
			8	54	41	34	29	26								
			10	64	51	43	37	32								
20 × 40	2,750	0.00000365	6	83	70	58	50	44	39	35						
			8	117	93	78	67	59	52	47						
			10	146	117	97	83	73	65	59						
25 × 50	3,800	0.00000615	6	148	118	99	84	74	66	59	54	49				
			8	197	153	131	113	99	88	79	72	66				
			10	246	197	164	141	123	109	99	90	82				
30 × 60	5,000	0.00001180	6	284	227	189	162	142	126	113	103	94	87	81		
			8	378	302	252	216	189	168	151	137	126	116	108		
			10	472	378	315	270	236	210	189	172	158	145	135		
29 × 80	6,500	0.00001793	6	415	332	277	237	207	180	166	151	138	128	119	111	103
			8	553	443	369	316	277	240	221	201	185	170	158	148	138
			10	691	553	461	395	346	300	277	251	231	213	198	185	173
40 × 80	7,550	0.00002321	6	557	446	372	319	279	248	223	203	186	172	159	149	139
			8	743	594	495	425	372	330	297	270	248	229	212	198	186
			10	929	743	619	531	465	413	372	338	310	286	265	248	232
38 × 100	9,500	0.00003499	6	840	672	560	480	420	374	336	305	280	259	240	224	210
			8	1120	896	747	640	560	498	448	407	373	345	320	299	280
			10	1400	1120	934	800	700	622	560	509	467	431	400	374	350
50 × 100	11,100	0.00004388	6	1052	842	701	601	526	468	421	383	351	324	301	281	263
			8	1402	1122	935	801	701	623	561	510	468	438	401	374	351
			10	1753	1402	1169	1002	877	779	701	638	585	540	501	468	438
45 × 120	13,750	0.00005199	6	1248	998	832	713	624	555	499	454	416	384	357	333	312
			8	1664	1331	1109	951	832	740	666	605	555	512	476	444	416
			10	2080	1664	1387	1189	1040	925	832	756	694	640	594	555	520
60 × 120	14,500	0.00006738	6	1617	1294	1078	924	808	719	647	588	539	498	402	431	405
			8	2156	1725	1437	1232	1078	958	862	784	719	663	616	575	539
			10	2695	2156	1796	1540	1347	1198	1078	980	898	829	770	719	674

Tableau 6²

SOCIÉTÉ ANONYME DES HAUTS FOURNEAUX DE MAUBEUGE

Résistance des fers [d'après diverses expériences ([poses de champ)

NOTA. – Pour le cas de charges placées au milieu de la longueur, il ne faudra prendre que la moitié des chiffres indiqués

Dimensions en millimètres	Poids par mètre en kilos	$\dfrac{I}{V}$	Coefficients de résistance	Charge uniformément répartie sur une portée de :												
				M 2,00 kil.	M 2,50 kil.	M 3,00 kil.	M 3,50 kil.	M 4,00 kil.	M 4,50 kil.	M 5,00 kil.	M 5,50 kil.	M 6,00 kil.	M 6,50 kil.	M 7,00 kil.	M 7,50 kil.	M 8,00 kil.
[7 — 45 — 140]	13,500	0.00006883	6	1652	1322	1102	944	826	734	661	601	551	508	472	441	413
			8	2203	1782	1469	1259	1102	979	881	801	734	678	629	588	551
			10	2754	2203	1836	1575	1377	1224	1102	1001	918	847	787	734	688
[7 — 50 — 140]	14,000	0.00007707	6	1850	1480	1233	1057	925	822	740	672	617	569	529	493	463
			8	2467	1973	1644	1409	1233	1096	987	897	822	759	705	658	617
			10	3083	2467	2055	1762	1542	1370	1233	1121	1028	949	881	822	771
[7 — 55 — 150]	19,000	0.00010610	6	2547	2037	1698	1455	1273	1132	1019	926	849	784	728	679	637
			8	3395	2716	2264	1940	1698	1509	1358	1235	1132	1045	970	906	849
			10	4244	3395	2830	2425	2122	1886	1698	1543	1415	1306	1213	1132	1061
[10 — 55 — 175]	21,300	0.00012723	6	3054	2443	2036	1745	1527	1357	1222	1111	1018	940	873	815	764
			8	4072	3257	2714	2327	2036	1810	1629	1481	1357	1253	1163	1086	1018
			10	5090	4072	3393	2908	2545	2262	2036	1851	1697	1566	1454	1357	1273
[8 — 60 — 175]	18,750	0.00012183	6	2924	2339	1950	1671	1462	1300	1170	1063	975	900	836	780	731
			8	3899	3119	2599	2228	1950	1733	1560	1418	1300	1200	1114	1040	975
			10	4874	3899	3249	2785	2437	2166	1950	1772	1625	1500	1393	1300	1219
[65 — 70 — 200]	24,500	0.00018247	6	4379	3504	2920	2503	2190	1947	1752	1593	1460	1348	1252	1168	1095
			8	5839	4671	3893	3337	2920	2595	2336	2123	1947	1797	1669	1557	1460
			10	7299	5839	4866	4171	3650	3244	2920	2654	2433	2246	2086	1947	1825
[10 — 70 — 220]	27,500	0.00021715	6	5212	4469	3475	2978	2606	2316	2085	1895	1737	1604	1489	1390	1303
			8	6949	5559	4633	3971	3475	3089	2780	2527	2316	2138	1986	1853	1737
			10	8686	6949	5791	4963	4343	3861	3473	3159	2895	2673	2482	2316	2172
[10 — 50 — 225]	26,000	0.00020492	6	4918	3935	3279	2810	2459	2186	1967	1788	1640	1513	1405	1312	1230
			8	6558	5246	4372	3747	3279	2915	2623	2385	2186	2018	1873	1749	1640
			10	8197	6553	5465	4684	4099	3643	3279	2981	2732	2522	2342	2186	2049
[10 — 90 — 250]	32,000	0.00028747	6	6899	5520	4600	3943	3450	3067	2760	2509	2300	2123	1971	1840	1725
			8	9199	7359	6133	5257	4600	4089	3680	3345	3067	2831	2623	2453	2300
			10	11499	9199	7666	6571	5750	5111	4600	4182	3833	3538	3286	3067	2875

Pour les échantillons de fer que nous avons examinés jusqu'à présent, le moment d'inertie étant pris par rapport à l'axe qui passe par le centre de gravité de la section, V est égal à la moitié de la hauteur de la pièce.

Pour les fers à T et cornières que nous allons voir, il n'en est pas ainsi ; aussi avons-nous donné la distance V du centre de gravité de la section à la fibre la plus éloignée.

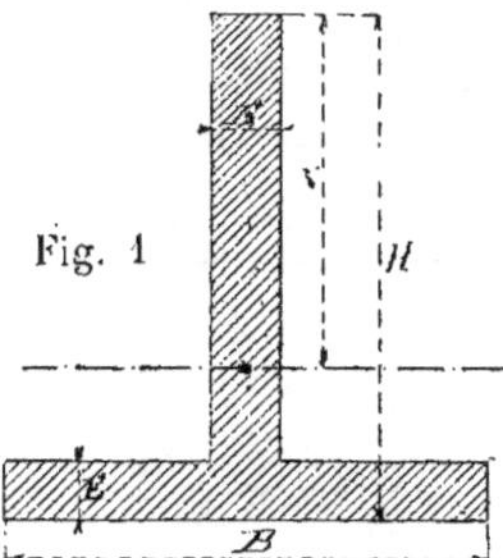

Fig. 1

Tableau 7

Hauteur de l'âme H	Largeur des ailes B	Épaisseur E	Poids approximatif au mèt. courant	Valeur de $\dfrac{I}{V}$	Valeur de V	Poids uniformément réparti pour une portée de 1^{m}00 R = 6^k p. m/m^2
0^{m}025	0^{m}020	0^{m}004	1^{k}250	0,000000580	0^{m}0165	28 kos
0,030	0,025	0,005	1,650	0,000001010	0,0200	48 k.
0,035	0,030	0,005	2,250	0,000001440	0,0238	69 k.
0,040	0,035	0,006	3,300	0,000002660	0,0272	128 k.
0,045	0,040	0,006	4,000	0,000003150	0,0305	151 k.
0,050	0,045	0,007	4,500	0,000004220	0,0343	202 k.
0,060	0,055	0,008	6,500	0,000007000	0,0414	336 k.
0,065	0,090	0,009	11,000	0,000008600	0,0480	443 k.
0,085	0,075	0,009	13,000	0,000019500	0,0590	936 k.

Les lettres de la figure 1 correspondent à celles du tableau 7. Il en sera de même pour les cornières que nous représentons fig. 2 et tableau 8.

3

Les fers à T se font à angles arrondis; comme les cornières, ils peuvent avoir leurs arêtes vives.

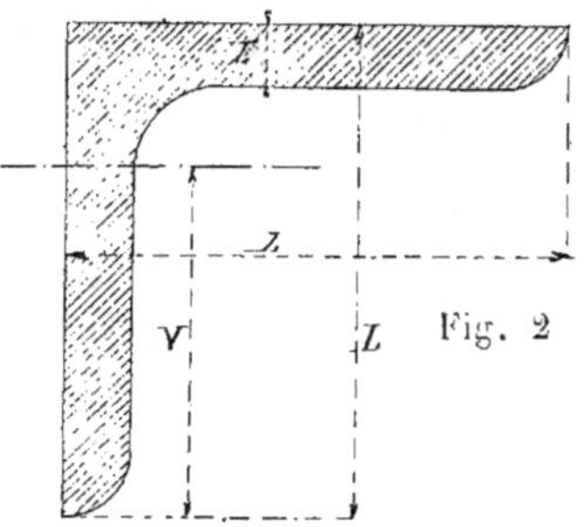

Fig. 2

Tableau 8

Largeur des ailes L	Epaisseur E	Poids approximatif au mètre courant	Valeur de $\dfrac{1}{V}$	Valeur de V	Poids uniformément réparti pour une portée de 1m00 $R = 6^k\ p.\ ^m/_{m^2}$
m.	m.	k.		m.	k.
0,030	0,004	1,750	0,000000882	0,0210	43
0,040	0,005	2,900	0,000001970	0,0282	95
0,050	0,006	4,400	0,000003710	0,0352	178
0,060	0,007	6,200	0,000006270	0,0424	301
0,070	0,008	8,200	0,000009750	0,0495	468
0,080	0,009	10,600	0,000001450	0,0566	696
0,090	0,010	13,250	0,000002025	0,0638	972
0,100	0,011	15,500	0,000002470	0,0672	1186

On trouve encore dans le commerce des cornières à ailes de longueurs inégales et des cornières dont les branches font entre elles des angles différents de 90°.

Les fers à vitrages sont des fers à T portant des gorges dans les angles intérieurs et dont les tables peuvent être plus ou moins moulurées.

Nous ne pouvons songer ici à donner les formes si diverses de tous ces fers, car il nous faudrait reproduire entièrement un album de forge que tous les constructeurs ont en mains.

Fers divers. — Parmi les fers divers, nous trouverons :

Les rails à double champignon, à patin ou creux ;

Les fers mi-ronds creux ;

Les fers pour mains courantes ;

Les fers à moulures ;

Les fers à dessins en relief ;

Les fers en croix ;

Les fers à persiennes.

Tôles. — Les tôles se font ou planes ou ondulées, et l'on peut, pour des tôles ordinaires ne dépassant pas 1^m de largeur, obtenir des longueur très grandes. Cependant, une surface de 6^m est considérée comme un maximum, la plus grande largeur ne devant, en aucun cas, dépasser $2^m,70$.

Les tôles du commerce ont le plus souvent 1^m de largeur sur 2^m dans le sens du laminage et des épaisseurs variables de $1/2^{mm}$ à 15^{mm}.

Le poids de ces feuilles est approximativement de 8 kilos par mètre carré et pour 1 millimètre d'épaisseur.

Les tôles de $1/2$ millimètre d'épaisseur se font en 300 ou 500^{mm} de large et 1 mètre de longueur ; elles se vendent par paquet de 50 kilos.

Les tôles ondulées se différencient suivant la forme plus ou moins accusée des ondes et suivant leurs dimensions : d'axe en axe des ondes, on peut compter de 95^{mm} à 166^{mm}. L'épaisseur des feuilles employées varie de $1/2^{mm}$ à 3^{mm}, et le poids approximatif de chaque mètre carré non développé est de $8^k,5$ par millimètre d'épaisseur.

L'industrie livre encore des tôles, du poids de 9 kilos le mètre carré par millimètre d'épaisseur, qui portent des ondulations d'environ 40^{mm} de hauteur et 40^{mm} de largeur, dont les distances d'axe en axe sont de 220 à 250^{mm}.

Enfin les tôles peuvent porter des stries en forme de losange ou carré, de dimensions très variables. Le poids de ces tôles est de 40 kilos le mètre carré, l'épaisseur totale étant de 7^{mm} et la hauteur des stries de 2 à 3^{mm}.

RÉSISTANCE DES MATÉRIAUX

Les conditions d'établissement déterminent les dimensions longitudinales des pièces d'une construction ; les dimensions transversales dépendent des forces extérieures

Tableau 9

Résistance des matériaux de construction							
MATIÈRES	Densités	Charge de rupture			Charge pratique		
		Compression	Traction	Cisaillement	Compression	Traction	Cisaillement
En kilos par millimètre carré							
Fer laminé	7,6 à 7,9	30	38	30	6 à 8	6 à 8	6
Acier	7,8 à 7,9	75	65	65	8 à 12	8 à 12	8 à 10
Fonte de fer	7,2	78	13	20	6 à 8	2 à 3	3
En kilos par centimètre carré							
Chêne	0,90	500	1000	»	60	60 à 80	»
Pin	0,6 à 0,7	450	900	»	40	60	»
Sapin	0,5 à 0,65	400	800	»	40 à 60	40 à 60	»
Maçonnerie pierre dure	2,40	»	»	»	15 à 20	»	»
Maçonnerie meulière	1,50	»	»	»	8	»	»
Béton	2,0 à 2,4	»	»	»	10	»	»
Brique	1,70	»	»	»	7 à 10	»	»
Granit	2,6 à 2,8	»	»	»	40 à 50	»	»
Sable	1,4 à 1,6	»	»	»	4 à 6	»	»
Gravier	1,4 à 1,8	»	»	»	6 à 8	»	»
Argile	1,7 à 2,3	»	»	»	4 à 6	»	»

qui, suivant la façon dont elles agissent, produisent l'*extension*, la *compression*, le *cisaillement* ou la *flexion*.

Les matériaux ont été soumis à un certain nombre d'épreuves qui ont permis de déterminer pour chacun d'eux la charge par unité de surface qui produirait la rupture ; on en a déduit la charge pratique qu'il est prudent de ne pas dépasser, surtout lorsque les constructions n'ont pas un caractère provisoire.

Pour les matériaux les plus employés, nous avons résumé dans le tableau 9 la densité ou poids du décimètre cube, la charge de rupture et la charge pratique.

La chaleur modifie les conditions de résistance des matériaux ; cette résistance, constante jusqu'à 200 à 250°, diminue très fortement à partir de cette température, et pour le fer et l'acier la réduction est de 80 0/0 quand on atteint 700°.

Sous l'action de la chaleur, les matériaux se dilatent, par refroidissement ils se contractent ; cette propriété est utilisée pour la pose des rivets et frettes à chaud. Nous donnons dans le tableau 10 les coefficients de dilatation linéaire par mètre pour une élévation de température de 1°.

Tableau 10

Coefficients de dilatation linéaire des matériaux	
Acier non trempé.	0,0000110
Acier trempé	0,0000124
Fer	0,0000123
Fonte de fer	0.0000111
Zinc.	0,0000294
Plomb	0,0000285
Cuivre	0,0000172
Verre	0,0000086
Maçonnerie en briques ou pierre	à 0,0000050
de taille	0,0000090

Ces coefficients nous serviront à déterminer le jeu à laisser à l'extrémité de chaque pièce ou dans les assemblages

pour que les diverses parties de la construction se dilatant
librement, la chaleur n'engendre pas des efforts secondaires dont on ne peut tenir compte dans les calculs d'établissement.

Ainsi considérée, la théorie de la résistance des matériaux permet de calculer d'avance les efforts intérieurs qui
se développeront dans une construction projetée quand on
connaît les forces extérieures, et de vérifier si ces mêmes
efforts n'amèneront pas la destruction de la construction
achevée.

Nous examinerons les divers cas qui peuvent se produire
et prendrons d'ailleurs des exemples dans le cours de cet
ouvrage.

Extension ou traction. — Lorsqu'une force extérieure,
agissant suivant l'axe d'une pièce maintenue à une extrémité, tend à séparer deux sections voisines faites dans cette
pièce, il se développe un effort *d'extension* ou de *traction*
proportionnel à cette force. Pour que la pièce résiste dans
de bonnes conditions, il sera alors nécessaire que le rapport
entre la force et la section de la pièce ne dépasse pas, pour
la matière qui la compose, ce que nous avons appelé la
charge pratique.

Donc, quand on connaîtra deux des facteurs de ce rapport, on pourra déterminer le troisième.

Prenons comme exemple une tige verticale fixée à la partie supérieure et chargée à l'extrémité libre d'un poids de
7000 k., on demande quelle sera la section S de cette tige
pour que le fer qui la compose ne travaille pas à plus de
6 k. par millimètre carré.

Nous aurons $\dfrac{7000}{S} = 6$ kil. $S = \dfrac{7000}{6} = 1167^{mm^2}$; un fer
40×30 nous donnerait 1200^{mm^2}.

Si la tige est courte, on peut négliger son poids propre,

mais dans le cas où elle serait longue, il faut en tenir compte. Ainsi, le fer précédent de 40×30 pourra porter à son extrémité $1200\times6 = 7200$ k.; comme le mètre courant de ce fer pèse 9 k. 500, si la tige n'a qu'un mètre, le poids utile sera 7200 k. — 9 k.5 = 7190,5 ; mais si la tige à 100 m. de longueur, ce poids deviendra $7200 - 9,5\times100 = 6250$ k.

Cette considération a une grande importance pour les tiges des pistons de pompes placées dans les puits de mines dont on empêche la flexion par des guidages, mais qui sont soumises à des efforts d'extension et de compression qui obligent à ne pas même atteindre la charge pratique de la matière.

Nous avons pris comme exemple une pièce placée verticalement, mais il est évident que le même calcul s'appliquerait à une pièce inclinée ou horizontale, comme nous le verrons d'ailleurs à propos des assemblages ; dans ce cas alors le poids propre de la matière n'agit que partiellement ou même pas du tout ; son action produit ce que nous nommerons la flexion.

Compression. — Si la force extérieure, agissant comme nous venons de le voir, tend à rapprocher les deux sections voisines, on dit qu'il y a *compression* et le rapport entre cette force et la section de la pièce devra être tel qu'en aucun cas il n'y ait écrasement de la matière ; on prend généralement comme valeur de ce rapport la charge pratique que nous avons indiquée dans le tableau 1.

Prenons comme exemple un morceau de fer 30×20. Si nous le faisons travailler à 7 kg. par millimètre carré, il pourra supporter une charge $P = 600\times7 = 4200$ kg. Inversement, connaissant la charge par unité de surface et le poids à supporter, on déterminerait la section de la pièce et par conséquent ses dimensions. Comme dans le cas de la traction, le poids propre du métal a une influence, mais on le néglige, car avec la hauteur de la pièce intervient la considération de *flambage* dont nous allons nous occuper.

Lorsque les dimensions transversales d'une pièce comprimée sont faibles par rapport à sa longueur, cette pièce tend à flamber, c'est-à-dire à se déformer sur une partie de sa longueur.

Si la pièce est simplement maintenue à chacune de ses extrémités dans la direction de son axe par un boulon, par exemple, qui n'empêcherait pas la rotation de ces extrémités lors de la déformation, on pourra admettre que la plus petite dimension transversale ne doit pas être inférieure au 1/20 de la longueur de la pièce.

Si l'assemblage des extrémités est tel qu'on puisse considérer la pièce comme encastrée, on adoptera le rapport de 1/40°.

Dans ces deux cas, on calculera la pièce par simple compression.

Si le rapport est plus petit, il faudra, dans le premier cas, appliquer la formule :

$$P = 8 \times 10^{10} \times \frac{I}{l^2}$$

et dans le second :

$$P = 32 \times 10^{10} \times \frac{I}{l^2}.$$

Ces formules supposent que le coefficient d'élasticité du métal est de 16×10^9. S'il était différent, il faudrait multiplier par le rapport inverse.

P est la charge qui produirait le flambage ;

I est le moment d'inertie de la section ;

l est la longueur de la pièce.

Prenons comme exemple une cornière de $\frac{60 \times 60}{7}$ de 2 m. de longueur supposée articulée à ses extrémités, sa section étant de 791 mm. Si le fer travaille à 6 kg., elle pourra supporter une charge de $791 \times 6 = 4746$ kg. Son moment d'inertie est $I = 0,000000264$.

Nous aurons donc :

$$P = 8 \times 10^{10} \times \frac{0,000000264}{2,00^2} = 5280 \text{ kg.}$$

la charge étant supérieure à celle trouvée pour la compression, il n'y aura pas flambage. Au contraire, si la longueur devient 2 m. 50,

$$P = 8 \times 10^{10} \frac{0,000000264}{2,50^2} = 3540 \text{ kg.}$$

Le flambage se produisant sous un effort moindre que celui que peut supporter la cornière, il faudra augmenter cette section jusqu'à ce que l'on obtienne pour P un nombre supérieur à 4746 kg., qui est l'effort de compression et restera invariable, quelle que soit la cornière.

Ces formules sont générales, mais pour les supports on préfère employer celles de M. Love, qui ne conduisent pas à rechercher les moments d'inertie.

Si nous appelons P la charge totale que l'on peut faire supporter en toute sécurité à une colonne de longueur L et de section S, dont le diamètre ou la plus petite dimension transversale est D, la charge pratique étant désignée par R.

Nous aurons pour les colonnes en fonte :
de L = 4D à L = 30D :

$$(1) \qquad P = \frac{RS}{0,68 + 0,1 \left(\dfrac{L}{D}\right)}$$

de L = 30D à L = 120D :

$$(2) \qquad P = \frac{RS}{1,45 + 0,0037 \left(\dfrac{L}{D}\right)^2}$$

Pour les supports en fer, en conservant aux lettres les mêmes significations, nous aurons :
de L = 5D à L = 35D :

$$(3) \qquad P = \frac{RS}{0,85 + 0,04 \left(\dfrac{L}{D}\right)}$$

de $L = 35D$ à $L = 180D$:

$$(4) \qquad P = \frac{RS}{1,55 + 0,0005 \left(\dfrac{L}{D}\right)},$$

Comme exemple, nous prendrons une colonne en fonte pleine à section circulaire de 0 m. 10 de diamètre, la hauteur étant de 6 m., nous chercherons quelle est la charge que cette colonne peut supporter quand le métal travaille à 8 kg. par millimètre carré.

Le rapport $\dfrac{L}{D}$ étant de 60, c'est la formule (2) que nous appliquerons.

La section $S = \dfrac{\pi \times \overline{100}^2}{4} = 7.854$ mm².

donc :

$$P = \frac{8 \times 7.854}{1,45 + 0,0037 \left(\frac{6.00}{0.10}\right)^2} = 4.200 \text{ k.}$$

Dans le cas des colonnes creuses, on ferait la différence entre les charges trouvées pour une colonne du diamètre extérieur et pour l'autre du diamètre intérieur. Pour ces colonnes, les épaisseurs ne doivent pas être inférieures à 0,015 ; le vide intérieur sera d'au moins 0,050 pour les longueurs au-dessous de 3 m. et de 0,060 pour celles au-dessus ; il résulte de là que l'on ne fait que rarement des colonnes creuses dont le diamètre extérieur à moins de 0 m. 080.

Cisaillement. — Nous avons jusqu'à présent considéré la force extérieure comme agissant suivant l'axe de la pièce ; supposons maintenant qu'elle agisse dans une section transversale pour la couper, la pièce sera alors *cisaillée* suivant cette section et l'effort développé se nomme *Effort tranchant*.

Si P est la force et S la section, le rapport $\dfrac{P}{S}$ ne donnera pas la rupture par unité de surface, on le prend égal à la charge pratique correspondante du tableau 1.

Si nous supposons une barre de fer de 40×20 encastrée dans un mur et que nous prenions 6 kg. par millimètre carré comme résistance pratique en cisaillement, la force que l'on pourra appliquer dans la section d'encastrement sera

$$40 \times 20 \times 6 = 4.800 \text{ kg.}$$

De même, en divisant la charge par 6 kg., on obtiendrait la section de la pièce en millimètres carrés et par conséquent ses dimensions.

Flexion. — Considérons maintenant une pièce soutenue d'une façon quelconque à ses deux extrémités ou en une seule ; si les forces extérieures agissent normalement à la direction de la pièce, celle-ci ne pourra se maintenir en équilibre qu'après s'être déformée plus ou moins, et après avoir subi la *flexion*. Si ces forces sont inclinées, elles se décomposeront suivant la normale pour produire la flexion et suivant l'axe de la pièce pour produire l'extension ou la compression. Si les forces agissent dans la section voisine de l'un des appuis, on aura le cisaillement.

Dans tous les cas, ces forces produiront sur les appuis des efforts tels que chacun d'eux devra pouvoir les supporter, ces efforts considérés par rapport à la pièce seront les efforts tranchants et nous les nommerons Réactions par rapport aux appuis.

Dans toute pièce fléchie, les éléments supérieurs sont comprimés, ceux inférieurs sont tendus et il existe une zône passant par le centre de gravité de la section, qui ne subit aucun effort, c'est la *fibre neutre*. Donc quand, dans le cours de cette étude, nous parlerons de charge pratique, ce sera la plus faible des deux charges, traction ou compression que nous prendrons et nous l'appliquerons à toute la section pour simplifier les calculs.

Le *moment* d'une force par rapport à un point est le produit obtenu en multipliant la valeur de cette force par la longueur de la perpendiculaire abaissée du point sur la direction de cette force.

Si une pièce est en équilibre sous l'action des forces extérieures qui tendent à la faire fléchir et des réactions des appuis, nous appellerons *Moment fléchissant* en un point de cette pièce, la somme algébrique des moments par rapport à ce point des forces qui sollicitent la partie de la pièce comprise entre ce point et l'une des extrémités.

En ce même point considéré l'*effort tranchant* sera la somme des projections dans un plan passant par ce point et perpendiculaire à l'axe de la pièce, des forces qui agissent entre le point et l'extrémité de la pièce.

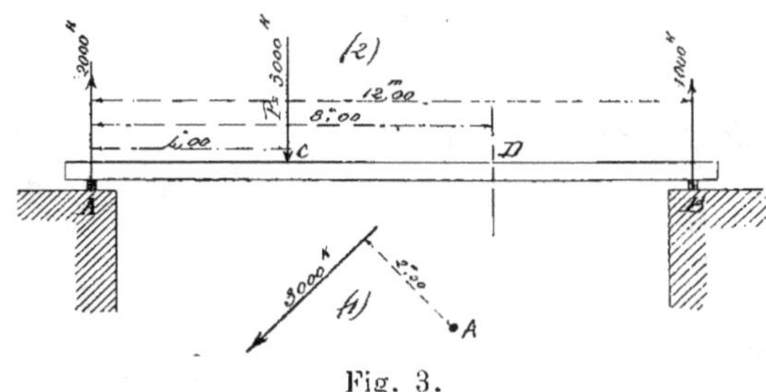

Fig. 3.

En (1), nous avons représenté une force de 3.000 kg. dirigée suivant la flèche. Le moment de cette force par rapport au point A sera :

$$3.000 \times 2 \text{ m. } 00 = 6.000 \text{ kg.}$$

la plus courte distance du point à la direction de la force étant de 2 m.

En (2), nous avons supposé une poutre posée sur deux appuis A et B et chargée en un point C d'un poids de 3.000 kg. La portée de la poutre étant 12 m. et la distance AC étant de 4 m., les réactions des appuis seront :

En A $\dfrac{3.000 \times 8}{12} = 2.000$ kg.

En B $\dfrac{3.000 \times 4}{12} = 1.000$ kg.

Les forces extérieures sont donc ces deux réactions dont

nous prendrons le sens comme positif et la force P=3.000 kg. qui, agissant en sens contraire, sera comptée négativement.

Tableau 11

SECTIONS	Nos des sections	Valeurs de I	Valeurs de $\frac{I}{V}$
(1)	1	$\dfrac{b\,h^3}{12}$	$\dfrac{b\,h^2}{6}$
(2)	2	$\dfrac{b^4}{12}$	$\dfrac{b^3}{6}$
(3)	3	$\dfrac{3,14}{64}\,d^4$	$\dfrac{3,14}{32}\,d^3$
(4)	4	$\dfrac{b\,h^3 - b_1\,h_1^3}{12}$	$\dfrac{b\,h^3 - b_1\,h_1^3}{6\,h}$

Dans ces conditions, le moment fléchissant, au point D, par exemple, situé à 8 m. du point A, sera :

$$M = (2.000 \times 8) + (- 3.000\,[8 - 4]) = 4.000,$$

et l'effort tranchant en ce même point sera :

$$T = 2.000 - 3.000 = - 1.000.$$

Le *moment d'inertie* d'une section est la somme des produits que l'on obtient en multipliant chaque élément par le carré de la distance à l'axe passant par le centre de gravité de cette section.

Nous désignerons le moment d'inertie par I et nous donnons dans le tableau 11 les formules qui permettent de le calculer pour les formes les plus usuelles.

Ces moments d'inertie sont pris par rapport à l'axe indiqué sur chaque figure et passant par le centre de gravité de la section. Si on voulait connaître le moment d'inertie par rapport à une droite parallèle à cet axe et prise dans la section ou en dehors il suffirait d'ajouter aux valeurs trouvées le produit obtenu en multipliant la section par le carré de la distance de l'axe à la nouvelle droite.

Le moment d'inertie de la figure 1, par rapport à sa base inférieure, serait :

$$\frac{bh^3}{12} + bh\,\frac{h^2}{4} = \frac{bh^3}{3}.$$

Dans le tableau 11, nous avons indiqué dans une colonne *Valeurs de* $\frac{I}{V}$. V est la distance de la fibre la plus éloignée de l'axe d'inertie ; dans le cas des figures 1, 2, 3, 4, du tableau V est égal à $\frac{h}{2}$, $\frac{b}{2}$, $\frac{d}{2}$ et $\frac{h}{2}$, la section étant symétrique par rapport à l'axe.

Si nous supposons les forces extérieures agissant normalement à la direction de la pièce et que nous négligions les efforts qui peuvent s'exercer suivant l'axe longitudinal, la formule générale

$$R = \frac{VM}{I} - \frac{N}{S}.$$

se réduira à :

$$R = \frac{VM}{I}$$

qui nous permettra, connaissant le moment fléchissant M, la charge pratique R de trouver $\frac{I}{V}$ et, par suite, les dimensions de la pièce.

Nous allons maintenant examiner les cas les plus simples qui peuvent se produire et rechercher les moments fléchissants, efforts tranchants et réactions des appuis.

Poutres posées sur deux appuis. — La poutre repose simplement sur ses deux appuis, elle a une partie L et est

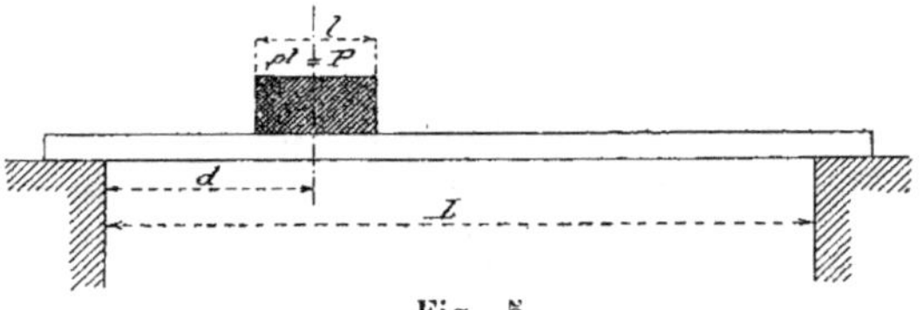

Fig. 5

chargée sur une longueur l d'un poids uniformément réparti p par mètre courant dont le milieu est situé à une distance d de l'un des appuis.

La charge totale sera $p\,l$, nous la désignerons par P.

La formule qui donne le moment fléchissant est :

$$M = P\left(1 - \frac{d}{L}\right)\left(1 - \frac{1}{2}\frac{l}{L}\right)d.$$

Sur l'appui de gauche, la réaction sera :

$$T_0 = \frac{P}{L}(L - d) = P\left(1 - \frac{d}{L}\right).$$

Sur l'appui de droite nous aurons :

$$T_1 = P\frac{d}{L}.$$

Il nous sera donc facile de calculer M, T_0 et T_1, si nous nous donnons les divers éléments du second terme.

Cette formule est générale, car si nous voulons savoir quel sera le moment fléchissant pour une charge uniformément répartie sur toute la longueur, il nous suffira de faire $l = L$ et $d = \frac{L}{2}$, nous aurons alors :

$$M = \frac{PL}{8}, \quad T_0 = T_1 = \frac{P}{2}.$$

Si nous supposons de même que la longueur l se réduise

jusqu'à devenir un point sur lequel agira alors le poids P, nous n'aurons qu'à faire dans la formule $l = o$ et nous obtiendrons :

$$M = P\left(1 - \frac{d}{L}\right)d, \quad To = P\left(1 - \frac{d}{L}\right) \text{ et } T_1 = P\frac{d}{l}.$$

Connaissant M, nous pourrons donc calculer la section de la poutre par la formule :

$$M = R\frac{I}{V}.$$

Connaissant To et T_1, nous vérifierons si ces valeurs ne produisent pas un effort de cisaillement trop considérable et nous pourrons déterminer les charges qui agiront sur les supports et par conséquent leurs dimensions.

Lorsqu'il s'agit d'une charge uniformément répartie sur toute la longueur de la poutre, nous remarquons que le moment fléchissant varie avec la longueur ; donc, pour un même profil et une même charge pratique, le poids que la poutre supportera sera inversement proportionnel à cette longueur ou portée.

Prenons comme exemple un fer double T $\frac{140 \times 47}{6}$, les tableaux nous montrent que pour une portée de 2 m., le fer travaillant à 6 kg. par millimètre carré, la charge peut être de $P = 1.557$ kg., pour une portée de 3 m. le poids deviendra :

$$1.557 \times \frac{2}{3} = 1.038 \text{ kg.}$$

Soit par mètre courant $\frac{1.038}{3} = 346$ kg.

Si la charge pratique devient 8 kg. par millimètre carré, il supportera alors $\frac{1.038 \times 8}{6} = 1.384$ kg. ou $\frac{1.384}{3} = 461$ kg. par mètre courant.

Si nous avons maintenant une charge de 500 kg. par mètre courant et que nous voulions prendre un fer en U, qui, ayant 4 m. de portée, travaillerait à 10 kg., nous procèderons de la façon suivante : La charge totale sera $4 \times 500 = 2.000$ kg., cette charge réduite à 1 m. deviendra $2.000 \times 4 = 8.000$ kg. ; si les tableaux que nous possédons nous donnent le cas de la charge à 10 kg., nous chercherons le profil correspondant à 8.000 kg., sinon, il faudra multiplier le rapport de la charge donnée par le tableau à 10 kg.

Les tableaux que nous donnons dans cet ouvrage ne contiennent pas les charges pour 1 m. de portée, nous devrons donc chercher le nombre correspondant à $\frac{8.000}{2} = 4.000$ kg. Nous trouvons alors comme se rapprochant le plus le fer à U de $\frac{160 \times 55}{7}$ qui peut supporter 4.224 kg. à 2 m. et 2.122 à 4 m.

Comme la plupart des marchands de fer ont, dans leurs albums, les charges uniformément réparties que peuvent

Tableau 12

Poutres posées sur deux appuis											
Valeurs de $\frac{d}{L}$	Valeurs de $\frac{l}{L}$										
	0,0	0,1	0,2	0,3	0,4	0,5	0,6	0,7	0,8	0,9	1,0
0,05	0,380	0,361	»	»	»	»	»	»	»	»	»
0,10	0,720	0,684	0,648	»	»	»	»	»	»	»	»
0,15	1,020	0,969	0,918	0,867	»	»	»	»	»	»	»
0,20	1,280	1,216	1,152	1,088	1,024	»	»	»	»	»	»
0,25	1,500	1,425	1,350	1,275	1,200	1,125	»	»	»	»	»
0,30	1,680	1,596	1,512	1,428	1,344	1,260	1,176	»	»	»	»
0,35	1,820	1,729	1,638	1,547	1,456	1,365	1,274	1,183	»	»	»
0,40	1,920	1,824	1,728	1,632	1,536	1,440	1,344	1,248	1,152	»	»
0,45	1,980	1,880	1,782	1,683	1,584	1,485	1,386	1,287	1,188	1,089	»
0,50	2,000	1,900	1,800	1,700	1,600	1,500	1,400	1,300	1,200	1,100	1,000

supporter les divers échantillons, nous avons cru utile, pour simplifier les calculs, de rapporter les cas de charge unique ou de charge uniformément répartie sur une portion seulement de la longueur à celui de la charge uniformément répartie sur toute la longueur. Nous avons résumé le résultat de la comparaison des formules dans le tableau ci-dessus n° 12.

La première colonne, $\frac{l}{L} = 0,00$, nous donnera les coefficients pour la charge unique ; nous l'appliquerons à un exemple :

On demande quelles seront les dimensions d'un fer double T qui supporterait une charge unique de 2.000 kg. appliquée à 2 m. de l'un des appuis, la portée étant de 8 m. et la charge pratique de 10 kg. par mm².

Le rapport $\frac{d}{L} = \frac{2}{8} = 0,25$, en face, nous trouvons le coefficient de 1,500 ; donc la charge uniformément répartie sur les 8 m. de portée, équivalente à la charge de 2.000 kg., sera :

$$2.000 \times 1.500 = 3.000 \text{ kg.}$$

Réduisons à l'unité de portée, nous aurons, pour 2 m.,

$$\frac{3.000 \times 8}{2} = 12.000 \text{ kg.,}$$ le fer à prendre sera le double T

$$\frac{260 \times 68}{10}.$$

Supposons, comme deuxième exemple, qu'on donne une valeur à l.

Prenons une charge $P = 1.000$ kg. répartie sur une longueur $l = 1$ m. 20, une distance à l'appui $d = 2$ m. 40, une partie $L = 6$ m., et cherchons quel sera le fer à double T à employer, le métal travaillant à 6 kg.

Formons les rapports $\frac{d}{L} = \frac{2,40}{6,00} = 0,40$ et $\frac{l}{L} = \frac{1,20}{6,00} = 0,20$ et prenons dans le tableau le coefficient 1,024 qui se trouve à la rencontre des deux colonnes.

La charge uniformément répartie de 6 m. sera :

$$1.000 \times 1,024 = 1.024 \text{ kg.}$$

Réduisons la portée à 2 m., nous obtiendrons :

$$\frac{1.024 \times 6}{2} = 3.072 \text{ kg.}$$

Il faudra prendre le fer à double T $\dfrac{180 \times 53}{7}$.

Nous n'avons pas donné d'exemple pour la réaction des appuis, mais il sera toujours aisé d'obtenir leur valeur puisqu'il suffira de multiplier la charge P par un rapport toujours simple, comme le montrent les formules T_0 et T_1.

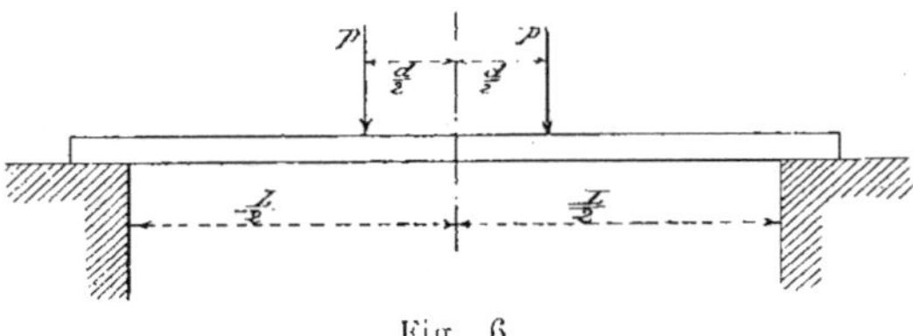

Fig. 6.

Considérons le cas d'une poutre portant deux charges égales P également éloignées de $\dfrac{d}{2}$ du milieu de la portée L. Le moment fléchissant sera :

$$M = \frac{P}{2}(L - d)$$

Sur chacun des appuis la charge sera P.

Si on veut rapporter ce cas à la charge uniformément répartie, il suffira de multiplier 2P par le facteur

$$2\left(1 - \frac{d}{L}\right).$$

Prenons comme exemple P = 600 kg., d = 1 m. 00 et L = 5,00. La charge uniformément répartie correspondante sera :

$$2 \times 600 \text{ kg.} \times 2\left(1 - \frac{1 \text{ m.} 00}{5 \text{ m.} 00}\right) = 1920 \text{ kg.}$$

Pour une portée de 2 m. 00 la charge deviendra :

$$\frac{1920 \times 5}{2} = 4800 \text{ kg.}$$

le fer à U $\dfrac{175 \times 60}{8}$ travaillant à 10 kg. par mm² conviendra si aucune condition de forme et de charge pratique n'est imposée.

Dans les exemples que nous avons donnés, nous n'avons pas tenu compte du poids propre de la poutre et nous avons toujours supposé qu'une seule sorte de charge agissait sur la poutre; il peut en être autrement et nous allons montrer comment alors on peut calculer la poutre.

On demande quelles seront les dimensions d'une poutre en fer à double T de 4 m. 00 de portée qui, en tenant compte de son poids, pourrait porter une charge par mètre courant de 100 kg. et au milieu de sa longueur une surcharge de 500 kg., le métal ne devant pas travailler à plus de 6 kg.

Le tableau 12 nous montre que la charge uniformément répartie correspondante à celle appliquée au milieu s'obtiendra en multipliant 500 kg. par le coefficient 2,00. Nous aurons donc. . . . . 500 kg. $\times$ 2 m. 00 = 1.000 kg.

Les 100 kg. par mètre courant nous donneront . 100 kg. $\times$ 4 m. 00 = 400 kg.

Si nous supposons que la poutre pèse 15 kg. le mètre courant nous devrons encore ajouter . . . . 15 kg. $\times$ 4 m. 00 = 60 kg.

Soit au total . . . . 1.460 kg.

Réduisons la longueur à 2 m. $\dfrac{1.460 \times 4 \text{ m.}}{2 \text{ m.}}$ = 2.920 kg.

Le fer à double T $\dfrac{140 \times 84}{10}$ supporterait 2.989 kg. mais son poids est de 22 kg., avant de l'adopter, il faudra s'assurer que l'augmentation de poids 22 kg. — 15 kg. = 7 kg. par mètre courant, multiplié par la longueur de la poutre pour avoir l'accroissement de charge 7 $\times$ 4 m. = 28 kg., réduit à 2 m. de longueur $\dfrac{28 \text{ kg.} \times 4 \text{ m.}}{2 \text{ m.}}$ = 56 kg. et ajouté à la charge primitive 56 + 2.920 kg. = 2.976 kg. ne dépasse pas la charge pour l'échantillon choisi 2.989 kg.

Si dans le calcul on se sert des formules il faudrait ajouter les moments fléchissants et efforts tranchants et en déduire les dimensions de la poutre ; on ferait également une hypothèse sur le poids propre en prenant comme comparaison des pièces que l'on sait avoir travaillé dans de bonnes conditions et on rectifierait le poids si la différence était trop grande.

Poutres encastrées aux deux extrémités. — On dit qu'une pièce est encastrée à une extrémité lorsque l'angle qui forme la direction de cette pièce avec les pièces adjacentes demeure constant quelle que soit la charge qui agisse. Une cornière solidement reliée à un gousset qui fait

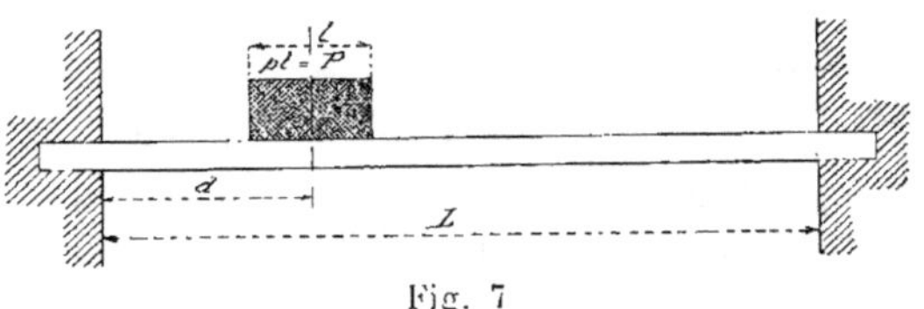

Fig. 7

partie de l'ensemble d'une construction, est regardée comme encastrée ; de même une poutre fortement scellée dans la maçonnerie. On n'appliquera donc les formules relatives à l'encastrement que lorsqu'on sera absolument assuré de l'invariabilité des angles, dans le cas contraire il sera toujours plus prudent de considérer la pièce comme simplement posée sur ses appuis.

Comme nous l'avons fait dans l'étude précédente, nous ne considérerons que le moment fléchissant maximum produit par une position déterminée d'une charge donnée. Pour les poutres encastrées ce moment a lieu dans une des sections d'encastrement et son expression en fonction des lettres de la figure 5 est :

$$M = \frac{P}{L^2}\left[\left(L - d - \frac{l}{2}\right)(L - l)\left(L - d + \frac{l}{2}\right) - (L - d)\left(L - d - \frac{l}{2}\right) + \frac{Ll^2}{3} - \frac{l^3}{4}\right]$$

sur l'appui de gauche la réaction ou l'effort tranchant dans là section d'encastrement sera :

$$T_0 = \frac{2P}{L^3}\left[\left(d - \frac{l}{2}\right)^2\left(\frac{3}{2}L - d - l\right) + \left(d - \frac{l}{2}\right)\left(\frac{3}{2}Ll - l^2\right) + \frac{Ll^2}{2} - \frac{l^3}{4}\right]$$

et sur l'appui de droite :

$$T_1 = \frac{2P}{L^3}\left[\left(L - d - \frac{l}{2}\right)^2\left(\frac{L}{2} + d - l\right) + \left(L - d - \frac{l}{2}\right)\left(\frac{3}{2}Ll - l^2\right) + \frac{Ll^2}{2} - \frac{l^3}{4}\right]$$

Comme le montre la figure 5, ces formules donnent les valeurs de M, T_0 et T_1 quand la charge est répartie uniformément sur une partie l de la longueur, mais elles sont générales et si nous voulons examiner le cas de la charge uniformément répartie sur toute la portée, il nous suffira à remplacer l par L et d par $\frac{L}{2}$ nous obtiendrons alors :

$$M = \frac{PL}{4} \quad T_0 = T_1 = \frac{P}{2}$$

Si nous faisons $l = o$ nous aurons le cas de la charge concentrée en un seul point et les formules deviendront :

$$M = \frac{P}{L^2}(L - d)^2 d = P\left(1 - \frac{d}{L}\right)^2 d.$$

$$T^0 = P\left(\frac{d}{L}\right)^2\left(3 - 2\frac{d}{L}\right) \quad T_1 = P\left(1 - \frac{d}{L}\right)^2\left(1 + 2\frac{d}{L}\right).$$

De la comparaison de ces formules avec celle qui donne le moment fléchissant d'une poutre posée sur ses appuis la charge étant uniformément répartie, nous tirerons quelques remarques qui simplifieront de beaucoup les calculs.

Nous avons dressé un tableau des coefficients répondant à diverses valeurs de $\frac{d}{L}$ et de $\frac{l}{L}$ et nous allons l'appliquer à quelques cas particuliers en nous contentant de montrer comment on transforme la charge en charge uniformément répartie sur une pièce posée sur deux appuis, la recherche des dimensions des fers correspondants se faisant d'ailleurs comme nous l'avons vu.

La charge uniformément répartie sur une pièce encastrée

à ses extrémités est de 400 kg. par mètre courant, la portée est de 5 m., on demande quelle sera la charge correspondante uniformément répartie, la poutre reposant sur ses appuis.

La charge totale est 5 m. $\times$ 400 kg. $=$ 2.000 kg.

Dans le tableau nous prendrons pour ce cas $\frac{l}{L} = 1$, et $\frac{d}{L} = 0,50$ à la rencontre de ces deux colonnes nous trouvons 0,667 donc le poids cherché sera :

$$0,667 \times 2.000 = 1.334 \text{ kg.}$$

que l'on réduirait à 1 m. ou 2 m.

Tableau 13

Poutres encastrées aux deux extrémités												
Valeurs de $\frac{d}{L}$	Valeurs de $\frac{l}{L}$											
	0,0	0,1	0,2	0,3	0,4	0,5	0,6	0,7	0,8	0,9	1,0
0,05	0,361	0,348	»	»	»	»	»	»	»	»	»
0,10	0,648	0,637	0,602	»	»	»	»	»	»	»	»
0,15	0,867	0,857	0,825	0,772	»	»	»	»	»	»	»
0,20	1,024	1,015	0,986	0,938	0,870	»	»	»	»	»	»
0,25	1,125	1,117	1,091	1,048	0,987	0,910	»	»	»	»	»
0,30	1,176	1,169	1,145	1,108	1,055	0,987	0,903	»	»	»	»
0,35	1,183	1,181	1,157	1,124	1,078	1,019	0,946	0,858	»	»	»
0,40	1,162	1,147	1,130	1,102	1,062	1,012	0,951	0,876	0,794	»	»
0,45	1,089	1,085	1,071	1,048	1,016	0,975	0,924	0,862	0,795	0,716	»
0,50	1,000	0,996	0,986	0,968	0,943	0,911	0,874	0,827	0,770	0,706	0,667

Si au contraire on connaît la charge uniformément répartie il suffira de la diviser par 0,667 pour avoir cette charge, la poutre étant encastrée.

2ᵉ *Exemple.* — Un poids de 1.500 kg. est placé à 2 m. de l'un des appuis d'une poutre de 5 m. de portée, quelle sera la charge uniformément répartie correspondante pour cette même poutre reposant librement sur ses appuis ?

Formons $\frac{d}{l} = \frac{2 \text{ m.}}{5 \text{ m.}} = 0,40$ et prenons le coefficient qui se trouve en face de 0,40 à la rencontre de la colonne $\frac{l}{L} = 0,00$, ce sera 1,162.

Donc le nombre demandé sera :

$$1.500 \times 1.162 = 1.743 \text{ kg.}$$

3ᵉ Exemple. — Supposons une poutre de 10 m. de portée chargée sur une longueur de 2 m. d'un poids de 1.000 kg. par mètre courant, l'axe de la portion chargée est à 3 m. 50 de l'un des appuis ; on demande la charge uniformément répartie sur la partie qui correspondrait si la poutre n'était que posée sur ses appuis.

La charge sur la longueur de 2 m. sera 2 m. $\times$ 1.000 kg. $= 2.000$ kg. Formons les rapports $\frac{d}{L} = \frac{3,50}{10} = 0,35$ et $\frac{l}{L} = \frac{2}{10} = 0,2$ à la rencontre des deux colonnes nous trouvons le coefficient 1,157. Nous aurons donc :

$$2.000 \times 1.157 = 2.314 \text{ kg.}$$

réduisant ce poids à 2 m. de longueur.

$$\frac{2.314 \times 10}{2} = 12.570 \text{ kg.}$$

qui nous permettrait de rechercher l'échantillon du fer suivant la charge pratique imposée.

Comme dans le cas des poutres posées sur deux appuis on tiendra compte du poids ou des deux surcharges si elles se produisaient simultanément.

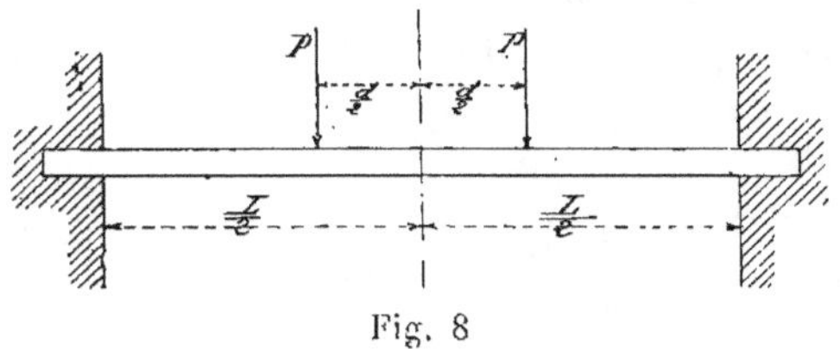

Fig. 8

Lorsque la poutre encastrée à ses extrémités porte deux charges égales et équidistantes du milieu de la portée, le moment fléchissant devient :

$$M = \frac{P}{2}(L - d)\,\frac{L+d}{2L}.$$

l'effort tranchant étant $T_0 = T_1 = P$.

Si nous voulons transformer la charge 2P en une autre uniformément répartie sur la poutre reposant sur ses appuis, il nous suffira de multiplier le poids 2P par le coefficient :

$$\left(1 - \frac{d}{L}\right)\left(1 + \frac{d}{L}\right).$$

Ainsi chacun des poids P étant de 800 kg., la portée étant 7 m. et l'écartement des deux forces P 3,50, nous aurons :

$$2 \times 800\left(1 - \frac{3.50}{7.00}\right)\left(1 + \frac{3.50}{7.00}\right) = 1.200 \text{ kg.}$$

de charge uniformément répartie sur une poutre simplement posée sur ses appuis.

Poutres encastrées à une extrémité, reposant librement à l'autre sur un appui. — Supposons qu'une charge P agisse à une distance d de la section d'encastrement, d'une poutre de portée L simplement appuyée à l'autre extrémité.

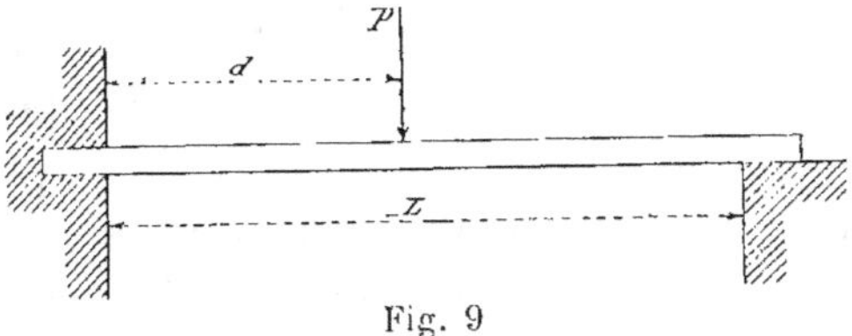

Fig. 9

Le plus grand moment fléchissant se produira dans la section d'encastrement et aura pour valeur :

$$M = P\left[\left(\frac{1}{2}\frac{d}{L}\left(3 - \frac{d}{L}\right) - 1\right)d\right]$$

La réaction de l'appui libre de droite sera :

$$T_0 = P \times \frac{1}{2}\left(\frac{d}{L}\right)^2\left(3 - \frac{d}{L}\right)$$

et celle de l'appui encastré de gauche :

$$T_1 = P \times {}^1/_2\left(1 - \frac{d}{L^2}\right)\left(2 + 2\frac{d}{L} - \frac{d^2}{L^2}\right)$$

Pour avoir la charge uniformément répartie correspondante dans le cas d'une poutre posée sur les deux appuis il faudra multiplier le poids P par :

$$\frac{d}{L}\left(4\,\frac{d}{L}\left(3-\frac{d}{L}\right)-8\right)$$

Prenons comme exemple une poutre de 10 m. de portée supportant une charge de 3.000 kg. concentrée à 4 m. de la section d'encastrement. Nous aurons :

$$3.000\ \text{k}.\times\frac{4\,\text{m}.\,00}{10\,\text{m}.00}\left(4\,\frac{4\,\text{m}.\,00}{10\,\text{m}.\,00}\left(3-\frac{4.00}{10.00}\right)-8\right)=4.608\ \text{kg}.$$

et pour une portée de 2 m. :

$$\frac{4.608\times10}{2}=23.040\ \text{kg}.$$

Si nous voulons connaître les réactions des appuis :

$$T_0=3.000\times\frac{1}{2}\left(\frac{4.00}{10.00}\right)^2\left(3-\frac{4.00}{10.00}\right)=624\,\text{kg}.$$

et $T_1=3.000\times{}^1/_2\left(1-\frac{4.00}{10.00}\right)\left(2+2-\frac{4.00}{10.00}-\left(\frac{4.00}{10.00}\right)^2\right)=2.376\,\text{kg}.$

Nous pourrons donc calculer les dimensions à donner aux supports et vérifier la résistance ou cisaillement de la section d'encastrement de la poutre.

Si la charge P était uniformément répartie sur toute la poutre, le moment d'encastrement deviendrait :

$$M=\frac{PL}{8}$$

et les réactions :

$$T_0=\frac{3}{8}\,P,\ T_1=\frac{5}{8}\,P.$$

Donc dans ce cas le poids que pourra supporter la pièce sera le même que si la poutre était posée sur ses appuis.

Poutres en porte-à-faux. — Soit une poutre encastrée à

une de ses extrémités, libre à l'autre et chargée vers l'extré-

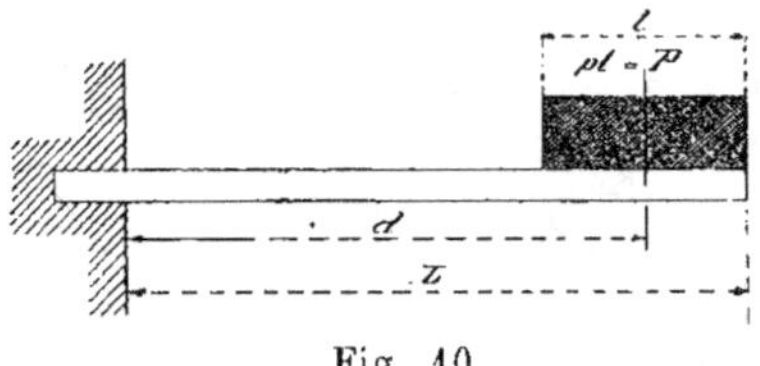

Fig. 10

mité libre d'un poids P uniformément réparti sur une longueur l.

Le moment fléchissant maximum a lieu dans la section
d'encastrement, sa valeur sera :

$$M = Pd.$$

l'effort tranchant maximum sera pour la même section :

$$T_1 = P.$$

Si la charge est concentrée à l'extrémité nous aurons :

$$M = PL \text{ et } T_1 = P.$$

Si au contraire la charge est uniformément répartie sur
la longueur L les formules nous donneront :

$$M = P\frac{L}{2}, T_1 = P.$$

Comme dans les études précédentes nous pouvons comparer ces formules avec celle qui donne le moment fléchissant maximum, pour une poutre posée sur deux appuis et
chargée uniformément.

1° La charge est uniformément répartie sur une portion l
de la longueur L, nous obtiendrons dans ce cas la charge
uniformément répartie sur une poutre de même longueur
L mais posée sur deux appuis en multipliant le poids P par
le cœfficient : $8\dfrac{d}{L}$.

Exemple : $l = 1$ m. 50, L = 6 m., $p = 500$ kg., nous dé-
duisons : $P = 500 \times 1,5 = 750$ kg. et :

$$750 \times 8\frac{1,50}{6} = 1.500 \text{ kg.}$$

soit $\dfrac{1.500}{6} = 250$ kg. par mètre courant.

2° La charge est concentrée à l'extrémité. Il faudra alors, pour avoir dans les mêmes conditions la charge uniformément répartie, multiplier P par le facteur 8.

3° La charge est uniformément répartie, sur la longueur L, on demande la charge correspondante pour la poutre posée sur deux appuis.

Il suffira de multiplier le poids P par 4.

Si on avait plusieurs forces isolées agissant sur une même pièce, on chercherait le moment fléchissant pour chacune d'elles et on les ajouterait. L'effort tranchant total serait la somme de ces forces.

Le calcul de ces poutres ne présente donc aucune difficulté.

Poutre posée sur deux appuis et soutenue en un point de sa portée par un support. — La poutre a une portée L

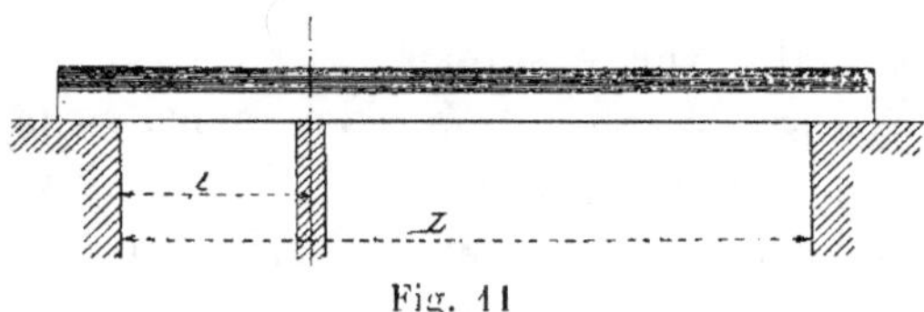

Fig. 11

dans œuvre et le support intermédiaire est placé à une distance l de l'appui de gauche ; la charge est uniformément répartie. Nous poserons $pL = P$.

Le moment fléchissant sera maximum au droit de l'appui intermédiaire, il aura pour valeur :

$$M = \frac{Pl^3 + P(L - l)^3}{8\,L^2}$$

Quant aux charges sur les appuis elles seront :
Sur l'appui de gauche :

$$T_0 = \frac{1}{8}\,P\left(\frac{l}{L} + 3 - \frac{L}{l}\right)$$

pour l'appui intermédiaire :

$$T_1 = \frac{5}{8}\,P + \frac{1}{8}\,P\;\frac{\left(1 - 2\,\dfrac{l}{L}\right)^2}{\dfrac{l}{4}\left(1 - \dfrac{l}{L}\right)}$$

pour l'appui de droite :

$$T_1 = {}^{1}/_{8}\,P\left(\frac{3 - 5\,\dfrac{l}{L} + \dfrac{l^2}{L^2}}{1 - \dfrac{l}{L}}\right)$$

La formule qui nous donne T_0 nous montre que si $\dfrac{L}{l}$ est plus grand que $\dfrac{l}{L} + 3$ il y aura soulèvement sur cet appui et la poutre tendra à s'éloigner de son support.

Si $\dfrac{L}{l}$ est égal à $\dfrac{l}{L} + 3$ le support ne portera aucune charge.

Enfin si $\dfrac{L}{l}$ est plus petit que $\dfrac{l}{L} + 3$ la formule T_0 nous donnera la charge sur le support.

Comme nous l'avons fait précédemment, on peut transformer le poids P en un autre P′ qui serait celui à appliquer sur une poutre de portée L chargée uniformément et posée simplement sur les extrémités. Il suffirait dans ce cas de multiplier la charge P par le facteur

$$\left(\frac{l}{L}\right)^3 + \left(1 - \frac{l}{L}\right)^3$$

Prenons pour exemple $P = 2.000\,\text{kg.}$, $l = 2\,\text{m.}$, $L = 8\,\text{m.}$, nous obtiendrons

$$P' = 2.000\left[\left(\frac{2,00}{8,00}\right)^3 + \left(1 - \frac{2,00}{8,00}\right)^3\right] = 1.250\ \text{kg.}$$

1.250 kg. sera donc la charge uniformément répartie sur la portée de 8 m., le support étant enlevé.

Poutre posée sur deux appuis à ses extrémités et soutenus par deux supports intermédiaires équidistants

du milieu. — La poutre étant chargée sur toute sa longueur d'un poids

$$P = pL$$

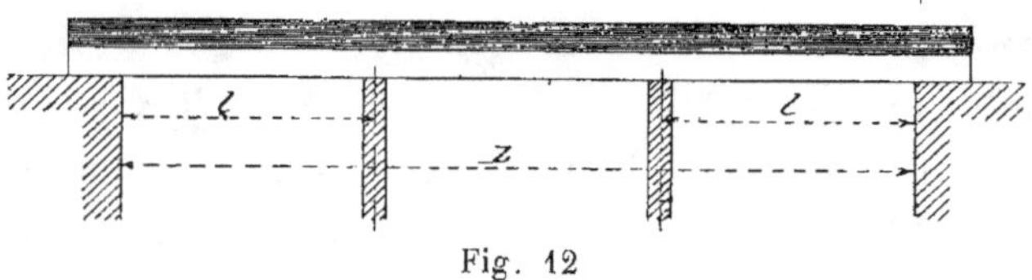

Fig. 12

le moment fléchissant maximum aura lieu au droit de l'un des supports intermédiaires :

$$M = P \frac{l^3 + (L - 2l)^3}{4L(3L - 4l)}$$

Sur ces mêmes supports la charge sera :

$$T_2 = T_3 = \frac{P}{2}\left[\left(1 - \frac{l}{L}\right)\right] + \frac{1}{2 \times \frac{l}{L}} \times \frac{\left(\frac{l}{L}\right)^3 + \left(1 - 2\frac{l}{L}\right)^3}{3 - 4\frac{l}{L}}$$

et sur chacun des appuis :

$$T_0 = T_1 = \frac{P}{2} - T_2$$

Pour avoir la charge uniformément répartie sur la longueur de la poutre, les supports étant supprimés ; on multipliera le poids P par :

$$\frac{2\left(\frac{l}{L}\right)^3 + 2\left(1 - 2\frac{l}{L}\right)^3}{3 - 4\frac{l}{L}}$$

Ainsi $l = 2$ m. 10, $L = 7$ m., $P = 2.580$ kg., nous aurons :

$$2.500 \times \frac{2\left(\frac{2.10}{7.00}\right)^3 + 2\left(1 - 2\frac{2.10}{7.00}\right)^3}{3 - 4\frac{2.10}{7.00}} = 250 \text{ kg.}$$

250 kg. sera la charge répartie sur la portée, les supports étant enlevés. Pour les réactions nous aurons :

$$T_2 = T_3 = 987 \text{ kg. } 5, \quad To = T_1 = 262 \text{ k. } 5$$

Calcul des poutres en tôle et cornières. — Nous avons supposé jusqu'à présent que nous pouvions employer les fers profilés du commerce, si les valeurs de $\frac{I}{V}$ ou les charges ramenées à l'unité de longueur sont fortes on est obligé de composer les poutres avec des tôles et des cornières. Le tableau 14 nous permettra très simplement de calculer ces poutres.

Prenons comme premier exemple une poutre composée d'une âme 400 mm. $\times$ 8 mm. de 4 cornières $\frac{60 \times 60}{7}$ et de 2 semelles 150 mm. $\times$ 10 mm.

La hauteur totale de la poutre hors semelles sera :

$$400 + 2 \times 10 = 420 \text{ mm.}$$

Cherchons dans la première colonne la hauteur de l'âme exprimée en centimètres.

Sur la ligne horizontale correspondante nous trouvons :

Pour une épais. d'âme de 1 mm.　　5,33

　　donc pour 8 mm. d'épaisseur.　　$5,33 \times 8 = 42,64$

Pour 4 cornières $\frac{60 \times 60}{7}$ . . . 106,00　　　　$= 106,00$

Pour 1 centimèlre de largeur de

　　semelles de 10 mm. d'épais.　　8,37

Donc pour une larg. de 15 mm.　　$8,37 \times 15 = 125.55$
$$\overline{ \quad 274,19}$$

　　　　Soit en tout. . . . .

Divisons par la moitié de la hau-

　　teur totale de la poutre $\frac{274,19}{210}$　　　　$= 1,31$

Multiplions par 8.000　　　　$8.000 \times 1,31 = 10.480 \text{ kg}$

Multiplions par la charge pratique soit 6 kg. par millimè-
tre carré . . . . $10,480 \times 6 = 62.880 \text{ kg}$

La poutre que nous avons formée portera 62.880 kg. de charge uniformément répartie, sa portée étant de 1 m. 00.

Si on voulait savoir ce que deviendrait cette charge la portée étant de 10 m. et le fer travaillant à 8 kg., il suffirait de diviser 62.880 par 10 et de multiplier par le rapport des charges, nous obtiendrons alors

$$\frac{62.880}{10} \times \frac{8}{6} = 8.384 \text{ kg.}$$

soit 838 kg. 40 par mètre courant.

Dans ces calculs le coefficient 8.000 est seul invariable, les autres dépendent des données.

Si, au lieu de connaître les dimensions de la poutre, on voulait les calculer connaissant la charge, il faudrait opérer par tâtonnement. Généralement la hauteur totale est fixée par la forme même de la construction.

Une poutre de 8 m. de portée dont la hauteur peut atteindre au plus 0 m. 55 doit porter 1.500 kg. par mètre courant, on demande les dimensions des divers fers le métal travaillant à 6 kg.

Si nous réduisons la longueur de la poutre à 1 m. elle portera 1.500 k. $\times$ 8 m. $\times$ 8 m. $=$ 96.000 k.

La charge pratique étant 6 kg. et le coefficient fixe 8.000 nous aurons $\dfrac{96.000}{6 \times 8.000} = 2$.

Il faudra donc former avec les nombres du Tableau un coefficient tel que divisé par la moitié de la hauteur de la poutre, nous retrouvions le nombre 2 ou un nombre un peu supérieur.

Si nous nous donnons la hauteur de l'âme et les dimensions des cornières nous pourrons faire varier l'épaisseur de l'âme, la largeur et l'épaisseur des semelles.

Soit donc 0 m. 50 de hauteur d'âme et 4 cornières $\dfrac{70 \times 70}{8}$ en prenant une épaisseur d'âme de 8 mm. une largeur de

TRAITÉ DE SERRURERIE

Tableau des coefficients pour le calcul

Hauteur de l'âme en centimètres	Pour une épr d'âme de un millimètre	pour quatre cornières de							
		30×30 4	40×40 5	50×50 6	60×60 7	70×70 8	80×80 9	90×90 10	100×100 11
10	0,08	1,60	2,50	3,40	»	»	»	»	»
15	0,28	4,00	6,20	8,60	11,00	14,50	»	»	»
20	0,67	7,70	12,00	17,00	22,00	28,00	35,00	42,00	49,00
25	1,30	12,00	19,00	28,00	37,00	48,00	59,00	71,00	84,00
30	2,25	18,00	28,00	42,00	56,00	73,00	90,00	109,00	129,00
35	3,57	»	40,00	58,00	79,00	103,00	128,00	156,00	185,00
40	5,33	»	53,00	78,00	106,00	138,00	173.00	211,00	251,00
45	7,59	»	68,00	100,00	137,00	179,00	224,00	274,00	327,00
50	10,42	»	»	125,00	172,00	225,00	283,00	346,00	414,00
55	13,86	»	»	153,00	211,00	276,00	348,00	426,00	511,00
60	18,00	»	»	184,00	253,00	332,00	419,00	515,00	618,00
65	22,90	»	»	218,00	300,00	394,00	498,00	612,00	736,00
70	28,58	»	»	254,00	351,00	461,00	583,00	718,00	864,00
75	35,16	»	»	293,00	405,00	533,00	676,00	832,00	1003,00
80	42,67	»	»	335,00	464,00	610,00	775,00	955,00	1152,00
85	51,18	»	»	»	526,00	693,00	880,00	1087,00	1311,00
90	60,75	»	»	»	593,00	781,00	992,00	1227,00	1481,00
95	71,45	»	»	»	»	875,00	1112,00	1374,00	1662,00
100	83,33	»	»	»	»	973,00	1239,00	1532,00	1852,00

des poutres en tôle et cornières

pour un centimètre de largeur de semelles et pour une épaisseur de

4 m/m	5 m/m	6 m/m	7 m/m	8 m/m	9 m/m	10 m/m	11 m/m	12 m/m	14 m/m	16 m/m	18 m/m	20 m/m
0,21	0,27	0,34	»	»	»	»	»	»	»	»	»	»
0,48	0,60	0,73	0,86	1,00	»	»	»	»	»	»	»	»
0,76	1,05	1,30	1,50	1,70	1,90	2,20	2,40	2,70	3,20	3,70	4,30	4,80
1,28	1,63	2,00	2,30	2,70	3,00	3,40	3,70	4,10	4,90	5,70	6,50	7,30
1,85	2,33	2,80	3,30	3,80	4,30	4,80	5,30	5,80	6,90	8,10	9,12	10,20
»	3,15	3,81	4,50	5,09	5,80	6,50	7,21	7,89	9,30	10,72	12,20	13,70
»	4,10	4,90	5,78	6,60	7,50	8,37	9,30	10,20	12,00	13,80	15,75	17,60
»	»	6,20	7,35	8,40	9,51	10,60	11,75	12,83	15,10	17,40	19,70	22,12
»	»	7,70	9,00	10,32	11,65	13,00	14,40	15,72	18,50	21,35	24,10	27,05
»	»	9,30	10,80	12,45	14,05	15,70	17,32	18,90	22,35	25,60	29,00	32,50
»	»	11,10	12,90	14,85	16,72	18,60	20,55	22,50	26,44	30,40	34,38	38,50
»	»	»	15,10	17,30	19,45	21,70	24,00	26,32	30,91	35,50	40,20	45,00
»	»	»	17,50	20,00	22,50	25,30	27,80	30,40	35,75	41,00	46,50	51,80
»	»	»	20,50	23,00	25,92	28,85	31,80	34,75	40,90	47,00	53,10	59,40
»	»	»	22,75	26,10	29,40	32,80	36,25	39,60	46,45	53,40	60,20	67,25
»	»	»	»	29,50	33,20	37,00	40,80	44,70	52,30	60,00	67,90	75,70
»	»	»	»	33,00	37,25	41,42	45,60	50,00	58,50	67,15	75,80	84,60
»	»	»	»	36,80	41,40	46,00	50,80	55,50	65,00	74,50	84,30	94,10
»	»	»	»	40,50	45,80	51,00	56,25	61,43	72,00	82,60	93,30	104,00

semelles de 200 mm. et une épaisseur de 10 mm. pour chacune d'elles. Nous aurons :

$$\text{Ame } 50 \times 8 \ldots \ldots \quad 10,42 \times 8 = 83,36$$
$$4 \text{ cornières } \frac{70 \times 70}{8} \ldots \ldots \ldots \quad 225 \text{ »}$$
$$\text{Semelles } 200 \times 10 \ldots \quad 13 \times 20 = \underline{260 \text{ »}}$$
$$568,36$$

En divisant par la demi-hauteur de la poutre $\frac{520}{2}$ nous obtenons $\frac{568,36}{260} = 2,18$.

Chiffre trop fort. Diminuons alors la largeur des semelles en prenant 170 mm.

Nous obtiendrons :

$$\text{Ame } 50 \times 8 \ldots \ldots \ldots \quad 83,36$$
$$4 \text{ cornières } \frac{70 \times 70}{8} \ldots \ldots \ldots \quad 225 \text{ »}$$
$$2 \text{ semelles } 180 \times 10 \ldots \quad 13 \times 17 \quad \underline{221}$$
$$529,36$$

la hauteur de la poutre n'ayant pas varié

$$\frac{529,36}{260} = 2,03$$

Ces dernières dimensions conviendront donc.

On aurait pu arriver au résultat en diminnant l'épaisseur de l'àme, la hauteur de la poutre restant la même, ou diminuer l'épaisseur des semelles, la hauteur totale diminuant d'autant.

De même si on avait changé les dimensions des cornières ou modifié la hauteur de l'âme. On voit donc qu'il y a un grand nombre de poutres répondant aux conditions, et on devra choisir celle dont le poids sera le plus faible et dont on pourra avoir plus facilement les éléments.

Si la poutre était à caisson avec quatre cornières extérieures, on la calculerait en donnant à l'âme la somme des épaisseurs des deux âmes correspondantes et s'il y avait 8 cornières on considérerait la poutre comme composée de deux double T dont chacun supporterait la moitié de la charge.

CONDITIONS DE RÉSISTANCE DES FERS
ACIERS ET FONTES

Pour s'assurer de la qualité des métaux, on leur fait subir deux sortes d'épreuves. Les premières, faites à chaud, permettent de reconnaître les défauts des pièces ; les épreuves à froid servent à déterminer la résistance de rupture et la faculté d'allongement.

Sur chaque livraison ou sur chaque coulée on prend un certain nombre d'échantillons qui serviront aux essais.

Conditions de résistance des fers. — Épreuves à chaud.

1° *Tôles communes.* — Faire avec un morceau de tôle un cylindre ayant pour hauteur et diamètre intérieur vingt-cinq fois l'épaisseur de la tôle ;

2° *Tôles supérieures.* — Exécuter avec un morceau de tôle un cylindre ayant comme hauteur et diamètre intérieur quinze fois l'épaisseur de la tôle.

Une seconde épreuve consiste à faire avec un morceau de

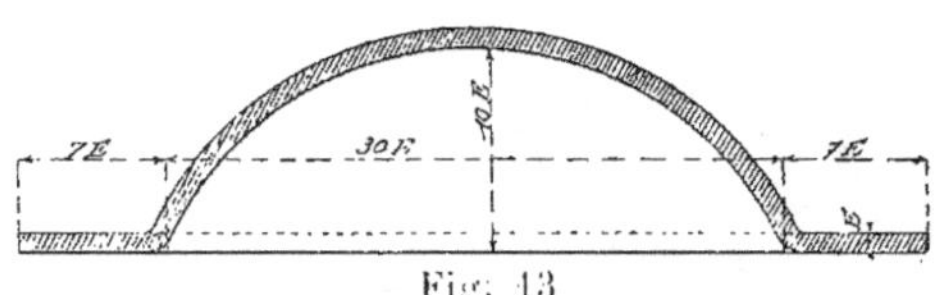

Fig. 13

tôle de dimension convenable une calotte sphérique avec bord plat, conservé dans le plan primitif de la tôle. La corde de cette calotte, mesurée intérieurement, sera égale à trente

fois l'épaisseur de la tôle et la flèche intérieure aura dix fois
cette même épaisseur. Le bord plat aura comme largeur
sept fois l'épaisseur de la tôle et sera raccordé à la calotte
par un congé de rayon égal à l'épaisseur de la tôle et me-
suré dans l'intérieur de l'angle;

3° *Cornières ordinaires*. — Avec un bout de cornière coupé
dans une barre, on exécutera un manchon cylindrique, tel

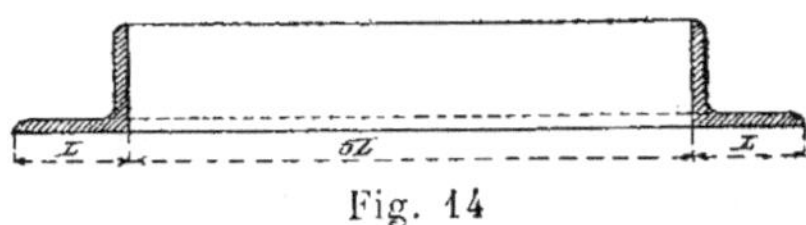

Fig. 14

qu'une des lames de la cornière reste dans le plan perpendiculaire à l'axe du cylindre formé par l'autre lame. Le diamètre intérieur du cylindre aura cinq fois la largeur de
l'aile restée plane.

On ouvrira les ailes d'un autre bout de cornière jusqu'à
ce que l'angle formé par les faces extérieures soit de 135°.
Enfin, on fermera les branches d'un troisième bout jusqu'à
ce que les faces extérieures fassent un angle de 45°;

4° *Cornières supérieures*. — On fera un manchon cylindrique comme dans le cas précédent, mais le diamètre intérieur n'aura que deux fois et demi la largeur de l'aile plane.

On ouvrira les cornières jusqu'à ce que les ailes soient
sensiblement dans le même plan. Enfin, on fermera les ailes
du troisième bout jusqu'à ce qu'elles arrivent en contact;

5° *Fers à T, double T et en U*. — Pour les fers double T et

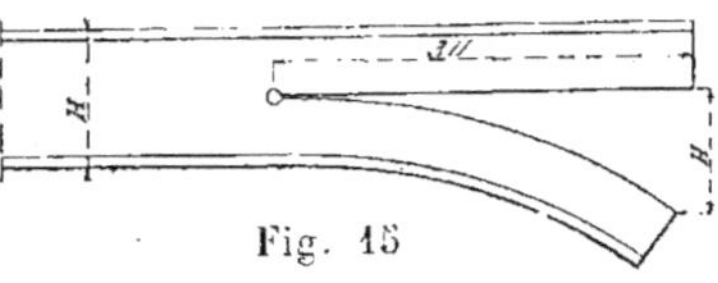

Fig. 15

en U, on fendra l'extrémité d'une barre, de manière que la
fente divise l'âme en deux parties égales sur une longueur

triple de la hauteur du fer ; un trou pratiqué à l'extrémité empêchera la fente de s'étendre. On écartera, en la manchonnant régulièrement à chaud, l'une des moitiés jusqu'à ce que la distance entre les deux extrémités soit égale à la hauteur du fer.

Pour les fers à T, double T et en U, on cintrera l'extrémité de la barre choisie pour l'épreuve, en laissant l'âme dans son plan, on formera ainsi, avec les ailes, un quart de cylindre dont le rayon intérieur sera de cinq fois la hauteur du fer pour les profils ordinaires et trois fois pour les fers supérieurs.

6° *Fers de forge.* — Ces fers comprennent les fers ronds, demi-ronds, ovales, rectangulaires, carrés.....

Une première épreuve consiste à forger la barre sur une longueur de 20 cm. en une tige ronde de 20 mm. environ ; puis en une seule chaude, on formera un crochet en rabattant le fer à angle droit à 10 cm. de l'extrémité, on redressera le fer et on formera un deuxième crochet en sens opposé et on continuera ainsi ces opérations jusqu'à ce que le fer tombe. Le fer ordinaire ne devra se détacher qu'après quatre redressements et le fer supérieur qu'après huit.

Dans la seconde épreuve, on aplatira le fer à son extrémité et après l'avoir chauffé au blanc, on poinçonnera, dans cette seule chaude, deux trous dont les bords seront espacés de 10 mm. et dont les diamètres seront la moitié ou les trois quarts de la largeur de la barre, suivant que les fers seront ordinaires ou forts.

Une troisième épreuve consiste à fendre l'extrémité d'une barre sur une longueur de 100 mm. et à renverser d'équerre à la direction de la barre ces deux moitiés ; pour les fers forts, les deux moitiés devront s'appliquer sur la direction même de la barre. Ces opérations doivent se faire dans une même chaude.

Dans toutes ces épreuves à chaud, les fers ne devront

présenter dans aucun cas, des fentes, déchirures ou gerçures.

Épreuves à froid. — Les épreuves à froid seront faites
sur des barrettes de 20 cm. de longueur découpées dans les
tôles, ailes ou âmes des fers. La largeur de la barrette sera
de 20 mm. tant que son épaisseur ne dépassera pas 5 mm.;
au-dessus et jusqu'à 18 mm. la largeur sera de 30 mm.
Pour les épaisseurs supérieures à 18 cm. la largeur sera
prise égale à cette épaisseur.

Le tableau ci-dessous donne les charges moyennes et minima qui devront produire la rupture des fers, ainsi que leur
allongement correspondant.

Tableau 15

Désignation des fers	Charge de rupture par m/m²	Allongement
Tôles communes....	28 kos	3,5 0/0
Tôles supérieures...	32 »	7 »
Cornières ordinaires.	34 »	9 »
Cornières supérieures	35 »	12 »
Fers à T, double T et U	34 »	9 »

Conditions de résistance des aciers. — Toutes les pièces
d'une construction qui doivent présenter une grande résistance vive de rupture, se fabriquent avec un acier d'autant
plus doux que cette résistance doit être considérable ; un
grand allongement, une très faible teneur en carbone, une
grande pureté, seront les principales qualités de cet acier.
Il est en effet établi que le travail à l'atelier, cisaillage,
poinçonnage, forgeage, altère d'autant plus les conditions
de résistance que l'acier est plus carburé et plus impur.

Les épreuves se font comme nous l'avons indiqué pour le

NOTA : Voir fin du volume la notice sur les aciers et leur emploi dans les
constructions de notre éminent collaborateur M. Eug. Le Maire, architecte.

fer ; les épreuves à froid se font dans des conditions analogues également et le tableau ci-dessous résume les charges moyennes minima à la rupture, ainsi que les allongements.

Tableau 16

Désignation des aciers	Charge de rupture par m/m²	Allongement
Tôles de 1 à 4^m/m d'épr	47 kos	10 à 14 0/0
Tôles de 4 à 6 —	46 »	14 à 18 »
Tôles de 6 à 20 —	45 »	18 à 20 »
Cornières..........	48 »	22 »
Fers à T, double T et U	48 »	20 »

L'acier extra doux subira deux sortes d'épreuves faites sur des barrettes provenant de chaque coulée.

Dans la première épreuve, les échantillons auront une longueur de 150 mm., une largeur de 40 mm. et comme épaisseur celle de la tôle ou de la barre ; ils seront chauffés au rouge cerise clair et plongés dans un courant d'eau à la température extérieure. Après refroidissement, les barrettes seront pliées en deux, de façon à former un U, dont l'écartement des branches sera une fois et demi l'épaisseur de la barrette.

Cette même opération sera faite sur des barrettes non recuites et non trempées, de façon à ce que les branches de l'U viennent s'appliquer l'une sur l'autre.

La seconde épreuve, faite à froid, consistera à poinçonner dans les tôles et barres profilées des trous de 20 à 25 mm. de diamètre, dont le centre sera placé à 15 ou 20 mm. des bords, sans qu'aucune fente ne se produise. Les débouchures seront aplaties à froid sous le marteau et ne devront présenter aucune crique sur leur pourtour.

Conditions de résistance des fontes. — La fonte présente de grandes variations dans la résistance ; son coefficient d'élasticité, tant à l'extension qu'à la compression, est de

8×10^6 à 10×10^6, sa résistance à la rupture par extension varie de 9 à 13 k. par mm²., celle à la compression peut atteindre 75 k. par millimètre carré également.

Les fontes employées dans les constructions sont généralement de deuxième fusion ; leur cassure présente un grain gris, serré et régulier avec arrachements. Elles doivent être exemptes de gerçures, soufflures, gouttes froides et tous autres défauts susceptibles d'altérer leur résistance et la netteté de la forme des pièces.

On fait subir aux fontes certaines épreuves qui permettent d'apprécier leur qualité.

1° Un barreau de fonte, à section carrée, de 4 cm. de côté et de 20 cm. de longueur, placé horizontalement sur deux couteaux en acier, espacés de 16 cm., devra supporter sans se rompre le choc d'un mouton de 12 k. tombant de 40 cm. de hauteur, au milieu du barreau. Le poids de l'enclume qui supporte les couteaux sera d'au moins 800 kilos ;

2° Epreuve par traction. Un barreau à section circulaire de 20 mm. de diamètre, tourné sur 25 cm. de longueur, ne devra se rompre que sous un effort moyen de 5.000 kilos, l'effort de rupture minimum étant de 4.500 kilos ;

3° Epreuve par fraction. Un barreau à section carrée de 25 cm. de côté et de 70 cm. de longueur posé sur des couteaux, devra résister à une charge de 800 kilos moyenne appliquée en son milieu.

Conditions de résistance des rivets. — Les rivets en fer ductile et tenace présenteront, sous le rapport du nerf, de la finesse et de la propreté, toutes les apparences du fer le plus résistant. Les fers qui serviront à la fabrication des rivets seront soumis à trois épreuves :

1°) Un bout de 20 cm. de longueur sera enfoncé, à la température ordinaire, à moitié de sa longueur dans un trou ménagé dans un bloc en bois de chêne ; on le frappera de manière à le couder à 45°, et on le redressera. Pour les rivets en acier, l'angle de pliage sera de 90°. Les bouts ainsi redressés ne devront présenter aucune détérioration ;

2° On rivera à chaud, le métal devra s'étaler bien uniformément sans se fendiller et sans qu'aucune parcelle s'en détache. La rivure terminée, les têtes ne devront jamais se détacher quels que soient les chocs auxquels on soumette les tôles autour des rivets ;

3° Pour constater si le métal se soude bien, on coupera un certain nombre d'échantillons par le milieu et on réunira les deux parties par soudure ; la résistance et l'allongement des barres ainsi formées seront à 5 0/0 près égales aux conditions exigées pour les barres primitives.

Conditions de résistance des boulons. — Les boulons seront en fer de première qualité, non cassant à froid. Les écrous pourront être en fer laminé, dans ce cas ils seront fabriqués par enroulement et soudure ; si on veut les enlever dans la masse, ils le seront dans des barres étirées au marteau.

Les boulons seront éprouvés comme nous l'avons vu dans la première épreuve pour les rivets, on obtient ainsi la résistance transversale du fer.

La seconde épreuve est faite sur le boulon fabriqué, elle consiste à couder le boulon à froid sur une enclume, jusqu'à rupture, pour s'assurer que le fer présente une cassure à nerf fin et homogène.

Les têtes de boulons seront refoulées dans la masse et non rapportées. La soudure sera faite au cœur pour les écrous fabriqués par enroulement, elle aura, comme longueur, au moins deux fois l'épaisseur de l'anneau. Le taraudage ou filetage sera net, soigné et bien uniforme. Les boulons servant à réunir des pièces métalliques entre elles seront tournés sur toute la longueur de la tige ; cette condition n'est pas nécessaire pour l'assemblage du bois sur le métal.

Avant la mise en place, les boulons seront graissés, au moins sur la partie filetée, le reste sera peint au minium.

ASSEMBLAGES

Soudure. — La meilleure manière d'assembler deux pièces de fer est de les *souder*.

D'une façon générale, cette opération se fait en taillant les extrémités des pièces en sifflet, les chauffant vers 1.400° et les martelant en tous sens. Nous allons examiner les types de soudure les plus employés :

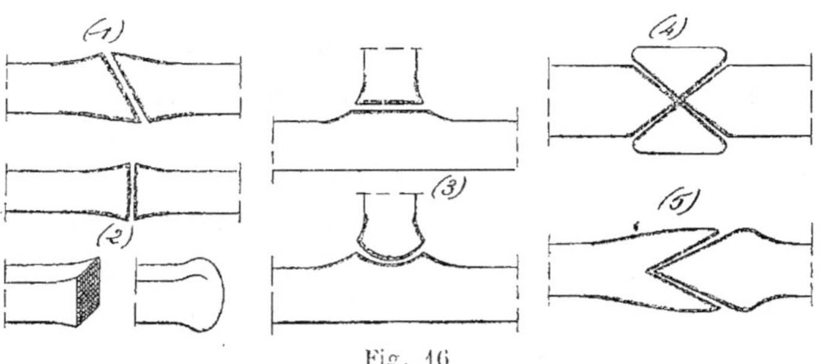

Fig. 16

(1) *Soudure par amorce*. — Cette soudure se fait en refoulant l'extrémité de chaque pièce, de manière à obtenir pour chacune un plan incliné qui facilite l'enlèvement des scories interposées. Les deux morceaux sont rapprochés, soudés au cœur par quelques coups de marteau, puis le frappeur bat la pièce sur ses diverses faces, à coups d'autant plus précipités que l'opération est plus avancée.

Pour aider la soudure au cœur des grosses pièces en fer

à nerfs, on fait deux incisions à la tranche et on soulève la barbelure ainsi formée.

(2) *Soudure en bout.* — L'extrémité de chaque pièce est refoulée suivant un plan perpendiculaire à la direction de la pièce et, sur ce plan, on pratique à chaud des stries. Le frappeur bat en bout l'une des pièces pendant qu'un aide maintient l'autre et le forgeron frappe sur les faces latérales pour rabattre les bavures.

Les stries ont l'inconvénient de retenir les scories et de laisser toujours des matières étrangères qui nuisent à la soudure ; le plus souvent, on préfère donner aux extrémités des pièces une forme bombée, sans stries, la soudure est meilleure, mais demande plus de temps.

(3) *Soudure par encolage.* — Lorsqu'on a à réunir deux pièces à angle droit, on refoule chacune d'elles au point où doit se faire la soudure et on pratique des stries sur les surfaces ainsi préparées. Le frappeur bat en bout et le forgeron soude les arêtes, soit avec un marteau à table ronde, soit au dégorgeoir avec marteau à devant manœuvré par un aide.

Au lieu de terminer le renflement de la pièce horizontale par une face plane, on lui donne quelquefois une forme creuse, la pièce verticale est alors refoulée suivant une surface convexe de rayon moindre, de façon à ce que la soudure commence par le centre. Si la pièce verticale est longue, il est nécessaire d'encoller d'abord un bout court et de souder ensuite la pièce à ce bout.

(4) *Soudure en coins.* — Cette soudure est employée principalement pour réunir les deux extrémités d'une pièce cintrée, lorsque cette pièce à une certaine épaisseur. On taille alors les bouts comme nous l'avons indiqué sur le croquis, on ajoute des coins en fer et après avoir chauffé au rouge

blanc, on fait le martelage en frappant de champ, puis à plat.

(5) *Soudure en gueule de loup.* — Cette soudure est employée pour réunir des fers de différentes qualités, soit entre eux, soit avec l'acier. C'est avec le fer de meilleure qualité qu'on fait la gueule de loup, l'autre pièce en fer ou en acier se termine par une pointe renflée.

Quand la soudure est faite, on obtient souvent à la suite du martelage une pièce de section moindre à l'endroit de la soudure ; il faut alors renfler la pièce.

Le *refoulage* consiste à frapper la pièce en bout après l'avoir chauffée au blanc, de façon à faire écouler du métal dans la partie amaigrie ; on étampe ensuite pour donner la forme.

On peut aussi ouvrir la pièce au point amaigri et placer une pièce supplémentaire en fer, dite *lardon ;* on chauffe et on bat pour opérer la soudure.

Le *rechargement* se fait lorsque la pièce est amaigrie tout autour, on l'entoure de petites règles en fer maintenues par des fils de fer, on passe le paquet au feu et on soude ces réglettes à la masse.

Le rechargement se fait encore en renflant la pièce d'un côté au détriment de l'autre et en mettant dans l'encoche ainsi formée une pièce que l'on soude.

Brasure. — Lorsqu'on a à réunir deux pièces, dont le point d'attache ne doit supporter aucun effort, et que la soudure est difficile, on se sert d'un alliage de cuivre et de zinc, dit *brasure*, qui réunit d'autant mieux les pièces que le cuivre est en plus grande quantité. Les parties qui doivent venir en contact sont bien nettoyées et maintenues dans une position fixe, l'une par rapport à l'autre, on les saupoudre de borax qui fond, lorsqu'on porte les pièces au rouge, et décape les surfaces ; il convient alors d'ajouter la brasure qui en fondant vient faire le joint.

Mastics. — Les mastics servent surtout à produire l'herméticité des joints, ils sont plutôt employés pour la fonte et on ne doit pas compter sur leur résistance.

Le *mastic rouge* est composé de moitié de minium en poudre et moitié de blanc de céruse mis en pâte au moyen d'une huile très siccative. On bat ce mastic et quand il n'adhère plus aux doigts, il est arrivé à bonne consistance pour être employé. Le mastic rouge se démonte facilement et ne résiste pas aux hautes températures.

Le *mastic de fonte* est formé par le mélange de vingt parties de tournure de fonte ou limaille de fer non rouillée, et d'une partie de fleur de soufre que l'on arrose avec une dissolution de sel ammoniac. Ce mastic durcit rapidement et est très solide, le démontage des pièces est très difficile, mais il ne peut résister aux températures supérieures à 4 ou 500°.

Pour les hautes températures, le mastic à employer est formé par le mélange à sec de sept parties de tournure de fonte ou limaille de fer et de deux parties d'argile, que l'on humecte avec du vinaigre ou tout autre acide.

Boulons. Rivets. — Lorsque, par suite des dimensions transversales des fers ou des conditions de transport et de pose, on ne peut employer la soudure, on réunit les pièces entre elles au moyen de *boulons* ou *rivets* avec ou sans interposition de *couvrejoints*.

Boulons. — L'assemblage par boulons est employé pour relier les diverses parties d'une machine ou d'une construction qui doivent pouvoir être séparées les unes des autres. Dans la construction mécanique, les boulons ne doivent jamais travailler au cisaillement, on dispose à cet effet des goujons, cales ou ergots qui empêchent tout effort dans ce sens ; dans les constructions métalliques, au contraire, par suite de la simplicité des assemblages, les boulons travaillent toujours, et devront être calculés pour résister au cisaillement lorsque cet effort se produira.

Les formes de boulons sont très nombreuses et varient selon que la tête est hexagonale, carrée, ronde, hémisphérique, en goutte de suif, fraisée...... Les types les plus employés sont :

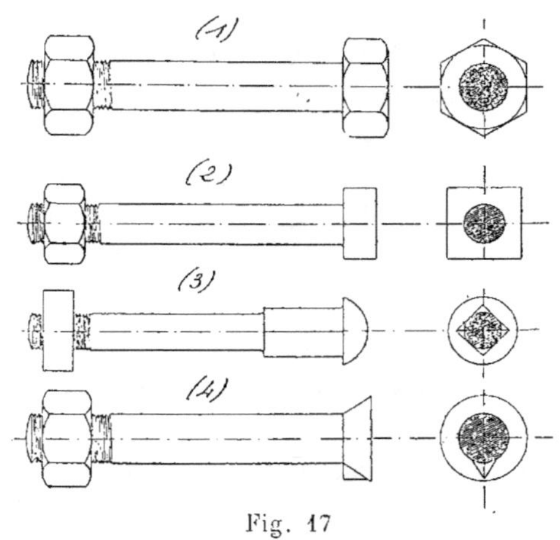

Fig. 17

(1) *Boulon à tête hexagonale ou à 6 pans.* — Ce boulon est employé pour réunir des pièces métalliques ou de bois soit entre elles soit l'une avec l'autre.

(2) *Boulon à tête carrée.* — Ce type sert à réunir des pièces de bois entre elles ou avec une pièce métallique. La tête porte toujours sur le bois et peut être encastrée.

(3) *Boulon à tête en goutte de suif* ou de *charronnage.* — Ce boulon sert à assembler deux pièces de bois entre elles ou avec une pièce en fer, la partie carrée de la tête est encastrée dans le bois.

(4) *Boulon à tête fraisée.* — On emploie ce boulon lorsque

la tête ne doit pas dépasser la surface du métal ; on fait alors venir de forge ou on rapporte un ergot pour empêcher le boulon de tourner lors du serrage.

Pour fixer les pièces sur de la maçonnerie, on se sert de boulons à scellement qui se composent d'une tige filetée dont l'extrémité est fendue en queue de carpe avec barbelures ; si le scellement doit se faire au plomb, on donne à la tige barbelée, sur une partie de sa longueur, une forme conique.

Les écrous des boulons se font carrés lorsqu'ils doivent porter sur le bois, ou à six pans s'ils portent sur du métal ou du bois.

Dimensions des boulons. — On trouve dans le commerce des boulons de toutes formes dont les dimensions des tête, écrou et partie filetée sont en rapport avec le diamètre; nous n'insisterons donc pas sur ce point, mais nous dirons que chaque fois qu'une tête de boulon, si elle n'est pas encastrée, ou si un écrou porte sur du bois, il faut interposer une rondelle en fer dont le diamètre doit être au moins le double de celui du boulon et l'épaisseur le tiers ou le quart de ce même diamètre.

La longueur des boulons est déterminée par l'épaisseur des pièces à réunir ; le diamètre est proportionnel aux efforts qu'ils doivent supporter.

Le plus souvent le filet a une section triangulaire dont les arêtes peuvent être arrondies, cependant pour les boulons de fort diamètre on emploie le filet de section carrée ou en forme de trapèze. Le diamètre du noyau de la partie filetée est pris généralement égal à 0,8 du diamètre du corps du boulon.

La hauteur de la tête et celle de l'écrou se déterminent par la condition que l'effort sur une surface cylindrique, de diamètre égal à celui de la tige et de hauteur égale à celle de la tête ou écrou, ne dépasse pas 1 kg. par millimètre carré. Pour les écrous et têtes hexagonales, on prend généralement comme hauteur le diamètre de la tige. Quant à la surface de la tête ou écrou, elle doit être telle que la partie qui porte réellement ait au moins la section du corps du boulon ; dans le cas des boulons à tête et écrou à 6 pans, le diamètre du cercle circonscrit à l'hexagone est le double de celui de la tige.

Exemple : On demande quelles seront les dimensions d'un boulon si suivant son axe on exerce un effort de 1250 kg., le métal travaillant à 4 kg. par millimètre carré.

Ainsi que nous l'avons vu dans la résistance des matériaux à propos des efforts de traction, nous obtiendrons la section du boulon en divisant l'effort par la résistance par unité de surface, soit $\dfrac{1.250}{4} = 312$ mm². 5, le diamètre correspondant sera $d = \sqrt{\dfrac{4 \times 312,5}{3,14}} = 20$ mm. en chiffres ronds.

Nous allons déterminer les dimensions de la tête et de l'écrou, que nous supposerons à 6 pans, d'après ce que nous avons dit plus haut.

La hauteur h nous sera donnée par la relation

$$h \times 3,14 \times 20 \times 1 = 1.250\,\text{k.}$$

d'où

$$h = 20\,\text{mm.}$$

Pour avoir la surface de la tête ou de l'écrou nous supposerons que le trou pour le passage du boulon a 21 mm. de diamètre, la section sera donc 441 mm²., nous saurons alors si S est la surface cherchée

$$S - 441 = 400 \text{ et } S = 841$$

Si R est le rayon du cercle circonscrit à l'hexagone

$$S = 2,6\,R^2\,\text{d'où } R = \sqrt{\dfrac{841}{2,6}} = 18\,\text{mm.}$$

Détermination du nombre de boulons et de leur section. — Dans cette partie nous supposerons que la résistance des boulons et des fers assemblés est la même, tant au cisaillement qu'à l'extension et nous prendrons comme coefficient 6 kg. qui est généralement admis pour les boulons de bonne qualité. Si les fers travaillent à 8, 10 ou 12 kg., il faudra augmenter la section des boulons ou leur nombre dans le rapport $\frac{8}{6}$, $\frac{10}{6}$ ou $\frac{12}{6}$.

Quel que soit l'effort, si on réunit deux pièces au moyen de boulons, leur section totale devra être égale à celle de l'une des pièces (trous de boulons déduits). Si l'effort qui se produit sur l'une des pièces se répartit suivant deux autres pièces placées sur chacune des faces, la section du boulon qui réunira les trois pièces sera moitié de celle de la pièce qui transmet l'effort en déduisant également le trou du boulon.

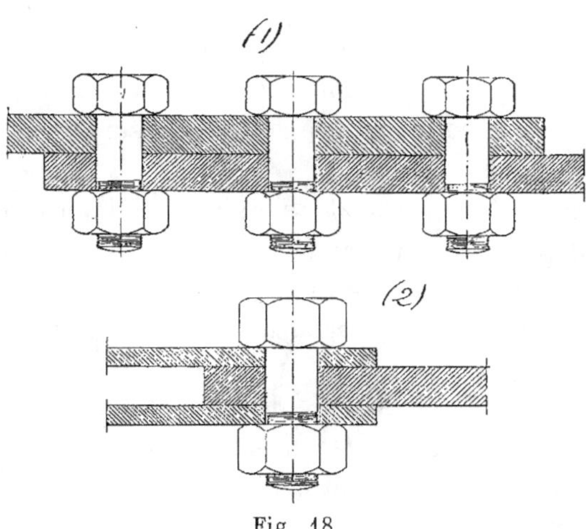

Fig. 18.

En (1) nous avons indiqué le premier cas en prenant deux fers plats 30×10, assemblés avec des boulons de 10 mm. de diamètre ; la section d'un trou de boulon dans la coupe transversale de la pièce sera égale au diamètre multiplié par l'épaisseur, soit $10 \times 10 = 100$, nombre qu'il faudra retrancher de la section totale de la pièce $30 \times 10 = 300$ pour avoir la section totale des boulons, soit $300 - 100 = 200$ mm², les 3 boulons de 10 nous donnent $3 \times 78,5 = 225$ mm².

Dans l'exemple (2) nous avons pris le même fer 30×10 qui transmet l'effort à deux pièces 5×30; si nous faisons l'assemblage avec un seul boulon de 12, la section de la pièce, boulon déduit, sera

$$300 - 12 \times 10 = 180 \, \text{mm}^2$$

comme il y a deux plans de cisaillement, la section transversale du boulon ne sera que $\frac{180}{2} = 90$ mm², le boulon de 12 mm. ayant 113 mm², travaille donc dans de bonnes conditions.

Dans bien des cas, pour des raisons d'aspect, ou pour éviter le flambage, on donne aux pièces des dimensions plus fortes que celles indiquées par le calcul, on fait donc, dans la section des boulons ou leur nombre, une erreur par excès que la connaissance de l'effort réel et très souvent la pratique peut corriger.

La section totale des boulons étant ainsi déterminée, leur nombre dépend de la dimension des pièces comme nous l'avons vu ; quant à leur écartement il doit être tel qu'avec une clef ordinaire on puisse aisément serrer l'écrou.

Rivets. — Les rivets servent à assembler deux ou plusieurs pièces de fer d'une façon permanente, ils sont posés le plus souvent à chaud et agissent par le serrage qu'ils communiquent aux pièces à réunir en se refroidissant. La rivure à froid ne s'emploie que si l'on a à écraser de petits rivets, comme il en existe dans les cuves de gazomètre.

La condition de maintenir les pièces par simple serrage

est essentielle à remplir toutes les fois que les trous sont poinçonnés ; si les trous sont forés à la mèche, comme on peut percer toutes les épaisseurs à la fois, et donner au trou le diamètre du rivet, on ne craint plus le déplacement des surfaces en contact et les rivets peuvent alors être calculés pour résister au cisaillement.

Les rivets se font en fer fin à grains ou en acier doux ne prenant pas la trempe.

Lorsque l'on veut obtenir une rivure étanche, il faut interposer entre les tôles du papier ou de l'étoupe ; on mate la tranche de la tôle de recouvrement après l'avoir chanfreinée, au burin ou à la meule. Quand on emploie le burin, le chanfreinage se fait après la rivure.

Comme pour les boulons, les types de rivets sont très nombreux, nous indiquerons seulement les plus employés avec leurs principales dimensions rapportées au diamètre et

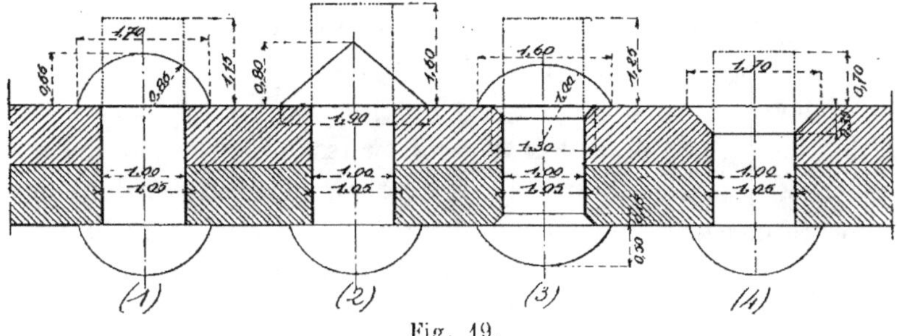

Fig. 19.

la longueur que la tige doit avoir, en plus de l'épaisseur des fers à réunir pour former la tête.

La bouterolle qui sert à faire la rivure hémisphérique doit avoir une flèche un peu inférieure à celle de la tête; on enlève les bavures qui se forment pendant le rivetage mais on est au moins assuré d'un bon contact; cette condition est très importante, car si la rivure, au lieu de porter sur un diamètre de 1,70 de celui de la tige, ne portait que sur 1,20, la tension du rivet diminuerait de moitié et sa résistance au glissement se trouverait diminuée d'autant. Si les rivets sont trop courts et les bouterolles usées, on améliore le serrage en augmentant la température de pose sans arriver cependant à brûler le métal.

La rivure terminée vers 150° produit une adhérence entre les tôles en contact qui est de 15; pratiquement dans les constructions métalliques on ne compte que sur 6 kg. par millimètre carré, de sorte que si le rivet vient à travailler par cisaillement, les conditions de résistance seront les mêmes.

Le diamètre du rivet est généralement égal à une fois et demie ou deux fois et demie l'épaisseur de la plus forte des pièces à réunir. Pour les ouvrages qui doivent être étanches et d'assemblage c'est le chiffre 2 que l'on emploie le plus, réservant le rapport 2,2 pour les gros ouvrages d'assemblage seulement. Dans le cas où les épaisseurs à réunir sont très différentes, on ne donne aux rivets qu'un diamètre d'une fois et demie l'épaisseur de la plus forte pièce.

Quelle que soit l'épaisseur des pièces, il est évident que le diamètre du rivet doit dépendre aussi de la somme de ces épaisseurs, c'est-à-dire de la longueur de sa tige ; dans la pratique cette longueur entre tête et rivure varie de une à trois fois pour des diamètres de 8 à 16 millimètres, et peut atteindre quatre à six fois le diamètre pour des rivets de 20 à 25 mm.

Comme pour les boulons, la section totale des rivets qui réunissent deux pièces est égale à la section de l'une des pièces, trous de rivets déduits, ou à la moitié de cette même section si l'effort se répartit sur deux pièces. Ici encore nous supposons que les rivets et les fers assemblés travaillent à 6 kg. par millimètre carré, mais si les pièces travaillent à

8, 10, 12 kg., il faudra augmenter la section totale des rivets dans le rapport $\frac{8}{6}$, $\frac{10}{6}$, $\frac{12}{6}$.

Les rivets se placent généralement sur une ligne parallèle à la longueur des pièces, lorsque le nombre de rivets que l'on a à poser ne permet pas de le faire, on emploie la disposition en quinconce.

Nous donnons dans le tableau suivant, en fonction de la plus forte épaisseur de l'un des deux fers à réunir, les écartements de rivets dans les cas de rivure simple et de rivure en quinconce.

Tableau 17.

Rivure simple			Rivure double			
D	A	B	D	A	B	C
2 E	5 E	3,5 E	2 E	8 E	3,5 E	4 E
2,2 E	6 E	4 E	2,2 E	10 E	4 E	4,5 E

Pour l'assemblage de trois épaisseurs, comme dans le cas des couvre-joints par exemple, on dispose les rivets comme l'indique le tableau ci-après n° 18.

Tableau 18.

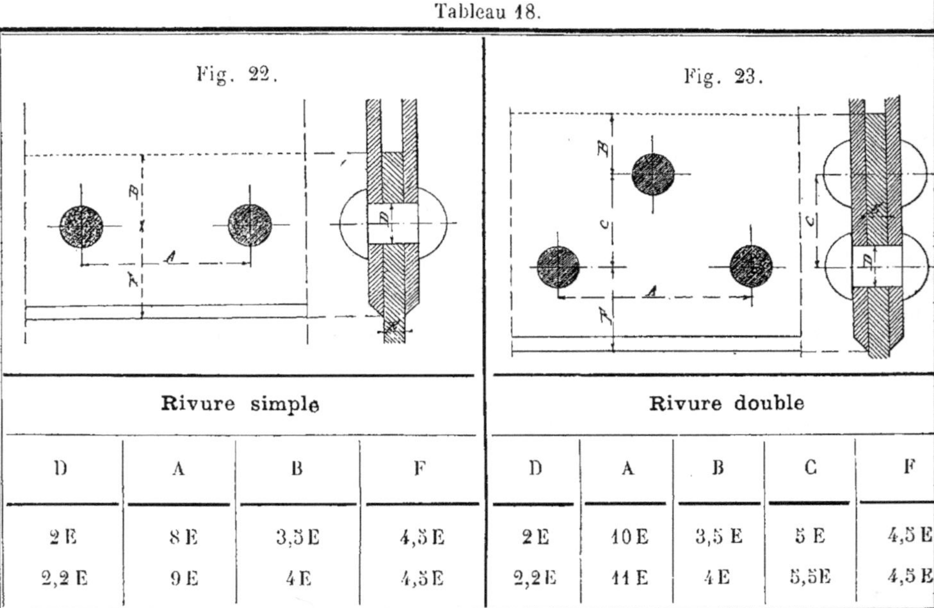

Fig. 22.

Fig. 23.

Rivure simple				Rivure double				
D	A	B	F	D	A	B	C	F
2 E	8 E	3,5 E	4,5 E	2 E	10 E	3,5 E	5 E	4,5 E
2,2 E	9 E	4 E	4,5 E	2,2 E	11 E	4 E	5,5 E	4,5 E

Couvre-joints. — Dans la construction on est souvent conduit à faire des pièces, composées de tôles ou larges plats et cornières, plus longues que les fers livrés par les forges ; on réunit alors les extrémités des pièces au moyen

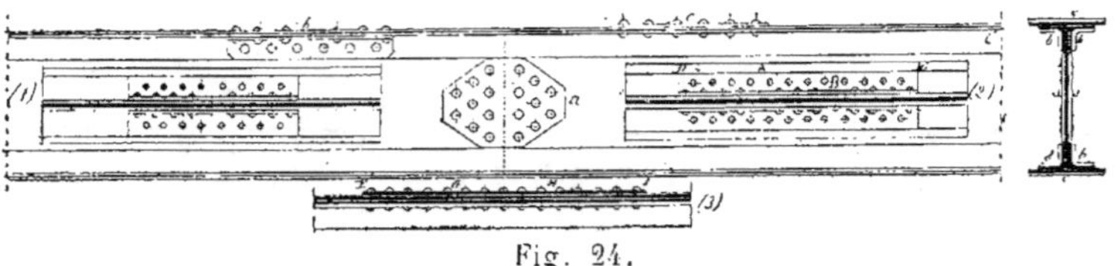

Fig. 24.

de *couvre-joints*. Sur la figure 24 nous avons indiqué en *a* un couvre-joint d'âme, en *b* un couvre-joint de cornière et en *c* un couvre-joint de semelle. Autant que possible il faut chevaucher les joints afin de ne pas affaiblir la pièce en un seul point.

Couvre-joint d'âme. — Les couvre-joints d'âmes se font toujours doubles ; ils se font rectangulaires ou suivant la forme indiquée sur la figure 24 ; leur section totale doit être au moins égale à celle de la pièce qu'ils remplacent. Comme ces plaques n'existent que sur la hauteur libre de l'âme, chacune d'elles aura une section au moins égale à la moitié de celle de l'âme sur toute sa hauteur.

Le diamètre des rivets est déterminé par l'épaisseur des tôles à serrer ; quant à leur nombre sur une moitié du couvre-joint double, il sera tel que leur section totale soit égale à la demi section de l'âme, trous de rivets déduits, et en y comprenant la portion comprise entre les cornières.

Couvre-joint de cornière. — Pour les couvre-joints de cornière il peut se présenter deux cas suivant que les cornières de part et d'autre de l'âme sont coupées au même point ou en des points différents.

La section horizontale (1) (fig. 24) représente le premier cas, les couvre-joints doivent alors avoir une section au moins égale à celle des cornières qu'ils remplacent. Le diamètre des rivets étant fixé par l'épaisseur des fers, leur nombre sera tel que la section totale des rivets, placés d'un même côté du joint et d'un seul côté de l'âme, soit égale à la section de la cornière, trous de rivets déduits; nous avons noirci les têtes des rivets dont nous voulons parler.

Dans le second cas (2), les cornières ne sont pas coupées au même point, les couvre-joints ont alors une section inférieure à celle des cornières, mais toujours supérieure à la moitié de cette même section.

Cette condition déterminera la section des couvre-joints; comme le diamètre des rivets dépend de l'épaisseur des fers, nous n'avons plus à déterminer que leur nombre.

Dans la partie A B (fig. 24) (2) comprise entre les joints de part et d'autre de l'âme et sur l'aile verticale, le nombre de rivets sera calculé de façon que leur section totale soit égale au double de la différence de section qui existe entre une cornière et le couvre-joint correspondant ; si cette différence est nulle, nous sommes ramenés au premier cas. Le nombre de rivets sur l'aile horizontale se déduira par le tracé.

Entre A et D et par conséquent entre B et E d'un seul côté de l'âme, le nombre de rivets sur les deux ailes du couvre-joint s'obtiendra en divisant la section de la cornière, rivet déduit, par la section transversale d'un rivet et retranchant du quotient la moitié du nombre de rivets placés de A en B sur l'aile verticale. Par le tracé on obtiendra le nombre de rivets à poser sur chacune des ailes. La longueur du couvre-joint se déterminera ainsi par le nombre de rivets.

Couvre-joints de semelles. — S'il n'y a qu'une seule semelle, le couvre-joint aura la section de cette semelle et la section totale des rivets sera égale à cette même section, rivets déduits.

Si la semelle est double et que les fers soient coupés dans un même plan vertical, le couvre-joint aura une section double de celle de la plus épaisse des pièces et le nombre des rivets, placés d'un même côté du joint, s'obtiendra en divisant cette section du couvre-joint, rivets déduits, par la section d'un rivet dont on connaîtra le diamètre d'après les épaisseurs à réunir.

Si les joints sont chevauchés comme nous l'avons indiqué en (3) (fig. 24), les parties F G, G H et H I sont égales entre elles ; la section du couvre-joint est égale à celle de la plus forte semelle et dans chacune des trois parties le nombre de rivets s'obtient en divisant la section du couvre-joint, rivets déduits, par la section d'un rivet.

Comme nous l'avons dit plus haut, si les fers travaillent à 8, 10, 12 kg., il faudra augmenter le nombre de rivets de 8/6, 10/6, 12/6.

Vis. Goujons. — On se sert de *vis à métaux* pour réunir deux ou plusieurs pièces, chaque fois que l'emploi de boulons est impossible. Ces vis (fig. 25) ont la tête hexagonale (1), hémisphérique (2) ou encastrée (3); pour les deux dernières formes, une fente permet la mise en place au moyen du *tournevis*.

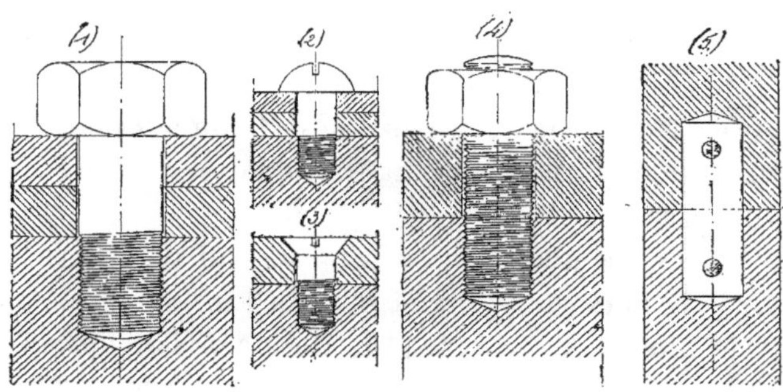

Fig. 25.

Généralement on réserve la vis à tête à 6 pans pour les gros travaux ou les constructions mécaniques, les deux autres sont d'un emploi constant en serrurerie pour assembler les petites pièces.

Les *goujons* sont des tiges filetées on non qui servent à réunir des pièces, l'assemblage étant maintenu par un écrou ou une goupille. Le goujon peut être aussi vissé ou goupillé sur l'une des pièces et goupillé ou vissé sur l'autre. Les figures (4) et (5) sont les deux formes principales et toutes les combinaisons par moitié sont possibles.

Clavettes. — Les *clavettes* sont des pièces en fer, fonte ou acier destinées à maintenir l'écartement de deux pièces et à répartir uniformément les efforts. Qu'elles soient simples ou doubles, l'une des faces présente toujours un plan incliné, pour permettre le serrage ; la pente ne doit pas dépasser 10 à 15 centimètres par mètre. Les dimensions des clavettes dépendent de celles des pièces entre lesquelles elles sont placées ; dans tous les cas leur largeur doit être suffisante pour que le métal ne travaille pas à la compression à plus de 8 ou 10 kg. par millimètre carré.

Travail du fer. — Pour transformer en pièces de serrurerie les fers et aciers du commerce, on commence par leur donner à chaud, si cela est nécessaire, les formes qui se rapprochent le plus de celles qu'ils doivent avoir, puis on les termine en les travaillant à froid.

Le travail de forge qui réduit au minimum les façons qui doivent suivre est de la plus haute importance et exige du coup d'œil et une grande habileté.

La forge se compose de la *paillasse*, du *contre-cœur* qui laisse passer la *tuyère*, de la *hotte* et du *soufflet* ; elle se place contre un mur à l'endroit le plus obscur de l'atelier afin de mieux juger les diverses colorations du fer. La chaleur rouge-claire suffit généralement pour le forgeage, cependant certains fers doux peuvent supporter une température plus élevée, mais il faut alors veiller à ne les point brûler.

Le vent venant du soufflet doit se répandre très également ; il est donc nécessaire de dégager de temps en temps l'orifice de la tuyère en se servant du *tisonnier*. On ramasse le charbon au-dessus du fer et l'on y jette de l'eau pour former une calotte ; le vent doit alors agir par dessous en chassant la flamme sur le fer et s'il se produit des échappées sur la calotte il faut avoir soin de les boucher avec du charbon afin de concentrer la chaleur. Pour empêcher que des morceaux de charbon ne se collent au fer et ne le brûlent en certains points, le forgeron remue de temps en temps le fer et reforme la calotte s'il y a lieu. La conduite du feu demande une grande habitude et il est impossible de donner une règle précise ; en général cependant, il convient de conserver le fraisil sur la paillasse pour circonscrire l'action, mais en ayant soin d'extraire la machefer.

Lorsque le fer est chaud, on le retire rapidement du feu et on le frappe contre une des arêtes de l'enclume ou avec le marteau pour faire tomber les crasses et morceaux de fraisil qui pourraient le recouvrir ; dans cet état on peut faire subir au fer diverses transformations que nous allons examiner.

1° *Refouler*. — C'est augmenter une ou plusieurs dimensions transversales d'une barre sur une partie de sa longueur.

Pour les pièces lourdes il suffira de les laisser tomber verticalement sur un tas, le choc tendra à rapprocher les parties froides et la barre se trouvera refoulée au point où elle était chauffée ; si les masses froides ne sont par assez lourdes, il deviendra nécessaire de frapper la pièce en bout avec un marteau. Pour les barres de faibles dimensions, on frappe en bout avec le marteau à main en soutenant le choc à l'autre extrémité ou aussi près que possible de la partie à refouler, car le fer tend à se couder et il faut le redresser fréquemment.

2° *Etirer*. — C'est diminuer la section transversale d'une barre en un point de sa longueur.

Cette opération s'effectue par un martelage de la partie chauffée sur la bigorne ronde de l'enclume ; les coups légèrement obliques peuvent se donner avec ou sans interposition d'un dégorgeoir entre le marteau et la pièce.

Si la longueur de la barre ne doit pas varier, il faut que l'une des dimensions transversales augmente tandis que l'autre diminue, le fer est alors aplati.

Que le fer soit étiré ou refoulé lorsque la variation de section doit être brusque, on fait usage du dégorgeoir en opérant sur la bigorne ronde ou sur le table de l'enclume, selon que la barre doit être dégorgée sur toutes ses faces ou d'un seul côté. On obtient de cette façon un congé que l'on fera disparaître avec la chasse carrée s'il doit y avoir épaulement.

3° *Étamper*. — L'étampage permet non seulement d'obtenir les pièces de forge plus rapidement qu'avec les autres outils, mais aussi de donner au fer porté au blanc soudant une forme qu'il eût été impossible d'obtenir autrement. Pour pratiquer l'étampage il faut plusieurs jeux d'étampes et contre-étampes en acier de manière à ne modifier la forme primitive que d'une façon progressive. La contre-étampe fixée à l'enclume reçoit le fer auquel on a donné à l'avance la forme qui se rapproche le plus de celle à obtenir ; on place l'étampe au dessus en frappant à coups précipités. Pour la dernière passe, le fer est seulement chauffé au rouge et les coups de marteau sont forts et moins répétés.

4° *Parer*. — C'est donner à une pièce des surfaces et arêtes nettes et régulières en faisant disparaître les traces laissées par les outils ; le parage commence au rouge sombre et se continue jusqu'au noir, l'écrouissage qui en résulte est détruit par une chaude au rouge et un refroidissement lent. Les outils employés pour ce travail sont les chasses planes et rondes, les étampes et la chasse carrée.

5° *Tordre*. — L'axe restant rectiligne, lorsqu'on veut tordre une barre de fer il suffit de chauffer la partie à travailler au rouge vif, de placer une extrémité entre les mâchoires de l'étau et d'agir à l'autre bout avec un levier ; si la partie à tordre doit présenter plusieurs spires, il faudra autant que possible la chauffer toute entière, mais comme la torsion tend à diminuer la longueur de la barre on devra aussi imprimer au levier un mouvement de traction suivant l'axe de la barre.

6° *Cintrer*.— Après avoir chauffé au rouge vif une barre de fer, on peut la cintrer en la posant sur un tas fixé sur l'enclume et agissant avec un marteau à table ronde. Le tas doit présenter une surface concave formée de parties droites ou courbes et les coups sont donnés entre les deux supports en manœuvrant la barre en avant ou en arrière et proportionnant les efforts à la courbure et à la résistance du métal.

Un procédé plus sûr et plus rapide consiste dans l'emploi du *faux rouleau*. Le faux rouleau est fixé à l'étau ou à l'enclume et le fer porté au rouge clair lui est attaché au moyen d'une *serre*; on l'applique en se servant d'une griffe et du marteau. Si le faux rouleau n'a pas la forme voulue, on place un griffon dans l'œil de l'enclume et on opère par tâtonnements en cintrant avec une griffe la barre de fer maintenue entre les tiges du griffon.

Le cintrage sur un petit rayon se fait au marteau sur la bigorne ronde de l'enclume ou à l'étau.

7° *Couder*. — Lorsqu'on veut produire des angles vifs, il faut refouler le métal en dirigeant la masse sur le côté qui doit former l'angle extérieur. Après avoir donné une nouvelle chaude, on place la barre sur l'une des arêtes de la table, on rabat l'un des cotés et on calibre à la chasse.

S'il s'agit de petits fers, on se contente de refouler par quelques coups en bout, on coude et par des chocs obliques sur chaque branche on fait apparaître l'arête vive.

8° *Couper*. — Pour couper à chaud une barre de fer on porte la partie à couper au rouge vif et on la pose sur l'enclume ; on opère avec le ciseau à chaud et le marteau à main ou avec la tranche et le marteau à devant, suivant les dimensions transversales de la pièce.

Pour obtenir une coupe régulière, il faut attaquer chaque face et conduire l'outil jusqu'au centre de la barre ; le dernier coup de ciseau ou de tranche se donne sur le bord de l'enclume ou sur une plaque de tôle afin de ne pas ébrécher le tranchant de l'outil. Les deux parties une fois séparées on pare la coupe.

A chaque coup de marteau l'outil est soulevé et remis en place, et de temps en temps on le plonge dans l'eau froide pour lui redonner la trempe.

Les fers ronds se coupent sur des tas de même forme afin d'éviter l'aplatissement ; pour les fers spéciaux tels que T, doubles T, U, cornières, on agit d'abord sur les ailes, puis sur les âmes, en appliquant toujours la tranche suivant la largeur de la partie à couper.

Pour les petits fers, on emploie quelquefois les lunettes que l'on fixe dans l'œil de l'enclume et qui présentent des trous de la forme du fer à couper.

Si la coupe, au lieu de se faire en pleine barre, se fait à l'extrémité, c'est-à-dire si la barre doit être arrasée, au lieu de placer la tranche perpendiculairement à la direction de la pièce, on l'obliquera de façon à l'empêcher de glisser.

Lorsque la pièce doit être simplement fendue sur une partie de sa longueur, on emploie le ciseau ou la tranche, mais il faut avant tout limiter l'extrémité de la fente par un coup de poinçon qui arrêtera la déchirure.

9° *Percer*. — On ne perce à chaud que les pièces qui doivent présenter un renflement à l'endroit du trou. La partie refoulée et chauffée au rouge vif est posée à plat sur la table de l'enclume ; on agit avec un premier poinçon méplat que l'on enfonce sur chacune des faces, de manière à former une fente qui se transformera en un trou grossier quand après une nouvelle chaude on refoulera la pièce.

Pour les trous ronds, on donnera la forme avec des poinçons, on régularisera avec des mandrins et on ébauchera la forme extérieure du fer avec un dégorgeoir et un marteau à main ; puis par des chaudes successives on donnera la forme voulue au trou et on finira la forme à la chasse carrée et à l'étampe.

Si les trous sont carrés ou sur angle, le travail se conduit d'une façon analogue avec des outils spéciaux.

10° *River*. — Après avoir chauffé au rouge vif la partie à aplatir, on la met en place et l'on maintient l'extrémité de la barre ou la tête du rivet avec un *turc* à bouterolle que l'on fixe au moyen d'un levier ou d'une vis. On commence par donner quelques coups suivant l'axe pour refouler le métal et lui faire remplir le trou, puis on agit obliquement pour former la tête, et on façonne définitivement à la bouterolle.

Nous avons dit qu'en général le travail à froid succédait au forgeage, mais toutes les feuilles et barres de fer ne passent pas par la forge, elles subissent cependant des transformations correspondantes à celles que nous avons étudiées dans le travail à chaud, nous les examinerons donc en même temps.

1° *Planer*. — C'est faire disparaître le creux et le gauche d'une feuille métallique.

2° *Dresser*. — C'est amener une barre de fer à avoir son axe rectiligne.

3° *Dégauchir*. — Se dit des faces ou arêtes d'une barre que l'on rend planes ou parallèles.

Les outils employés pour ces trois opérations sont le marteau à main, le marteau à devant, la chasse carrée, les étampes, tas et l'enclume.

4° *Couper*. — On emploie les *ciseaux à froid*, les *burins* et les *bédanes* ; avec ces outils on fait un sillon autour de la section de la barre, et un choc en porte-à-faux suffit pour amener la rupture. Lorsqu'on fait usage du ciseau à froid, l'outil est placé dans le plan de la section et les coups dirigés suivant son axe ; avec le burin il est préférable d'incliner l'outil à 45° environ, on frappe suivant l'axe, il se forme un copeau que l'on détache par des coups obliques, mais il faut empêcher l'outil de s'encastrer dans le métal, on le retire alors à chaque coup.

Les bédanes servent à faire les saignées profondes, le burin permet de terminer la coupe.

Les gros fers se coupent sur l'enclume avec la tranche à froid et le marteau à devant en attaquant successivement chacune des faces, puis on place la barre sur l'arête de l'enclume et on le rompt avec le casse-fer ; les fers ronds et spéciaux sont coupés sur tas ; pour les petits fers, on se sert du ciseau et du marteau à main.

Les tôles et certains fers se débitent à la cisaille ou à la scie si la section doit présenter des sinuosités ; quelquefois même, lorsqu'on n'a pas de scie à découper, on perce des trous assez rapprochés, on détache le métal au burin et on termine avec la lime. C'est également avec les deux derniers outils que l'on fait disparaître les arrachements d'une coupe à froid.

5° *Cintrer*. — On peut cintrer les fers et tôles du commerce à froid en s'aidant de machines spéciales ou en laissant tomber les barres sur deux points d'appui. Toutefois, on ne peut obtenir par ces procédés des rayons de courbure aussi faibles que par le travail à chaud.

6° *Percer*. — Pour percer les trous jusqu'à 8 mm. de diamètre, on peut employer le *foret à l'arçon* fixé dans un porte-foret, auquel on donne un mouvement de rotation alternatif avec le *fleuret à archet* ; au-delà de 8 mm. et jusqu'à 20 mm. de diamètre, on emploie le *cliquet*. Ces outils servent principalement pour des trous obliques aux faces à percer, pour ceux placés en des points inaccessibles aux autres machines et enfin pour les pièces dont le transport est difficile ; dans tous les autres cas, il est préférable de faire usage de foreries fixes ou portatives.

Dans les machines à percer, on se sert, pour les trous de 20 à 30 mm., de forets à guide ; au-dessus de 30 mm. de diamètre, on emploie les forets à lame. Les trous côniques s'obtiennent au moyen de *fraises* manœuvrées comme les forets.

Au lieu de percer les trous en enlevant graduellement le

métal, on peut les obtenir d'un seul coup lorsque l'épaisseur du métal est relativement faible. Le poinçonnage se fait à la main avec un poinçon emmanché et le marteau à devant, plus généralement on emploie la machine ; le métal repose sur une matrice de même section que le poinçon, mais avec un jeu d'autant plus grand que l'épaisseur à poinçonner est plus forte.

7° *River*. — On ne rive à froid que les petits rivets en fer ou ceux en cuivre ; pour obtenir l'étanchéité, on interpose du papier recouvert de céruse ou de minium.

8° *Tarauder, fileter*. — L'outil qui sert à faire les filets de vis dans un écrou se nomme *taraud*. Les tarauds sont côniques et se terminent par une partie cylindrique qui calibre le trou ; pour les trous qui ne débouchent pas, on termine avec un taraud cylindrique sur toute sa longueur.

Le filetage des tiges se fait au moyen de *filières*. Comme ces filières ont été obtenues avec des tarauds, il est indispensable que les tiges à fileter aient le même diamètre.

Le filetage et le taraudage se font à la main, on imprime à l'outil un mouvement de rotation au moyen de leviers et on opère par saccades.

9° *Blanchir, polir, roder*. — On blanchit les fers à la lime bâtarde en enlevant l'oxyde qui le recouvre et les plus fortes aspérités.

On polit le fer avec des limes de plus en plus douces, puis avec de l'émeri mélangé d'huile, de façon à obtenir des surfaces parfaitement lisses et des arêtes vives.

Lorsqu'il ne doit exister aucun jeu entre deux surfaces polies, on les rode en les frottant l'une contre l'autre avec interposition d'émeri fin.

—

ÉLÉMENTS DE GÉOMÉTRIE

Avant de traiter la question de serrurerie proprement dite, il est indispensable de remettre en mémoire quelques principes de géométrie plane et de géométrie descriptive dont on ne peut se passer dans la pratique.

Nous commencerons par les lignes droites, les lignes courbes, les angles, nous continuerons par les surfaces et enfin nous appliquerons les principes dont nous aurons parlé.

———

La *géométrie* est la science qui a pour but la mesure de l'étendue, connue sous trois dimensions qui sont: la longueur, la largeur et l'épaisseur, ainsi que l'étude des propriétés des figures.

La mesure de l'étendue en longueur, appelée aussi *longimétrie*, est la mesure des lignes.

La mesure de l'étendue en longueur et en largeur, nommée *planimétrie*, est la mesure des surfaces.

Quant à la mesure considérée sous les trois dimensions, longueur, largeur, épaisseur ou mesure des volumes, corps et solides en un mot, elle est appelée *stéréotomie*.

La *surface* d'un corps est la limite qui sépare ce corps de l'espace environnant.

Le *volume* d'un corps est la portion de l'espace occupée par ce corps.

Un point est le lieu où deux lignes se rencontrent (fig. 1).

Lignes. — Une ligne est déterminée par la rencontre de deux surfaces, ou mieux le lieu des positions occupées par un point qui se meut dans l'espace.

Une ligne peut être droite (fig. 2), brisée (fig. 3), courbe (fig. 4), ou mixte (fig. 5).

Une ligne *droite* est une ligne indéfinie telle, qu'elle est la plus courte distance entre deux points quelconques lui appartenant. Elle est composée d'éléments qui sont exactement les uns à la suite des autres et qui suivent la même direction.

Un ligne *brisée ou polygonale* est composée de lignes droites.

Une ligne *courbe* est une ligne qui n'est ni droite ni composée de lignes droites.

Un plan est une surface telle qu'en prenant une ligne droite quelconque dans cette surface, si deux points de cette droite y sont contenus, la ligne est comprise toute entière.

Quand, dans un plan, deux lignes se coupent, la portion de surface indéfinie comprise entre ces deux lignes prend le nom d'*angle* (fig. 6).

Les lignes considérées une à une ou en groupe peuvent occuper des positions infiniment variables.

Elles peuvent être horizontales, verticales, parallèles, perpendiculaires, obliques, diagonales, tangentes ou sécantes.

Une ligne est *horizontale* quant elle suit le niveau de l'eau dormante.

La ligne *perpendiculaire* est une ligne telle qu'en se rencontrant avec une autre (horizontale ou non) elle forme avec celle-ci deux angles égaux appelés angles *droits* (fig. 7).

Une ligne *verticale* est une perpendiculaire sur une horizontale. Prolongée indéfiniment elle irait passer par le centre de la terre,

Deux lignes sont *parallèles* quand elles ne se rencontrent jamais, aussi loin qu'on puisse les prolonger (fig. 8). Tous les points de l'une doivent être à égale distance de l'autre. Exemple : Deux rails de chemins de fer, deux cercles de rayons différents tracés avec le même centre (fig. 8 et 9).

Une ligne *oblique* est une ligne droite GH qui se recontre avec une autre droite EF en formant deux angles inégaux (fig. 10).

Une ligne *diagonale* est celle qui coupe un carré, un rectangle, un parallélogramme ou mieux un polygone, d'un angle à un autre (fig. 11).

Quand une ligne droite ou non touche une autre ligne courbe en un seul de ses points, elle est dite *tangente* (fig. 11 *bis*).

On appelle *cercle*, une ligne courbe dont tous les points sont à égale distance d'un point intérieur appelé *centre*. La distance dont il vient d'être parlé est le *rayon du cercle* (fig. 12).

Une *sécante* est une ligne qui en coupe une autre.

Si la ligne coupée est un cercle, il y a deux points d'intersection J et K (fig. 13), la droite JK est une corde, en élevant une perpendiculaire LM au milieu de la corde on a la *flèche* de l'arc JK.

Tracé des perpendiculaires. — Dans les épures ou tracés qui suivent, nous aurons à nous occuper de tracer des perpendiculaires.

1° D'un point donné en dehors d'une droite sur cette droite.

2° Au milieu d'une droite de longueur connue.

3° A l'extrémité d'une droite qu'on ne peut prolonger.

4° En un point quelconque d'une droite.

5° Au milieu d'une portion de cercle.

6° A l'extrémité d'une courbe dont le centre est inconnu.

7° A l'extrémité d'une courbe dont le centre est inaccessible.

1° *D'un point donné hors d'une droite abaisser une perpendiculaire sur cette droite* (fig. 14).

Soient donnés la droite AB et le point O situé en dehors de la droite, du point O avec une ouverture de compas quelconque plus grande que la distance qui le sépare de la droite, on trace un arc de cercle qui coupe en C et en D la ligne donnée AB. Puis de C et D comme centres avec le même rayon (ou avec un autre plus grand que la moitié de CD) on décrit en dessous deux arcs qui se coupent en E. Joignons OE nous avons la perpendiculaire cherchée.

2° *Tracer une perpendiculaire au milieu d'une droite de longueur connue* AB (fig. 15).

De A et de B avec un rayon plus grand que la moitié de la droite, on trace en dessus et en dessous de la ligne deux arcs qui se coupent en C et en D.

Les deux points C et D joints par une droite donnent l'intersection E avec AB. La ligne CD est la perpendiculaire cherchée et le point E est le milieu de AB.

3° *Tracer une perpendiculaire à l'extrémité d'une droite qu'on ne peut prolonger.*

1ᵉʳ moyen (fig. 16). — On prend un point quelconque O en dehors de AB et de ce point on trace avec OA comme rayon un arc CAX, en joignant CO et en prolongeant on a le point de rencontre D. La droite DA est celle que nous cherchons.

2ᵉ moyen (fig. 17). — Du point A avec un rayon quelconque on trace l'arc qui coupe la ligne droite en C et de C avec le même rayon on en trace un second qui rencontre le premier en D. On joint CD et on prolonge. Puis de D avec le rayon déjà employé on trace un autre arc qui coupe le prolongement de CD en E si nous joignons EA nous aurons la ligne cherchée.

4° *Élever une perpendiculaire en un point quelconque d'une droite* AB (fig. 18).

Du point O situé sur la droite, avec une ouverture de compas quelconque, on trace les deux intersections C et D et on opère alors comme si on avait à élever une perpendiculaire au milieu de la distance de ces deux points, c'est-à-dire que successivement de C et de D avec un rayon plus grand que le précédent on trace soit en dessus, soit en dessous de la ligne deux arcs qui se coupent en E ou en E'. Les points E et O joints par une droite déterminent la perpendiculaire.

5° *Tracer une perpendiculaire au milieu d'un arc de cercle* (fig. 19).

Des deux extrémités X et Y de l'arc, tracez avec un rayon convenable en dessus et en dessous de l'arc les deux intersections Z et Z'. La droite trouvée ZZ' résoud le problème.

6° *A l'extrémité d'un arc de cercle dont le centre est inconnu, élever une perpendiculaire* (fig. 20).

Sur l'arc AB on porte de B avec un compas trois distances quelconques mais égales et on élève au milieu de l'arc BD une perpendiculaire tout comme si la ligne BD était droite, cette perpendiculaire passe en C. On refait la même opération avec l'arc CE, la nouvelle perpendiculaire passe en D et coupe la première en O qui est le centre du cercle. En prolongeant le rayon OB en dehors du cercle on a la perpendiculaire cherchée.

7° *A l'extrémité B d'un arc de cercle dont le centre est inaccessible, mener une perpendiculaire* (fig. 21).

Sur l'arc AB donné on porte deux longueurs quelconques BC et CD qui sont égales et de B, avec un rayon BD, on trace un arc de cercle DZ ; du point D comme centre, on trace l'arc BY qui coupe celui déjà tracé en E, puis de C, encore avec le même rayon, on mène l'arc VX.

Ici seulement le rayon change et devient CE, du point B on trace un arc qui coupe VX en F. On joint BF et cette droite sera le prolongement du rayon et par conséquent la perpendiculaire demandée.

Trace des parallèles. — 1ʳᵉ méthode. — Si à une ligne AB (fig. 22) on veut mener une parallèle à une distance donnée, on trace avec une ouverture de compas égale à la distance et des points A et B comme centres deux arcs de cercle, on joint ensuite les points les plus éloignés de ces arcs et on obtient la parallèle.

Les points les plus éloignés C' et D' sont donnés par l'intersection avec les arcs tracés, des perpendiculaires à la ligne, élevées par les points A et B.

2° méthode (fig. 23). — Le point O par lequel doit passer la parallèle à CD est donné.

De C comme centre avec CO comme rayon il faut tracer un arc qui coupe en E la droite CD. Puis de O avec le même rayon on trace un autre arc CX. On prend ensuite la longueur EO que l'on reporte sur CX en CF et enfin on joint FO pour avoir la parallèle à CD.

Angles et triangles. — Nous avons donné précédemment la définition d'un angle, nous allons maintenant nous occuper de leurs différents noms ainsi que de leur tracé.

Un angle *droit* est formé par la rencontre de deux perpendiculaires.

Un angle est dit *aigu* quand il est plus petit qu'un angle droit (fig. 24).

Un angle *obtus* est plus ouvert qu'un angle droit (fig. 25).

Quand un angle est déterminé par la rencontre de deux droites (fig. 26) il est appelé *rectiligne*.

Curviligne s'il est déterminé par deux courbes (fig. 27 et 28).

Si l'un des côtés de l'angle est droit et l'autre courbe on a un angle *mixtiligne* (fig. 29 et 30).

En prenant trois points dans un plan et en joignant ces trois points par des droites, nous obtenons une figure à trois côtés appelée *triangle*.

Les triangles sont dénommés de trois façons différentes quand on les considère par rapport aux côtés et de trois autres façons quand on les considère par rapport aux angles.

Par rapport aux côtés un triangle peut être :

Équilatéral si les trois côtés sont égaux (fig. 31);

Isocèle si deux côtés seulement sont égaux (fig. 32) ;

Scalène si les côtés sont quelconques (fig. 33).

Considéré par rapport aux angles il est :

Rectangle quand il a un angle droit (fig. 34).

Acutangle quand tous ses angles sont aigus (fig. 35).

Obtusangle quand un angle est obtus (fig. 36).

On dit aussi qu'un *triangle* est *équiangle* quand ses trois angles sont égaux. Si le triangle est équiangle il est aussi équilatéral.

Un triangle peut être à la fois *rectangle* et *isocèle* quand il a un angle droit et deux côtés égaux (fig.37). Le côté opposé à l'angle droit prend le nom d'*hypothénuse*.

Mesure des angles. — Pour évaluer la mesure des angles, on se sert d'un instrument appelé *rapporteur* (fig. 38).

Ce rapporteur, en corne ou en cuivre, a la forme d'un demi cercle. On a divisé ce demi cercle en 180 parties égales appelées degrés. Pour le calcul, les degrés ont été divisés en 60 autres parties égales qu'on nomme minutes et ces dernières ont été à leur tour divisées en 60 autres parties qu'on désigne sous le nom de secondes.

Sur le rapporteur ne sont gradués que les degrés et les demi degrés. En résumé, pour mesurer un angle on prend la mesure de l'arc compris entre ses côtés et décrit de son sommet comme centre.

Deux angles droits valent ensemble 180 degrés et comme

ils sont égaux la valeur de chacun d'eux est de 90 degrés. Ainsi dans la fig. 7 les angles ADC et CDB déterminés par l'intersection de la droite CD perpendiculaire sur AB valent 90 degrés chacun.

En écriture on indique les degrés par un petit zéro placé en haut et à droite du nombre, les minutes le sont par des virgules et les secondes par des doubles virgules.

Ainsi la quantité de 27 degrés 41 minutes 8 secondes s'écrit 27°41'8".

Tracé des angles. — Supposons que l'angle AOB (fig. 39) doive être reproduit.

Nous pourrions nous servir du rapporteur en appliquant son centre au sommet de l'angle, le diamètre de l'instrument posé sur un des côtés et en lisant le nombre indiqué par l'autre côté de l'angle, mais nous allons employer le procédé graphique.

Donc nous avons dit qu'il s'agissait de reproduire l'angle AOB sur une ligne CD (fig. 40).

De O, avec un rayon quelconque, on coupe les côtés OA et OB respectivement en E et en F, puis, du point C comme centre, avec le même rayon on trace un arc de cercle qui coupe en G la ligne CD. On mesure ensuite à l'aide du compas la distance EF que l'on porte en GH à partir du point G sur l'arc précédemment tracé. En joignant HC nous obtenons l'angle HCD qui est égal à l'angle donné.

Si nous voulions *construire un angle égal à la somme de deux angles donnés* nous n'aurions qu'à répéter l'opération avec la ligne CH comme base.

Division des lignes, des angles et des arcs. — **Des lignes**. — Pour *diviser une droite en 2 parties égales*, il suffit de se reporter au tracé de la fig. 15.

Si on voulait *diviser la droite en 4 parties égales* on ferait la même opération sur chaque moitié de la droite.

On *partage une droite en un nombre quelconque de parties égales* de la façon suivante :

Soit la droite AB à diviser en cinq parties égales (fig. 41).

Du point A on trace à volonté un angle BAC et sur le côté AC de l'angle on porte cinq longueurs quelconques, mais égales entre elles, AD, DE, EF, FG et GH. On joint ensuite HB, puis on mène successivement par chacun des points D, E, F et G des parallèles à cette ligne.

Chaque parallèle coupe AB en D'E'F'G' qui sont les points de division de la ligne donnée.

Au lieu d'avoir des parties égales on pourrait donner des longueurs quelconques. La division de la droite AB en parties proportionnelles aux lignes données se ferait par le même moyen (fig. 42).

Des angles. — On peut avoir à *diviser un angle en deux parties égales* (fig. 43). Si l'angle BAC doit être divisé en deux parties égales on décrira du point A comme centre un arc de cercle de rayon quelconque qui coupera en D et en E les côtés de l'angle et on divisera l'arc DE en deux parties égales comme il a été dit pour la fig. 19.

Le point F, milieu de l'arc, joint au sommet **A**, donne une ligne appelée *bissectrice* qui divise l'angle en deux parties égales.

Cette manière d'opérer est employée pour tous les angles quels qu'ils soient, aigus, droits ou obtus.

Diviser un angle droit GHI en 3 parties égales (fig. 44).

Du sommet H de l'angle on décrit un arc de cercle JK de rayon quelconque, puis successivement de J et de K, avec le même rayon on trace sur l'arc précédent les deux intersections L et M.

Les points L et M sont les points de division de l'arc en trois parties égales.

En joignant L et M au centre H on a l'angle divisé en

trois parties. Comme l'angle droit GHI vaut 90°, chacun des angles MHI, LHM et GHL vaut 30°.

On voit que la division des angles et des arcs se fait de la même façon.

Ainsi, pour partager un arc en deux parties égales, on se reportera à la fig. 19 indiquée précédemment pour la division d'un angle en deux parties. Dans cette figure le point de rencontre de ZZ' avec l'arc XY est le milieu cherché.

Si on donne l'arc AB et le centre O (fig. 45) on peut tracer la corde de l'arc et du point O, abaisser la perpendiculaire OD sur la corde. On prolonge jusqu'en E, point de rencontre avec l'arc, ce point E en est le milieu.

Au tracé de la bissectrice d'un angle parfaitement défini se rattachent trois autres problèmes :

1° Mener la bissectrice d'un angle dont on ne peut déterminer le sommet.

2° Par un point pris hors d'un angle dont le sommet est inaccessible, tracer une droite qui passe par ce sommet.

3° Même problème que précédemment en prenant le point à l'intérieur de l'angle.

Premier problème. — *Tracé de la bissectrice d'un angle dont le sommet est inaccessible* (fig. 46). Les côtés de l'angle sont AB et CD.

On tire une ligne quelconque EF entre les côtés de l'angle et on divise ensuite chacun des quatre angles ainsi déterminés BEF, AEF, CFE et DFE en deux parties égales au moyen des lignes EY, EV, FU et FX.

Les intersections Z de EY avec FX, et Z' de EV avec FU jointes par une droite divisent l'angle en deux parties égales. La ligne ZZ' est la bissectrice de l'angle.

Deuxième problème. — *Par un point pris hors d'un angle dont le sommet est inaccessible, tracer une droite qui passe par ce sommet.*

Par le point donné O on trace à volonté une ligne qui

coupe en E le côté AB et en F le côté CD (fig. 47).

On mène à une distance quelconque une parallèle GH à la ligne OEF.

Du point F on trace une ligne FY sur laquelle on porte FK = GH, ce qui détermine le point K qu'il faut joindre à E. Ensuite on mène OL parallèle à KE et enfin, pour terminer, on porte sur la droite HG prolongée une longueur GM = KL. En joignant les points O et M par une droite, cette ligne passera par le sommet de l'angle.

Troisième problème. — *Par un point pris à l'intérieur d'un angle dont le sommet est inaccessible, tracer une droite qui passe par ce sommet* (fig. 48).

On trace d'abord du point O une ligne quelconque dont les points d'intersection avec IJ et NP sont respectivement Q et R. On mène ensuite à volonté une parallèle à la ligne QR, nous obtenons ST.

De R on trace la ligne RR' quelconque sur laquelle on porte, à partir du point R, la longueur RU = ST. On joint QU et on mène à cette ligne par le point O une parallèle OV.

Il ne reste plus qu'à porter sur TS en TX une longueur égale à RV. On joint OX et on obtient la droite qui du point O rejoint le sommet de l'angle.

Construction des triangles. — Pour déterminer un triangle il faut connaître :

1° 1 côté et les deux angles adjacents.

2° 2 côtés et l'angle compris entre eux.

3° 2 côtés et l'angle opposé à l'un d'eux.

4° Les trois côtés.

1° *Construire un triangle dont on connaît un côté AB et les deux angles Y et Z formés à ses extrémités* (fig. 49).

Sur une ligne indéfinie TT' on porte la longueur du côté AB. On fait au point A un angle de même ouverture que l'angle Y et au point B un autre angle d'ouverture égale à l'angle Z.

Les côtés de ces deux angles se rencontrent en C, point qui détermine le troisième sommet du triangle ABC.

2° *Connaissant deux côtés et l'angle compris entre eux, construire le triangle* (fig. 50).

On trace un angle XAY égal à l'angle donné et sur les côtés indéfinis AX et AY on porte les longueurs AB et AC égales aux côtés donnés. La droite BC complète le triangle.

3° *Construire le triangle dont on connaît deux côtés R et S ainsi que l'angle A opposé au côté S* (fig. 51).

Il faut faire avec les deux droites MN et MO un angle égal à l'angle donné. Sur la ligne MN on porte en MP une longueur égale à la ligne donnée R. Puis du point P comme centre avec un rayon égal au côté S on décrit un arc qui coupe en Q et en Q′ la ligne MO.

Dans ce cas il y a deux triangles MP′Q et MPQ′, qui répondent à l'énoncé du problème.

4° *On donne trois côtés pour construire un triangle* (fig. 52).

Les côtés donnés sont représentés par A, B et C.

On prend un côté comme base, soit A, et des deux extrémités V et X on trace des arcs avec B et C comme rayons.

Les arcs se coupent en Y qui est le sommet du triangle VXY.

Pour que ce problème soit possible, il faut que chacun des côtés soit moindre que la somme des deux autres et plus grand que leur différence.

Construction du triangle équilatéral. — Pour construire un triangle équilatéral dont on connaît le côté, on trace des extrémités A et B (fig. 53) comme centres deux arcs de rayon égal à la longueur du côté, qui se coupent en C. En joignant AC et BC le triangle est résolu.

Construction des triangles isocèles. — *Construire un*

triangle isocèle dont on connaît la base AB et les côtés égaux (fig. 54).

Des points extrêmes A et B on trace deux arcs ayant pour rayon la longueur d'un des côtés égaux, arcs qui se coupent en C. Les points C et A, puis C et B, joints par des droites, donnent le triangle demandé.

En dernier lieu si on donne à :

Construire un triangle rectangle isocèle dont on connaît le côté (fig. 55).

Sur les côtés d'un angle droit ZAZ' il suffit de porter AB et AC égales au côté et de joindre BC.

Tracé de circonférences à l'extérieur ou à l'intérieur d'un triangle. — 1° *A l'extérieur d'un triangle* (fig. 56).

On prend les milieux *abc* des côtés et on élève par ces points des perpendiculaires qui se coupent en O, centre du cercle que nous cherchons.

On appelle aussi cette opération circonscrire un cercle à un *triangle*.

2° *Tracer une circonférence tangente aux côtés d'un triangle ou inscrire une circonférence dans un triangle* (fig. 57).

On divise chaque angle A, B et C en deux parties égales au moyen de bissectrices (le tracé de ces dernières a été indiqué fig. 43).

Le point d'intersection O des trois bissectrices est le centre du cercle qu'il faut tracer.

Tangentes aux circonférences. — 1° Tangente à une circonférence par un point pris sur celle-ci ;

2° Tangentes à une circonférence par un point extérieur ;

3° Tangentes intérieures communes à deux circonférences ;

4° Tangentes extérieures communes à deux circonférences.

Mener une tangente par un point A pris sur la circonférence (fig. 58).

On trace le rayon OA aboutissant au point par lequel doit passer la tangente et on élève à l'extrémité du rayon une perpendiculaire CAB qui est la tangente.

Par un point O pris hors d'une circonférence, mener les tangentes à cette circonférence.

Premier moyen (fig. 59). — On tire d'abord un diamètre AB qui prolongé passe par O. En prenant le point O comme centre et OC comme rayon, on trace un arc de cercle XX'. Puis avec une ouverture de compas égale au diamètre AB on fait les intersections D et E avec l'arc XX'.

Les points D et C, C et D joints par des droites déterminent sur la circonférence les points F et G de contact des tangentes. Il ne reste plus qu'à les joindre au centre O pour que le problème soit trouvé.

Deuxième moyen (fig. 60).— Sur la ligne CO prise comme diamètre, on décrit une circonférence qui rencontre en L et en M la circonférence primitive. L et M sont les points de tangence qu'il fallait déterminer. Comme précédemment, il faut les joindre à O. Les droites OL et OM sont les tangentes.

Mener les tangentes intérieures communes à deux circonférences (fig. 61).

Si les deux circonférences ont pour centre A et A' on décrit un cercle en prenant A pour centre et un rayon égal à la somme des deux rayons donnés.

Du centre A' de la plus petite circonférence on trace les tangentes A'Z et A'Z' au cercle d'emprunt qui vient d'être tracé. En menant les perpendiculaires de A sur A'Z et A'Z' on a les points de rencontre B et C avec la plus grande des circonférences données. Si par les points B et C on tire les parallèles à A'Z et à A'Z' on obtient les droites BY et CX qui répondent à la question.

8

Mener les tangentes extérieures communes à deux circonféren-ces (fig. 62).

Ce problème se résoud d'une façon analogue mais inverse à la précédente, c'est-à-dire que si les circonférences données ont pour centres O et O', on décrit de O comme centre avec un rayon égal à la différence des deux rayons donnés, une circonférence d'emprunt à laquelle on mène deux tangentes qui passent par O'. (Ce problème est indiqué à la fig. 60.) On élève ensuite sur ces deux tangentes les rayons perpen-diculaires OA et OB qui, prolongés, coupent en A' et en B' la plus grande des circonférences données. Les parallèles A'C et B'D à AO' et à BO' sont les tangentes cherchées.

Tracer une circonférence de rayon donné, tangente aux côtés d'un angle (fig. 63).

Le problème est le même quand le sommet de l'angle est connu et quand il est inaccessible.

Pour le résoudre, on mène à chaque côté de l'angle et à une distance égale au rayon donné, deux parallèles qui se coupent en O, centre de la circonférence à tracer.

Pour obtenir les points de contact sur l'arc, il n'y a qu'à abaisser du centre les perpendiculaires OA et OB sur les côtés de l'angle.

Faire passer une circonférence par trois points. — Les trois points étant A, B et C (fig. 64), on joindra AB et BC par des droites au milieu desquelles on élèvera des per-pendiculaires qui se couperont en O, centre cherché.

Le point O est à égale distance des sommets A, B et C.

Il est évident que si les trois points sont en ligne droite, il n'y a pas de solution possible parce que les perpendicu-laires tracées sur les droites joignant les points seront pa-rallèles entre elles.

Tracés divers. — Quelques opérations peuvent encore se

présenter dans la pratique sans qu'il ait été possible de les classer dans l'un des chapitres précédents.

Exemples : Le tracé des arcs de grand rayon, la construction de l'ovale, de l'ellipse et de la parabole.

Supposons qu'on donne la corde d'un arc et sa flèche, et qu'on soit obligé de tracer l'arc.

Soit AB la corde et CD la flèche (fig. 65). On joint les points D et B par une droite à laquelle on élève en B la perpendiculaire BE. Au même point B on élève encore BF perpendiculaire sur AB. Puis en D on mène à CB la parallèle qui coupe en G la ligne BE.

On divise ensuite DG, CB et FB en un même nombre de parties égales qu'il est prudent de numéroter comme l'indique la figure.

Tous les points de DG et de CB sont joints entre eux et les points de division de BF le sont au point D.

Les lignes ainsi tracées se coupent aux points 8, 9, 10, 11, 12, qui sont autant de points de l'arc.

Sur l'autre moitié de la corde on emploie le même procédé et on a l'arc ADB demandé.

Ovale. — Un ovale est une surface plane limitée par une ligne courbe fermée, laquelle ligne courbe est composée d'arcs de cercle.

Sa forme générale est celle d'un cercle aplati dans un sens et allongé dans l'autre.

On le trace de plusieurs façons selon les données qui sont fournies.

1er tracé. — *Construire un ovale connaissant seulement un axe AB* (fig. 66).

Diviser en premier lieu la longueur AB en trois parties égales pour avoir les points O et O' desquels on trace successivement, en les prenant pour centres, des circonférences avec OA et O'B comme rayons.

Les circonférences ainsi décrites se coupent en C et en D.

Des points C et D, on trace le diamètre CE, CF et DG, DH.

Enfin, en prenant C et D comme centres, on décrit avec CE et DG comme rayons les arcs qui vont rejoindre F et H sur l'autre circonférence.

L'ovale est ainsi tracé.

Deuxième méthode. — On partage le diamètre AB en quatre parties égales (fig. 67) par les points D, E, F et de chacun de ces points pris comme centres avec AD, DE, EF comme rayons, on décrit trois circonférences égales qui se coupent en GHIJ. On joint successivement les points DI, DG, HF et FJ par des droites qu'on prolonge et qui déterminent sur les circonférences les points d'intersection KLMN ainsi que O et O'.

Pour finir, on trace les arcs KN et LM en prenant les centres O et O' et les rayons O'K et OL.

Autre cas. — *On donne pour construire l'ovale les deux axes AB et CD* (fig. 68), *l'un perpendiculaire au milieu de l'autre.*

On joint entre elles les extrémités de ces axes par les droites AC, CB, BD, DA. Du point E, intersection des deux axes, on décrit, avec EC comme rayon, l'arc qui coupe en F le grand axe. Du point C on porte les longueurs CG et CH égales à BF sur les côtés CA et CB.

Aux milieux I et J des longueurs AG et HB on élève des perpendiculaires qui, prolongées, coupent en K et en L le grand axe, et se coupent entre elles sur le petit axe en M.

Des points K et L pris comme centres, on trace avec les rayons AK et LB des arcs AN et BO qu'on raccorde par un autre arc tracé du point M comme centre avec MC comme rayon.

On aura l'autre moitié de l'ovale en opérant de la même façon.

La demi-figure qui vient d'être tracée est appelée habituellement *anse de panier.*

Ellipse.— L'*ellipse* diffère peu de l'ovale, la différence ne consiste qu'en ce que la somme des distances de chacun de ses points à deux points fixes appelés foyers est toujours constante (c'est-à-dire qu'elle ne varie pas).

Une ellipse résulte de la section d'un cône droit par un plan incliné au-dessus de la base de ce cône.

Tracé au moyen d'un fil. — Les deux axes AB et CD qui se coupent en E étant tracés on prend un rayon égal au demi grand axe AE et du point C comme centre on trace les deux intersections F et F′ sur le grand axe.

Les points ainsi déterminés sont désignés sous le nom de foyers.

On fixe aux points F et F′ les extrémités d'un cordeau d'une longueur égale au grand axe, et on trace sur le plan l'ellipse AA_1A_2 CBD au moyen d'un crayon ou d'une pointe à tracer glissant le long du fil constamment tendu.

Cette figure est appelée aussi *ovale du jardinier*, parce que ce tracé est employé par les jardiniers pour dessiner les corbeilles dans les parterres.

Autre tracé (fig. 70). — Du point d'intersection O des deux axes on trace des circonférences en prenant OA et OC comme rayon.

On tracera des rayons tels que OE, OF qui coupent le plus petit cercle en E′ et F′. Des points E et F on abaisse des perpendiculaires sur AB et des autres points E′ et F′ on mène des parallèles à ce même grand axe AB. Les parallèles coupent les perpendiculaires en G et en H qui sont des points de l'ellipse.

Tracé de l'ellipse par point au moyen du compas. — Après avoir tracé les deux axes AB et CD (fig. 71), on détermine les foyers F et F′ comme il a été dit pour la fig.69.

On prend sur le grand axe un point G quelconque et du point F comme centre avec GA comme rayon on décrit en dessus et en dessous de AB deux arcs de cercle. Ensuite du point F' avec GB comme rayon on trace deux autres arcs qui coupent les premiers en H et en I. Les points H et I sont deux éléments de l'ellipse. Répétant cette opération, on aura autant de points qu'on voudra pour tracer facilement la courbe.

Tracé de la parabole. — Quand on coupe un cône par un plan parallèle à l'un de ses côtés on obtient *une parabole.*

Construire une parabole dont on connaît le sommet O, la direction de l'axe OX et un point P (fig. 72).

Du point P on mène PU parallèle à XO et par O on élève une perpendiculaire à XO qui coupe en A la droite PU. On divise PA et AO en un même nombre de parties égales par les points BCDEFGH et B'C'D'E'F'G'H', on joint les points de division de la ligne PA au sommet O et on mène des parallèles à l'axe OX, parallèles qui coupent les droites précédemment tracées en 1, 2, 3, 4, 5, 6, 7, points appartenant à la parabole.

Connaissant les tangentes BA et CA, construire la parabole. — On divise chaque côté BA et AC (fig. 73) en une quantité de parties égales et on numérote les divisions comme l'indique la figure.

On joint les points de mêmes numéros et on obtient une série de lignes qui enveloppent la courbe désormais facile à tracer.

Polygones. — Une figure plane formée par des droites qui se coupent est appelée *polygone* (fig. 74).

Les droites AB, BC, CD, DE, EA sont les côtés du polygone et les points A, B, C, D, E, de rencontre des côtés sont appelés les sommets.

Dans un polygone il y a autant d'angles que de côtés et la

somme des angles vaut autant de fois deux angles droits (180°) qu'il y a de côtés moins deux.

La fig. 74, qui représente un pentagone irrégulier donne pour valeur totale des angles :

Cinq fois moins deux fois deux angles droits ou trois fois 180 degrés = 540°.

Le plus simple des polygones est le triangle dont il a été parlé longuement dans les précédents chapitres.

Après le triangle viennent :

Le *Quadrilatère* ou figure à quatre côtés.

Le *Pentagone*   —   cinq côtés.

L'*Hexagone* qui à six côtés.

L'*Heptagone* —   sept côtés.

L'*Octogone*   —   huit côtés.

L'*Enneagone*   —   neuf côtés.

Le *Décagone*   —   dix côtés.

L'*Endécagone* —   onze côtés.

Le *Dodécagone* —   douze côtés.

Les polygones sont dits *réguliers* quand leurs côtés et leurs angles aux sommets sont égaux.

D'après ce qui a été dit plus haut pour la valeur des angles au sommet on trouve pour les polygones réguliers les plus usités les chiffres suivants.

Désignation des polygones réguliers	Nombre de côtés et d'angles au sommet	Valeur totale des angles aux sommets	Valeur de chaque angle au sommet
Triangle équilatéral	3	180°	60°
Carré	4	360°	90°
Pentagone	5	540°	108°
Hexagone.........	6	720°	120°
Heptagone........	7	900°	128°4/7
Octogone.........	8	1080°	135°
Ennéagone........	9	1260°	140°
Décagone.........	10	1440°	144°
Endécagone.......	11	1620°	147°3/11
Dodécagone.......	12	1800°	150°

Tout polygone régulier peut être inscrit dans une circonférence.

Les quadrilatères comprennent les figures suivantes :

Le *Carré* dans lequel les côtés sont égaux et les angles droits (fig. 75).

Le *Rectangle* qui a ses côtés opposés égaux deux à deux et dont les quatre angles sont droits (fig. 76).

Le *Parallélogramme* qui a les côtés parallèles et les angles opposés égaux deux à deux (fig. 77).

Le *Losange* a ses quatre côtés égaux mais non perpendiculaires (fig. 78).

Le *Trapèze* qui n'a que deux côtés parallèles (fig. 78 *bis*).

Tracé des polygones réguliers et division de la circonférence en parties égales. — Les polygones réguliers pouvant être inscrits dans une circonférence, il faudra, pour en tracer les côtés, diviser la circonférence en autant de parties égales que le polygone comporte de côtés.

Division de la circonférence en 2, 4, 8, 16, 32 parties égales (fig. 79).

Un diamètre AB partage la circonférence en deux parties égales.

Un autre diamètre CD perpendiculaire au premier donne les points de division en quatre parties égales.

Le partage d'un arc en deux parties égales ayant été indiqué à la fig. 43, il est inutile de le répéter pour diviser chacun des arcs AC, CB BD et DA, ce qui donne la circonférence partagée en huit parties égales.

En continuant l'opération, on divise ainsi une circonférence en 16, 32, etc. parties égales.

Division de la circonférence en 3, 6, 12, 24 parties égales (fig. 80).

En portant sur la circonférence six fois le rayon on détermine des points qui divisent cette circonférence en six parties égales.

Pour la division en trois, il n'y a qu'à joindre deux à deux les points précédemment obtenus.

La division en douze (fig. 81) s'obtient en traçant d'abord les quatre angles droits du centre au moyen des diamètres AB et CD et en divisant chaque angle comme il a été dit pour la figure 44.

Les portions de circonférence AE, EF, FC, etc., divisées successivement en deux parties égales donnent le partage en 24 parties.

Division en cinq parties égales. — On trace dans le cercle donné de centre O un diamètre AB (fig. 82) et un autre diamètre CD perpendiculaire. On divise BO, par exemple, en deux parties égales par le point E qu'on joint à C. On décrit ensuite du point E comme centre l'arc CF en prenant la longueur EC comme rayon. On ramène la distance CF sur la circonférence en traçant, de C comme centre, un arc qui la coupe en G. Portons cinq fois de suite la longueur CG sur la circonférence, on a les points H, I et J qui sont les points de division et par suite les sommets du polygone inscrit (Pentagone).

Division en dix parties égales. — On trace sur un rayon OA de la circonférence pris comme diamètre une autre circonférence ayant comme centre le point O' (fig. 83).

On mène le diamètre CD perpendiculaire au rayon choisi précédemment et on joint l'extrémité C au centre O'. On obtient sur la circonférence intérieure le point d'intersection E. Enfin on décrit du centre C avec CE comme rayon l'arc qui donne le point F.

La distance CF mesurée comme arc est la dixième partie de la circonférence et mesurée comme corde est le côté du décagone inscrit.

Division en quinze parties égales (fig. 84). — Le quinzième FG de la circonférence est égal au sixième duquel on aurait retranché le dixième. (Voir les tracés précédents). Chaque quinzième divisé en deux donne le trentième, etc.

Division en un nombre quelconque de parties égales. — Il existe une méthode générale pour diviser une circonférence en un nombre quelconque de parties égales.

Soit la circonférence de centre O (fig. 85) et un diamètre AB.

On veut par exemple diviser cette circonférence en 13 parties égales.

On commence par diviser le diamètre en 13 parties égales par le moyen indiqué fig. 44 et on a les points CDEFG, etc.

Des extrémités du diamètre A et B on décrit avec cette distance comme rayon deux arcs qui se coupent en H. On joint le point H au point D de division du diamètre au moyen de la droite HD qui prolongée donne sur la circonférence l'intersection M. L'arc AM est la treizième partie de la circonférence totale et la corde AM est le côté du polygone à 13 côtés qu'on peut inscrire dans la circonférence.

Ce procédé est applicable au tracé de l'heptagone (7 côtés), de l'ennéagone (9 côtés) et de l'endécagone (11 côtés). Il est donc inutile d'indiquer d'autres tracés particuliers à chacun de ces polygones.

Principaux volumes. — En charpente en fer on n'a guère à s'occuper que des *cylindres,* des *cônes* et des *sphères*.

Un cylindre (fig. 86) est un corps solide engendré par la rotation d'un rectangle autour d'un de ses côtés pris comme axe.

Un cône (fig. 87) est déterminé par un triangle-rectangle qui tourne autour d'un des côtés de l'angle droit.

Quant à la sphère (fig. 88), elle est engendrée par un cercle qui tourne autour d'un de ses diamètres.

Si on joint par des droites un point O pris dans un plan

différent de celui d'un polygone, aux sommets de ce polygone on obtient une pyramide (fig. 88 *bis*).

Spirale. — La spirale est une ligne courbe qui, partant d'un point, s'en éloigne de plus en plus en faisant autour de ce point un nombre indéfini de révolutions.

Une révolution se nomme spire.

On peut tracer autant de spirales que l'on veut, attendu que le nombre de centres étant illimité, il en résulte une infinité de courbes, on trace aussi bien une spirale à vingt centres qu'une à cinq, trois ou deux centres.

Cette dernière est la moins agréable à l'œil, car si une spirale a beaucoup de centres, les jarrets sont beaucoup moins sensibles.

Pour avoir une spirale à deux centres AB (fig. 89) on joint ces deux points par une droite que l'on prolonge à droite et à gauche et on décrit en premier lieu une demi circonférence sur AB comme diamètre. On prend ensuite le point A comme centre et AB comme rayon, on trace l'arc BA_1 on continue en prenant B comme centre et BA_1 comme rayon, on trace l'arc et on a A_1B_1. On suit la même opération en prenant alternativement A et B comme centres et on a autant de spires qu'on en veut obtenir.

Le moyen pour tracer la spirale à plus de deux centres s'applique à toutes les autres. Toutefois il est indispensable que tous les centres soient sur une même circonférence ou plutôt soient les sommets d'un polygone régulier.

On aura une spirale à trois centres en prenant les sommets d'un triangle équilatéral.

A 4 centres en prenant ceux d'un carré.

A 5   —   —   pentagone.

A 6   —   —   hexagone.

A 7   —   —   heptagone, etc., etc.

Choisissons une spirale à trois centres (fig. 90). Après

avoir tracé le triangle équilatéral ABC on prolonge extérieurement les côtés AC en C', BA en A' et CB en B'. Si on veut le départ de la spirale en C on prend le point de centre en A et on décrit avec AC comme rayon un arc CA_1 qu'on arrête à la ligne AA'. De B comme centre avec BA_1 comme rayon on trace A_1B_1, enfin de C comme centre avec CB_1 pour rayon on tracera l'arc B_1C_1. On a alors une spire complète.

Comme il a été dit plus haut, on tracera toutes les spirales de la même façon, on le voit par exemple pour la spirale à six centres qui est également indiquée sur la fig. 91.

Coupes de fers moulurés se rencontrant. — Il arrive souvent que les coupes des fers à profils moulurés dans les corniches, les soubassements de grilles, les panneaux de portes ou autres travaux, sont faites avec plus ou moins de soin, on a le tort de ne faire généralement que des coupes approximatives, d'où provient le résultat défectueux.

On peut se servir indifféremment des deux moyens qui suivent :

1° Si les deux moulures se rencontrent comme dans la figure 92, on trace toutes les lignes du profil, dans la partie droite et dans la partie cintrée, on joint tous les points d'intersection *abcdef* entre eux et on a la ligne suivant laquelle le métal devra être coupé.

2° On peut tracer (fig. 93) sur le milieu de la largeur de la moulure une ligne d'emprunt dans les deux parties à raccorder et faire passer par les points $a_1b_1c_1$ un arc de cercle, problème donné par la figure 64.

Moulures. — Les moulures sont des saillies continues destinées à orner les diverses parties des constructions.

Elles se divisent en moulures simples et en moulures composés,

Dans les moulures simples se trouvent : le quart de rond, le cavet, le congé, la baguette, la gorge, le tore, le filet ou listel, la plate-bande et enfin la plinthe.

Les moulures composées sont le talon, la doucine et la scotie.

Le quart de rond est convexe, droit comme dans la fig. 94, ou renversé (fig. 95).

Le cavet est concave, droit (fig. 96) ou renversé (fig. 97), il a pour profil un quart de cercle.

Un congé (fig. 98) est un arc de cercle qui raccorde deux surfaces en saillie l'une sur l'autre d'une faible quantité.

Une baguette est une moulure demi cylindrique en re-lief dont la saillie égale le plus souvent la demi hauteur (fig. 99).

La gorge est en creux ce que la baguette est en relief (fig. 100).

On nomme tore (fig. 101) une forte baguette placée autour d'un cercle, le tore a la forme d'une couronne.

Un listel est une petite moulure plate qui en sépare deux autres (fig. 102).

La plate-bande (fig. 103), désignée encore sous le nom de bandeau est une moulure plate de peu de saillie.

Une plinthe (fig. 104) est une moulure plane de peu de saillie, toujours placée dans les parties basses.

Comme moulures composées :

Un talon est une moulure dont le profil est composé de deux arcs de cercle, un en dedans, l'autre en dehors, il est droit (fig. 105) ou renversé (fig. 106).

La doucine est un talon en sens contraire. La figure 107 représente une doucine droite, la figure 108 une doucine renversée.

On voit que le quart de rond, le cavet, la doucine et le talon sont renversés quand la partie la plus saillante de ces moulures est placée à la partie inférieure.

On nomme scotie (fig. 109) une moulure concave dont le profil est composé d'arcs de cercle.

Tracé géométrique des moulures. — Le quart de rond et le cavet peuvent être tracés s'ils ont autant de saillie que de hauteur en prenant comme profil un quart de cercle de rayon égal à la hauteur (fig. 110).

On peut encore prendre (fig. 111) la distance *ab* comme côté d'un triangle équilatéral dont le sommet sera en *c* et tracer de ce dernier point pris comme centre l'arc *ab*.

La baguette, la gorge, le tore se tracent simplement par des demi cercles.

Pour tracer un talon (fig. 112) on joint les deux points DE et on divise la ligne DE en deux parties égales au point F.

On élève une perpendiculaire sur laquelle on portera FH = FG et de H et G comme centres on tracera les arcs EF et FD qui déterminent le talon.

Lorsqu'on veut des moulures moins accentuées on peut opérer comme pour le quart de rond, c'est-à-dire prendre DF et FE comme côtés de triangles équilatéraux ayant leurs sommets en I et en J (fig. 113) et tracer de ces points I et J comme centres les arcs DF et FE.

Le tracé des doucines se faisant absolument de la même façon ne sera pas répété.

Quand une doucine est renversée on donne souvent plus de creux que de rond.

Dans ce cas on divise la diagonale en neuf parties égales : on prendra cinq parties pour le creux, quatre pour le rond et on opèrera comme il a déjà été dit pour les talons et les doucines, comme le montrent du reste les figures 114 et 115.

Pour tracer une scotie (fig. 116) on divisera la hauteur *be* en trois parties égales en *c* et *d* et on prendra deux carrés, l'un ayant pour côté *ce* et l'autre une partie *bc*. On obtient ainsi les points *h* et *g* qui serviront de centres aux arcs *ac* et *cf*.

La même opération peut se faire en divisant la hauteur en cinq et en traçant des carrés avec deux divisions pour le haut et trois pour le bas.

Centres de gravité. — La cause qui sollicite les corps à descendre vers la terre est la *gravité*; le *poids* d'un corps est la résultante des actions de la gravité sur toutes les molécules de ce corps et le *centre de gravité* est le point d'application de cette résultante, point invariable quelle que soit la position du corps.

Lorsqu'une figure (ligne, surface ou volume) contient un axe ou un plan de symétrie, le centre de gravité se trouve sur cet axe ou dans ce plan; s'il y a deux axes ou deux plans de symétrie, le centre de gravité sera à la rencontre des deux axes ou sur la ligne d'intersection des deux plans.

Nous considérerons les lignes et surfaces comme pesantes et nous déterminerons les centres de gravité de quelques figures.

1° *Lignes*. — Le centre de gravité d'une ligne droite de longueur déterminée se trouve en son milieu.

Pour avoir le centre de gravité d'une portion de polygone régulier AB par exemple (1) nous tracerons l'hypothénuse DE d'un triangle-rectangle dont l'un des côtés passant par le centre de la circonférence inscrite est parallèle à la corde AB et dont l'autre côté est égal au rayon de cette même circonférence; la longueur DE étant égale au développement de la portion de polygone. Nous porterons en DF la longueur AB et de F nous mènerons une parallèle à AB qui par sa rencontre avec l'axe de symétrie OH déterminera le centre de gravité G.

Cette construction pourrait s'appliquer à la recherche

du centre de gravité d'un arc de cercle, mais nous avons
préféré suivre une autre méthode.

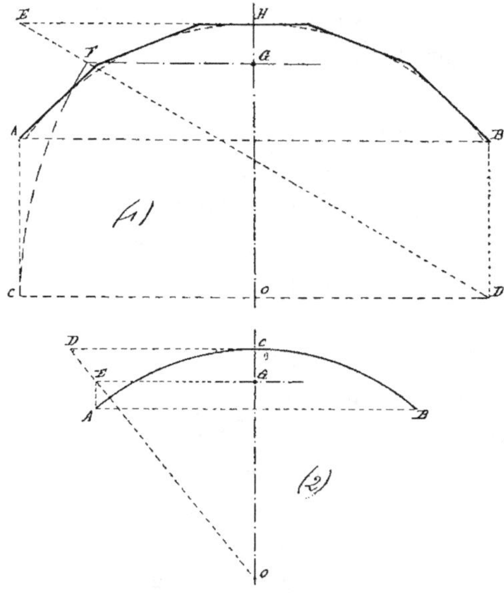

Fig. 1.

Soit AB (2) l'arc de cercle, le centre de gravité se trou-
vera sur le rayon OC qui aboutit au milieu de l'arc. En C
nous mènerons la tangente et porterons en CD la longueur
CA développée; si en A nous élevons une perpendiculaire
AE à AB et que par le point E nous tracions une parallèle à
AB, le point G se trouvera à la rencontre de OC et de EG.

2° *Surfaces*. — Le centre de gravité d'un rectangle et d'un
parallélogramme se trouve au point de rencontre des diagonales.

Le centre de gravité d'un cercle, d'un polygone régulier,
se confond avec le centre de figure.

La médiane ou droite qui joint un sommet quelconque
d'un triangle au milieu du côté opposé étant un axe de sy-

métrie pour toutes les droites parallèles à ce côté, il en résulte que le centre de gravité du triangle se trouvera au point de concours des médianes.

Pour avoir le centre de gravité d'un trapèze ABCD (3) on

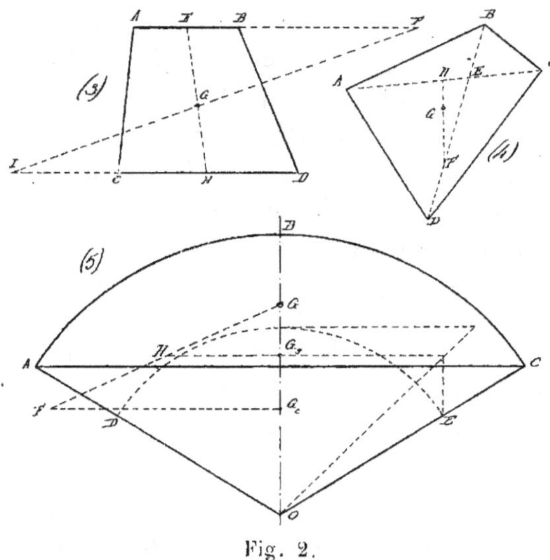

Fig. 2.

porte des longueurs $BF = CD$ et $IC = AB$ à la suite de chacune des bases, la ligne IF rencontrera la droite EH qui joint le milieu des bases en un point G qui sera le centre de gravité.

Le centre de gravité G d'un quadrilatère quelconque ABCD (4) s'obtient en menant les deux diagonales, puis prenant $DF = BE$ et joignant le point F au milieu H de la diagonale AC ; le point G se déterminera sur cette ligne par la relation $HG = 1/3\ HF$.

Le centre de gravité d'un secteur de cercle OABC (5) s'obtiendra comme nous l'avons vu pour l'arc, mais on opèrera sur un arc DE dont le rayon OD sera les 2/3 du rayon OA, on déterminera ainsi le point G_s.

Si nous cherchons le centre de gravité du segment ABC il suffira de porter, sur une perpendiculaire à OB, élevée au centre de gravité G_t du triangle OAC, une longueur G_tF proportionnelle à la surface du secteur OABC, puis G_sH proportionnelle à la surface du triangle OAC. En joignant FH nous obtiendrons en G le centre de gravité cherché.

Pour trouver les centres de gravité des profils spéciaux on les décompose en figures simples dont on connaîtra facilement les centres de gravité, en appliquant en ces points des forces proportionnelles aux surfaces correspondantes et en composant ces forces deux par deux on déterminera le point d'application de la résultante.

Supposons une cornière à branches égales (6), nous la décomposerons en deux rectangles dont g et g' seront les centres de gravité ; comme dans ce cas il y a un axe de symétrie, le centre de gravité du profil se trouvera en G, rencontre de cet axe avec la droite gg'.

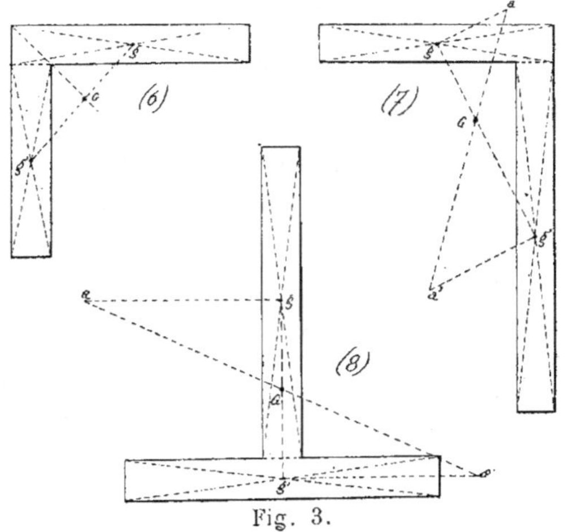

Fig. 3.

Nous avons représenté en (7) une cornière à ailes inégales et sur la droite gg' qui relie les centres de gravité des

deux rectangles, nous avons élevé des perpendiculaires *ga*
èt *g'a'* proportionnelles aux surfaces, la droite *aa'* déterminera le centre de gravité G.

La construction serait la même pour le fer à T (8), nous
ne nous y arrêterons pas.

3° *Volumes*. — Si l'on coupe une pyramide ou un cône
par un plan parallèle à la base et passant par un point situé au quart de la hauteur à partir de cette base, le centre
de gravité de la section sera celui du volume de la pyramide
ou du cône.

Lorsque l'on voudra connaître le centre de gravité d'un
corps de forme quelconque, on inscrira dans la surface un
polyèdre d'un assez grand nombre de faces pour qu'il
puisse être confondu avec le corps, on décomposera ce polyèdre en pyramides, dont on cherchera les centres de
gravité, que l'on prendra comme points d'application de
forces proportionnelles aux volumes.

BARRIÈRES

Les barrières sont des clôtures mobiles dont la largeur
est grande par rapport à la hauteur ; elles peuvent se classer suivant deux types différents, selon qu'elles s'ouvrent
en conservant leur direction primitive ou en prenant une
direction perpendiculaire.

Le premier type ou *barrière roulante* s'emploie chaque
fois que l'espace en avant ou en arrière doit toujours être
libre ; c'est ce qui se produit notamment pour les passages
à niveau de voie ferrée où les barrières ne peuvent s'ouvrir
du côté de la voie et ne doivent cependant pas être une
gêne pour les véhicules qui attendent que le passage soit
libre.

Nous donnons ci-dessous la description d'une barrière roulante (pl. 4) avec tous les détails de construction et nous

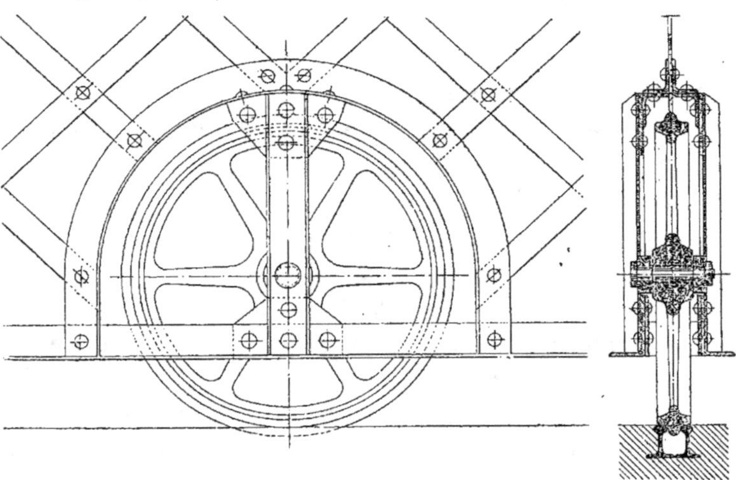

Fig. 1

n'indiquerons ici qu'une variante de la disposition des galets de roulement.

La figure 1 suppose la barrière formée d'un cadre en cor-

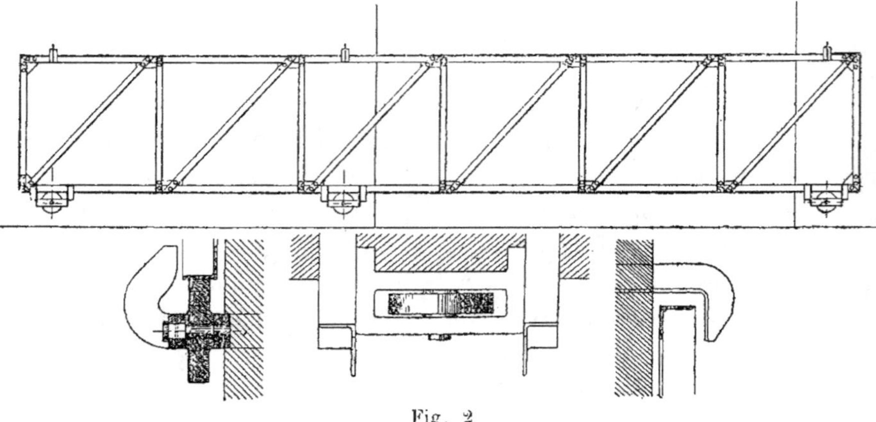

Fig. 2

nières $\dfrac{50 \times 50}{6}$, le remplissage étant fait par de petites mailles en fer plat 40×7 ; au droit du galet, les cornières basses sont ouvertes et remplacées pour l'attache des fers plats par des cornières cintrées $\frac{50 \times 40}{5}$. L'axe de chaque galet est supporté par deux fers à U de $\frac{60 \times 30}{7}$ assemblés aux cornières précédentes au moyen de goussets ; le galet en fonte de 450 mm. de diamètre est fou sur son axe, qui est maintenu en position par une petite portée plane pratiquée sur l'âme d'un des fers à U.

Une autre disposition de barrière roulante consiste à fixer les galets et à faire glisser la barrière ; nous en donnons un exemple dans la figure 2.

L'ouverture à fermer a 3 mètres de largeur et nous avons supposé que de chaque côté se trouvait un mur ; la barrière est composée d'un cadre en cornière $\frac{50 \times 50}{6}$ avec montants en fer à U et étrésillons en cornières. Les galets étant fixes, il est évident qu'au moment de l'ouverture une partie de la barrière se trouvera en porte-à-faux ; aussi pour ce genre de construction est-on obligé de donner à la barrière une longueur plus grande que celle qui serait nécessaire dans le cas que nous avons examiné précédemment. Il en résulte qu'il faut supporter la barrière par un second galet, et si le porte-à-faux doit être grand, au lieu d'avoir de simples guides à la partie supérieure du côté de l'ouverture, il sera utile de mettre des rouleaux de frottement qui, tout en empêchant le soulèvement, faciliteront la manœuvre de la barrière.

Dans l'exemple que nous donnons, les galets ont 150 mm. de diamètre et tournent sur leur axe, dont l'une des parties est carrée et goupillée sur le support en fer forgé. Ce support est vissé sur deux cornières, scellées dans la maçonnerie du mur, qui forment guidage inférieur. Le guide supérieur est un fer à T coudé et également scellé dans le mur. On disposera un troisième galet de roulement pour supporter la barrière lorsqu'elle arrivera à sa position extrême, l'ouverture étant libre.

Les galets peuvent encore être placés à la partie supérieure, ils seraient alors doubles et ce serait les faces inférieures des ailes des cornières doubles du cadre qui serviraient de chemin de glissement ; la barrière, au lieu d'être supportée, serait suspendue.

Le second type de barrières que nous avons à considérer comprend les *barrières ouvrantes* à un ou deux vantaux qui tournent autour d'axes, pivots ou charnières, et qui, en

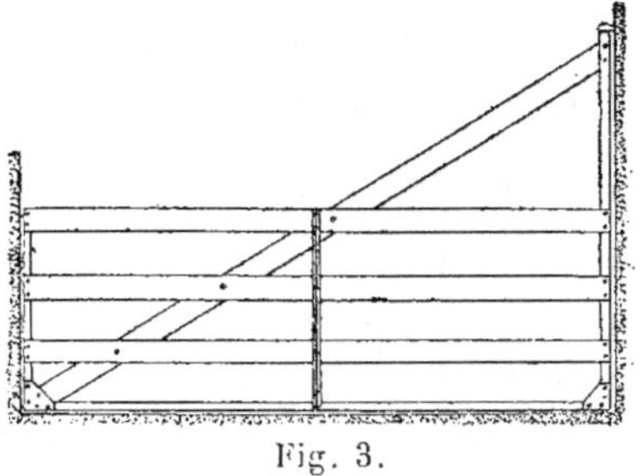

Fig. 3.

s'ouvrant, passent par une direction perpendiculaire à celle qu'elles avaient primitivement. Ces barrières sont d'un

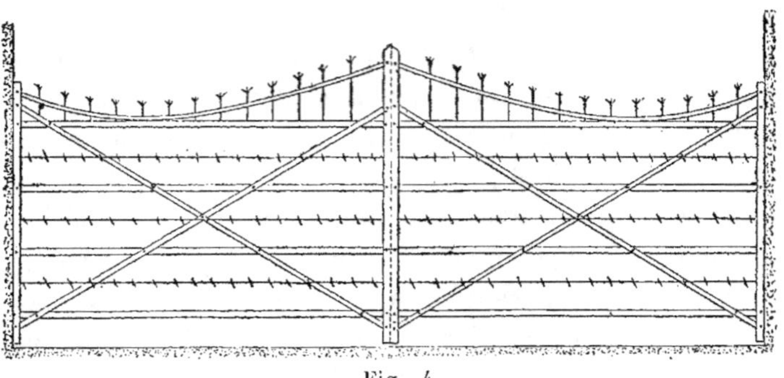

Fig. 4.

emploi constant dans les cours, parcs et jardins et se construisent en bois et fer ou tout en fer.

La figure 3 nous montre une barrière bois et fer de 3 m. de largeur à un seul vantail ; elle se compose d'une traverse inférieure et de deux montants en fer cornière $\frac{50 \times 50}{6}$ l'un des deux montants se prolonge et porte les pivots.

Les traverses supérieures et intermédiaires sont en bois de 120×20 mm. de section ; une pièce oblique en bois de 120×40 les réunit à l'extrémité de l'axe de rotation. Toutes ces pièces sont boulonnées entre elles et un fer à T vissé sur les traverses complète la liaison.

La figure 4 représente une barrière en fer, à deux vantaux ; elle a 3 m. 20 de largeur et est formée de montants et traverses en cornières $\frac{40 \times 40}{5}$ reliées entre elles par des croix de St-André en fer plat 30×6.

Pour diminuer l'intervalle libre entre les traverses, on a placé des ronces artificielles.

Pour toutes ces barrières roulantes ou ouvrantes, les formes sont très variables et peuvent différer suivant l'usage et l'emplacement ; on ne peut les considérer comme devant supporter un effort, une poussée quelconque ; il s'en suit donc que les dimensions des fers dépendront de l'aspect général. Dans tous les cas, le constructeur devra s'attacher à constituer un cadre rigide, et si les intervalles laissés libres sont trop grands, le remplissage se fera avec du bois, des fers plats ou des petits fers profilés.

Nous allons examiner en détail un exemple de chacun des types précédents.

Planche 4.

—

BARRIÈRE ROULANTE

Barrière roulante. — La barrière est formée d'une poutre à treillis de 1 m. 100 de hauteur, composée d'un cadre en cornières $\dfrac{60 \times 60}{7}$ et de barres de treillis en cornières $\dfrac{40 \times 40}{5}$.

La figure 5 donne les détails d'assemblage de ces divers fers au moyen de goussets en tôle de 6 mm. Cette poutre est supportée par quatre roues et consolidée au droit des essieux par des montants en tôle et cornières.

Les roues, qui ont un diamètre extérieur de 0,600, sont formées d'une jante en fer sur laquelle on rive des rayons en fer plat dont l'extrémité est noyée de fonte dans le moyeu. Les rivets sont fraisés du côté extérieur de la jante. Ces roues sont clavetées sur l'essieu qui tourne dans un palier en fonte boulonné sur les montants, comme le montre la figure 3 ; un trou percé dans la fonte permet le graissage des parties en contact.

Le chemin de roulement est formé par deux rails creux placés sur deux longrines en chêne. Les colonnes en fonte portent à la partie supérieure des guides de frottement fixés sur des consoles.

La figure 4 donne le détail de ces colonnes et des guides qui sont formés d'un bout de tube en fer de 40 mm. de diamètre extérieur maintenu à frottement doux sur les boulons.

Pour limiter la course de la barrière, l'extrémité arrière porte une plaque d'arrêt (fig. 7) en tôle de 6 mm., raidie par des cornières $\dfrac{40 \times 40}{5}$, qui vient buter contre les colonnes.

A droite, une poutre à un vantail est destinée au passage des piétons, lorsque la barrière est fermée aux voitures par suite de l'annonce du passage d'un train. Cette porte est formée d'un cadre en cornière $\dfrac{50 \times 50}{6}$ et de croisillons en fer plat, 30×5, rivés sur des goussets de 5 mm.; une cor-

nière limite la course du côté de la voie et les charnières
sont composées de deux cornières séparées par une rondelle
en fer, l'axe est un simple boulon de 16 mm.

Barrière à deux vantaux. — La figure 8 est un exemple
d'une barrière entièrement en fer qui peut servir au passage des voitures.

Chaque vantail, de 1 m. 400 de hauteur, comporte deux
cornières horizontales $\dfrac{50 \times 50}{6}$ reliées par des montants en
fer à U ; les montants qui servent d'axes de rotation sont
composés de deux fers à U de $\dfrac{80 \times 35}{7}$ entre lesquels sont
boulonnées les pièces de forge qui permettent de fixer chaque vantail au pilier en maçonnerie. Les figures 9 et 10
montrent que chaque montant est maintenu en deux points
par des colliers scellés dans le mur et supporté à la partie
inférieure par un pivot.

Les autres montants sont en fer à U de 50 mm. et les
panneaux ainsi formés sont étrésillonnés par des cornières
$\dfrac{50 \times 50}{6}$ sur lesquelles les barreaux de remplissage en fer à
U de 20 mm. prennent un point d'appui intermédiaire.

L'assemblage des fers entre eux se fait au moyen de goussets de 5 mm. d'épaisseur et de fourrures lorsque cela est
nécessaire, comme dans l'attache de la cornière supérieure
avec les montants de rives.

Des consoles en fer forgé soutiennent les vantaux en con-
solidant leur attache avec les axes de rotation. La fermeture se fait avec une barre placée sous la cornière supérieure, et deux verrous en fer rond maintiennent la partie
inférieure contre la pierre de butée. La figure 11 donne le
détail de cette fermeture.

Planche 5.

—

PORTES DE JARDIN

Les portillons ménagés dans les grilles de clôture ou pratiqués dans les murs se font à panneaux pleins, évidés ou complètement à jour avec les échantillons des petits fers du commerce.

Lorsqu'une de ces portes doit être pleine, on peut la composer d'un cadre en fer plat, divisé en plusieurs panneaux

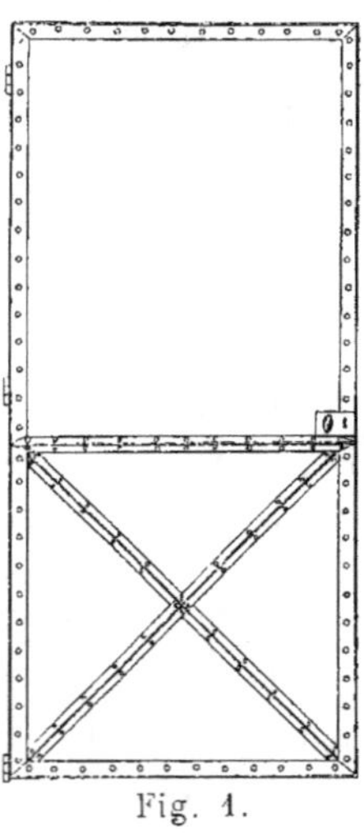

Fig. 1.

et sur lequel on rive une tôle de 4 mm. d'épaisseur ; si on peut donner plus de raideur au cadre en le composant de fers profilés, la tôle n'a plus besoin d'être aussi épaisse, 2 mm. suffisent généralement, d'autant plus que le cadre doit toujours être étrésillonné et que la tôle est soutenue en son milieu. Sur la figure 1 nous donnons l'exemple d'une porte de 1 m. de largeur dont le cadre est formé de fers cornières $\dfrac{40 \times 40}{5}$ avec une traverse et une croix de St-André,

dans le panneau inférieur, en fer à T de $\dfrac{45 \times 40}{6}$; la tôle a
3 mm. d'épaisseur. Si on voulait employer de la tôle de
2 mm. ou au-dessous, il faudrait mettre ou une cornière ou
un fer à T suivant une diagonale du panneau supérieur.

Sur cette même figure on pourrait ne laisser la tôle que
dans le panneau inférieur et faire le remplissage de la partie supérieure avec de petits barreaux en fer profilé placés
à 10 cm. d'axe en axe et rivés ou vissés sur les traverses en
cornière et fer à T.

La figure 1 de la planche 5 représente un portillon à jour
composé avec des fers carrés, plats ou ronds.

Il ne faut alors compter pour maintenir les angles que
sur la rigidité des assemblages qui se font en coudant les
fers plats 25×10 des traverses et les rivant sur les montants.

La figure 2 est un exemple de porte à panneau inférieur
plein ; le remplissage est fait avec une tôle de 2 mm. raidie
par un cadre en fer mouluré vissé sur la tôle. Les barreaux
intermédiaires en fer carré 14×14 sont supportés et reliés
aux traverses et aux autres barreaux par des fers plats
14×7.

Les figures 3 et 4 de cette même planche sont deux autres
exemples de portillons sur lesquels nous n'insisterons pas,
les figures indiquant bien le mode de construction.

L'assemblage des deux fers formant croix de St-André de
la porte à panneau inférieur plein, se fait en les aplatis-
sant à moitié de leur épaisseur au point de rencontre et les
rivant sur la tôle avec interposition de rondelles estampées
ou en fonte.

Les figures 5, 7 et 8 représentent des portes de plus
grandes dimensions que les précédentes, aussi les échantillons des fers formant montants et traverses sont-ils plus
forts. Les montants qui servent de pivot sont en fer 30×30,

les autres en 30 × 20 et les traverses en fer plat ont 30 ×15 ou 30 × 10 de section.

Pour la figure 6 nous avons formé un cadre en fer à U raidi par une traverse intermédiaire en fer de même forme ; l'assemblage se fait en coupant les ailes des fers et rabattant l'âme à angle droit.

Le remplissage de la partie supérieure est fait au moyen de fers plats 20 × 7, verticaux ou inclinés et rivés soit entre eux soit sur les âmes des fers du cadre.

Les traverses se font à renflements ou lisses, cependant les premières sont employées de préférence pour les ou-

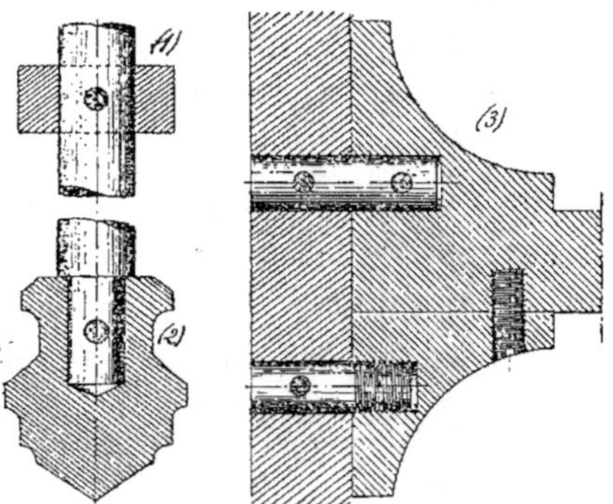

Fig. 2.

vrages importants et pour lesquels le prix de revient n'est pour ainsi dire qu'une question secondaire ; nous nous en occuperons d'ailleurs avec détail lorsque nous traiterons les grandes grilles et les grilles des clôtures.

Les traverses lisses sont percées à la dimension exacte du barreau et l'assemblage est maintenu par une goupille. Les barreaux peuvent se terminer par une pointe ou une partie ondulée ; quelquefois aussi on leur ajoute un ornement, fer de lance ou autre qui suivant les cas est percé au diamètre du barreau et maintenu par une goupille, ou bien la liaison se fait au moyen d'un goujon goupillé ou vissé.

Sur la figure 2 nous avons indiqué en (1) un barreau goupillé sur sa traverse et en (2) un ornement rapporté à l'extrémité d'un barreau dont le diamètre a été légèrement diminué.

L'assemblage des traverses avec les montants se fait soit en forgeant à l'extrémité de la traverse une console simple ou double, soit en la rapportant. Nous avons donné les deux cas en (3), la liaison se fait toujours au moyen de goujons goupillés ou vissés, et quand la console est rapportée on la visse sur la traverse, la vis pourrait se faire avec une tête et passer librement dans le talon, ou, comme nous l'avons représenté, être vissé sur les deux pièces.

Pour les traverses inférieure et supérieure, le talon fait quelquefois corps avec le montant, les pièces peuvent alors être réunies par des tenons ou des vis.

Les articulations se font soit en forgeant le pivot à l'extrémité du montant ou en le rapportant, ou bien encore en creusant ce même montant de façon à le faire servir de crapaudine, l'axe étant fixé dans la maçonnerie du seuil.

Les articulations intermédiaires se font en arrondissant le montant sur 40 à 60 mm. de hauteur et lui fixant de forge ou avec assemblage une tige de scellement; nous avons donné à propos des figures 1, 3 et 7 de la planche 5 diverses sortes d'articulations.

L'articulation dite à *tête de compas* est employée pour les grandes grilles que l'on veut briser en panneaux ou bien pour les portes ménagées dans les grilles de clôture quand on ne veut pas mettre un axe sur toute la hauteur; nous en donnerons un détail lorsque nous traiterons de ces travaux.

Planche 6.

—

VOLIÈRES. — TONNELLES. — KIOSQUES.

La pierre et le bois ne permettent pas de donner aux petites constructions la légèreté d'aspect réclamée par leurs dimensions, aussi établit-on en fer les volières, tonnelles, kiosques ou autres abris qui servent à la décoration des jardins.

Volières. — Selon leur emplacement, les volières peuvent avoir les formes les plus variées, quant à leurs dimensions elles dépendent du nombre et de la grosseur des oiseaux qui doivent les occuper.

Ces constructions ayant toujours une hauteur supérieure à la taille de l'homme, il est indispensable de les couvrir très légèrement et au moins partiellement afin que les oiseaux puissent trouver un abri en cas de mauvais temps. Le zinc donne une couverture très légère et qui convient d'autant mieux qu'on peut aisément lui donner toutes les formes ; si la surface à couvrir est très grande on soutiendra la feuille de zinc par un voligeage peu épais vissé sur les fers de l'ossature et qui en suivra les contours.

Si les volières doivent renfermer des oiseaux rares qui peuvent souffrir des rigueurs de l'hiver, il faudra les munir de panneaux vitrés amovibles qui se fixeront au moyen de crochets sur les montants.

Tous ces ouvrages auront une porte de dimensions telles qu'un homme puisse pénétrer à l'intérieur soit pour faire les réparations, soit pour nettoyer. Le sol devra être fait en matériaux imperméables, pour éviter les mauvaises odeurs, et on lui donnera un légère pente vers l'extérieur pour faciliter l'évacuation des eaux. C'est à tort que l'on néglige généralement ces précautions de propreté et nous croyons que ce n'est pas l'augmentation de prix, insignifiante d'ailleurs, provenant d'une simple couche de ciment ou d'asphalte sur un sol sec et bien damé, qui puisse les faire rejeter.

Pour les oiseaux ordinaires les mailles des grillages ont de 12 à 15 mm. de côté et le diamètre des fils varie de 0 mm. 5 à 1mm. suivant le numéro de la maille et la surface du panneau grillagé.

La construction des volières comprend l'établissement d'une ossature rigide et la confection et pose du grillage. Les figures 1, 2 et 3 de la planche 6 nous serviront à étudier les divers cas que l'on peut rencontrer.

La figure 1 représente une volière à section carrée de

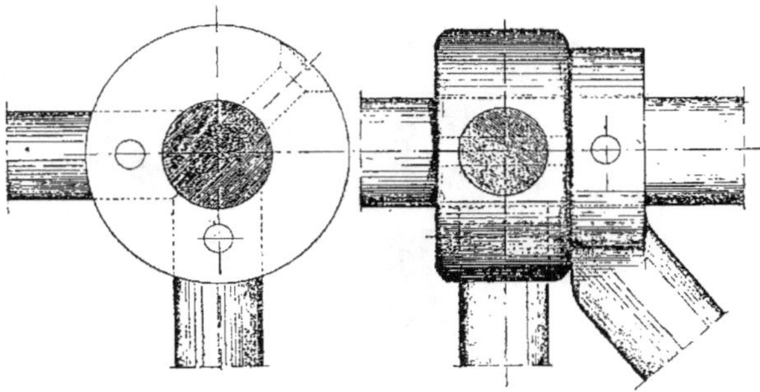

Fig. 1.

1 m. 500 de côté ; la carcasse est formée par quatre montants d'angle en fer rond de 12 mm. reliés par trois séries de traverses horizontales de 10 mm. de diamètre : Quatre arêtiers en fer de même échantillon que les montants composent l'ossature de la toiture à jour ; ils sont surmontés à leur point de rencontre par un épi en fer forgé.

Nous donnons dans le croquis (figure 1) l'assemblage sur le montant, de l'arêtier et des deux traverses.

Le grillage peut être établi sur la carcasse même ou bien rapporté ; dans ce dernier cas si les panneaux n'ont pas de cadre l'attache se fera au moyen de ligatures ou de fil de fer.

La figure 3 de la planche 6 nous donne un autre exemple de volière à section hexagonale. On doit autant que possible éviter de faire des panneaux à surface non plane car il devient impossible de tendre le grillage.

La volière représentée (fig. 2) est à section hexagonale, le cercle inscrit ayant 2 m. de diamètre ; l'ossature est formée par six colonnettes en fer creux de 0 m. 045 reliées à leurs extrémités par deux ceintures en cornières $\frac{60 \times 60}{6}$, les arêtiers sont des fers à T $\frac{40 \times 40}{5}$ fixés sur la cornière supérieure au moyen de goussets. Les panneaux grillagés, composés d'un cadre avec traverses intermédiaires en fer rond de 10 mm. sont rapportés et maintenus sur les colonnettes par des colliers.

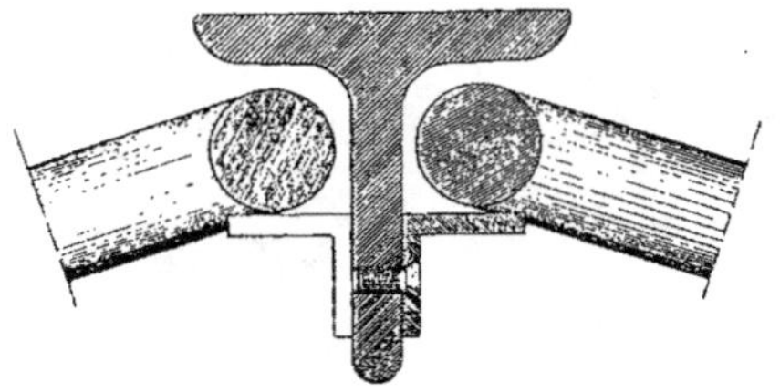

Fig. 2.

Si l'on ne dispose pas de fers creux pour faire les montants, on peut employer des fers à T de 40 mm., dans ce cas les panneaux seraient maintenus par de petites équerres de 12 à 15 mm. de côté vissées sur l'âme du fer comme le montre la fig. 2.

Tonnelles. — Les tonnelles sont de légères constructions en fer, sans aucune couverture, quelquefois recouvertes d'un treillage ou de simples fils de fer et après lesquels on fait monter les plantes grimpantes pour former un berceau de verdure. La tonnelle étant un élément de décoration peut recevoir toutes les formes, même les plus enjolivées, mais il ne faut jamais perdre de vue son but et ne placer les motifs d'ornementation que dans les parties qui ne devront pas être recouvertes par le feuillage.

Les tonnelles de la planche 6 (fig. 7 et 8) sont construites avec des fers profilés, soit cornières, soit fers à T, mais l'emploi des fers ronds ou carrés est tout aussi pratique, puisque la charge est pour ainsi dire nulle.

Kiosques. — Dans les jardins, non loin de l'habitation, les tonnelles ont leur emploi tout indiqué, mais dans un parc il devient nécessaire de transformer cet abri contre le soleil en une construction, légère également, qui soit un abri momentané contre la pluie, nous sommes donc tout naturellement conduits à dire quelques mots des kiosques.

Ces ouvrages, quelquefois fermés, le plus souvent ouverts, ont les formes les plus variées ; l'emplacement est encore dans ce cas le facteur le plus important qui puisse guider dans le choix de la forme et des dimensions.

La figure 4 de la planche 6 représente un kiosque rustique couvert en chaume qui trouvera sa place sur une hauteur. Il est composé de six montants reliés par une main courante à la partie inférieure ; de chaque montant part un fer à T $\frac{40 \times 40}{5}$ formant arêtier sur lequel se fixent trois cercles en fers cornières $\frac{30 \times 30}{4}$ qui permettent de ligaturer le chaume. Tous les arêtiers se réunissent au sommet sur une couronne en fer fixée au poinçon.

Des consoles et des entretoises en fer rustique assemblent les montants à leur partie supérieure, soit entre eux, soit avec les fers à T.

La figure 5 est l'élévation d'un kiosque dont la toiture en

zinc repose sur quatre colonnes en fonte de 60 mm. de diamètre. La ferme métallique qui se reproduit sur les quatre faces est en plein cintre et formée par l'assemblage de tôles découpées de 5 mm. d'épaisseur, avec des cornières $\frac{40 \times 40}{5}$. Le zinc est supporté par un voligeage en chêne apparent de 0,027. Le lanterneau d'une construction plus légère repose sur quatre montants en fer carré 20×20 reliés par un fer plat cintré.

La construction indiquée (fig. 6) est comme dimensions ce que l'on fait de plus important dans ce genre de travaux particuliers.

La forme est hexagonale et les six colonnes en fonte qui supportent la toiture sont scellées dans le massif en maçonnerie et réunies à hauteur d'appui par une balustrade en fer.

A leur partie supérieure les colonnes sont reliées par un fer à U de 80 millimètres de hauteur et par un ensemble de fers forgés formant arc. Les arbalétriers sont en fer à T $\frac{50 \times 50}{6}$ soutenus par des consoles en fer de même forme et de $\frac{40 \times 40}{5}$ boulonnées sur les colonnes.

Les arêtiers entretoisés au milieu de leur longueur par un fer cornière de 40 mm. de largeur d'ailes sont assemblés à leur point de rencontre autour d'un cylindre en tôle formant appui de l'épi en fer forgé. Le voligeage à baguettes est apparent.

Planche 7.

—

SERRES

Les serres sont *adossées* ou *isolées*, on leur donne le nom de bâches lorsque peu élevées au-dessus du sol elles sont plus spécialement affectées à la culture ; dans ce cas leur hauteur intérieure doit être juste suffisante pour qu'une personne puisse se tenir debout et on en facilite l'accès en ménageant quelques marches. Ces serres ont quelquefois des pieds droits, mais toujours de faible hauteur, et le dessus est·droit ou cintré, on les construit avec des fers plats de 50 mm. ou des fers profilés de 30 mm.

Les serres adossées peuvent avoir jusqu'à 5 m. de largeur, elles ne sont plus creusées dans le sol et reposent sur un soubassement en briques. Les fers plats 50×8 à 80×10 ou les cornières et fers à T de 30 à 50 mm. de largeur d'ailes conviennent très bien pour composer les fermes.

Les serres isolées ou serres hollandaises sont à deux versants, nous en donnons un exemple sur la planche 7.

Chaque ferme est formée de deux arbalétriers en fer à T $\frac{50 \times 50}{6}$, à la partie supérieure les âmes de ces fers sont coupées et les ailes coudées se boulonnent sur une tôle d'entretoisement raidie par deux cornières ; l'assemblage est d'ailleurs consolidé par un ensemble de petits fers à T de 20 et 25 mm. (fig. 2).

Le pied de chacun des arbalétriers est fixé au moyen d'équerres et de boulons sur une semelle en cornière scellée sur la murette.

Les fermes distantes de 1 m. 300 d'axe en axe sont reliées par trois rangées de pannes qui supportent les fers à vitrage (fig. 1 et 3). Les pannes sont boulonnées sur les arbalétriers et les boulons ont la tête fraisée du coté où l'on doit poser le verre. Les fers à vitrage en cornières $\frac{30 \times 30}{4}$ sont boulonnés et sur la semelle inférieure et sur les fers d'entretoisement.

Dans chaque travée de 1 m. 300 il y a en haut comme en bas un châssis ouvrant de $750^{m}/^{m}$ de largeur (fig. 3). Le châssis du haut (fig. 5) est composé d'un cadre en fer à Z avec montant intermédiaire pour recevoir les vitres ; ce cadre peut tourner autour d'axes fixés sur les fers supérieurs, et quand il est fermé il s'appuie en avant sur la première panne sur laquelle on a boulonné une petite cornière de 25 mm. pour recevoir la vitre placée au-dessous et l'aile horizontale du Z. La manœuvre du châssis se fait de la partie inférieure (fig. 6) au moyen d'une manette à crémaillère qui se prolonge par une tringle en fer dont le mouvement est facilité par des galets. Sur la figure 1 nous avons indiqué la position de la tringle et du levier lorsque le châssis est fermé ; comme nous l'avons tracé (fig. 6) quand on adoptera cette disposition il faudra avoir soin de placer l'axe de retenue au-dessus de la crémaillère, il est en effet facile de se rendre compte d'après la figure 5 que le poids du châssis agit sur la tringle en fer rond, non seulement pour la tirer, mais aussi pour soulever l'extrémité libre en prenant son point d'appui sur le premier galet.

Le nombre d'encoches à pratiquer dans la manette dépendra des conditions d'établissement de la serre.

Le châssis inférieur est également composé d'un cadre et d'un montant milieu (fig. 4), mais les traverses sont dans ce cas en cornières $\dfrac{25 \times 25}{3}$.

La traverse basse est complétée par un fer en U sur lequel on fixe la poignée pour la manœuvre extérieure du châssis, mais ce fer à U a pour but d'assurer l'étanchéité du joint en enfermant entre ses ailes, lorsque le châssis est fermé, un petit fer carré 12×12. La traverse haute repose sur une petite cornière rivée sur la panne et est recouverte par un fer à Z ; la figure 4 donne la forme de la manette à encoches à laquelle il ne faut jamais donner une trop grande longueur.

Le chemin placé sur le faîtage sert à la mise en place

des claies ou paillassons, une petite échelle fixée en bout doit en permettre l'accès.

Les figures 2 et 3 donnent les détails de ce chemin et montrent qu'au droit de chaque ferme deux montants en fer à T $\frac{25 \times 25}{4}$ sont reliés aux arbalétriers par des goussets et entre eux par un fer de même forme. Sur les entretoises on place deux longrines en fer à U $\frac{35 \times 20}{5}$ qui reçoivent le plancher en bois ou en fer; ces montants servent à supporter la main courante (fig. 7).

Comme détail d'installation intérieure, de chaque côté de la serre on a disposé une bâche soutenue par des montants et des traverses scellées dans chaque mur, la figure 10 donne le détail d'assemblage de ces fers et de la paroi verticale avant faite en tôle de 1 mm. d'épaisseur et raidie par un demi rond.

L'étagère à gradins qui occupe le milieu de la serre est supportée par des fers à T que l'on réunit à la partie supérieure ; la figure 9 donne le détail d'une étagère.

Quelquefois aussi, lorsque la place le permet, on dispose des étagères au-dessus des bâches, on les soutient alors par de petites consoles (fig. 8) en fer à T que l'on place à chaque ferme ou plus rapprochées si la largeur et le poids l'exigent, en tenant compte cependant de la disposition des tringles de manœuvre qui dans notre cas par exemple ne permettraient pas de compter sur le fer du milieu comme point d'attache.

Planche 8.

—

ÉTAGÈRES A FLEURS. — CLOTURES ET BORDURES.

Étagères à fleurs. — Dans les salons et jardins d'hiver on place très souvent des étagères à fleurs de formes et di-

mensions très variables, mais que l'on peut décorer avec
des fers moulurés ou forgés et en faire de véritables meubles en leur appliquant des tentures. Afin de bien faire
comprendre la construction de ces petits travaux de serrurerie, nous en donnons deux modèles sur la planche 8.

Le premier est une étagère d'angle de 0 m. 70 de hauteur et de 0 m. 50 de côté; chaque gradin comprend un
cadre en cornières 20×20 formé de deux traverses qui
viennent prendre leur point d'appui sur un montant d'angle
en cornières $\dfrac{25 \times 25}{4}$, ces traverses sont reliées par deux
lisses cintrées. Le remplissage du cadre est fait au moyen
d'un ou deux fers plats rivés sur les traverses et soutenus
en un ou plusieurs points suivant leur longueur. Le premier
gradin repose sur le sol par la cornière montante et par
trois pieds en forme d'U dont les bords sont repliés et rivés sur les lisses, le second et le troisième gradin reposent
sur le premier par deux ou quatre montants en fer plat et
l'ensemble est consolidé par deux écharpes en fer plat rivées sur le montant d'angle et les traverses.

L'étagère droite est de construction un peu différente,
elle se compose de deux montants droits en cornières placés à la partie arrière et reliés par une croix de Saint-André
en fer plat; les deux montants avant sont coudés comme le
montre la vue de côté et viennent se river sur les montants
droits. Les trois gradins sont formés des mêmes éléments
et ont les mêmes dimensions, le cadre en fer plat de
champ est consolidé par quatre petits fers ronds rivés à
chacune de leurs extrémités dans le cadre, ces fers servent
de supports aux bandelettes de remplissage dont les bouts
sont repliés sur les fers. Les traverses des deux premiers
gradins se prolongent pour venir se fixer intérieurement
aux ailes des cornières montants, quant au troisième gradin il est soutenu en avant par des contrefiches en fer plat
20×4.

Afin de faciliter l'appui de chaque montant sur le sol, on a coudé la partie inférieure en supprimant pour les cornières une aile sur la hauteur nécessaire. Si l'étagère doit reposer sur un parquet, il serait préférable de visser à chaque pied un bout de bois et mieux de faire reposer le tout sur quatre roulettes, on pourrait alors déplacer l'étagère, même chargée, sans avoir à craindre les dégradations.

Clôtures et bordures. — La clôture la plus élémentaire est faite en tendant un certain nombre de fils de fer sur des supports disposés convenablement et en soutenant ces fils de distance en distance; on obtient la tension au moyen de *raidisseurs*. Les fils employés ont généralement 2 mm. de diamètre, mais on les remplace, afin de former une meilleure défense, par deux fils enroulés l'un sur l'autre et portant tous les 0 m. 10 environ des pointes en fil de fer plus fort ou en tôle mince, on a donné à ces fils le nom de *ronces*.

Le fil de fer sert encore à faire des grillages avec lesquels on établit des clôtures, mais qu'il faut également soutenir par des poteaux placés à 1 m. 50 d'intervalle.

Les clôtures en fer et bois sont d'un emploi courant, on utilise le fer comme montants et traverses et le bois pour les barreaux de remplissage.

Lorsqu'on ne veut pas donner au mur d'un jardin, par exemple, toute la hauteur nécessaire, le fer permet seul d'établir une grille à la partie supérieure, cette grille pourra être d'apparence très légère et servir cependant de défense sérieuse.

Nous donnons sur la planche 8 plusieurs modèles de ces clôtures.

Les montants se font généralement en fer plat ou fer carré, et les traverses en fer plat avec talons aux extrémités, l'assemblage de ces pièces étant fait, comme nous le verrons pour les grandes grilles et cadres de portes, avec des goujons vissés ou goupillés.

Les barreaux de remplissage peuvent être en fer demi-rond creux vissé sur les traverses ou en tout autre fer profilé. D'autres fois on les compose de fers ronds ou carrés et on les dispose dans des trous pratiqués dans les traverses qui en ces points peuvent être renflées à la forge; pour empêcher le déplacement des barreaux on les goupille avec la traverse.

Les dimensions transversales des barreaux varient de 0 m. 010 à 0 m. 020, on forge leurs extrémités en pointe ou on les refend en dards; souvent on les orne de bagues.

L'écartement des barreaux est de 0 m. 10 à 0 m. 12, et les montants scellés de 0 m. 20 environ dont les murs sont espacés de 1 m. 50.

Les barreaux ne sont pas toujours droits, on peut leur donner la forme de C, S, en employant alors des fers plats.

Les bordures sont des grilles de peu de hauteur et qui ne peuvent évidemment pas servir de défense, elles se composent comme les clôtures, mais avec des fers moins forts. Nous en donnons plusieurs exemples sur la planche 8.

Planche 9.

—

JARDINS D'HIVER

Les jardins d'hiver se construisent généralement comme annexes aux maisons d'habitation ; d'autres fois, ils sont isolés et font partie de l'ensemble des serres lorsque celles-ci sont importantes.

Les formes et le mode de construction varient avec la

disposition des lieux et dépendent uniquement du goût du constructeur.

Les figures 1 à 9 de la planche n° 9 donnent les ensembles et détails d'exécution d'un jardin d'hiver entièrement vitré, réuni à la maison par une galerie; il est établi au-dessus du sol du parc, dont un large escalier permet l'accès.

La construction en fer est élevée sur un soubassement en meulière, la pierre de taille étant employée comme bandeaux et piliers des colonnes creuses en fonte qui supportent les fermes principales du comble.

Le plancher est formé de fers double T de 120 mm. de hauteur, avec voûtes en briques et dallage.

Les colonnes ont une section variable suivant la hauteur; elles sont rectangulaires à la partie inférieure (fig. 8 et 9) et portent des nervures entre lesquelles se placent les briques du mur de remplissage ; elles deviennent ensuite rondes avec nervures pour recevoir les vitres et permettre de fixer les fers à vitrage horizontaux, puis prennent la forme indiquée en section (fig. 6) pour l'attache des consoles.

Pour les colonnes d'angle, les nervures sont d'équerre au lieu d'être dans le même plan ; le même modèle, avec quelques modifications, peut donc servir à couler toutes les colonnes.

Le briquetage est recouvert d'un fer à U $\dfrac{130 \times 40}{7}$ qui reçoit la cornière inférieure $\dfrac{30 \times 30}{4}$ contre laquelle se place le vitrage. Les fers à vitrage, entre les colonnes, ont $\dfrac{25 \times 25}{3}$ et se fixent sur les fers à T horizontaux $\dfrac{30 \times 30}{4}$ au moyen d'équerres.

Les fermes du comble formées de fers T $\dfrac{60 \times 60}{7}$ sont réunis sur les colonnes par une poutre composée d'une âme de 6 mm. et de deux cornières, dont l'une (fig. 5) est ouverte de façon à recevoir les fers à vitrage $\dfrac{25 \times 25}{3}$. Intérieurement, la poutre porte un remplissage en chêne apparent.

Chaque ferme est reliée aux colonnes par un fer à T coudé et un ensemble de petits fers forgés formant console.

Le faîtage est formé par un fer T $\dfrac{70 \times 40}{6}$ sur lequel se boulonnent les fers à T des fermes principales et autres fers à vitrage ; l'assemblage est complété par un fer à T $\dfrac{50 \times 50}{6}$ (fig. 7).

L'entretoisement des fermes est fait au moyen de deux files de pannes en cornières $\dfrac{50 \times 50}{6}$ sur lesquelles reposent les fers à vitrage.

Le chêneau en fonte, supporté par les colonnes, est fixé sur la poutre par des boulons avec interposition de rondelles de caoutchouc.

Les figures 10 à 17 représentent un jardin d'hiver répondant à un besoin tout différent ; il s'agit, en effet, d'une vaste marquise supportée par des poteaux et que l'on a transformée pour l'hiver en galerie vitrée.

Le comble à une seule pente a la forme d'un polygone et est soutenu par des montants en fer double T de $\dfrac{100 \times 60}{6}$, dont la partie inférieure est scellée au plomb dans un socle en fonte reposant sur la maçonnerie.

Les fermes composées de deux cornières $\dfrac{60 \times 60}{7}$ sont boulonnées sur les âmes des montants et maintenues par des consoles en tôles et cornières (fig. 14 et 16) avec petits fers. Les consoles côté du mur sont coudées pour recevoir le chêneau en bois et zinc ; elles sont reliées par une tôle verticale de 6 mm. et une cornière ouverte. L'entretoisement des fermes est fait par deux rangées de pannes.

La couverture en zinc est supportée par un voligeage en chêne apparent de 40 mm.

Les fers à vitrage sont des cornières ou des fers à T $\frac{30 \times 30}{4}$ réunis par des équerres et vissés soit sur les montants, soit sur la cornière basse $\frac{50 \times 50}{6}$.

Le remplissage de la partie inférieure est fait avec une tôle de 3 mm. que l'on double de bois ou de carreaux de plâtre.

Planche 10.

—

RÉSERVOIRS

Les réservoirs métalliques ont le plus souvent une section ronde ou carrée et se construisent généralement en fer, quelquefois en fonte.

Dans la construction des réservoirs de faible capacité, on peut utiliser les bouts de tuyaux de fonte dont les diamètres atteignent couramment 1 m. On ajoute un fond en fer ou en fonte, plat ou bombé, que l'on boulonne sur la bride inférieure ou, si l'extrémité est droite, sur une ceinture en cornière rivée sur le tuyau lui-même.

Dès que le réservoir doit avoir un diamètre plus important, il est nécessaire de le construire par anneaux superposés, chaque anneau étant composé d'un certain nombre de plaques du même modèle et de dimensions telles que le travail de fonderie en soit aisé.

Les plaques portent sur leur pourtour des nervures d'équerre qui servent à faire les joints, soit entre elles, soit avec les anneaux successifs au moyen de boulons avec interposition de caoutchouc ou de corde goudronnée. Les fonds de ces réservoirs se font en fonte et sont supportés par un plancher.

Ce mode de construction n'est pas économique et a surtout été employé par quelques compagnies de chemins de fer pour de grands réservoirs. C'est ainsi que nous pouvons citer un réservoir en fonte de 8 m. 600 de diamètre et de 3 m. 400 de hauteur, composé de 5 anneaux, chaque anneau étant formé par l'assemblage de 28 plaques de 15 mm. d'épaisseur. Le fond en fonte également est supporté par une ossature métallique en fer double T du commerce, espacés de 350 mm., soutenus eux-mêmes par des poitrails reposant sur colonnes.

Nous ne parlerons que pour mémoire des bacs rectangulaires en fonte employés dans certaines industries et qui, n'ayant qu'une faible hauteur et peu de charge, peuvent se faire en panneaux droits de grandes dimensions.

Les réservoirs en fer sont constitués par des viroles de formes appropriées aux besoins et composées du nombre de tôles nécessaire. Ces feuilles de tôle sont disposées dans le sens de la longueur qui, étant celui du laminage, permet d'arrondir les angles des réservoirs rectangulaires et de cintrer ceux à forme ronde sans que le métal travaille dans de mauvaises conditions.

Pour éviter les joints, on donne à ces anneaux la plus grande hauteur industrielle qui se rapporte aux tôles avec lesquelles on les construit.

Si la capacité l'exige, les anneaux sont emboîtés les uns sur les autres et rivés.

Pour remplir la double condition d'étanchéité et de résistance, on devra donner aux rivets des joints une section totale au moins à la moitié de celle de la moins épaisse des tôles à assembler.

Nous donnons sur la planche n° 10 trois exemples de réservoirs en fer que nous allons décrire.

Réservoir de 20 m³. — La forme la plus rationnelle des réservoirs est celle employée dans le cas des grands volumes d'eau, section circulaire et fonds bombé.

La fig. 1 représente en section verticale un réservoir de 20 m³, ayant un diamètre intérieur à la base de la cuve de 2 m. 500 et une hauteur de 3 m.750. La partie cylindrique est composée de quatre rangs de tôle de 3 mm. d'épaisseur emboîtés extérieurement, mais on aurait pu chevaucher les anneaux en plaçant l'un extérieur, l'autre intérieur; la virole supérieure est raidie par une cornière $\frac{40 \times 40}{5}$. Le fond en forme de calotte sphérique a également 3 mm. d'épaisseur, la flèche est de 350 mm.; il est réuni au dernier anneau par une cornière ouverte $\frac{70 \times 70}{12}$ et la clouure (fig. 3 et 6) simple sur la branche verticale est double sur l'autre avec des rivets disposés en quinconce.

La figure 3 montre que l'attache du réservoir sur le support est fait au moyen d'une cornière $\frac{80 \times 80}{12}$ boulonnée sur une couronne en fonte; cette couronne, en quatre segments égaux réunis entre eux par des boulons de 13 mm., est fixée sur la ceinture supérieure en cornières de la tourelle métallique par 20 boulons de 18 mm.

Si le réservoir devait reposer sur la maçonnerie, la couronne en fonte pourrait encore exister, mais il serait possible de la supprimer, comme dans le cas de la fig. 7. Le réservoir est alors supporté par une cornière $\frac{100 \times 100}{15}$ reposant sur la maçonnerie par l'intermédiaire d'une feuille de plomb de 5 mm. et maintenue par des boulons à scellement de 20 mm.

La fig. 8 est un exemple d'une couronne en fer qui se rive sur la calotte sphérique.

La tourelle métallique comporte huit montants en cornières ouvertes $\frac{60 \times 60}{7}$ (fig. 5), réunis intérieurement deux par deux par des cornières horizontales, et chaque côté de l'octogone est contreventé par deux rangs de croix de St-André en cornières $\dfrac{50 \times 50}{6}$.

Chaque montant est consolidé à la partie inférieure (fig. 5) et est fixé sur la maçonnerie par trois boulons de scellement.

Des échelles en fer permettent l'accès de la plateforme de visite et de l'intérieur du réservoir pour le service des réparations et du nettoyage.

Réservoir de 9 m³.— Rarement, les réservoirs de forme carrée ou rectangulaire présentent des arêtes verticales vives, les constructeurs préfèrent arrondir les angles et supprimer de ce fait les joints qui en résulteraient.

Le réservoir (fig. 9 et 10) a une section horizontale rectangulaire de 2 m. $\times$ 3 m. et une hauteur de 1 m. 500 ; il est formé de deux rangs de tôle et terminé à la partie supérieure par une ceinture en fer cornière $\dfrac{40 \times 40}{5}$. Le fond plat a 4 mm. d'épaisseur et est réuni aux parois verticales par une cornière intérieure (fig. 11).

Ce réservoir repose sur l'aile horizontale de la cornière, qui forme ceinture supérieure du support et le fond est soutenu par des solives en cornières $\dfrac{60 \times 60}{7}$.

Le support est formé de quatre montants d'angles en cornières $\dfrac{60 \times 60}{7}$ et de deux montants intermédiaires contreventés par des croix de Saint-André ; ces montants sont fixés par des goussets à une cornière inférieure qui permet de fixer le support.

Les parois verticales du réservoir ne présentant aucune raideur par elles-mêmes, se gondoleraient sous la charge d'eau si l'on n'avait soin de les réunir par des tirants en fers plats disposés comme le montrent les fig. 9 et 10.

Réservoir de 4 m³. — La partie cylindrique de ce réservoir est composée de trois viroles de 2 mm. d'épaisseur ; le fond plat de 3 mm. est réuni au dernier anneau par une couronne en cornière $\frac{40 \times 40}{5}$ et repose sur un plancher de 40 mm.; l'ossature métallique du support est formée de fers à double T assemblés au moyen d'équerres et supportés par quatre colonnettes en fonte, dont la figure 14 donne le détail.

Planche 11.
—

PORTES ROULANTES. — PORTES D'USINES.
PORTES D'ÉDIFICES

Portes roulantes. — Les bâtiments intérieurs des usines, ceux qui servent de magasins ne doivent pas avoir de portes à vantaux pivotants s'ouvrant à l'intérieur, afin de mieux utiliser la surface couverte ; cependant l'emploi de ces portes, s'ouvrant à l'extérieur, est tout indiqué quand les dimensions des cours le permettent ou que l'ouverture se trouve placée à l'extrémité d'un couloir ne laissant aucun espace libre dans le plan et de chaque côté de la porte. Mais d'une façon générale il sera préférable d'établir des portes roulantes à un ou deux vantaux suivant la largeur et suivant la place dont on disposera d'un côté et de l'autre de l'ouverture.

Nous étudierons le mode de construction de ces portes en prenant l'exemple de la planche 11.

Porte roulante à deux vantaux. — L'ouverture est limitée par des poteaux montants et une traverse haute qui font partie d'un pan de fer ; ces poteaux et traverses sont composés de quatre cornières $\frac{60 \times 60}{8}$ reliées par un treillis en fer plat 60 × 7. D'axe en axe des montants, la distance est de 3 m. et la hauteur du sol à l'axe de la traverse est de 4 m.

Sur la planche 11 (fig. 2) nous n'avons représenté que le vantail de droite, le vantail de gauche a été supposé enlevé pour montrer le chemin de roulement (fig. 1), la traverse supérieure et un poteau montant. Chaque vantail est formé d'un cadre en cornières $\dfrac{45 \times 45}{5}$, divisé en deux panneaux par une traverse en fer à T 90 × 45 placée au milieu de la hauteur, et raidi par deux croisillons en même fer à T. Sur ce cadre on a fixé, au moyen de rivets de 10 mm., une tôle de 4 mm. d'épaisseur ; mais comme la hauteur est trop grande pour pouvoir employer une seule feuille, on a fait le joint sur la traverse du milieu, et on a placé de l'autre côté un fer plat 90 × 7.

Sur le montant gauche et sur toute la hauteur du vantail de droite est rivé un fer à T 55 × 60 qui sert de battement lorsque la porte est fermée. Les rivets sont fraisés sur l'aile de ce fer et à têtes rondes sur l'aile de la cornière cadre. Pour rapporter ce fer sur le vantail on est obligé de fraiser extérieurement les rivets qui fixent la tôle sur la cornière (fig. 8 et 13).

S'il n'est pas nécessaire d'avoir une construction aussi soignée on pourra se contenter de river, en même temps, que la tôle, sur la cornière du cadre un fer plat, auquel on donnera la largeur suffisante pour qu'il fasse recouvrement sur l'autre vantail, en ayant soin de ne fraiser aucun rivet.

Le chemin de roulement de la porte, en fer plat 50 × 20, est fixé par des vis de 7 mm. de diamètre à têtes fraisées, sur une cornière $\dfrac{60 \times 60}{8}$ rivée sur la traverse (fig. 5) ; le rail est de plus maintenu à distance invariable du nu du mur

par des fers plats coudés rivés entre les cornières de la traverse, on fixe le rail sur le retour d'équerre par des boulons
de 12 mm.

Les galets de roulement en fonte ont un diamètre extérieur de 0 m. 225 et de 0 m. 200 au fond de la gorge.
Chaque vantail est suspendu par deux chapes en fer forgé
80×11 dans lesquelles passent les axes des galets (fig. 5
et 10); ces axes de 30 mm. de diamètre ont la tête fraisée
dans la chape du côté du mur et portent un écrou à l'autre
extrémité.

Comme, par suite des trépidations occasionnées par la
manœuvre de la porte, les écrous tendent à se desserrer, on
place une goupille à l'extrémité de chaque axe (fig. 10).

A la partie inférieure le vantail est guidé par deux galets
disposés à plat entre les ailes d'un fer à U scellé dans le
seuil de la porte par des pattes coudées en fer 60×7 (fig.
6, 8 et 9). Les tiges qui servent d'axes à ces galets ont 10 mm.
de diamètre, elles sont filetées à leur partie supérieure et
fixées sur l'aile horizontale de la cornière au moyen de deux
écrous ; les parties en contact doivent être tournées, alésées
ou dressées.

Les figures 8 et 9 montrent que, de chaque côté, les galets sont protégés par des cornières 60×40 rivées sur le
cadre qui, lors de la manœuvre des portes, écartent les
pierres ou autres matières se trouvant dans les chemins de
guidage et empêchent ainsi les axes d'être faussés.

Pour limiter la course du vantail, les chemins de roulement et de guidage portent des butoirs, rivés sur les fers
servant de rails. La figure 9 représente la disposition du
butoir inférieur et les figures 7 et 10 donnent les détails du
butoir supérieur.

Pour manœuvrer la porte on place une poignée sur chaque
vantail ; cette poignée en fer forgé se termine par deux

tiges filetées que l'on boulonne sur une plaque de renfort de 6 mm. d'épaisseur rivée sur la tôle de remplissage (fig. 14).

A 1 m. 60 du sol est placé un crochet de fermeture dont le détail est donné par les figures 11, 12 et 13.

La gâche est en fer plat (fig. 11) rivé sur l'aile de la cornière, le montant en fer à T ayant son âme coupée sur la hauteur nécessaire ; le crochet (fig. 12 et 13) en fer plat coudé et contrecoudé, est maintenu sur la tôle par un boulon qui ne doit produire aucun serrage.

Pour éviter que les galets supérieurs ne quittent le rail, il faut que le jeu existant entre la partie haute du vantail et le dessous de la cornière support du chemin de roulement (fig. 5), soit plus petit que la hauteur des boudins des galets. Les chemins de roulement 50×20 sont terminés aux extrémités par des crosses épousant la forme des galets.

Très souvent on ménage une petite porte dans l'un des deux vantaux, la position des traverses et croisillons est

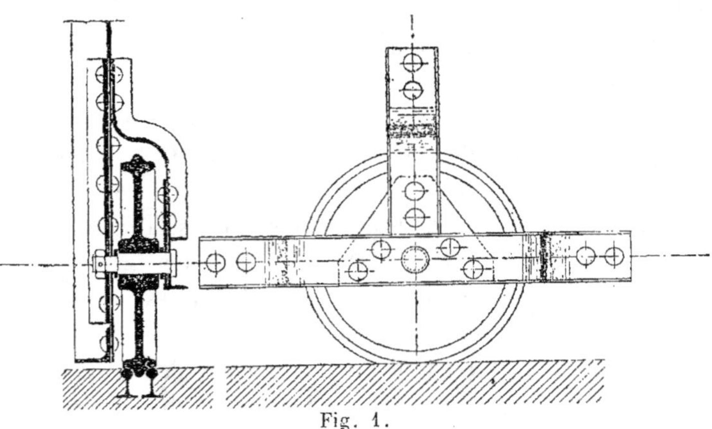

Fig. 1.

alors modifiée suivant la dimension et la position de l'ouverture qui sera toujours encadrée par un fer cornière. Quant au portillon, il comportera un cadre rigide et une tôle de remplissage de même épaisseur que celle du vantail.

Construit tel que nous l'avons indiqué, le guidage a l'inconvénient de demander une rainure d'au moins 70 mm.
de large dont les parois peuvent se déformer et s'écraser au
passage de lourdes charges. Si l'on se trouve dans ce cas il
faut modifier la construction ; une solution très simple consiste à mettre les galets de roulement à la partie inférieure
et à guider le vantail par la partie supérieure.

La figure 1 montre que pour attacher le galet, on peut se
servir de fers à U dont les uns raidissent la tôle du vantail
et les autres sont forgés pour former support avant de l'axe.
Le galet ne porte qu'un boudin et le chemin de roulement
est composé de deux rails ordinaires que l'on pourra prendre aussi forts que les charges le réclameront.

Quant au guidage de la partie supérieure, il se fait comme
nous le voyons sur la planche 11, le fer à U étant fixé sur
la traverse du pan de fer.

Portes d'usines. — Les portes d'entrée des usines se
construisent à deux vantaux s'ouvrant à l'intérieur, leur
largeur varie avec les besoins, mais on peut considérer 3 m.
comme un minimum indispensable aux véhicules ordinaires.

Si une petite porte n'existe déjà à côté de la porte principale il faudra avoir soin de munir l'un des vantaux d'un
guichet auquel on donnera une hauteur de 2,50 à 2,90 et
une largeur de 0,75 à 0,90.

Les portes d'entrée se font pleines ou à jour, nous ne
nous occuperons que des premières, les secondes faisant
partie des « grandes grilles » d'entrée qui sont décrites en
détail plus loin.

Comme pour les portes de jardin, il faut d'abord construire
un cadre, et pour cela on prend de la cornière $\frac{60 \times 60}{7}$ ou du
fer plat 50×30 ; si le cadre est en cornières on ajoutera,
sur les montants qui serviront de pivots, des fers plats

50 × 25, si on emploie le fer plat on doublera les montants de rive en prenant du fer carré 50 × 50.

Chaque vantail devant avoir une largeur de 1 m. 50 au moins, on sera le plus souvent obligé d'employer deux feuilles de tôle de remplissage que l'on vissera sur le cadre dans le sens de la hauteur de la porte. Nous sommes donc conduits, pour faire le joint, à mettre au milieu de chaque vantail un fer à T de 60 ou un fer à U de même dimension qui formera montant intermédiaire.

Suivant les dimensions de la porte, on divisera la hauteur en deux ou trois panneaux au moyen de traverses intermédiaires généralement en cornières $\dfrac{50 \times 50}{5}$

Enfin dans chacun des panneaux ainsi formés on placera une croix de St-André en cornières $\dfrac{40 \times 40}{5}$.

La tôle d'une épaisseur de 2 à 3 mm., sera rivée sur les fers profilés et vissée sur les fers plats ou carrés.

Sur la partie supérieure de la porte on peut mettre des fers de lance, boules ou ornements de diverses sortes. Les paumelles sont scellées dans le mur et vissées sur les fers; le pivot inférieur peut être rapporté ou forgé à l'extrémité du montant comme nous avons eu l'occasion de le voir à propos des petites portes.

S'il est nécessaire de ménager un guichet dans l'un des vantaux on pourra lui donner la largeur de l'un des panneaux et sa hauteur fixera l'emplacement de la traverse intermédiaire.

Ce guichet sera formé d'un cadre en cornières $\dfrac{50 \times 50}{5}$ consolidé par deux cornières croisées, la tôle de remplissage aura la même épaisseur que celle de la porte.

Planche 12.

—

PORTE EN FER A DEUX VANTAUX POUR USINE

Sur la planche n° 12 nous représentons une porte en fer à deux vantaux pour entrée d'usine; sa largeur est de 3 m. Nous avons indiqué :

Sur la fig. 1. — Une vue extérieure d'un vantail.

fig. 2. — Une coupe verticale d'un vantail.

fig. 3. — Une vue intérieure d'un vantail.

fig. 4. — Une coupe horizontale sur le soubassement.

fig. 5. — Une coupe horizontale à 2 m. du sol.

Ces cinq premières figures sont faites à l'échelle de 1/20.

Sur la fig. 6. — Une coupe verticale de la traverse basse du soubassement ou traverse n° 1.

fig. 7. — Une coupe verticale de la traverse haute du soubassement ou traverse n° 2.

fig. 8. — Un détail de la gàche de la crémone dans le haut du montant milieu de la porte.

fig. 9. — Un assemblage au croisement de la traverse supérieure n° 4 et d'un barreau.

fig. 10. — Une coupe horizontale du montant pivot.

fig. 11. — Une coupe sur la tôle du soubassement.

fig. 12. — Une coupe horizontale du montant milieu dans le soubassement.

fig. 13. — Une coupe horizontale du montant milieu à 2 m. du sol.

fig. 14. — Une coupe horizontale sur un barreau.

fig. 15. — Une coupe horizontale sur le montant pivot à 2 m. du sol.

Ces figures, depuis le n° 6 jusqu'au n° 15 inclus, sont dessinées à l'échelle de 1/5.

La figure 1 donne le mode d'articulation et d'arrêt de la porte. A la partie basse du montant pivot on remarque une pièce de fonte appelée *crapaudine* scellée dans la pierre.Dans cette pièce est fixé,au moment de la fabrication,un *goujon*(1) d'environ 20 mm. de diamètre qui porte en presque totalité le poids du vantail et soulage ainsi dans une grande mesure les colliers placés plus haut dans la longueur du montant.

Un *butoir* en fonte contre lequel la porte vient battre est également scellé dans la pierre en face du montant milieu ; pour la fermeture la tige de la crémone s'engage dans un trou ménagé dans le buttoir.

Voyons maintenant comment on place le montant pivot par rapport au mur.

Pour trouver le jeu qu'il est nécessaire de laisser entre le mur et le montant pivot pour que la porte puisse ouvrir librement on prend la moitié de la largeur du fer carré qui compose ce montant et on multiplie par 1,414. Nous obtenons ainsi la demi-longueur de la diagonale de la section transversale du fer ; à la cote trouvée on ajoute quelques millimètres pour être sûr d'échapper les aspérités que la pierre peut présenter. On retranche ensuite la moitié de la largeur du montant et on a la distance à donner entre le mur et le premier montant.

Ici nous avons pris un montant carré de 50 mm. de côté, en appliquant ce qui vient d'être dit nous aurons :

$$0,025 \times 1,414 = 0,035.$$

Mettons en plus 0,005 de jeu entre l'arête du fer lorsque la porte est ouverte à 45° et le mur, on aura 0,040 depuis l'axe de rotation jusqu'à ce mur. Retranchons maintenant la demi-largeur du montant,soit 0,025 il nous reste comme jeu à donner 0,040 — 0,025 = 0,015.

Donc,pour une ouverture de 3 m. entres murs et en prenant des montants carrés de 50 mm., on ne pourra donner

---

(1) Tige de fer rond.

comme cote extérieure de ces montants plus de 2 m. 970.

Pour les barres constitutives du montant milieu, le jeu nécessaire ne s'obtient qu'en tâtonnant et en essayant à l'aide d'un compas, de l'âme du montant pivot pris comme centre et avec une ouverture égale à la distance de cet axe à l'arête la plus éloignée du milieu, si le montant ouvrant le premier passe librement devant l'autre.

Près des murs les montants doivent être très rigides à cause de leur grande fatigue, ils portent, venu de forge à leur partie inférieure, un congé sur lequel se visse la traverse basse qui est elle-même fixée en bout contre le montant par un goujon ; ce goujon est goupillé dans la traverse et dans le montant.

En bout du montant est le trou de 21 mm. qui reçoit le goujon de la crapaudine.

Le panneau du soubassement est formé d'une tôle de 5 mm. d'épaisseur rivée sur un cadre en cornière de 40 × 40/4 ; ce cadre est fixé, par des vis, sur les montants pivot et milieu et la traverse haute, et au moyen de rivets sur la traverse basse. Les rivets à employer auront 10 mm. de diamètre.

Pour raidir la tôle du panneau et pour l'empêcher de se voiler on place un croisillon dont chaque bras est composé de deux cornières $\frac{40 \times 40}{4}$ adossées. Il est indispensable de laisser passer sans entaille la branche qui part de la crapaudine et va au point de jonction de la deuxième traverse et du montant milieu. L'autre branche du croisillon sera coupée en son milieu et laissera le passage totalement libre. A chaque extrémité du croisillon les ailes des cornières portant sur la tôle seront coupées pour échapper les cornières du cadre.

Les tenons pratiqués aux extrémités de la barre qui passe d'un seul morceau, doivent buter dans les angles et ne laisser aucun jeu entre eux et les traverses. Les rivets du croisillon ont 10 mm. de diamètre.

La deuxième traverse porte un congé à chacune de ses extrémités pour permettre de placer en hauteur deux goujons d'assemblage goupillés sur les montants.

Au dessus de la deuxième traverse et pour la largeur d'un vantail, quatre barreaux en fer à T de $\frac{50 \times 50}{6}$ sont assemblés sur la traverse au moyen de goussets découpés plaqués sur la face extérieure de la porte. Les traverses ayant, comme les fers à T, 50 mm. de largeur, ces fers sont au même nu et la pose des goussets est facile.

Les deux traverses hautes sont aussi en fer à T et sont assemblées avec les barreaux par des goussets analogues aux précédents.

Chaque croisement porte en outre quatre petites équerres en cornières (fig. 9).

Dans la partie de la porte comprise entre le soubassement et la troisième traverse, les panneaux en tôle n'ont plus que 3 mm. d'épaisseur ; au dessus de la troisième traverse il n'y a plus de remplissage entre les barreaux. Les rivets qui fixent ces panneaux en tôle sur les barreaux ont 6 mm. de diamètre.

Quant aux colliers qui tiennent le montant pivot au mur, ils sont en fer de 80×11 et devront pénétrer dans le mur de 0,30 environ. Nous recommandons de donner au collier du haut le plus de longueur possible de scellement. Pour le passage des colliers les cornières fixant les tôles en dedans de la porte seront coupées entièrement et la tôle sera échancrée.

Portes d'édifices. — Lorsqu'on construit en fer les portes des édifices, il faut leur donner une décoration extérieure en rapport avec celle de la façade ; comme les surfaces sont grandes on doit les diviser en panneaux plus ou moins larges, selon l'effet que l'on veut obtenir. La forme générale une fois obtenue, on construit l'ossature avec des échantillons de fer carrés, plats ou cornières en mettant des traverses dans les parties qui séparent les panneaux de manière à avoir un cadre très rigide.

Sur ce cadre on visse une ou plusieurs feuilles de tôle bien planées, et si on désire avoir à l'intérieur des motifs d'ornementation, on pourra, par exemple, mettre deux fers demi-ronds en croix avec fers de lance et couronnes en fonte.

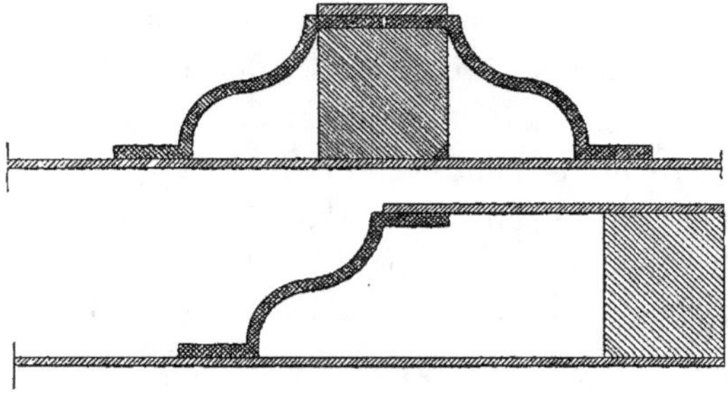

Fig. 2.

Pour la décoration extérieure, on se servira de fers moulurés que l'on placera, comme nous l'avons indiqué dans la figure (1), ces fers seront vissés sur les montants et traverses et sur la tôle, et recouverts s'il y a lieu de couvre-joints.

Mais la tôle de remplissage n'est pas nécessairement posée, comme nous l'avons indiqué, on peut en faire des panneaux avec moulures de chaque côté et les fixer de façon à ce que la tôle occupe l'axe des fers. Dans ce genre de construction tout est possible du moment que l'on ne compte que sur la résistance du cadre.

Les échantillons de fers moulurés du commerce sont assez nombreux pour permettre toute ornementation que l'on pourra d'ailleurs compléter par de petites pièces fondues ou étampées et par des vis ou rivets à têtes saillantes et plus ou moins ouvragées.

Planche 13.

—

PORTES DE TOMBEAUX

Le principe de construction des portes de tombeaux est le même que celui que nous avons déjà indiqué pour les portes de jardins ; un cadre en fer avec armature, si la dimension l'exige, et un remplissage avec des barreaux ou de la tôle. La tôle découpée et les appliques en fer ou fonte sont d'un emploi constant pour la décoration un peu particulière que réclament ces ouvrages.

Sur la planche 13, nous donnons deux modèles pris au cimetière du Père-Lachaise, à Paris, et dont nous étudierons les détails de construction.

La figure 1 représente la vue extérieure d'une porte de tombeau de 0 m. 65 de largeur sur 1 m. 97 de hauteur. Un des montants du cadre et les deux traverses, sont en fer plat 25×14 (fig. 4, 5 et 6) ; le montant qui reçoit les paumelles et forme le quatrième côté du cadre est en fer plus épais, 25×18 (fig. 7). La porte ayant de faibles dimensions, on a pu la faire d'un seul panneau et recouvrir le cadre d'une feuille de tôle de 5 mm. d'épaisseur ; l'assemblage fait au moyen de vis à têtes fraisées n° 19 de 3 mm. 9 de diamètre est consolidé par une ceinture en cornières $\dfrac{20 \times 20}{3}$ placée à l'intérieur et fixée sur la tôle et les fers du cadre par des vis à tête en goutte de suif de 3 mm. 9 de diamètre, comme l'indiquent les divers détails 4, 5, 6 et 7. La tôle ajourée présente une bordure avec fleurs dans les angles et une croix au milieu.

Pour fixer la porte, on a scellé dans la feuillure des tableaux un cadre en fer méplat 30×14 sur trois côtés, le montant qui porte les ferrements est en fer 30×16 ; sur ce cadre dormant on a vissé un battement en fer 35×5 (fig. 4, 6 et 7).

Les fers de scellement sont carrés de 20 mm. de côté et de 0 m. 100 de longueur, et fendus en queue de carpe à une extrémité ; ils sont tenus après les montants et la traverse haute par des vis n° 27 à têtes fraisées de 8 mm. 2 de diamètre (fig. 4, 6 et 7).

Les ferrures comportent sur la hauteur du montant trois paumelles, dont les lames sont fixées dans des entailles pratiquées dans les fers des cadres (fig. 7).

Les découpures du panneau en tôle ont 13 mm. de largeur pour la bordure et 9 mm. pour la croix ; on peut les faire en perçant ou poinçonnant une série de trous que l'on réunit au burin et limant les arêtes pour faire disparaître les aspérités ou les bavures. Mais le procédé le plus simple et le moins coûteux consiste à faire ces découpures à la scie à métaux.

Le second modèle, dont nous donnons une vue extérieure sur la fig. 8, est d'une construction plus compliquée, bien que les dimensions de la baie soient les mêmes, c'est-à-dire 0 m. 65 de largeur et 1 m. 97 de hauteur.

Le cadre de la porte est en fer 35×14, comme nous l'avons vu dans le cas précédent on a donné une surépaisseur au montant ferré qui est en fer 35×16. Une traverse intermédiaire en fer 35×14, placée à 0 m. 65 du sol relie les deux montants, on a pris cette disposition pour mettre à la partie inférieure de la porte un panneau plein, en tôle de 4 mm. d'épaisseur. La tôle a des dimensions moindres que celles du cadre et pour faire l'assemblage avec les montants, on s'est servi de cornières $\dfrac{35 \times 35}{4}$ à angles vifs (fig. 15 et 16) ; les cornières qui assemblent le panneau sur les traverses basse et intermédiaire (fig. 13 et 14) sont à branches inégales de $\dfrac{35 \times 20}{4}$ de manière à obtenir avec l'épaisseur de ces traverses une largeur d'environ 35 mm. Cette combinaison permet d'encadrer le panneau avec une bordure paraissant ainsi avoir même largeur a.

Le panneau a été raidi par un cadre plus petit en fer 40×5 que l'on peut remplacer par un fer mouluré pour obtenir un aspect plus décoratif.

Dans le panneau supérieur, la tôle de remplissage est ajourée et fixée sur l'autre côté du cadre (fig. 9, 11 et 12) par des vis à têtes rondes de 3 mm. 9 de diamètre. Cette tôle de 4 mm. d'épaisseur est raidie par une croix en applique faite de fer carré de 25×25 sur lequel on a fixé un petit fer 15×7. Chacune des extrémités de la croix est maintenue contre les montants ou traverses par une forte vis n° 30 de 10 mm. de diamètre ; et la tôle est reliée aux bras par des vis à têtes rondes, posées de distance en distance à l'intérieur de la porte.

Les ornements b se font en fer plat et sont appliqués et vissés sur la tôle.

Le cadre dormant existe encore dans cet exemple, mais on peut le supprimer ; il se construit comme nous l'avons déjà dit et se scelle de la même façon, les fig. 12, 15 et 16, en donnent le détail et montrent que le fer plat de battement a été enlevé.

Les ferrures sont à lames encastrées dans les montants et fixées par des vis à têtes fraisées.

Planche 14.

—

CROIX

La croix est, suivant ses dimensions, un petit édifice ou un ornement. Chez plusieurs peuples de l'antiquité, elle fut un instrument de supplice ; au moyen-âge, on en plaçait à l'entrée des villes, ou encore, en manière d'expiation, dans un endroit où un crime avait été commis ; dans les cimetières des peuples chrétiens, la croix est d'un usage général.

On fait beaucoup de croix en fonte, et celles-ci sont plus économiques, mais sont loin aussi de présenter le caractère artistique de celles exécutées en fer forgé.

Les dimensions sont extrêmement variables, depuis la petite croix, que l'on place quelquefois sur les entourages de tombe, jusqu'aux grandes croix qu'on dispose sur un calvaire ou comme couronnement d'un clocher.

En fer forgé, il faut toujours éviter de faire lourd, de ressembler à du bois. C'est pourquoi dans les modèles que nous donnons, nous avons indiqué un travail à jour, léger et nerveux, comme il convient aux matériaux employés.

Entourages de tombes. — Les entourages se font de toutes dimensions, cependant, les concessions ordinaires étant de 1 m. 00 × 2,00, les dimensions les plus courantes deviennent 0 m. 90 de largeur et 1 m. 90 de longueur.

C'est, en général une balustrade d'une hauteur ne dépassant pas 1 m. 00, formant un rectangle entourant une sépulture simple ou double. Elle peut être d'une construction plus ou moins résistante et plus ou moins ornée aussi. Nos modèles montrent les différents genres de décoration applicables.

Quand les dimensions sont considérables, on dispose une porte, généralement sur la face, de manière à pouvoir pénétrer à l'intérieur sans enjamber par dessus.

Fréquemment, on ajoute des croix et des porte-couronnes. Ces derniers sont de simples patères ou de petits abris vitrés recouvrant les couronnes.

Planche 15.

—

PORTES DE CHAPELLES. — APPUIS DE COMMUNION

Portes de chapelles. — Les portes de chapelles se font à un ou deux vantaux suivant l'importance de l'édifice. A un vantail, elles ont ordinairement 0 m. 70×2 m. 10. Elles se font en tôle pleine, comme notre premier modèle, avec des ajours découpés formant attributs et servant aussi à aérer l'intérieur ; à jour, avec remplissage en fer forgé, comme dans nos deux autres dessins. Dans ce cas, il faut toujours avoir derrière les rinceaux un châssis en fer rainé portant une glace sans tain, et assurer la ventilation par de petites ouvertures latérales. Sur les panneaux du bas, on place souvent des attributs en applique ; croix ; cœur transpercé ; palme ; sablier ; urne ; etc., etc.

Ces portes se font en tôle et fonte ; en tôle et fer forgé ; en bronze. Elles sont à un ou deux vantaux, selon que la chapelle est plus ou moins spacieuse.

Pour les concessions de 1 m. 00×2 m. 00 et 1 m. 50× 1 m. 00, on emploie la porte à un vantail dont la largeur varie de 0 m. 65 à 0 m. 80. Pour les concessions de deux mètres de largeur et au-dessus on emploie les portes à deux vantaux.

Les portes de chapelles peuvent être ferrées sur un bâtis dormant métallique ou fonctionner sur des gonds directement scellés et venir battre à plat sur l'écoinçon de la chapelle, ou encore dans une feuillure taillée au pourtour intérieur du tableau.

La porte tôle et fonte est la plus employée à cause de l'économie ; elle se compose d'un bâtis en fer plat ou en cornière, suivant le mode de construction adopté, de panneaux de tôle qui la rendent rigide et enfin de remplissage en fonte d'ornement.

La porte en fer se construit de même, mais peut être faite d'une tôle ajourée comme notre modèle de gauche de la planche n° 15, ou avec rinceaux de remplissage en fer forgé, comme il est indiqué dans les autres figures. Ces portes sont toujours fermées en arrière du rinceau forgé par une glace montée dans un châssis en fer rainé, ferré de deux charnières ou paumelles et d'un loqueteau.

Les portes en bronze n'offrent aucune particularité de construction, le moulage et l'absence d'assemblages permettent tous les genres de décoration et les formes les plus diverses.

Appuis de communion. — De 0 m. 70 à 0 m. 90 de hauteur, les appuis de communion ne diffèrent guère entre eux que par le genre d'ornementation adopté. Ils sont munis d'une porte à un ou deux vantaux, et parfois même, sont amovibles.

Composés comme un balcon ordinaire, ils sont faits en fer carré ou méplat avec traverses dont celle supérieure est couronnée par une main-courante moulurée. L'ornementation en tôle découpée peut trouver son application dans ces balustrades et être une importante ressource décorative.

Planche 16.

PORTE EN FER ET TOLE POUR CAVEAU

Lorsque nous avons traité les portes de tombeaux, c'est avec intention que nous avons passé sous silence les portes à deux vantaux, car nous voulions donner une construction de ce genre exécutée par nos collaborateurs MM. Serraire frères, constructeurs à Nice.

Cet exemple nous montrera ce que l'on peut obtenir par une disposition bien comprise du fer et en rapport avec l'aspect architectural de la sépulture.

L'ouverture étant limitée à la partie supérieure par un plein ceintre de 1 m. 250 de diamètre, on a profité de cette construction pour établir une imposte dont les barreaux rayonnants continuent les joints de la maçonnerie et la traverse inférieure sert de battement aux vantaux de la porte.

Les barreaux en fer plat 40 × 25 sont reliés entre eux et à la traverse par quatre demi-cercles en fer carré de 40 mm. ; la coupe AB (fig. 2) montre que le demi-cercle extérieur est fixé contre la pierre par des tiges à scellement rapportés au moyen de vis sur ce demi-cercle.

Le cadre dormant de la porte est formé par deux montants en fer 40 × 40 et par la traverse même de l'imposte ; les deux montants sont scellés dans la maçonnerie au moyen de fers terminés en queue de carpe et rapportés comme nous l'avons dit pour l'imposte.

L'ossature de chaque vantail comprend, deux montants, dont l'un est en fer carré de 40 et l'autre en fer plat 40 × 25, deux traverses extrêmes en fer carré 40 × 40 et une traverse intermédiaire en fer plat 40 × 25 placée à 0,45 du seuil de la porte. Le remplissage de chacun des panneaux est en tôle de 5 m/m d'épaisseur assemblée sur le cadre par l'intermédiaire de cornières 100 × 30 à branches inégales. Les figures 3, 4, 5, 6, 7 et 9 montrent que la tôle est réunie à la plus longue branche de la cornière au moyen de rivets de 20 mm. tandis que l'autre aile, dont l'extrémité affleure le nu intérieur de la porte, est fixée sur les montants et traverses par des vis (n° 27) à têtes rondes de 8 mm. de diamètre.

Pour raidir les panneaux supérieurs, on a placé intérieurement des croisillons en fer plat de 5 mm. d'épaisseur qui butent dans les angles des cornières 100 × 30 et sont rivés sur la tôle, les têtes de rivets apparentes à l'extérieur servent à l'ornementation de l'ensemble. Sur la figure 1 on voit qu'à l'extérieur de ces mêmes panneaux on a rivé sur la tôle des fers plats 50×5 formant cadres. Dans chacun des panneaux inférieurs ce cadre est remplacé par une plaque de tôle de 5 mm. appliquée extérieurement.

A la partie basse de la porte on a disposé une plinthe en fer de 50×20 étiré au banc suivant le profil indiqué dans la figure 4 ; cette plinthe est assemblée sur la traverse inférieure au moyen d'une cornière $\dfrac{40 \times 40}{4}$ et de vis à têtes rondes.

Un fer à T fixé sur la traverse de l'imposte et deux fers plats vissés sur les montants milieux servent de battements.

Les verrous qui permettent de maintenir l'un des vantaux sont composés (fig. 8 et 9) d'une tige en fer plat 25×7 à l'extrémité de laquelle on a forgé un talon pour faciliter la manœuvre ; chaque tige est guidée par deux vis à têtes fraisées passant à frottement doux dans deux rainures.

Les deux verrous sont posés sur le même montant milieu ; celui qui est à la partie supérieure s'engage au moment de la fermeture dans une entaille pratiquée sur la traverse de l'imposte (fig. 8) ; l'autre, placé au bas de la porte, est pris dans une encoche ménagée dans une plaque scellée au seuil.

Les paumelles à deux lames sont encastrées et vissées dans les fers des montants.

Planches 17, 18 et 19

PLANCHERS EN FER

C'est vers 1850 qu'un constructeur de la Villette eut l'idée d'employer le fer pour former l'ossature des planchers

12

et depuis cette époque les forges ont livré au commerce des fers répondant si bien aux conditions de résistance que le bois a été totalement rejeté pour ces travaux.

Les planchers en fer, incombustibles et d'une durée presque illimitée, ont permis de réduire, l'épaisseur entre deux étages d'une maison tout en conservant une très grande rigidité.

Les premiers fers employés furent les fers plats posés de champ que l'on entretoisait de distance en distance pour les empêcher de se voiler et leur permettre de porter le remplissage des entrevous.

Ces fers n'ont pas tardé a être remplacés par des fers profilés en forme de double T qui, par suite de la répartition plus rationnelle de la matière, peuvent, pour un même poids de métal, supporter une charge double.

Afin de bien faire comprendre de quelle façon on doit constituer un plancher, nous en avons donné trois exemples sur les planches 17, 18 et 19 ; nous les étudierons en détail et indiquerons ensuite comment on peut déterminer les dimensions des différentes pièces qui les composent en appliquant les principes de la « *Résistance des matériaux* ».

Plancher ordinaire hourdé en platras (pl. 18).

La surface à couvrir a 3 m. 50 de longueur sur 3 m. de largeur, les murs ont la même épaisseur, et comme l'indique le plan (fig. 2), on a ménagé dans l'un d'eux le passage des tuyaux de fumée.

Les *solives* sont des fers à double T, ailes ordinaires ou larges ailes que l'on place de distance en distance en les faisant reposer sur les murs.

Le plus petit côté de la figure donne en général le sens des solives, à condition cependant que les murs soient également résistants et ne contiennent pas de conduits qui les rendraient peu aptes à supporter la charge. Dans ce dernier cas, on peut quelquefois employer une disposition particulière sur laquelle nous reviendrons plus loin.

Dans les murs, la partie des solives doit être de 0 m. 25 à 0 m. 30, et le contact avec la maçonnerie se fait au moyen de cales en fer qui permettent la pose de niveau ; pour racheter les faibles dénivellations, les cales en pierre sont toujours le fait d'une construction défectueuse.

L'écartement d'axe en axe des solives peut varier avec les dimensions des fers, mais on le prend ordinairement de 0 m. 65 à 0 m. 75, et pour une construction soignée, il faudra avoir soin de placer la première solive à environ 0,40 ou 0,50 du mur, car ce sont en général ces points que les meubles chargent le plus.

Les forges livrent toujours les fers pour solives légèrement cintrés avec une flèche de 5 à 10 mm. par mètre. Cette forme est admise pour combattre la flexion et éviter le bombement des plafonds qui serait d'un mauvais aspect. Mais, si les solives doivent porter sur des points d'appui intermédiaires, ou si le plancher est fixé directement sur le fer, il faudra n'employer que des fers absolument droits.

L'espace compris entre les solives ou *entrevous* est, si l'on doit établir un plafond à la partie inférieure, rempli avec de la maçonnerie qu'il est nécessaire de supporter; de plus, il convient de relier les solives les unes aux autres pour les empêcher de s'écarter ou de se déverser. Bien des systèmes ont été proposés, mais nous ne retiendrons que les deux plus employés.

Le premier type d'entretoises est fait en fer carré de 14 à 20 mm. de côté dont les extrémités sont forgées, comme nous l'avons représenté sur la figure 3 ; cette forme s'obtient très facilement en chauffant le fer et le contournant sur de faux rouleaux disposés à la demande sur une enclume. Si les fers sont à larges ailes, on peut supprimer le crochet de chaque bout. Les entretoises des travées extrêmes s'assemblent d'un bout sur la solive et se terminent à l'autre par un scellement, ainsi que le représente la coupe suivant AB (fig. 1).

Le plan (fig. 2) montre la disposition de ces entretoises par files perpendiculaires aux solives et dont l'écartement varie de 0 m. 90 à 1 m. 50. Sur ces fers, on fait reposer parallèlement aux solives, des *fentons* ou côtes de vache en petit fer carré de 5 à 12 mm., au nombre de deux ou trois par travée. C'est cette carcasse qui supporte le hourdis.

Ces entretoises ont le grave inconvénient de mal relier les solives ; aussi, dans un travail soigné, est-il préférable de les remplacer par des boulons (fig. 9 et 10) de 16 à 18 mm. de diamètre. Ce sont des tiges de fer filetées à chacune de leurs extrémités ; la solive étant maintenue entre deux écrous, tout rapprochement ou tout écartement devient impossible. On dispose ces boulons par files comme pour les autres entretoises, mais comme on doit pouvoir serrer les écrous, il faudra que deux boulons consécutifs d'une même file soient distants d'environ 8 à 10 cm. d'axe en axe, ils ne se trouveront donc dans le prolongement l'un de l'autre que toutes les deux travées.

Pour les travées de rive, ces boulons fixés, comme nous venons de le voir, sur les solives, sont scellés de 10 à 12 cm. dans les murs.

C'est généralement vers le milieu de la hauteur de la solive qu'on place ces boulons, quelquefois un peu plus bas. On peut les munir de fentons coudés pour racheter la différence de hauteur, mais la pratique a démontré que dans ce cas, l'emploi de ces petits fers n'était pas très utile, la maçonnerie d'entrevous se tenant très bien toute seule, l'écartement des solives étant invariable.

Quel que soit le genre d'entretoise employé, il faudra placer les premières de chaque côté à environ 0 m. 70 des murs qui supportent les extrémités des solives.

Nous avons donné (fig. 3, 9 et 10) trois exemples de remplissage d'entrevous, en plâtras, poteries et briques. Les deux premiers doivent être les plus légers possible, leur but n'étant que de former un matelas de matériaux et d'air qui atténue le bruit venant de la partie supérieure ; quand au plancher avec voûtes en briques, nous en dirons quelques mots lorsque nous étudierons la planche 17.

La disposition spéciale à adopter, lorsque les solives viennent s'appuyer sur des parties de murs affaiblies par des conduits de fumée ou pour toute autre cause, consiste à disposer, entre les solives qui peuvent se placer sur ces murs, une pièce en fer dite *chevêtre* sur laquelle se fixeront les abouts de solives à ne pas engager dans le mur. Il est évident que plus la partie de ce chevêtre sera grande, plus ses dimensions seront fortes ; mais généralement il n'a à porter qu'une solive en son milieu, et on lui donne alors la même force qu'aux solives. Quand à l'assemblage, il se fait (fig. 7 et 8) en supprimant les ailes du chevêtre et le boulonnant sur la solive au moyen d'équerres.

Dans notre exemple, le chaînage des murs est composé de fers plats 60×7 placés au-dessus du plancher et reliés à la maçonnerie par des ancres en fer rond de 50 mm. sur 0 m. 50 de longueur. La figure 4 représente l'extrémité de ce chaînage, le mur étant supposé en briques, on obtient alors l'œil en chantournant le fer plat ; si la maçonnerie est en pierres de taille, l'œil est alors aplati, comme le montre la fig. 5.

On emploie quelquefois une ou plusieurs solives comme chaînage transversal intermédiaire, on leur ajoute à cet effet un tirant en fer plat avec œil pour recevoir l'ancre, ainsi qu'il est figuré sur le plan (fig. 2).

La figure 6 indique la forme d'un joint pour fer plat de

chaînage ; chaque extrémité porte, venu de forge, un mentonnet contre lequel porte la partie droite de chacune des clavettes de serrage, le tout est maintenu par des bagues.

Plancher assemblé voûté en briques (pl. 17).

Lorsque les dimensions des pièces sont trop grandes pour qu'on puisse faire reposer les solives sur les murs, on place au milieu de la longueur une poutre, que l'on prend en fer plus fort ou que l'on compose en tôle et cornières, et sur laquelle on fixe les abouts des solives.

C'est le cas que nous avons représenté en plan (fig. 4) et en coupe (fig. 3). La portée de la poutre est alors de 9 m. dans œuvre et celle des solives de 4 m. environ. Lorsque l'épaisseur du plancher est indifférente, on peut faire les solives d'une seule pièce en les appuyant simplement en leur milieu sur la poutre ; si l'on veut réduire cette épaisseur, il faut diviser chacune des solives en deux parties et les assembler sur la poutre au moyen d'équerres, comme le montre la figure 2, en ayant soin de mettre sous chaque solive une cornière rivée sur l'âme de la poutre et qui soulage les boulons ou rivets en les empêchant de travailler au cisaillement : cette cornière qui, le plus souvent, ne se trouve que sous l'aile du fer à double T, règne quelquefois sur toute la longueur de la poutre, ainsi que l'indique la fig. 3.

Lorsque l'épaisseur doit être encore plus réduite, on peut donner à la poutre la forme en caisson (fig. 8), mais dans ce cas, les équerres seront rivées sur les âmes avant la mise en place des semelles.

Les solives fixées ainsi d'un bout sur la poutre sont scellées à l'autre extrémité dans les murs, comme nous l'avons vu dans l'exemple précédent.

En général, pour l'installation des cheminées et toutes

les fois que les solives en fer peuvent se placer parallèlement aux murs qui contiennent des tuyaux, il n'y a pas à se préoccuper de leur position ; il faut seulement vérifier que les entretoises ne percent pas ses conduits, et si cela a lieu les dévier ; mais il n'en est pas toujours ainsi, et on peut être obligé de mettre les points d'appui des solives sur des murs affaiblis, soit par des tuyaux, soit en dessous par des baies cintrées, on reporte alors la charge des solives sur les points solides au moyen d'enchevêtrures ; c'est ce que nous avons fait sur la planche 18, et c'est ce que nous ferons si nous avons à ménager une trémie de cheminée, comme cela a lieu pour la fig. 4 (pl. 17).

Lorsque les jours à ménager dans les planchers pour escaliers, ascenseurs, ont de grandes dimensions, ou que ces mêmes planchers ont à supporter des cloisons, on fait usage des *filets* ou *poitrails*, soit comme supports, soit pour composer la trémie en reliant, par des croisillons, agrafes ou boulons, deux ou trois fers. Les figures 5 et 6 donnent deux exemples de ces filets que l'on remplit de légère maçonnerie lorsque l'écartement des fers le permet.

Les filets sont scellés dans les murs et assemblés entre eux ou avec la poutre au moyen d'équerres, comme nous l'avons fait pour les solives.

Les solives peuvent être reliées par des boulons noyés dans la maçonnerie de remplissage ou par des *liernes* en fer placées à plat sur les ailes supérieures et maintenues par un ou deux talons boulonnés ; l'emploi des boulons est bien préférable.

Pour former les voûtes, on se sert de briques pleines et creuses et de poteries spéciales. Si les planchers doivent supporter de lourdes charges, les briques pleines conviennent très bien, la retombée sur les solives se fait au moyen de pièces de formes appropriées ou simplement avec un sommier en béton ou mortier. La flèche de ces voûtes est

généralement faible, de façon à cacher les boulons d'entretoisement, et dans les cas ordinaires il suffit d'un seul rouleau de briques posées de champ.

Pour les travées extrèmes, les petites voûtes portent quelquefois sur les murs ; le plus souvent cependant, au lieu
de ménager un sommier dans la maçonnerie, on préfère
mettre une solive contre le mur en la disposant de façon
à pouvoir remplir l'intervalle libre par du mortier. Cette
solive est retenue contre le mur par des boulons à scellement.

Les voûtes exercent une poussée sur les solives, il faudra donc, si on les supprime en un ou plusieurs points, annuler cette pression horizontale par une autre de sens opposé ou la contrebalancer par une pièce plus forte.

La division des solives doit être très exacte, et dans ce
genre de plancher il ne peut y avoir de demi-travées.

Les extrémités de deux solives, des filets et de la poutre
sont ancrées dans les murs et relient les murs d'une façon
parfaite.

Plancher à supports intermédiaires (pl. 19).

Lorsque la portée est grande et que l'on ne veut cependant pas augmenter l'épaisseur des planchers en donnant
aux poutres une hauteur suffisante, on les fait reposer sur
des supports intermédiaires et on réduit encore cette épaisseur en plaçant les solives à la partie inférieure.

Comme exemple, nous prendrons un plancher destiné à
un bâtiment industriel dont la partie inférieure servira d'a-
telier et le premier étage de magasin. La façade de la construction devant présenter de larges ouvertures a été faite
partiellement en fer et se compose de poteaux montants
encastrés à leur partie inférieure dans des sabots en fonte
qui reposent sur des dés en maçonnerie ; ces poteaux se

prolongent au-delà du plancher pour recevoir les fermes de la charpente de 14 m. de portée.

Les colonnes de façades sont reliées par des poitrails qui supportent les lambourdes du plancher et le remplissage en maçonnerie qui existe à cet étage.

L'ossature du plancher se compose de poutres de 14 m. longueur supportées au milieu par des colonnes en fer, sur ces poutres et tous les deux mètres se fixent les solives, sur lesquelles reposent les lambourdes qui reçoivent le plancher.

Les colonnes de façade sont formées d'une âme en tôle de 390×10, de quatre cornières $\frac{80 \times 80}{10}$ et de deux semelles 250×10 ; les poitrails, qui sont composés des mêmes éléments, à l'exception de l'âme 400×10, se boulonnent sur ces colonnes.

Les poutres, composées d'une âme 390×10 reliée aux semelles 250×10 par quatre cornières, s'attachent sur les cornières intérieures des poteaux de façade au moyen de boulons de 18 mm. de diamètre. L'attache sur les supports intermédiaires se fait d'une façon analogue comme le montre la figure 15.

Ces poteaux, qui ont la même section que ceux de façade, ne se prolongent pas à l'étage supérieur, et c'est sur leurs semelles que se fixeront les consoles destinées à supporter les arbres de transmission.

Les figures 7 et 8 indiquent l'attache d'une poutre dans le mur et font voir qu'elle repose sur une pierre de taille formant corbeau par l'intermédiaire d'une plaque de glissement en tôle de 20 mm., et qu'elle est ancrée dans le mur au moyen d'un fer plat 60×20 portant un œil ovale dans lequel passe un fer rond de 40 mm. scellé dans la pierre de taille.

Les solives en fer du commerce de $\frac{260 \times 120}{10}$ ont une portée de 5 m. et sont disposées tous les deux mètres. Elles se fixent à la partie inférieure des poutres au moyen d'équerres en fer de 8 mm. d'épaisseur.

Les lambourdes en sapin de 150 mm. de hauteur et 100 mm. de largeur sont disposées tous les mètres, elles reposent sur les murs et sont maintenues sur les solives au moyen de deux équerres en fer cornière $\frac{80 \times 80}{10}$ et d'un boulon.

Le plancher en sapin également a 40 mm. d'épaisseur et est cloué sur les lambourdes.

Avec une surcharge de 300 kg. par mètre carré, les fers ne travailleront pas à plus de 5 kg. par millimètre carré de section et les bois à plus de 35 kg. par centimètre carré.

La planche n° 19 donne tous les détails des assemblages avec dimensions de tous les fers employés.

La figure 2 montre l'assemblage des poitrails sur les colonnes de façade, en élévation. La section horizontale (fig. 3) indique l'attache des poitrails et d'une poutre sur un poteau montant dont la figure 4 donne une vue de côté.

L'attache des poutres sur les supports intermédiaires est indiquée dans les figures 5 et 6 avec l'assemblage des deux solives les plus rapprochées de ces colonnes.

Les figures 7 et 8 donnent en élévation et plan le scellement des poutres dans les murs et les figures 9 et 10 montrent l'assemblage d'une solive avec une poutre, les équerres sont rivées sur la solive et boulonnées sur la poutre.

Le plancher en bois est figuré dans les détails nos 11, 12, 13 et 14.

Ces divers exemples nous montrent combien il est aisé d'établir un plancher en fer pouvant supporter une charge quelconque. Si la hauteur ne fait pas défaut, les poutres à treillis permettront d'obtenir une grande légèreté d'aspect ; quand aux poutres à caissons, on peut les faire servir à l'ornementation générale, en leur ajoutant, s'il est nécessaire, des petits fers plus ou moins moulurés.

Une bonne précaution consistera à faire reposer les poutres sur la maçonnerie avec interposition de plaques en tôle ou fonte en tous points semblables à celles que nous étudierons pour les poutres de ponts.

Si l'on doit établir un plancher sur une surface polygonale ou circulaire, on placera une poutre suivant une diagonale ou un diamètre et les solives fixées perpendiculairement à cette poutre porteront obliquement sur les murs.

Dimensions des fers d'un plancher. — D'une manière générale, lorsqu'on veut déterminer les dimensions à donner aux fers de plancher, il faut connaître les charges qu'ils auront à supporter ; ces charges comprennent le poids propre du plancher et la surcharge accidentelle.

La charge morte qui provient du poids des divers fers, du hourdis maçonné et des aires, des lambourdes et parquetages variera suivant la nature des matériaux et leurs épaisseurs.

Comme première approximation, on pourra prendre le poids des fers de 30 à 80 kg. par mètre carré, suivant qu'il s'agira de petites pièces ou de grands salons ; une évaluation provenant de la comparaison avec un plancher établi dans des conditions analogues de charge et surcharge sera toujours préférable.

Les hourdis et aires en plâtras et plâtre pèsent 1400 kg. au mètre cube, on pourra donc compter par centimètre de hauteur 14 kg. le mètre carré, poids qui s'appliquera également aux poteries légères.

Si les entrevous sont remplis avec des voûtes en briques

pleines de 0 m. 11 d'épaisseur, le poids du mètre carré sera de 200 kg., et on compterait le double si la voûte était faite de deux rouleaux.

Les cloisons doivent toujours porter sur des filets, on évaluera leur poids d'après le volume et la densité des matériaux qui les composent, ce poids ne sera considéré que comme une charge supplémentaire, agissant seulement sur la pièce qui le porte. Il en serait de même si on avait à placer un lustre ou tout autre ornement qui charge plus particulièrement une pièce en un point ou sur toute sa longueur, mais dont on ne peut répartir le poids sur la surface entière du plancher.

Le poids moyen d'un parquetage, y compris les lambourdes et leur scellement est de 70 à 80 kg. le mètre carré ; pour un carrelage il ne faut pas compter moins de 120 kg. au mètre carré.

La surcharge dépend de la nature des objets que doit porter le plancher, il est indispensable d'évaluer ces poids dans chaque cas particulier. Dans les conditions ordinaires d'établissement des magasins et entrepôts, on compte sur 500 kg. pour les marchandises légères et sur 1000 kg. pour les marchandises lourdes par mètre carré, mais il est certain qu'en plus de la densité de la matière qui forme surcharge, il faut faire intervenir la hauteur sur laquelle ce poids peut être appliqué.

Dans les maisons d'habitation, les bureaux, salles de réunion, la surcharge comporte le poids d'une ou plusieurs personnes par mètre carré, et on ne tient compte des meubles que dans les cas très rares où leur poids est considérable.

Si nous supposons qu'une personne pèse 75 kg. pour les pièces ordinaires, telles que cabinets, chambres, nous compterons une seule personne par mètre carré, soit 75 kg.

Pour les bureaux et salons ordinaires, nous prendrons 150 kg.

Pour les grands salons, nous compterons 300 kg., et enfin pour les salles de réunion où accidentellement six personnes peuvent tenir sur un mètre carré, nous prendrons 450 kg.

Dans le cas des pièces ordinaires où l'écartement des solives est de 0 m. 60 à 0 m. 70, on peut avoir une première idée de la hauteur en centimètres à donner au fer, en multipliant la portée en mètres par le coefficient 3. Ainsi, pour une portée de 4 m., la solive aura une hauteur de $3 \times 4,00 = 12$ cm. Les albums des fers à planchers donneraient les autres dimensions; mais cette règle n'est qu'approxima-

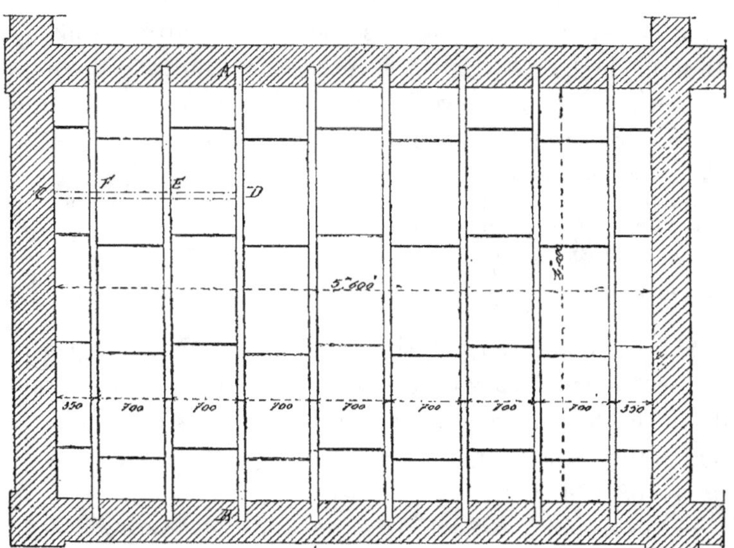

Fig. 1.

tive, et si elle est suffisante pour un avant-projet, lors de la construction, il faudra vérifier que les résultats ainsi obtenus satisfont bien aux conditions imposées.

Connaissant les charges et surcharges réparties par mètre

carré de plancher, nous n'aurons qu'à multiplier par l'écartement des deux solives pour avoir la charge par mètre courant sur une solive, dont le calcul sera facile, puisque nous serons ramenés à un cas déjà étudié.

Prenons par exemple un plancher de 4 m. sur 5 m. 60 et disposons les solives de façon à avoir aux extrémités deux demi-travées.

Dans ce cas le nombre de solives sera égal au nombre de travées, en ne comptant les travées extrêmes que pour un seul intervalle, et si l'écartement est de 0 m. 70 nous aurons 8 solives.

La portée étant de 4 m., la hauteur des fers sera de $3 \times 4,00 = 12$ cm., suivant la règle donnée plus haut. Nous supposerons que ces fers pèsent 16 kg. au mètre courant, et qu'ils sont reliés par des boulons à quatre écrous de 16 mm. de diamètre, placés comme le montre la figure 1 par files perpendiculaires à la direction des solives. Nous aurons donc comme poids des fers :

8 solives de 4,00 de portée, soit 32 m. 00 $\times$ 16 kg............. $=$ 512 k.
28 boulons à quatre écrous de 16 mm., soit 28 $\times$ 1 kg. 300..... $=$ 36 k. 40
8 demi boulons à scellement de 16 mm., soit 8 $\times$ 0 kg. 880..... $=$ 7 k. 04
Soit pour le poids total de la partie métallique.............. $=$ 555 k. 44

ou par mètre carré $\dfrac{5.55 \text{ k. } 44}{4 \text{ m. } 00 \times 5 \text{ m. } 60} = 25$ kg. en chiffres ronds.

Le hourdis fait en poteries de 12 cm. de hauteur pèsera par mètre carré 12 cm. $\times$ 14 kg. $=$ 168 kg., et nous prendrons un parquetage posé sur lambourdes du poids de 80 kg. Donc la charge morte totale sera par mètre carré $25 + 168 + 80 = 273$ kg.

Si la surcharge est de 75 kg., le poids total sera $273 + 75 = 348$ kg. par mètre carré et le mètre courant de solive aura à porter 348 kg. $\times$ 0 m. 700 $= 243$ kg. 6, ou $243,6 \times 4 = 974$ kg. 4 de charge répartie sur toute la longueur.

En ramenant la portée à 2 m. 00 nous obtiendrons :

$$\dfrac{974 \text{ kg. } 4 \times 4 \text{ m. } 00}{2.00} = 1.948 \text{ kg. } 8.$$

Nous chercherons dans les tableaux s'il existe un fer travaillant dans les conditions imposées et pouvant supporter cette charge ; si un fer de 12 cm. de hauteur pesant 16 kg. le mètre répond à la question nous le prendrons, s'il est plus lourd nous augmenterons d'autant le poids par mètre carré ou chercherons si un autre fer plus haut et pesant près de 16 kg. ou moins ne le remplacerait pas avec avantage, car en général il est préférable d'augmenter la hauteur du fer que l'épaisseur de l'âme.

Un fer à double T $\dfrac{120 \times 65}{6,5}$ travaillant à 8 kg. et pesant 15 kg. pourrait supporter 2.256 kg. pour une portée de 2 m. Si c'est celui que nous choisissons le coefficient de résistance du métal sera :

$$\frac{1.948 \text{ kg. } 8 \times 8 \text{ k.}}{2256} = 6 \text{ kg. } 9.$$

Sur la solive AB (fig. 1), établissons une cloison en briques creuses de 0 m. 08 d'épaisseur pesant 100 kg. le mètre carré si la pièce a 3 m. de hauteur, cette solive recevra une charge supplémentaire, répartie sur sa longueur, de 1.200 kg, soit, pour une portée de 2 m. :

$$\frac{1.200 \times 4 \text{ m.}}{2 \text{ m.}} = 2.400 \text{ kg.}$$

qui s'ajouteront aux 1.948 kg. 8, provenant du plancher, elle devra donc résister à :

$$2.400 \text{ kg. } + 1.948 \text{ kg. } 8 = 4.348 \text{ kg. } 8.$$

Dans ces conditions, le fer employé sera trop faible ; pour ne rien modifier au plancher on doublera cette solive en formant un filet comme nous l'avons indiqué sur l'exemple de la planche 17, la charge pourra alors atteindre $2 \times 2.556 = 4.512$ kg. Le filet travaillera donc à $\dfrac{4.348 \text{ kg. } 8 \times 8 \text{ kg.}}{2.512 \text{ k.}} = 7$ k. 7 par millimètre carré.

Si la charge n'était appliquée qu'en un point de la solive, on la transformerait en charge uniformément répartie ainsi qu'il a été dit au chapitre « Résistance des matériaux », et on terminerait le calcul comme nous venons de le montrer. Ce cas peut d'ailleurs se présenter si l'on a une cloison CD (fig. 1), placée perpendiculairement aux solives qui seront chargées d'un poids unique en F, E et D. Si nous donnons la même hauteur et la même épaisseur qu'à la cloison précédente, le poids par mètre de longueur sera 300 kg. et nous aurons :

en D une charge de 300 kg. $\dfrac{\text{ED}}{2} = 300$ kg. $\times 0,350 = 105$ kg.

en E une charge de 300 kg. $\left(\dfrac{\text{ED}}{2} + \dfrac{\text{EF}}{2} \right) = 300$ kg. $\times 0,700 = 210$ kg.

en F une charge de 300 kg. $\left(\dfrac{\text{EF}}{2} + \dfrac{\text{CF}}{2} \right) = 300$ kg. $\times 0,525 = 157$ kg. 5.

Mais, à moins que l'on ait un hourdis bien résistant, comme des voûtes en briques, il faudra supporter cette cloison dans l'intervalle de deux solives, on mettra alors en CF, FE et FD trois petits fers fixés sur les âmes des solives avec des équerres et dont les semelles au même niveau que celles des autres fers seront coupées. Le calcul de ces fers se fera facilement puisque la charge sur l'un d'eux, EF par exemple, sera de 300 kg. $\times 0,700 = 210$ kg. réparti sur la longueur ; si nous cherchons la charge correspondante pour une portée de 2 m. nous obtiendrons $\dfrac{210 \times 0,700}{2 \text{ m.}} = 73$ kg. 5.

Comme le poids est faible on prendra une cornière $\dfrac{80 \times 50}{5}$ à ailes inégales, la grande branche placée horizontalement, qui pourra supporter 80 kg. pour la portée de deux mètres et que nous fixerons avec une seule équerre ; quand au diamètre du boulon, en le prenant de 14 mm., il ne travaillera pas même à 1 kg. par millimètre carré. On aurait pu se contenter de placer sous la cloison deux petits fers carrés de 23 mm. écartés convenablement, mais nous avons voulu indiquer quelle serait la marche à suivre dans le cas d'une portée un peu grande.

Cette étude nous conduit d'ailleurs tout naturellement à
nous occuper des chevêtres qui supportent les solives ne pouvant s'appuyer sur les murs et à indiquer de quelle façon on
peut calculer les solives d'enchevêtrure.

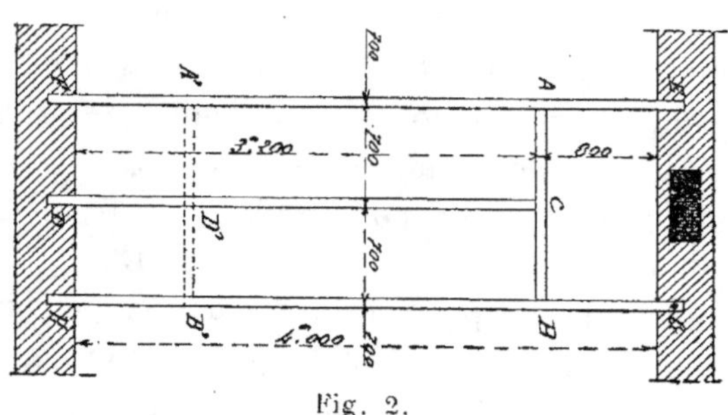

Fig. 2.

Nous considérons le même plancher étudié précédemment
et nous supposerons que sur l'un des murs une solive tombe
au droit d'un tuyau de fumée, il faut alors placer un chevêtre AB et lui fixer l'extrémité de la solive CD. Ces chevêtres sont, en général, distants du mur de 30 à 50 cm., nous
l'avons écarté de 80 cm. pour rendre la figure plus claire.

La solive CD portera sur la longueur de 3 m. 200 une
charge répartie de 243 kg. 6 $\times$ 3,2 $=$ 779 kg. 50 et pour une
portée de 2 m. $\dfrac{779 \text{ kg. } 50 \times 3,2}{2 \text{ m.}} = 1.247$ kg. 40, si on conserve
le fer à double T $\dfrac{120 \times 65}{6,5}$, il travaillera à $\dfrac{1.247 \text{ kg. } 4 \times 8}{2.256} = 4$ k. 4
mais on pourra le remplacer par un fer double T $\dfrac{120 \times 44}{5,5}$
qui, pour une portée de 2 m., porterait 1.500 kg. avec un
coefficient de résistance de 8 kg. par millimètre carré, dans ces
conditions le fer ne travaillera plus qu'à :
$$\frac{1.247 \text{ kg. } 4 \times 8}{1.500} = 6 \text{ kg. } 700$$
cette solive ne pèsera que 10 kg. 500 le mètre courant au
lieu de 15 kg.

Avec le premier fer la charge au milieu C du chevêtre AB serait de $\dfrac{779\ kg.\ 50}{2} = 389$ kg. 75 avec le second elle deviendra 375 kg. 35.

Pour le calcul du chevêtre AB, nous admettrons qu'à l'extérieur de la trémie le hourdis ne porte que sur les solives et qu'à l'intérieur la charge est placée symétriquement par rapport au milieu sur une longueur de 0 m. 70 et de 0 m. 80 de largeur et nous ne tiendrons pas compte du poids des fers. Nous aurons donc un poids réparti sur 0 m. 70, de :

$$(168\ kg. + 80\ kg.)\ 0,70 \times 0,80 = 139\ kg.$$

D'après les tableaux que nous avons donnés pour la résistance des matériaux, le poids 375 kg. 35 au milieu correspondra à 375 kg. $35 \times 2 = 750$ kg. 70 uniformément réparti sur 1 m. 400.

$\dfrac{l}{L}$ étant égal à 0,50 et $\dfrac{d}{L}$ ayant la même valeur

$$139\ kg. \times 1,00 = 139\ kg.$$

nous donnera la seconde partie de la charge répartie sur la portée. Nous aurons donc comme charge totale 750 kg. 7 + 139 kg. $= 889,7$ en ramenant la portée à 2 m.

$$\frac{889,7 \times 1.400}{2,00} = 622\ kg.\ 8.$$

En raison de l'assemblage avec la solive CD on est obligé de prendre pour le chevêtre un fer de même hauteur ; si on peut avoir facilement un fer à U, par exemple de poids moindre on pourra l'employer ; si nous conservons le fer $\dfrac{120 \times 44}{5,5}$ il travaillera à :

$$\frac{622\ kg.\ 8 \times 8}{1.500} = 3\ kg.\ 3.$$

Aux points A et B de chacune des solives d'enchevêtrure le chevêtre reportera une charge de $\dfrac{375\ kg.\ 35 \times 139}{2} = 257$ kg. 2.

En général, les pièces CD et AB ont les mêmes dimensions, on ne calcule pas le chevêtre et on obtient très simplement la charge en A ou B en multipliant la charge par mètre courant d'une solive par le rapport entre la portée et la longueur de la solive qui aboutit au chevêtre. Nous aurions donc :

$$\frac{243,6 \times 4}{3,2} = 304 \text{ kg. } 5.$$

Valeur plus forte, comme on le voit, que la réalité, mais donnant une approximation largement suffisante dans la plupart des cas.

Les solives d'enchevêtrure se calculeraient en tenant compte de la charge unique et de la charge uniformément répartie sur toute la longueur.

S'il y avait deux chevêtres (fig. 1) AB et A'B' on déterminerait la solive du milieu avec la partie C'D' et les charges en A, B, A' et B' comme nous l'avons indiqué ; les solives EF et GH auraient à résister à une charge uniformément répartie et à deux charges isolées équidistantes du milieu de la portée, cas que nous avons traité dans un autre chapitre. (Résistance des matériaux).

Lorsque entre les solives d'enchevêtrure il y a plusieurs solives de remplissage on peut calculer le chevêtre comme ayant à supporter des charges isolées, mais dans la pratique on préfère le considérer comme chargé uniformément. L'erreur est d'autant moins sensible que quand le hourdis a fait prise le plancher ne forme plus qu'une seule masse. Comme renseignement, nous dirons qu'on donne alors au chevêtre une hauteur un peu supérieure à celle des solives de remplissage.

Calcul des poutres. — Le plancher à établir doit avoir 11 m. 200 de largeur, comme il serait impossible de mettre des solives de cette dimension nous avons placé des poutres tous les 5 m. et sur ces poutres nous fixerons les solives espacées de 0 m. 70 d'axe en axe.

Nous supposerons que la charge totale par mètre carré est de 500 kg. sans y comprendre cependant le poids des poutres.

Chacune des solives portera :

$$500 \text{ kg.} \times 0 \text{ m. } 70 \times 5 \text{ m.} = 1.750 \text{ kg.}$$

pour une portée de 2 m. la charge deviendra :

$$\frac{1.750 \text{ kg.} \times 5 \text{ m.}}{2} = 4.375 \text{ kg.}$$

Nous pourrons prendre comme échantillon le fer à double T $\frac{160 \times 80}{2}$ qui avec le coefficient de 8 kg. nous donnera 4.383 kg.

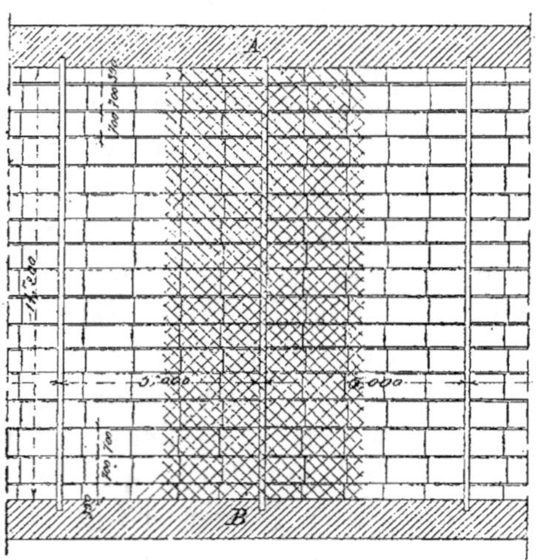

Fig. 3.

Chacune des solives reportera sur la poutre une charge de $\frac{1.750 \text{ kg.}}{2} = 875$ kg. ; comme les points d'attache se correspondent en chacun d'eux, nous aurons :

$$875 \text{ kg.} \times 2 = 1.750 \text{ kg.}$$

Comme il y a 16 solives, nous supposerons la charge 1.750 kg. $\times$ 16 = 28.000 kg. uniformément répartie sur la portée. Nous concluons de là que pour avoir immédiatement la charge sur la poutre il nous suffira de multiplier la charge par mètre carré de plancher par la surface d'un intervalle entre deux poutres ou, ce qui revient au même, puisque les poutres sont équidistantes, par la surface ombrée (fig. 3). Nous retrouverons :

$$500 \text{ kg.} \times 5 \text{ m.} \times 11 \text{ m.} 20 = 28.000 \text{ kg.}$$

Pour une portée de 1 m. la charge sera de :

$$28.000 \times 11 \text{ m.} 20 = 313.600 \text{ kg.}$$

Formons une poutre avec une âme 800×10. quatre cornières $\frac{90 \times 90}{10}$ et deux semelles de 250×20 mm., et cherchons ce qu'elle peut porter si sa longueur entre appuis est de 1 m. Nous aurons, d'après les tableaux de résistance :

$$1 \text{ âme.} \quad . \quad . \quad 800 \times 10 = 42,67 \times 10 = \quad 426,7$$

$$4 \text{ cornière} \quad . \quad \frac{90 \times 90}{10} \qquad\qquad\qquad 955,0$$

$$2 \text{ semelles} \quad . \quad 250 \times 20 - 67,2 \times 25 = 1680,0$$

$$\overline{3061,7}$$

La demi-hauteur étant $\frac{840}{2} = 420$, nous obtiendrons $\frac{3.061,7 \times 48.000}{420} = 394.034$ kg. d'où il faudra déduire le poids dû au métal pour avoir la charge utile; cette poutre, en y comprenant les cornières attaches des solives, pesera 250 kg. le mètre courant ou 2.800 kg. pour la poutre entière et donnera une charge de 31.360 kg. uniformément répartie pour une portée de 1 m. Donc :

$$349.034 \text{ kg.} - 31.360 \text{ kg.} = 317.674 \text{ kg.}$$

sera la charge pour un coefficient de résistance de 6 kilos, elle peut donc convenir et le métal travaillera à :

$$\frac{313.600 \times 6}{317.674} = 5 \text{ kg.} 9.$$

On aurait pu diminuer l'une des parties et prendre alors un coefficient de résistance plus élevé.

La hauteur de 840 mm. peut être gênante, on la diminue en employant une poutre à caisson, que nous pouvons composer de deux âmes 550×10 placées à 180 mm. de distance intérieure, quatre cornières $\dfrac{100 \times 100}{11}$ et deux semelles 450 × 10. Nous aurons :

pour les deux âmes . . . 13,86×20 mm. = 277,2
pour les quatre cornières. . 511,0
pour les deux semelles . . 32,5 × 45 cm. = 1462,5
$$\overline{2250,7}$$

Comme la demi-hauteur est de $\dfrac{590}{2} = 295$.

$\dfrac{2.250,7 \times 48.000}{295} = 366.215$ kg. sera la charge sur un mètre de portée pour le coefficient de 6 kg., le poids de cette poutre étant d'environ 340 kg. il faudra donc retrancher :

.340 kg. × 11 m. 20 × 11 m. 20 = 42.650 kg.

il restera donc comme charge utile :

366.215 kg. — 42.650 kg. = 323,565 kg.

le métal travaillera donc à :

$$\frac{313.600 \times 6}{323.674} = 5 \text{ kg. } 8.$$

Donc, pour diminuer la hauteur de 250 mm. il a fallu augmenter le poids de 90 kg. par mètre courant.

Pour diminuer encore cette épaisseur on peut, si la disposition inférieure le permet, soutenir la poutre en son milieu, dans ces conditions, nous aurons la charge uniformément répartie correspondante, le support étant enlevé, en multipliant 28.000 kg. par le facteur $\left(\dfrac{d}{L}\right)^3 + \left(1 - \dfrac{d}{L}\right)^3$ ainsi que nous l'avons déjà dit. Or $\dfrac{d}{L} = \dfrac{1}{2}$ donc le facteur sera 0,25 et :

$$0,25 \times 28.000 = 7.000 \text{ kg.}$$

soit pour une portée de première :

$$7.000 \text{ kg. } \times 11 \text{ m. } 20 = 78.400 \text{ kg.}$$

Une poutre composée d'une âme 400×8 de quatre cornières $\dfrac{80 \times 80}{9}$ et de deux semelles 200 × 12 dont le poids par mètre courant serait de 150 kg. nous donnerait 76.197 kg. avec la charge nous venons de trouver que le métal travaillera à :

$$\frac{78.400 \times 6}{76.197} = 6 \text{ kg. } 17.$$

Quant à la charge sur l'appui elle sera :

$$(28.000 \text{ kg.} + 11 \text{ m.} 2 \times 150 \text{ kg.}) \left(\frac{5}{8} + \frac{1}{8} \frac{(1 - 2 \times 0,50)^2}{0,5 (1 - 0,5)} \right) =$$

$$29.680 \text{ kg.} \times 0,625 = 18.550 \text{ kg.}$$

et sur chacun des murs :

$$\frac{29.680 - 18.550}{2} = 5.565 \text{ kg.}$$

Nous avons, dans ce chapitre, examiné les principaux cas qui se rencontrent pour les planchers, on pourrait multiplier encore les exemples ; mais nous le jugeons inutile, car nous croyons avoir atteint notre but, qui était de bien faire comprendre de quelle façon on pouvait se servir des formules et tableaux que nous avons donnés à propos de la résistance des matériaux.

Planche 20.

ANCRES. POITRAILS. TIRANTS

Sous l'influence des poussées, tassements et autres efforts accidentels, les murs se déverseraient si on ne s'opposait à ces actions par une disposition convenable.

A chaque étage généralement et au dessous des planchers on place des barres de fer, dites chaînages, qui longeant la partie médiane de chaque mur, empêchent les disjonctions des matériaux et reliant les divers murs maintiennent leur adhérence. Ces fers plats ou ronds se terminent par des ancrages scellés dans la maçonnerie, très souvent même apparents et qu'on utilise alors à la décoration.

On ne calcule pas les chaînages, car il faudrait faire des

suppositions, évaluer des efforts sans se baser sur des données sérieuses, il est, dans ces conditions, bien préférable de se rapporter à des travaux exécutés, qui ont convenablement résisté et auxquels on comparera chaque cas particulier.

Les dimensions les plus employées sont en fers plats 50×9 à 60×12 ou une section correspondante en fers ronds, selon que le chaînage est appliqué aux murs d'une construction ordinaire ou d'un édifice.

Le chaînage se pose bien de niveau au milieu de l'épaisseur du mur et on le dévie sur l'un des côtés à la rencontre des tuyaux ou conduits ; on le noie dans un bain de mortier et s'il est nécessaire on pratique des rainures dans les pierres de taille qui le recouvrent.

Pour que les fers agissent efficacement sur les maçonneries il faut les tendre fortement et comme les longueurs livrées par le commerce sont limitées, c'est par les moyens d'assemblage qu'on donne cette tension.

L'assemblage à clavettes est le plus ancien et celui que l'on rencontre encore le plus fréquemment ; l'extrémité de chacune des barres (fig. 1) est coudée ou forgée en forme de talon et les deux fers sont réunis par des frettes, clavetées ou non, qui les maintiennent en contact ; dans l'intervalle libre on place deux clavettes que l'on chasse à coup de marteau. La pente des clavettes étant faible, leur longueur étant forcément réduite, on n'obtiendra un serrage convenable que par le nombre de joints ; il sera de plus nécessaire de vérifier chacun des joints une fois le travail terminé.

Aussi, lorsqu'on veut avoir des fers bien tendus, faut-il avoir recours aux tiges filetées. La figure 2 donne un exemple de cet assemblage ; on rive à l'extrémité de chaque partie de chaîne un collier qui servira de point d'appui à l'écrou du boulon de serrage, ce collier peut également être formé en forgeant le bout du fer. Le boulon qui a la longueur voulue porte en son milieu une partie carrée ou hexagonale qui permettra de le maintenir fixe lorsqu'on agira sur chacun des écrous.

Il est possible aussi (fig. 3) de fileter ou de souder une tige filetée à l'extrémité des fers et de les réunir alors par une pièce spéciale, *lanterne* formant double écrou, dans ce cas le filetage de chacun des bouts sera en sens inverse et si la chaîne est en fer rond, on devra ménager une partie qui permette de l'empêcher de tourner lors du serrage.

C'est au moyen d'*ancres* qu'on obtient l'attache des extrémités de chaînes dans la maçonnerie, ce sont des fers carrés ou ronds de 0 m. 030 à 0m. 050 de diamètre ou de côté et de 0 m. 40 à 0 m. 500 de longueur noyés dans le mur moitié au-dessous et moitié au-dessus de la chaîne. Dans les angles des bâtiments, si les murs sont en pierre de taille, on disposera une seule barre d'ancrage (fig. 5, pl. 18), l'extrémité de chaque bout de chaîne sera forgée et percée d'un œil ; si au contraire (Fig. 4, Pl. 18), le mur est en petits matériaux, on préfère ne pas réunir les chaînes à leur point de rencontre et leur donner à chacune un ancrage spécial.

Les portions de chaînes qui relient deux murs parallèles, et sont noyées ou non dans la maçonnerie reçoivent le nom de *tirants*. Les tirants se font de mêmes dimensions que les chaînes, ils sont ancrés à chaque extrémité et on leur donne la tension, soit au moyen d'un assemblage à lanterne placé au milieu de la longueur et alors l'ancrage de chaque extrémité est simple (fig. 4) soit (fig. 5), au moyen d'un ou deux ancrages à lanterne, le tirant est alors d'une seule pièce.

Au lieu de noyer les ancres dans la maçonnerie on les place très souvent en saillie sur les murs de façade et tout en leur donnant une forme appropriée à leur utilité, à leur emplacement, on les fait servir à la décoration de l'ensemble. Les ancres en fer forgé peuvent présenter une grande légèreté d'aspect, celles en fonte trouvent surtout leur emploi dans les bâtiments industriels ; l'attache avec l'extré-

mité de la chaîne fait soit comme nous l'avons vu pour les
ancres ordinaires ou au moyen d'une tige filetée et d'un
écrou qui appuiera sur la face extérieure de l'ancre percée à
cet effet d'un trou pour le passage de la chaîne,

Nous avons donné, sur les figures 6, 7, 8, 9, 10, 11, 12
et 13, quelques exemples d'ancres en fer forgé et en fonte.

Chaque fois que, dans une construction en petits matériaux, la partie supérieure d'une baie n'est pas cintrée en
arc, il faut, pour l'aider à supporter la charge placée au-
dessous, la consolider avec des pièces de fer appelées *linteaux,
filets* ou *poitrails*, suivant les dimensions des baies.

Il peut se faire que ces pièces de fer aient à supporter les
extrémités des solives, nous connaîtrons alors une partie de
la charge qu'elles auront à supporter puisque nous savons
calculer les éléments des planchers ; mais pour la charge
de maçonnerie superposée, il est très souvent difficile de la
déterminer exactement. La pratique montre que si on supprime une de ces pièces, chargée sur une grande hauteur par
rapport à sa largeur, il se formera au-dessus de la baie une
voûte dont les dimensions dépendront des matériaux employés, et c'est seulement la partie de maçonnerie comprise
entre le dessus de la baie et l'intrados de cette voûte qui
donnera la charge sur la pièce de fer.

Nous croyons donc qu'en prenant une surface rectangulaire de mur de largeur égale à celle de l'ouverture et dont
la hauteur serait les 3/4 de cette même ouverture, nous for-
merons une charge à peu près équivalente à celle qui se
produit réellement.

Jusqu'à 0 m. 80 d'ouverture on fait les linteaux avec une ou
deux barres de fer carré de 0 m. 03 à 0 m. 04 suivant la largeur
du mur ; ces barres se placent à des niveaux différents si la
baie doit présenter des feuillures ou des ébrasements et de
manière à être recouvertes par les enduits.

Pour les portes et fenêtres de dimensions ordinaires on

emploie les fers double T en leur donnant une portée sur les pieds-droits d'environ 0 m. 200. Les fers de 0 m. 10 à 0 m. 12 de hauteur conviennent très bien pour des baies de 1 m. 40 en en plaçant deux pour une épaisseur de mur de 0 m. 50.

Ces fers, au même niveau ou non, comme l'indiquent les figures 14 et 15, sont écartés d'environ 0 m. 40 d'axe en axe et reliés par des boulons à quatre écrous de 16 à 18 mm. de diamètre ; trois de ces entretoises suffisent pour donner une bonne liaison et maintenir la maçonnerie de remplissage.

Quand on appareille en voûte la partie supérieure des baies, on a l'habitude de ménager une feuillure qui reçoit un linteau en fer carré de $0^m 040$ et dont le but est plutôt de chaîner les voussoirs que de supporter la maçonnerie.

Les filets et poitrails permettent d'obtenir de très larges ouvertures et de supprimer les murs qui géneraient pour les distributions intérieures des maisons. On les compose généralement en fers à double T du commerce que l'on écarte plus ou moins suivant l'épaisseur des murs et les dimensions des conduits qui peuvent être placés à un moment donné.

Les deux fers jumelés sont réunis (fig. 16 et 17) par des frettes posées à chaud et leur écartement est assuré soit par des croisillons en fer carré soit au moyen de pièces spéciales en fonte placées tous les mètres. Dans certains cas il est possible d'employer des boulons entretoises, l'écartement des fers étant maintenu par le remplissage en maçonnerie.

La charge totale sur un poitrail devra se répartir également sur chacun des fers qui le composent il est donc nécessaire que la liaison des divers éléments soit bien faite.

Comme pour les linteaux on peut en laisser les fers apparents ou les cacher sous un enduit, nous conseillons, toutes les fois que cela sera possible, d'accuser bien franchement les fers sur lesquels il sera d'ailleurs toujours facile d'appliquer des ornements à la demande de la décoration de l'ensemble.

Les poitrails reposeront sur les murs (fig. 19) par l'intermédiaire de plaques en tôle de façon à égaliser la pression ; ces plaques déborderont de 1 ou 2 centimètres de chaque côté des ailes et à l'extrémité et ne devront en aucun cas porter sur les arêtes extérieures des murs.

Lorsque plusieurs poitrails reposent sur une même pile, on a l'habitude de les réunir à une ancre par une pièce de forge en forme de V. Chaque poitrail doit avoir une portée d'au moins 0 m. 30, et on fera d'une seule pièce ceux qui, dans le prolongement l'un de l'autre, ne pourraient avoir sur la pile une assise suffisante.

Dans le cas de fortes charges, qu'il est impossible de porter avec deux ou trois fers profilés du commerce, on compose les poitrails, comme nous l'avons vu pour les poutres de planchers, avec des tôles et cornières, et si on est conduit à de larges semelles (fig. 18), on les consolidera en plaçant, de distance en distance, des équerres en fer ou fonte.

Lorsque la portée devient trop grande, il est nécessaire de placer des supports intermédiaires ; on emploie alors les colonnes pleines ou creuses du commerce et sur le chapiteau (fig. 21) on place quelquefois une tôle à bords recourbés qui permet la répartition de la charge ; si la colonne doit se prolonger à l'étage supérieur, il faudra que les fers du poitrail soient assez écartés pour laisser passer la portée.

Si le nombre de pièces à faire sur le même modèle est assez important, on fera alors couler des colonnes auxquelles on donnera la forme choisie et la mieux appropriée : on pourra, comme nous l'avons fait (fig. 20), surmonter le chapiteau d'une partie à section polygonale qui donnera la possibilité de fixer, au moyen de goujons, des consoles en fonte, sur lesquelles s'assembleront les poitrails, poutres secondaires et solives.

BAIES VITRÉES

L'application du fer dans la menuiserie des baies a permis d'obtenir une surface éclairante d'un tiers plus grande qu'avec la menuiserie en bois, et cela avec une différence de prix de revient insignifiante et même nulle dans le cas d'une menuiserie en chêne bien établie.

Les variations de température n'ont, pour ainsi dire, aucune action sur ces ouvrages qui offrent de plus l'avantage d'être incombustibles.

Les assemblages renforcés par des équerres donnent à l'ensemble une très grande rigidité et une solidité telle que l'on peut considérer la construction comme faite d'une seule pièce. Enfin, en raison de la durée presqu'illimitée du métal, les portes et croisées peuvent remplacer, avec économie, celles en bois dans toutes leurs applications.

Qu'il s'agisse d'une porte ou d'une croisée, lorsqu'on n'a

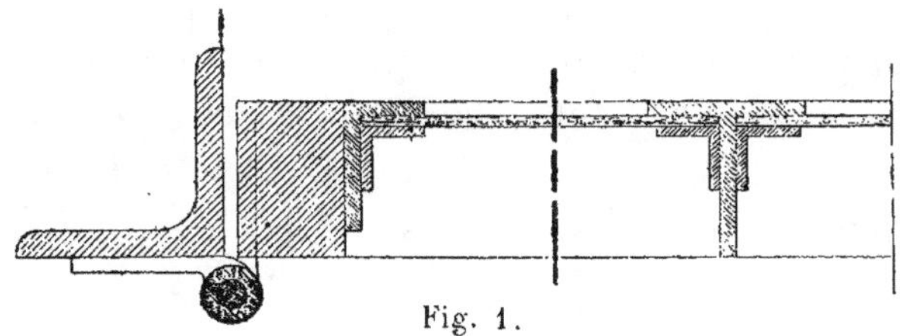

Fig. 1.

pas à se préoccuper de la question d'étanchéité à l'air, on peut très simplement composer un cadre en fer plat ou carré, dont les éléments seront assemblés, comme nous l'avons vu pour les portes, et que l'on divisera en carreaux au moyen de fers à T verticaux et horizontaux ; contre les montants et traverses haute et basse, on placera une cornière à branches inégales et le verre s'appliquera sur les ailes de ces fers, comme nous l'avons indiqué dans la figure 1. Ce verre sera maintenu soit par des petites vis et du mastic, soit par des petites cornières vissées sur les montants et traverses. Si une partie quelconque de la baie doit porter un remplissage en tôle, on pourra aisément le pincer avec les mêmes fers. La figure 1 se rapporte à une baie vitrée de 1 m. 50 de large en deux vantaux et de 2 m. 50 de hauteur. Le cadre a été fait en fer 30×15, une traverse intermédiaire en fer de même échantillon placée à 0 m. 90 du sol le divise en deux panneaux, dont l'un, celui du bas, est recouvert d'une tôle. Le panneau supérieur est divisé en deux par un montant en fer à T $\dfrac{30 \times 30}{4}$ et l'emplacement des vitres est fixé par 2 traverses en fer à T $\dfrac{25 \times 25}{3}$. Pour recevoir les verres, on a fixé sur le cadre une cornière $\dfrac{25 \times 15}{3}$ à branches inégales ; les petites cornières de recouvrement sont à angles vifs et ont $\dfrac{12 \times 12}{2}$. Le cadre dormant qui reçoit les paumelles est en cornières $\dfrac{40 \times 40}{5}$ scellées dans la maçonnerie par l'intermédiaire de pattes.

Si l'on veut une construction plus soignée, on peut prendre des fers moulurés et les disposer comme nous allons le voir pour la baie vitrée, exécutée par nos collaborateurs, MM. Agnel frères, constructeurs à Nice.

Planche 21.

—

BAIE VITRÉE

La baie a 2 m. 40 de largeur et 3 m. 35 de hauteur ; elle est divisée en quatre panneaux de 0 m. 60 de large ; une imposte de 0 m. 65 de haut limite la partie ouvrante qui, comme le montrent les diverses coupes (fig. 2, 10 et 13), ne comprend que les deux vantaux du milieu. Le caractère principal de ce travail est qu'il a été étudié de façon à n'employer que des fers d'un même échantillon et aussi légers que possible.

Le cadre sur murs est fait avec un demi-fer à vitrage mouluré, raidi par une cornière $\frac{15 \times 15}{3}$ qui sert de scellement (fig. 11 et 14); les montants intermédiaires et la traverse formant imposte sont en fer de même échantillon, mais double, de façon à permettre soit l'assemblage des pièces entre elles, soit la mise en place des paumelles.

Le soubassement est formé d'une tôle de 2 mm. d'épaisseur pincée dans la feuillure des montants et traverses par un cadre en petit fer mouluré, maintenu par des vis (fig. 5, 7, 8, 12, 13 et 14); sur chaque panneau, un petit cadre en fer également mouluré (fig. 12 et 14) est fixé sur la tôle comme motif d'ornementation.

La traverse inférieure (fig. 5 et 8) est en forme de caisson dont les côtés en tôle, de 2 mm., sont vissés sur le demi-fer à vitrage et sur un fer plat 50×10. Deux fers à jet d'eau empêchent la pluie de pénétrer dans la pièce et la rejettent au dehors. Le plus gros de ces fers, c'est-à-dire celui du dessous, est scellé dans le seuil de la porte. La figure 5 représente la partie de cette traverse dans les panneaux fixés.

Les glaces se logent dans des feuillures analogues à celles qui reçoivent la tôle du soubassement, et la position du petit fer dépend de l'épaisseur du verre.

Les paumelles en cuivre ont 13 mm. de diamètre, il y en a trois dans la hauteur des vantaux.

La fermeture se fait au moyen d'une crémone à tige de 10 mm. de diamètre placée à l'intérieur et manœuvrée par un bouton posé à 1 m. 30 du sol.

Cet exemple de porte nous montre déjà que les constructeurs ont cherché à assurer l'étanchéité et ont mis à cet effet de petits fers plats dans les joints pour briser les courants d'air. Mais on est allé plus loin et on a reproduit presque entièrement les formes des joints très hermétiques de la menuiserie en bois.

Nous étudierons ce mode de construction avec des profils de fer empruntés à l'album de M. Mazellet.

Planche 22.

—

CROISÉE EN FER

La figure 1 représente une croisée à deux vantaux de 2 m. 100 de hauteur et 1 m. 100 de largeur.

Le châssis dormant scellé dans la maçonnerie se compose d'une traverse basse à nervure extérieure (fig. 6), recouverte d'une tôle cintrée de 1 mm. 5 d'épaisseur, d'une traverse haute (fig. 2) formant feuillure et de deux montants (fig. 8 et 10) présentant un fort arrondi creux, dans lequel se loge la noix du montant mobile.

Chaque vantail est formé d'un cadre en fer spécial (fig. 2, 6, 8, 9, 10) avec baguette moulurée pour recevoir les vitres ; les deux ailes de ce fer sont reliées par des fers plats à nervure (fig. 2 et 6), par des fers à profils à noix (fig. 8 et 10), ou enfin par des fers (fig. 9) formant assemblage des deux vantaux, à mouton et gueule de loup.

Les petits fers de division (fig. 4) ont un profil mouluré.

Les figures 3, 5 et 7 sont des variantes des sections correspondantes (fig. 2, 4 et 6), la traverse inférieure du châssis dormant est en une seule pièce et les traverses de la partie ouvrante portent un remplissage en bois.

Les divers fers sont réunis entre eux par des vis à métaux de 3 mm. de diamètre à tête fraisée ; les équerres, qui font corps avec les paumelles, sont fixées sur les montants au moyen de vis de 4 mm.

PERSIENNES

Les persiennes à deux vantaux sont quelquefois gènantes quand, par exemple, les fenêtres donnent sur de grands balçons; le plus souvent même, il est impossible de les placer aux fenêtres des constructions actuelles. On a donc eu recours à la fermeture en tableau avec division de chaque vantail en un certain nombre de panneaux articulés se repliant sur eux-mêmes.

L'aspect de ces larges bandes verticales en bois, qui diminuaient d'autant l'ouverture, était difficilement acceptable; on a alors songé à réduire l'épaisseur de chacun des éléments en employant le fer, soit partiellement, soit totalement, dans la construction des persiennes. Si la saillie paraît encore trop grande, on la diminue en logeant en partie les panneaux dans un refouillement ménagé dans la maçonnerie des pieds-droits.

Les persiennes se fixent, soit sur la menuiserie de la croisée, soit sur une tapée placée près de l'arête extérieure des tableaux.

Pour étudier en détail la construction des persiennes, nous prendrons comme exemples une persienne en fer et bois et l'autre en fer.

Planche 23.

—

PERSIENNE FER ET BOIS

Cette persienne (fig. 1 et 2) est formée de quatre vantaux qui se replient deux à deux sur les tableaux; elle est ferrée sur une pièce de bois (fig. 3 et 5) qui lui sert d'arrêt à

14

la partie supérieure (fig. 6), la partie inférieure vient battre contre le dormant même de la croisée (fig. 7).

En général, on n'attache pas les vantaux directement sur le dormant, car cela conduirait à donner aux montants une largeur trop grande et aurait comme conséquence la diminution de l'ouverture.

Chaque feuille comporte un bâti en fer avec montants et traverses et des lames en bois de chêne ou de pitchpin ; les fers spéciaux du cadre ont la forme de fers en U larges ailes et présentent sur l'âme ou une rainure ou des nervures qui assurent un joint suffisamment hermétique entre deux vantaux consécutifs.

Dans l'épaisseur de la rainure formée par les deux ailes, on loge les diverses lames en bois avec taquets dans les intervalles pour régler l'écartement. Ces lames se recouvrent d'au plus 8 mm. et peuvent se tracer comme il est indiqué sur l'épure (fig. 4, 4 *bis*, 4 *ter*).

Les figures 4 *bis* et 4 *ter* donnent en grandeur d'exécution les sections verticales des parties extrêmes de la persienne.

Pour obtenir l'inclinaison BO des lames, on décrit un arc de cercle du point O comme centre avec un rayon quelconque (fig. 4 *ter*), puis du point A, avec le même rayon, on détermine le point B. Le triangle DCO sera la section de la première lame encastrée dans la traverse du bas. En DE', on porte le recouvrement que l'on veut avoir, 6 mm. par exemple, le point E correspondant à E' sur la face opposée de la persienne, sera un point de la seconde lame que nous tracerons en EFGH en nous donnant l'épaisseur de 14 mm. suivant le plan de la face. Il faut vérifier si ces dimensions conviennent à la hauteur ; entre les axes des jours extrêmes, nous avons une longueur de 1 m. 860 qui, divisé par 36 mm., écartement d'axe en axe de deux vides, nous donne 52 comme multiple se rapprochant le plus de la hauteur 1 m. 860 ; l'écartement réel sera donc de 35 mm. 8.

Pour avoir les points de division, nous porterons sur une ligne inclinée 52 divisions quelconques, mais égales entre elles, et nous joindrons JK ; c'est à cette ligne que nous mènerons des parallèles par les points de division. Ayant les axes des vides, il suffira, de chaque côté et sur chaque face, de porter des longueurs égales à un demi-vide, soit 11 mm., pour avoir les lames. En général, on abat les arêtes vives sur 1 mm. de hauteur.

La fermeture de cette persienne se fait avec un fléau (fig. 5 et 8), qui rend les vantaux solidaires les uns des autres au moyen d'un support mobile (fig. 9) et d'un crochet fixe fig. 3).

Planche 24.

—

PERSIENNE EN FER

Les persiennes en fer ont une épaisseur encore plus réduite que celles dont nous venons de parler. Nous donnons sur la planche nº 24 un exemple d'une de ces persiennes appliquée à une baie cintrée et par conséquent complétée par une tôle découpée.

Nous avons supposé la menuiserie de la croisée en fer, cela nous a conduit, malgré la faible épaisseur de la persienne repliée, à loger une partie des vantaux dans un refouillement de 30 mm., et nous avons profité de ce mode de construction pour mettre les points d'attache près de l'arête extérieure du tableau.

Cette disposition rendant moins gênante la manœuvre de la persienne, est souvent adoptée de préférence à celle indiquée sur la planche précédente.

Chaque panneau est formé par un cadre en fer spécial élégi, muni de traverses intermédiaires si la hauteur l'exige ; sur ce cadre, on rive une feuille de tôle découpée, puis repoussée.

Les formes des fers du bâti sont très variables ; les fig. 8 et 9 montrent des modèles différents sur lesquels nous avons fixé des tôles embouties, afin de bien faire comprendre ce que l'on peut faire dans ce sens.

Les fig. 3, 5, 6 et 7 donnent les détails de construction ; la tapée en fer est dans ce cas une cornière $\frac{25 \times 25}{3}$, qui épouse à la partie supérieure la forme de la baie et donne le moyen de fixer la tôle supérieure qui sert de butée à la persienne.

L'épaisseur de la tôle est de 1 mm. 5, et comme les lames sont découpées dans cette tôle même, elles ne peuvent avoir de recouvrement.

Au rez-de-chaussée d'une habitation, on pose très souvent les persiennes avec des panneaux pleins. Dans ce cas (fig. 10), le cadre est en fer plat de 22×4 avec traverses de même forme, et la tôle, découpée à la partie supérieure pour laisser passer le jour, est rivée sur ce bâti.

Planche 25.

—

PORTE D'INTÉRIEUR DE VESTIBULE

Cette porte à l'usage de la fermeture d'une entrée de vestibule a des particularités dans sa construction qui la distinguent des grilles de clôture. Derrière la partie supérieure aux panneaux existe un vitrage et les ornements entre barreaux sont plus légers. La hauteur généralement adoptée sous clef est de 3 m. 500 à 3 m. 600 et sa largeur de

2 m. 800, ce qui permet de donner une ouverture au guichet ouvrant de 1 m. 04 sur 2 m. 76. La traverse supérieure arrête l'imposte, vitrée aussi, et sert de battement à
la porte.

Les montants pivots ont 40×40, ceux du guichet 40×18
et ceux de battement 18×6. Les traverses ont 18×40.
Les tôles de panneaux 4 mm. avec des cartouches en losange en tôle rapportée de 8 mm. Les S sont en fer méplat
de 18×5.

Planches 26, 27, 28 et 29.

—

PANNEAUX DE PORTES, IMPOSTES, GRILLES ET BARREAUDAGES DE FENÊTRES.

Panneaux de portes. — Lorsque dans les maisons on
est obligé de prendre du jour et de l'air par les portes d'entrées, on remplace le remplissage en bois des panneaux
par des parties ajourées que l'on fait très souvent en fonte,
quelquefois en tôle découpée, ou enfin en fer forgé pour
les travaux soignés et on adopte à l'intérieur un châssis
vitré.

Par rapport au bâti de la porte, les panneaux métalliques
peuvent être pris dans une rainure et par conséquent posés
pendant le montage de la menuiserie, ou vissés sur ce bâti,
c'est-à-dire posés en tableau.

Quelle que soit la disposition que l'on adopte, il sera nécessaire que le panneau présente un certain nombre de
points qui permettent de le fixer, et cela en nombre d'autant plus grand que l'on voudra obtenir plus de solidité,
car il ne faut pas oublier que ce panneau doit également
servir de défense.

Sur les planches 26 et 27, nous donnons plusieurs modèles de ces panneaux que nous composerons d'un cadre en fer plat de 14 à 20 mm. de largeur au plus et de 8 à 10 mm. d'épaisseur avec remplissage en fer de même largeur que le cadre, mais d'épaisseur variable de 10 à 5 mm.

On peut former une bordure au moyen d'un deuxième cadre, dont les éléments sont assemblés par moitié, et qui est réuni au cadre d'applique par des anneaux, rosaces ou croisillons.

Si on doit mettre des initiales dans les panneaux, on pourra les découper dans de la tôle de 6 mm. et les visser sur le fer forgé.

Ce que nous venons de dire pour le fer forgé peut s'appliquer, comme dessin au moins, aux panneaux en fonte qui sont d'un emploi plus fréquent à cause de leur prix de revient moins élevé, à condition cependant que l'on se serve des modèles créés par les fondeurs.

Le travail de la tôle à la scie permet d'obtenir économiquement les formes les plus diverses avec des épaisseurs pouvant atteindre 30 et 35 mm. Si les panneaux sont très découpés et que la tôle employée soit mince, il faudra ménager sur le dessin des parties droites que l'on doublera par des fers carrés ou plats pour obtenir une rigidité suffisante ; il sera d'ailleurs aisé de relever certaines parties au marteau et d'en faire ressortir d'autres au moyen d'appliques en fer forgé, en fonte ou métal découpé.

Dans l'exemple que nous avons donné (figures 6 et 7, Pl. 26), la feuillure ayant 9 mm. de profondeur et le fer du cadre 7 mm. d'épaisseur on a pris un fer de 25×16 pour former le cadre principal, tout le reste du panneau est en 25×7.

Les montants et traverses du cadre intérieur sont, à leurs croisements, assemblés par moitié et portent un tenon à chaque extrémité, ce tenon sera rivé sur le fer du cadre extérieur.

Les traverses et montants de ce cadre sont finalement assemblés à queue d'hironde et brasés ensuite.

Impostes. — Les ouvertures ménagées au-dessus des portes pleines pour éclairer les corridors, les œils-de-bœuf et baies de toute autre forme fermées intérieurement par un chàssis vitré, sont généralement garanties par des panneaux métalliques plus ou moins ouvragés suivant l'importance qu'on veut leur donner et suivant leur emplacement.

Nous avons représenté sur la planche 28 divers exemples de ces panneaux appliqués à des baies de formes et dimensions variées.

La fonte, la tôle et le fer forgé sont encore d'un emploi courant dans ces travaux, cependant pour les baies en arc de cercle ou analogues, le fer forgé paraît être d'une application plus rationnelle.

Comme ces panneaux se fixent sur la maçonnerie, on scellera en certains points des tiges de fer à queue de carpe sur lesquelles on viendra visser le cadre ; souvent aussi, et surtout quand la forme est celle de barreaux reliés par des traverses, on scelle directement les extrémités de ces traverses et s'il est utile, à cause de la largeur de la baie, on fixe la partie inférieure de un ou plusieurs barreaux.

Nous recommandons, lorsqu'on emploiera un cadre, de l'accuser franchement et de ne pas le cacher dans une feuillure, ce qui pourrait faire croire que le panneau entier est fixé à la maçonnerie par de petites bagues ou de légers croisillons.

Grilles et barreaudages de fenêtres. — Les fenêtres placées à une faible hauteur du sol sont presque toujours protégées par des grilles placées dans le tableau de la baie.

Ces grilles sont quelquefois en fonte, mais le fer forgé ayant un aspect beaucoup plus net est souvent demandé par les architectes.

La figure 1 de la planche 26, donne une de ces grilles établie dans une villa par M. Agnel, constructeur à Nice. Elle est composée d'un cadre en fer méplat de 25×14 et de barreaux en 25×11 portant une petite feuille estampée à leur partie inférieure et terminés par des volutes à leur partie supérieure. Le cadre est d'un seul morceau, c'est-à-dire que la traverse inférieure a été soudée à la forge avec les montants. Quand aux barreaux, ils sont assemblés à demi-fer avec la traverse et vissés sur elle. Les ornements supérieurs sont en 25×11 pour la partie principale et en 25×9 pour les volutes soudées sur les premières ; les croisements sont faits par moitié.

Tous les deux barreaux et au milieu de la hauteur sont placés des C retenus par des colliers L en fonte de cuivre. Les figures 4 et 5 montrent comment est assemblé chaque collier sur son barreau, on voit (fig. 5) que trois des faces forment une seule pièce et que la quatrième face est appliquée et vissée par derrière. Une goupille traverse le collier et le barreau pour les maintenir solidaires. Les C sont fixés par des vis de chaque côté du collier. Le scellement est fait par des pattes 25×7 fendues en queue de carpes et fixées sur le cadre.

Les fig. 8, 9 et 10 donnent un second modèle de grille pour baie rectangulaire. Le premier cadre est en 25×20 avec soudures aux angles ; le second en 25×14 est fixé en bout par des vis n° 25 de 7 mm. Une frise de ronds forgés forme remplissage entre les deux cadres, leur assemblage est fait par des vis traversant les boules.

Les fers d'ornements sont en 25×14 pour l'enroulement principal A, en 25×11 pour B et enfin en 25×7 pour l'enroulement C qui double le principal sur une certaine longueur.

De larges feuilles estampées terminent les volutes et remplacent avantageusement les noyaux. La figure 11 représente le scellement du cadre.

Les défenses des fenêtres se font souvent au moyen d'un simple barreaudage en fer carré ou rond en disposant les barreaux de 10 à 12 cm. d'axe en axe ; quelquefois on met 20 cm. d'écartement et on place des barreaux intermédiaires sur une partie de la hauteur, d'autres fois enfin, on forme ces grilles en deux parties.

Les barreaux sont pris et goupillés sur les traverses comme nous le verrons pour les grilles, mais on peut faire ces traverses en deux pièces, qui viennent serrer le barreau, ainsi que nous l'avons indiqué sur la planche 29. Le fer n'a alors pas besoin d'être refoulé, on se contente de le chauffer et de lui donner la forme voulue à l'étampe.

Sur cette même planche 29 nous donnons trois modèles de barreaudages.

Le premier qui s'applique au cas d'une baie en arc de cercle est posé en tableau et a ses traverses scellées dans le mur, les barreaux tordus alternent avec les barreaux droits munis de bagues rapportées ; à la partie supérieure, le fer est contourné pour former couronnement.

Le second exemple est celui d'un barreaudage en saillie, les traverses sont alors scellées sur le nu extérieur du mur ; en haut et en bas, les barreaux sont refendus pour former des dards.

Comme troisième modèle, nous donnons un barreaudage en saillie avec partie ouvrante, il s'applique à une baie de 2 m. 40 de largeur et 2 m. 60 de hauteur sous clef de l'arc. Les extrémités des trois traverses et des deux barreaux formant montants de la partie ouvrante, sont scellées dans le mur de façade. Les barreaux intermédiaires en fer carré et tordu n'occupent qu'une partie de la hauteur totale ; la partie supérieure et celle au-dessous de la barre d'appui sont en fer forgé avec appliques.

Ces divers modèles ont été composés pour bien faire comprendre comment et dans quelles conditions on pouvait employer le fer forgé ; ils serviront de point de départ dans toute étude de cette nature à laquelle le constructeur devra toujours donner un caractère approprié à l'emplacement et aux dimensions et qui dépendra uniquement de son goût.

Planche 30.

—

FERRONNERIE

Nous avons donné sur cette planche quelques modèles de ferrures employées pour donner un relief à la menuiserie d'art, ainsi que des chenêts, potences et lanternes.

Le marteau est en fer forgé et ciselé et son applique est découpée et a 4 mm. d'épaisseur.

Le gond et la penture sont en fer méplat de 10 mm. d'épaisseur à la naissance et 5 mm. à l'extrémité, la longueur de penture pour un vantail dépend de la force du fer, celle-ci a une longueur de 60 cm., tandis que celle à fleurs de trèfle qui n'a que 8 mm. d'épaisseur à la naissance et 4 mm. à l'extrémité, n'a que 37 cm. de longueur, mais cette dernière a un empatement plus sérieux.

L'équerre a une épaisseur uniforme de 8 mm.

La potence a son montant principal en fer de 40 mm. et le bras 40×30, les ornements en fer méplat de 15×40.

Au-dessous, nous avons figuré une console avec montants et bras carrés de 30, ainsi que ses ornements.

Les lanternes sont faites en petite tôle de 1 à 2 mm. réunies par des cornières. Souvent les arêtes sont faites en petits fers carrés de 5 mm.

Les chenêts sont en fer forgé avec pans légèrement abattus, les ornements en fer méplat de 30×40. La hauteur totale est de 1 m. 20.

Nous avons donné un dessin d'applique en fer forgé et ciselé pouvant servir de penture.

Planche 31.

—

PETITES GRILLES A UN VANTAIL

La planche 31 représente les grilles que l'on emploie pour l'entrée de petites maisons, pavillons, etc., ou comme portes, au fond d'un jardin ou d'une cour. Leur largeur varie entre 0 m. 75 et 1 m. 00 et leur hauteur, 2 m. 25 environ au sommet de la frise. Les montants des modèles de cette planche ont 30 mm. de côté, les traverses 20 et 25×30.

Les barreaux de la porte de gauche sont en fer rond de 20 mm. terminés par des lances et avec pontets au bas, bagues en fonte en haut.

Les C ont 10×20. Le panneau en tôle de 4 mm. est orné de moulures rapportées de 30 mm. et d'un cartouche en fer méplat de 5×10.

La porte du milieu, de style Louis XIII, a ses barreaux et ornements en fer carré de 18 mm. La feuille du barreau milieu est étampée à la forge, ainsi que celle de la frise.

Le panneau est construit en tôle et fer des dimensions de ceux de la précédente.

Les barreaux, C, et panneaux de la porte de droite sont

de même force et de même genre que ceux de la porte de gauche.

GRANDES GRILLES

Les grandes grilles doivent être composées pour être en harmonie absolue avec l'emplacement qu'elles doivent occuper, comme dimensions et richesse d'ornementation ; comme style, elles doivent procéder du caractère général du lieu, de la destination de l'édifice, ou de l'architecture adoptée dans la propriété qu'elles sont appelées à clore. Elles doivent être composées de lignes simples, si la construction qu'elles accompagnent est d'un style sévère, et ne présenter à l'œil qu'une musculature robuste et bien proportionnée ; il faut les concevoir tout autrement, si, par exemple, on a affaire à une habitation de plaisance d'un caractère moins grave ; on prend alors le parti d'employer les rinceaux, peu de lignes rigides, des volutes, des feuilles, des fleurs même, de manière à former un tout gracieux répondant à sa destination spéciale.

On peut dire que ces grilles, toujours destinées à livrer passage à des voitures, ne sont jamais trop larges, surtout, quand, placées en bordure sur une voie, les voitures doivent tourner pour pénétrer à l'intérieur. Quand on ne peut dépasser une certaine largeur, et cela pour une cause quelconque, il convient de placer la grille en retrait de plusieurs mètres et de la réunir à la grille courante où à la clôture par deux quarts de cercles. Les voitures alors, peuvent décrire un arc d'un plus grand rayon, et pénétrer sans le risque de heurter les pilastres.

En tous cas, il est toujours prudent de placer au droit des pilastres, des chasse-roues destinés à recevoir les chocs au cas où le véhicule serait mal dirigé.

Planche 32.

GRILLES

Ces grilles sont aussi à l'usage des petites villas. L'une et l'autre d'une largeur d'entrée entre pilastres de 2 m. 40, permettent cependant l'entrée des voitures. Il s'en construit beaucoup de 1 m. 80 de largeur, mais à l'usage seul des piétons. Leur hauteur moyenne est de 2 m. 90 à 3 m.

Les montants de la grille de gauche ont 25×30, les traverses 20×30. Ses barreaux sont en fer rond de 22 mm. et les S et C en fer plat de 15×22 avec feuilles étampées. Ses panneaux sont en tôle de 4 mm. avec moulures.

La grille de droite a deux pilastres en fer dont les montants ont 15×30. Les montants des vantaux ont 30×30. Les barreaux sont carrés de 22 de côté et les S et C de mêmes dimensions que la précédente. Les panneaux sont en deux parties ; l'une, la tôle intérieure découpée et la tôle extérieure rapportée et rivée. Les tombées de la découpure permettent de faire les panneaux des pilastres. La tôle a 4 mm. d'épaisseur. Les rosaces sont en fonte.

Planche 33.

GRILLES SIMPLES

On fait des grilles absolument dépourvues de toute ornementation, composées simplement d'un châssis résistant, rempli par un barreaudage terminé par des pointes.

Au seul point de vue de la clôture, c'est très suffisant, et même parfois quand il y a une proportion parfaite entre les dimensions de la grille et la force des fers, l'harmonie qui en résulte remplace très avantageusement une décoration ou trop chargée ou disposée sans art.

Nos exemples dessinés planche n° 33 sont très sobres, les frontons et quelques ornements courants de grilles font tous les frais du décor. Comme on le voit, nous avons monté ces grilles sur pilastres métalliques, où elles sont fixées au moyen de colliers, et pivotent en bas sur une crapaudine.

Les pilastres en fer reliés à la grille courante sont suffisamment forts pour porter le poids de la grille quand celle-ci est fermée, mais seraient insuffisants quand cette grille est ouverte ; aussi, pour éviter au montant-pilastre directement intéressé une fatigue trop grande, on a coutume de le doubler d'un contrefort ou arc-boutant simple, ou orné comme ceux que nous avons représentés planche n° 43.

Les grilles se font avec soubassement en tôle ou avec barreaudage par le bas, mais la disposition avec panneau est meilleure parce qu'elle équerre la grille, l'empêche de baisser et évite le redoublement des barreaux qu'on est toujours obligé de faire dans les soubassements pour empêcher les animaux, chiens ou autres, de s'introduire à l'intérieur.

Planche 34.

—

GRANDES GRILLES

Dans cette planche nous avons représenté deux grandes grilles permettant l'entrée des voitures. Celle de gauche a 2 m. 60 de largeur et 3 m. 50 de hauteur environ à la frise. Ses barreaux sont carrés de 22 mm. de côté et sont encastrés dans les S de la frise et du motif milieu. Les panneaux sont en tôle de 4 mm. avec moulures et cartouches en fer méplat. Les montants des pilastres sont en fer carré de 60 de côté et ceux de la porte ont 40 carré. Les traverses sont de 25 × 40.

La grille de droite est plus large, elle a 2 m. 80 de largeur et 2 m. 93 de haut. Ses montants et ses traverses sont de même force que celle lui faisant pendant. Les C et S ont 20 de largeur et 15 à 18 d'épaisseur. Les barreaux sont carrés de 22 de côté et terminés, pour le modèle de gauche, par des lances à cinq pointes aplaties, et pour celui de droite par des lances en fonte.

Planche 35.

GRILLE EN FER FORGÉ POUR VILLA

Pour établir dans des prix moyens une grille du type de la planche 35, il faut supprimer les contreforts qui sont toujours très coûteux ; c'est ce que nous avons fait.

Cette suppression est possible à condition de faire des scellements, en plein béton ou en pleine pierre, de 1 m. de profondeur et en fourche, c'est-à-dire diviser les montants principaux en deux branches, afin d'empêcher la bascule lorsque les vantaux ouverts tirent de tout leur poids sur les pilastres.

C'est la seule économie que l'on peut réaliser dans une grille de ce genre.

L'élévation donne pour les montants, qui sont les parties résistantes des pilastres, des fers plats 100 × 40 reliés par plusieurs traverses 80 × 25 et 80 × 30 ; le remplissage est fait avec des fers plats 30 × 14.

On peut faire toutes les volutes symétriques sur un seul modèle fondu à vingt pièces pour les deux pilastres, mais ce genre de serrurerie a bien moins de valeur au point de vue artistique.

Chaque vantail est composé d'un cadre formé de :

Un montant en fer plat 50×35 portant sur sa longueur deux tourillons tournés à 30 mm. de diamètre pour recevoir les colliers ; ce montant porte à son extrémité inférieure un fort sabot forgé et soudé sur lequel repose la traverse basse de la grille.

Un montant de battement en fer 50×18 dont l'extrémité porte également un sabot analogue au précédent. Sur ce montant est fixé une cornière de 40×20 qui donne du raide et porte l'un des battements en fer mouluré, l'autre battement est fixé sur le montant voisin de la même manière, et reçoit la crémone à clef avec bâton en fer rond de 25 à 28 mm. de diamètre.

Huit traverses relient ces deux montants pour former un cadre rigide ; cinq d'entre elles portent des congés forgés à leurs extrémités, dont le but est de donner une bonne attache et par suite d'empêcher le vantail de baisser vers le milieu. Ces congés indiqués sur le dessin sont indispensables, si on les supprime, surtout dans le cas de notre modèle, la grille fléchira, les panneaux inférieurs n'étant pas entièrement croisillonnés.

Le remplissage en barreaux droits et volutes ne sert plus, si le cadre est exécuté avec soin, que d'ornement, et on pourrait les faire en fer aussi faible qu'on le voudrait, si on n'en n'était empêché par des conditions d'aspect absolument étrangères à la résistance de l'ensemble.

Les barreaux en fer carré de 22 mm. sont garnis de bagues en fonte, que l'on compose d'une chape et d'un chapeau pour pouvoir les poser une fois que le barreau est en place et que tout le travail d'ajustage est terminé.

Les volutes qui en certains points paraissent traverser les barreaux, sont posées en bout et ne doivent rien entailler des parties fortes.

Les feuilles et culots en tôle repoussée au marteau peu-

vent se faire en fonte, mais le travail est toujours moins
élégant et presque aussi coûteux quand la même pièce ne
se trouve pas répétée un grand nombre de fois.

Planche 36.

—

GRANDES GRILLES

Les grilles ouvrantes à deux vantaux destinées à donner
passage aux voitures doivent avoir au moins 2 m. 25 à 2 m. 50
de largeur ; on les construit avec cadre en fer carré ou plat
et barreaudage en fer rond ou carré.

Sur la planche 36 nous avons donné deux de ces grilles
avec pilastres en fer forgé, et, pour éviter toute répétition,
nous avons composé chaque pilastre et chacun des vantaux
d'une façon différente.

Dans l'étude de la planche 35, nous avons déjà indiqué
quelles étaient les précautions à prendre pour le scellement
des pilastres et la composition du cadre rigide de chaque
vantail, nous n'y reviendrons pas.

Le fronton peut être formé de deux parties fixées sur chacun des vantaux, l'ouverture est alors entièrement libre ;
mais quelquefois on réunit les deux pilastres à leur partie
supérieure par un linteau droit ou cintré qui formant battement haut de la grille supporte le fronton en une seule
pièce, il faudra dans ces conditions se préoccuper de la hauteur des voitures qui auront à passer dessous. En général,
une hauteur de 3 m. 50 est suffisante.

Les frontons se font en fers plats d'épaisseur variable,
que l'on enroule suivant les formes les plus diverses et auxquels on soude des feuilles.

La planche 36 comporte quatre modèles de frontons.

Planche 37.

GRANDES GRILLES

Le modèle représenté figure 1 est construit en barreaux carrés de 3 kg. 100 le mètre et ont 20 de côté et en petits barreaux carrés, mais placés de champ, et de 10 de côté d'un poids de 1 kg. 100 le mètre.

Les feuilles des pilastres en fer sont en tôle de 5/10mes de millimètre, et maintenues par une traverse diagonale en fer carré de 10 mm.

Les volutes de frise sont de 35×18 et celles du cadre 20×8. Le modèle de droite est formé de barreaux carrés de 20 mm. et de barreaux à 8 pans de 20 mm. de diamètre inscrit. Les volutes ont 20×8, les bagues sont coulées en zinc et les culots en fonte.

Fig. 2. — Les deux modèles représentés par cette figure ont une frise très développée et très simple en fer de 35×20.

Les panneaux sont en tôle de 4 mm. avec moulures et rosaces. Les montants sont de 30×35 et les barreaux ronds de 18.

Planche 38.

GRANDES GRILLES

On peut obtenir des grilles plus simples que celles que nous avons étudiées jusqu'à présent, en mettant à la partie inférieure de chaque vantail un panneau plein. Ces panneaux en tôle de 2, 3 ou 4 mm. d'épaisseur, suivant leurs dimensions, sont ornés de cadres en fer plat ou de tables en tôle; ils entretoisent parfaitement la base des montants de chaque vantail, les traverses de cette partie peuvent ainsi avoir des dimensions plus faibles. On place généralement des panneaux dans les grilles que l'on veut garnir, à hauteur d'homme, de volets, ou dans celles dont les pilastres et les soubassements de clôture sont en maçonnerie.

La planche 38 nous donne quatre projets de grilles avec pilastres en fer forgé que l'on scellera fortement dans la fondation ou, et cela est préférable, que l'on consolidera par des arcs-boutants en fer carré 40 × 40.

Toutes ces grilles portent sur l'un des vantaux un verrou et une crémone sur le vantail ouvrant en premier. Lorsqu'il n'y a pas de linteau à la partie supérieure, on peut couder le battement du vantail dormant, de façon à ce que la tige de la crémone puisse s'engager dans un trou ménagé à cet effet et augmenter ainsi la solidarité des deux vantaux.

Planche 39.

—

GRANDES GRILLES

Fig. 1. — La grille de gauche a 3 m. 40 de hauteur au faîte de la frise, et 2 m. 90 sous frise, le vantail ouvert. Sa largeur est de 2 m. 32 entre pilastres. La largeur de passage entre chasse-roues est de 1 m. 84. Les chasse-roues pourraient être reculés vers les pilastres pour laisser un passage plus large au besoin. Les montants des pilastres et de la porte ont 35 × 45, les barreaux sont carrés de 20 de côté.

Les ornements de la frise tant du couronnement que de la porte proprement dite sont en fer de 25 × 40. Les panneaux en tôle de 5 mm. ajourés d'arabesques et les volets en tôle de 2 mm. ajourés de même. Les chasse-roues en fer forgé carré de 50 mm. ont 0 m. 28 de large sur 0 m. 42 de haut.

Cette grille tourne sur pivots dans des crapaudines. La frise de couronnement est fixe et forme battement.

La grille de droite a 3 m. 34 de hauteur à la crosse, et sa largeur est de 2 m. 32 entre pilastres. La largeur entre chasse-roues est de 2 m. Les montants ont 35×45. Les barreaux en fer carré de 20 mm.

Les ornements des pilastres et les traverses de la porte ont 25×45. Les C en fer plat de 12×20. Les panneaux en tôle de 5 mm. et moulures rapportées de 40. Les volets en tôle de 2 mm. ajourés d'arabesques.

Fig. 2. — La grille de gauche a 4 m. 35 de haut au faîte de la frise et 3 m. 25 sous la traverse de frise, sa largeur est de 3 m. 20 entre les montants du guichet. Le passage est de 2 m. 60 entre les chasse-roues. Les ornements en fer plat de 25×40. Les montants ont 35×45 et les barreaux 25 carrés alternés tordus. La frise supérieure et celle de la porte ont une bordure en tôle découpée de 2 mm. d'épaisseur. Cette grille tourne sur pivot dans la crapaudine au bas et avec collier dans le haut. Tôle de panneaux de 3 mm.

La grille de droite a 3 m. 27 de haut, 2 m. 90 de large entre montants et 2 m. 50 entre chasse-roues. Les dimensions des montants et traverses sont les mêmes que celles de la grille de gauche et les ornements et les barreaux sont en fer de 20×20. Les écussons en tôle emboutie et découpée de 2 mm. Tôle de panneaux de 3 mm.

Planche 40.

—

GRILLES DE CLOTURE

Ces grilles de clôture ont en moyenne 1 m. 50 de hauteur et sont placées sur des socles de 1 m. 20 à 1 m. 30 de hauteur. Les barreaux sont de diverses dimensions.

. Fig. 1. — Barreaux de 16 mm. ronds. Ornements de 8×16. Palmettes étampées. Lances appointies carrées. Lances en fonte ouvrée.

Fig. 2. — Barreaux ronds de 16 mm. C de 8 × 16. Pontets ovoïdes.

Fig. 3. — Barreaux carrés de 16 mm. à plat ou sur champ. Lances en flammes refendues et pontets en fonte.

Fig. 4. — Barreaux carrés de 18, ornements de 18×8, palmettes étampées.

Fig. 5. — Barreaux ronds de 16. Ornements de 16×8. Bagues en fonte. Lances appointies rondes.

Fig. 6. — Barreaux ronds de 18, lances refoulées et appointies rondes.

Planche 41.

—

GRILLES DE CLOTURE

Hauteur de grilles en moyenne, 1 m. 80.

Fig. 1. — Grands barreaux carrés de 22 mm. et barreaux interrompus de 20 ronds. C de 8×20. Traverses 22 × 35. Lances étampées. Culots de scellement et de frise en fonte.

Fig. 2. — Barreaux ronds et dards. Grands et petits barreaux carrés. C de 8×20. Lances étampées. Bagues en fer et culots de scellement en fonte.

Fig. 3. — Barreaux carrés refendus aux pointes ou aplatis. C et ovales de 8×20.

Fig. 4. — Pour entourage. Montants de 30×35. C S de 30×45. Feuilles étampées.

Fig. 5. — Montants de 35×35. Traverses de 35×11.

Barreaux carrés de 18. Ornements de 8×18. Lances étampées et pontets en fonte.

Fig. 6. — Barreaux carrés de 20. Lances aplaties en pointes. Traverses de 20×35. Ornements de 5×35.

Planche 42.

—

GRILLES DE CLOTURE

Ces grandes grilles sont placées sur des socles de 20 à 30 cm. de hauteur. Leur hauteur moyenne est de 3 m.

Fig. 1. — Barreaux carrés sur plat alternés de barreaux tordus de 20 mm. Traverses de 25×40. Ornements de 8×20. Lances étampées. Culots de scellement en fonte.

Fig. 2. — Barreaux carrés de 20 sur champ et à plat alternés. Traverses de 25×40. S de 10×20. Lances et boules étampées.

Fig. 3. — Barreaux carrés de 20 sur plat. O et V de 20 carrés. Lances étampées. Traverses de 20×14.

Fig. 4. — Barreaux carrés de 20 mm., les uns droits et à plat, les autres en crosse et à plat, d'autres tordus. Lances et boutons rapportés en fonte. C de 10×20.

Planche 43.

—

ACCESSOIRES DE GRILLES

Ornements. — Affectant généralement les formes en C ou en S, ces ornements se placent entre les barreaux au-dessus et au-dessous des traverses, en haut et en bas de la grille. Quand il n'y a qu'un rang d'ornements, c'est toujours au-dessus de la traverse supérieure qu'on le place.

Ces rinceaux ont, comme épaisseur, environ 1/3 au plus
du barreau, si celui-ci est rond, et 4/5 de diamètre comme
largeur. Dans le cas de barreau carré, 1/3 au moins pour
l'épaisseur et 4/5 pour la largeur. Si ces ornements sont
montés avec des bagues ou colliers, on donne la même
largeur au C de manière à éviter les contre-coudes qui de-
viendraient nécessaires pour que les colliers arrivent partout au contact du fer.

CHASSE-ROUES

Les chasse-roues sont destinés à garantir les montants
dormants des grilles ouvrantes des chocs des voitures.
Nous en avons figuré scellés directement dans la maçonne-
nerie de soubassement (dans le cas de pilastres métalliques,
ils seraient fixés sur le montant en fer) et d'autres isolés.
Ces derniers sont préférables. On comprend qu'il vaut
mieux, dans le cas d'un choc considérable, desceller seulement le chasse-roues que d'ébranler ou même démolir tout
un côté de portail. Dans ce cas la pierre dans laquelle se
trouve scellé le chasse-roues doit aussi être indépendante
du reste de la maçonnerie.

CONTREFORTS

Ils sont destinés à contrebalancer le poids des vantaux
de grilles dans la position perpendiculaire à la grille, c'est-
à-dire quand la grille est ouverte. La meilleure forme à donner est la forme droite, un simple étai, malheureusement
ce n'est pas très décoratif, et l'on est amené à composer les
contreforts de rinceaux qu'on doit constituer de fers extrêmement forts pour éviter l'effet de ressort qui ne peut man-
quer de se produire. On fait ces arcs-boutants plus ou moins
ornés, et outre la forge, on peut employer le fer repoussé

ou le bronze pour enrichir de feuillage l'élément résistant.

DÉFENSES

Vulgairement appelées « hérissons », ces défenses sont destinées à rendre impossible le passage à l'extrémité d'une grille aboutissant à un fossé, à séparer un balcon, etc.

Deux systèmes sont principalement employés :

1° La défense en forme de grille à barreaux rayonnants, simplement armés de pointes.

2° La défense à rinceaux parsemés de chardons appelés aussi artichauts. Les chardons ont ordinairement cinq branches. Sur celle du milieu, formée en pointe, on vient souder quatre brindilles également appointies et plus ou moins capricieusement tourmentées de formes. Cette défense est excellente, en ce sens que de tous côtés le chardon présente des pointes qui percent ou accrochent suivant que celui qui veut franchir l'obstacle fait un mouvement dans un sens ou dans l'autre.

Planche 44

BALCONS ET HÉRISSONS

Les balcons des fig. 1 et 2 de style Louis XIII sont très ouvragés et ont été exécutés. L'un de 2 m. de longueur et l'autre de 3 m. ont des montants de 25 $\times$ 25, leurs traverses de 25 $\times$ 20. Le premier est surmonté d'un hérisson de séparation en fer de 20 $\times$ 14 à langues d'aspic forgées, et le second qui a la forme ventrue possède aussi un hérisson.

Les figures 3 et 4 nous montrent des balcons droits et plus

simples que les précédents, le premier de 2 m. et le second
de 1 m. 50, dans ceux-ci les dimensions des traverses, montants et main-courantes sont les mêmes que celles des fig.
1 et 2 ainsi que les ornements qui sont en fer de 20×9.

Les fig. 5 et 6 représentent des hérissons placés sur pilastres pour défendre le passage à ces endroits faciles dans les
propriétés. Celui de la fig. 5 est en fer carré de 14, traverse
de 30×25 et celui de la figure 6 en 30×25 avec des
fourches de Satan à 3 et 5 branches soudées aux S forman.
le corps du hérisson.

Planche 45

—

FRONTONS DE GRILLES

Dans une grille ouvrante, le fronton est la partie essentielle de la décoration. Placé à une certaine hauteur, il se
détache nettement et désigne clairement la porte.

Il y a deux sortes de frontons : 1° Ceux fixes, portant sur
un linteau droit ou cintré qui est scellé ou assemblé sur les
pilastres (suivant que ceux-ci sont en maçonnerie ou en métal) et en assure le constant écartement ; 2° ceux ouvrants,
montés en deux parties sur chacun des deux vantaux de la
grille, ouvrant avec elle et composés pour que leur réunion
forme un ensemble et dissimule le joint autant que faire se
peut.

Les frontons fixes se font en fer carré ou en fer méplat ;
ils sont formés de rinceaux généralement agrémentés, dans
les grilles riches, de rosaces, de feuilles et de chiffres ou
d'écussons. Ils sont fixés sur le linteau au moyen de forts
goujons goupillés ou de vis, suivant leur importance.

Les frontons ouvrants sont toujours en fer méplat, pour
éviter à la grille une surcharge inutile qui contribuerait à la

faire baisser du nez. Le mode d'attache est plus solide que dans les frontons fixes parce que généralement on peut laisser dépasser les montants battements assez haut pour permettre d'assembler le fronton verticalement et horizontalement, ce qui est excellent si on considère les fréquents coups de fouet résultant de l'ouverture et de la fermeture de la grille.

Les exemples que nous donnons planche n° 45 conviennent à toutes les dimensions de grilles, plusieurs même, en les simplifiant légèrement, peuvent servir pour des portes à un vantail.

Planche 46

—

GRANDS BALCONS

Cette planche nous donne encore de nouveaux modèles de balcons, dont les mains-courantes ont 25×20 et sont moulurées. Les fig. 1 et 2 ont cependant des mains-courantes doublées, c'est-à-dire plus ouvragées, et la fig. 2 porte des motifs sur chaque pilastre.

Ces balcons se font généralement pour tout un étage. Les ornements ont 20×9, les montants 20×25 et les traverses 25×20. Les barreaux de la fig. 9 sont carrés de 15 et les uns placés à plat, les autres tordus.

Planche 47

—

BALCONS ET APPUIS DE FENÊTRES

Deux balcons dont les main-courantes montants, ornements et traverses ont les dimensions indiquées à la planche 46.

La fig. 1 a des barreaux carrés de 20×20.

Les autres figures donnent des appuis de fenêtres de modèles exclusivement en fer forgé, les cadres de 25×9 et ornements de 20×7. Les appuis sont garnis d'une main-courante en bois.

Les fig. 12 et 13 ont leurs volutes en fer plat de 20×5 et la fig. 14 a ses barreaux horizontaux de 20×5 ainsi que les volutes et le losange de 10×5.

Planche 48

DEVANTURE DE BOUCHERIE

Les locaux où sont installées les boucheries doivent avoir au moins 2 m. 50 d'élévation, 3 m. 50 de largeur et 4 m. de profondeur ; ils seront fermés dans toute leur hauteur par une grille en fer et la ventilation devra y être établie au moyen d'un courant d'air transversal.

Cette partie de l'ordonnance de police du 16 mars 1858 nous conduit à nous occuper de ce genre de fermeture. Nous avons donc choisi (planche n° 48) le cas d'une boutique de 3 m. de hauteur et 4 m. de largeur, surélevée de 0 m. 10 au-dessus de la voie publique pour nous conformer au règlement.

La devanture en bois est disposée de façon à permettre la pose, si cela était nécessaire, de toute autre fermeture ; elle est couronnée par un auvent couvert en zinc et formant saillie de 0 m. 600 sur le nu extérieur du mur de façade.

La grille est à deux vantaux, chaque vantail comprenant trois parties articulées qui se replient en soufflet sur les tableaux et sont alors en majeure partie cachés par une bordure de 130 mm. de largeur comme l'indique la section *ab*.

Chaque panneau est formé de deux montants en fer 40 × 20 reliés aux traverses 40 × 18 par des congés qui servent à donner l'équerrage au bâti. Ces congés sont obtenus soit en refoulant le fer après l'avoir coudé, soit lorsqu'ils sont doubles en soudant une masselotte à laquelle on donne la forme voulue ; l'assemblage est fait au moyen d'un goujon goupillé sur chacune des pièces en ayant soin d'interposer entre le congé et le montant une couche de céruse. Les barreaux de remplissage sont ronds avec un diamètre de 15 mm. ; les traverses sont percées au foret sans renflement.

La bordure scellée dans la maçonnerie des tableaux est composée de deux fers plats 40 × 20 reliés par des rinceaux en fer de 25 × 10.

Les équerres des articulations sont fixées sur les montants au moyen de vis de 12 mm. de diamètre.

Sur les traverses supérieures et le montant du milieu sont vissés des fers plats 22 × 8 qui servent de buttée comme le montrent les sections *gh* et *ij*.

A la partie inférieure et au droit des articulations les montants s'appuient sur des butoirs mobiles, que l'on place dans des douilles encastrées dans la pierre formant seuil.

La fermeture de la grille se fait au moyen d'un fléau à cadenas auquel on adjoint le plus souvent une chaîne.

Planche 49

—

DÉTAILS DE MARQUISES

Sur la planche 49, nous avons représenté trois types de consoles de marquise.

Le premier (fig. 1) est relevé en avant avec chèneau sur mur. Le second (fig. 3) correspond à une marquise à trois

versants avec chêneau placé sur les bords extérieurs. Le troisième type (fig. 4), ne se rapporte plus à proprement parler
à une marquise mais bien à un auvent, c'est-à-dire à un
parapluie de verre dont toute l'eau s'écoule directement sur
le sol, sans conduits d'aucune sorte.

Les éléments principaux de la console (fig. 1) sont en fer
plat 30 × 16 et le remplissage est fait avec des volutes en
fer 25 × 14 ou 25 × 11 comme nous l'avons indiqué sur le
dessin, qui nous montre également que certains fers sont
prolongés pour former scellement de 0 m. 30 dans le mur.

Un bandeau avec lambrequin vitré (fig. 2) relie les consoles et donne l'aspect léger nécessaire à ces petites constructions. Le bandeau formé de tôles découpées de 2 mm.
d'épaisseur est légèrement cintré en avant et porte comme
liaison à sa partie supérieure une moulure 35 × 16. Dans
le bas les tôles sont reliées par un fer à T 40 × 25 qui reçoit
les extrémités des chevrons. L'attache de la console est nettement indiquée par un gousset plus large avec table rapportée et ornée d'une feuille enroulée.

Le lambrequin composé de pièces en fonte malléable est
divisé en panneaux pour une moulure rapportée, cette disposition permet de poser un vitrage en plusieurs tons.

La console (fig. 3) a une saillie de 2 m. environ, elle ne
présente que des assemblages simples. Les fers principaux
ont 30 × 16 et le remplissage est fait par des ronds et C en
fer 30 × 11. Dans ce genre de construction, l'essentiel est
d'avoir des taraudages à fond de fer, c'est-à-dire traversant
les fers forts de part en part, et des scellements à crochets
pour les fermettes à remplissage.

La figure 4 montre le cas d'une console portant à son extrémité une panne en double T de 80 dont l'âme est percée de trous et de rosaces comme nous l'indiquons sur la
figure 5.

L'auvent ainsi formé est très économique et ne demande

que deux consoles à condition de ne pas dépasser 3 m. ou 3 m. 50 au plus, mais il faudra avoir soin de donner 15 à 20 mm. de flèche à la panne qui reçoit toute la charge des chevrons et du verre.

Le dessin donne les dimensions des divers fers qui seront assemblés par des vis à têtes rondes et au moyen de rivets bouterollés Une équerre forgée et contrecoudée permet de fixer la panne sur chaque console.

Les figures 5 et 6 donnent des motifs de chêneaux garnis de moulures droites et de rosaces carrées. Les rosaces et culots se font en tôle de 1 mm. d'épaisseur, pour les bagues et les pontets on emploie la fonte,

Planche 50

—

PETITES MARQUISES

La marquise (fig. 1) avec portes à deux vantaux, mesure 1 m. 80 × 4 m. 80. Les pannes ont 50×30, les petits bois en fer à T de 25 × 30 et les consoles en fer plat de 25 × 9 ; l'écoulement du chéneau a lieu d'un seul côté et aboutit à une descente le long du mur en façade.

La fig. 2 montre une marquise ayant 2 m. 40 sur 4 m. 80 et dont les pannes, petits bois et consoles sont de mêmes dimensions que ceux de la fig. 1.

Les chéneaux de ces deux modèles ont 0 m. 10 de profondeur, 0 m. 10 de largeur et sont à l'extérieur en tôle de 3 mm. ; le chéneau proprement dit est en zinc.

La marquise relevée rectangulaire, vue en perspective (fig. 3) mesure 1 m. 40 × 0 m. 70. Les bandeaux et lambrequins sont en tôle de 3 mm. Les petites rosaces sont en fonte et les consoles en fer plat de 35 × 20.

La fig. 4 représente une marquise à deux égouts sans ché-

neaux : ses petits bois sont en fer à T de 25 × 30, le faîtage en fer à T de 30 × 35 et l'arc en fer plat de 25 × 20.
Le devant est en cornière de 30 × 30 et les ornements en
fer plat de 25 × 7.

Planche 51

MARQUISES EN PERSPECTIVE

Pour donner une idée de la décoration que l'on peut obtenir en employant le fer forgé dans la construction des marquises, nous avons composé sur ce sujet une planche spéciale.

Le premier exemple représente une marquise en éventail
établie sur pan coupé. Le chéneau à trois faces affecte la
forme d'un demi-cercle, il porte des chevrons rayonnants
qui viennent se fixer sur un manchon central et relient les
deux parois latérales. Pour éviter un trop grand nombre
d'assemblages en un même point on a arrêté à la première
tôle du chéneau un chevron sur deux.

L'auvent ainsi formé est supporté par deux consoles en
fer forgé 40 × 20 et 40 × 16 qui prennent leurs points d'appui sur les angles du pan coupé et auxquelles on a donné la
forme courbe du chéneau. Aux abouts des chevrons en fer
à T, l'âme est façonnée en flamme et le patin enlevé.

Le vitrage a comme bordure extérieure une cornière légère dont l'aile verticale se boulonne sur l'âme du chevron.
Le rayon de cet auvent peut atteindre 2 m. 50 et 3 m.

Pour un café ou toute autre façade analogue on peut employer le second modèle. Les quatre consoles en fer forgé
supportent à leurs extrémités libres une panne formée de
deux cours de traverses en fer 30 × 14 réunies par des ar-
ceaux et montants en fers plats 30 × 11. Le chéneau placé

contre le mur repose sur les pieds des consoles et sur de petits supports placés tous les mètres ; il est à deux faces seulement, le mur formant troisième paroi est garni de plomb.

La marquise pour magasin s'applique à des devantures de grande hauteur ou s'établit au-dessus d'un entresol. Elle comprend une entrée en forme de voûte terminée par un demi-dôme et deux combles vitrés à quatre versants placés de chaque côté. Dans cet exemple, le chéneau a un grand développement, aussi lui donne-t-on une plus grande hauteur et une moindre largeur, on lui conserve ainsi toute sa rigidité et on obtient un meilleur aspect. Le demi-dôme est en porte-à-faux sur deux consoles qu'il faut alors soulager par deux tendeurs fixés aux angles du chéneau et scellés dans le mur de façade.

Le cadre des consoles est fait en fer plat 50×25 et pour le remplissage on emploie des fers 40×20 et 40×16. Les ornements de frise sont en fer 18×7 et l'épi à quatre faces placé sur l'entrée est construit en fers plats 30×11 montés sur une tige carrée étirée en pointe.

Sur les perrons de théâtre on élève très souvent une construction légère avec auvent ; celle que nous avons représentée comme dernier exemple est posée sur colonnes. Une petite ferme est établie au droit de chaque appui, une des extrémités est scellée dans le mur et l'autre porte un auvent posé en bascule sur le chéneau. Les trois faces de ce chéneau sont apparentes et doivent par conséquent être ornées, la face inférieure qui est posée sur les colonnes en fonte est soutenue par des consoles de remplissage en fer forgé 30×20 et 30×14 que l'on utilise pour entretoiser la partie supérieure et supporter les lanternes à gaz ou électriques.

Les ornements du fronton placé en tête de l'auvent se font en fers plats 30×16 et 30×14.

—

MARQUISE

Cette marquise, posée au-dessus d'un entresol, protège une façade de magasin ou de café, ses faces latérales formées par deux rideaux vitrés abritent les fenêtres au-dessus du rez-de-chaussée. Elle est composée de deux consoles en fer forgé portant les fermettes qui soutiennent chacune le tiers du poids du chéneau et du vitrage. Ces consoles et les fermettes sont en fer plat 40×16 et les S de remplissage en fer 35×14. Au-dessus des fermettes (fig. 2) le remplissage de la partie triangulaire ne devant servir qu'à la décoration de l'ensemble, nous emploierons des fers plats 30×11.

Les rideaux vitrés sont en fers à T 35×40 doublés sur le patin d'un fer plat 25×6 qui reçoit les croisillons de la travée du milieu en applique sur le verre ; à chaque croisement on fixe avec deux vis une rosace en fonte ou tout autre motif de décoration.

Sous le rideau, les consoles sont en fer forgé 40×16, comme elles supportent moins de charge que celles du milieu on doit les faire assez légères comme aspect. Le cadre de chaque rideau pourra également être composé avec du fer plat 40×16, sauf cependant pour le montant côté rue qui sera plus fort et pour lequel nous prendrons la même largeur et 20 mm. d'épaisseur.

La surface verticale vitrée de chaque rideau réclame un contreventement que nous ferons avec des équerres forgées scellées fortement dans le mur ; ces équerres appliquées sur les traverses des croisillons devront avoir comme longueur au moins la largeur d'une travée de verre et seront doubles, nous avons indiqué sur la figure 1 et à gauche de l'élévation (fig. 3), les points d'attache de ces contreventements.

Le chéneau (fig. 5, Pl. 53) est formé de 3 tôles de 200 mm. de largeur et 3 mm. d'épaisseur assemblées à la partie inférieure par deux cours de cornières 40×40 et raidies sur les bords intérieurs par des fers plats 30×14 qui servent à la fois à pincer le plomb et à fixer chaque chevron par deux vis. Les parois latérales sont entretoisées tous les mètres par un fer plat coudé de 30×11. Ce chéneau porte sur les bords et aux angles des fers moulurés tels que ceux que l'on trouve chez tous les marchands de fer ; il peut, en outre, s'enrichir d'appliques, cadres ou rosaces, nous l'avons représenté, garni de clous en fonte alternativement ronds et carrés et orné, au droit des consoles, de cartouches en tôle repoussée.

Les figures 5 et 6 montrent l'attache du chéneau sur les fermettes dont les extrémités sont raidies par une tôle et quatre cornières rivées sur les fers plats ; les équerres placées de chaque côté d'une fermette sont boulonnées sur la paroi verticale du chéneau.

Sur la figure 7 nous avons indiqué l'assemblage d'angle des deux parties du chéneau, on voit que les tôles de fond ne sont pas coupées en sifflet, la tôle de face vient, au contraire, couper carrément celle de côté et la liaison est faite par un couvre-joint en tôle de 4 mm. avec rivets à têtes écrasées.

Les motifs d'angle et le fronton posés également sur le chéneau sont en fer de 25×7, la figure 9 en donne le détail et montre de plus que les parois verticales du chéneau sont réunies à leur rencontre par des équerres que l'on fait servir à la décoration.

Pour supporter la partie vitrée soit aux angles, soit vers le milieu de la longueur des chevrons en fer à T 35×40 on a disposé deux arètiers et un cours de panne en fer à T, 45×50, l'assemblage de ces fers se fait au moyen d'équerres (fig. 13 et 14) rivées ou boulonnées suivant les circonstances et dont la hauteur doit être égale à celle de l'âme des fers formant pannes.

Pour compléter la description de l'ensemble, nous dirons que, généralement, et surtout lorsque la hauteur des marquises au-dessus du sol est aussi grande que celle de notre exemple, on pose du côté intérieur du chéneau, un store maintenu par deux ou plusieurs tringles à coulisse ; nous l'avons indiqué sur la figure 2 dans sa position extrême.

La grande hauteur des baies nécessite, lorsqu'on veut les vitrer, des traverses résistantes scellées aux extrémités et disposées vers le milieu (fig. 3).

Ces traverses peuvent se composer de quatre cornières 40×40 et de croisillons en fer plat 40×5 derrière lesquels on applique les vitres sur des montants en fer à T de 35×40 ; mais il est possible de supprimer les croisillons et de les remplacer par des tôles découpées.

Chaque baie est ainsi divisée en trois parties vitrées pour lesquelles on emploie des fers à vitrage moulurés de 45×20, les traverses et montants de frise comprendront des demi-moulures 45×13 appliquées sur des fers plats.

On pourra compléter l'ornementation par des motifs en fer plat 35×6 ou en fonte légère. Quand aux soubassements, on les formera par panneaux en tôle de 3 mm. d'épaisseur avec appliques de tables ou cadre de 5 mm.

Les glaces seront maintenues par des petits fers de 11 mm. posés à 10 mm. du fond des feuillures et dans les petites parties on établira des châssis ouvrants en fer raîné de 16 ou 18 mm.

Planche 54.

—

MARQUISE SUR COLONNES AU-DESSUS D'UN PERRON

Cette marquise, établie au-dessus d'un perron, est d'une construction très simple malgré que son ensemble (fig. 1) paraisse compliqué à première vue. La porte du vestibule d'entrée et la balustrade du perron n'ont été indiquées au dessin que pour harmoniser l'élévation de la marquise avec l'architecture de la façade.

La figure 2 donne la forme de la surface à couvrir et nous permettra de déterminer la position des divers éléments qui composeront l'ossature rigide de la marquise que nous supposerons soutenue, à la naissance des deux quarts de cercle, par des colonnes en fonte creuses. Ces colonnes seront utilisées pour la descente des eaux et nous éviteront l'emploi de tuyaux disposés sur la façade et d'un effet disgracieux. Les figures 6 et 8 donnent les sections de ces supports à divers niveaux et montrent que posés à leur partie inférieure sur le soubassement en maçonnerie du perron, ils sont, à leur partie supérieure, reliés entre eux et avec le mur de façade par des poutrelles droites ou cintrées suivant la forme du plan ; sur chaque colonne nous aurons donc l'attache d'une poutrelle droite de façade, l'attache de la poutrelle cintrée et enfin l'attache d'une poutrelle transversale qui maintiendra son écartement par rapport au mur (fig. 3) ; c'est pour faciliter ces assemblages que le support a à cet endroit une section carrée (fig. 6).

Les poutrelles sont composées de quatre cornières 35×35 reliées par des montants et croisillons en fer plat 40×5 dont les bras sont rivés à leur rencontre avec interposition de losange ou autre ornement en fer de 2 à 3 mm. Les abouts de ces petites poutres sont renforcés par une âme et deux cornières qui permettront l'attache sur la colonne, soit avec des vis, soit au moyen de goujons à écrous vissés dans la fonte. Du côté des murs les cornières seront divisées en queue de carpe et scellées.

Contre le mur et sur les colonnes, pour donner la rigidité suffisante, on a disposé des consoles (fig. 1, 3 et 4) formées de cornières de 35×35 rivées à chaque angle sur un gous-

set en tôle de 5 mm. d'épaisseur ; ces consoles sont assemblées sur les colonnes comme nous l'avons vu pour les poutrelles et fixées contre les murs par des boulons à scellement, comme elles servent à la décoration, le remplissage
est fait avec des fers plats 18×11 en C et S et leurs extrémités sont ornées de pendentifs en fonte.

Le chéneau épouse la forme des poutrelles de façade qui
le supportent, il est composé de trois tôles (fig. 6) dont l'une,
celle de face, a 0 m. 250 de hauteur et 2 mm. d'épaisseur,
l'autre paraît verticale, reçoit les chevrons et n'a que 0 m. 20
de haut ; quand à la largeur du chéneau, elle est de 0 m. 18
et la tôle qui en forme le fond a une épaisseur de 3 mm.

Si nous donnons à la paroi avant une plus grande hauteur, c'est pour cacher les abouts des chevrons et permettre
l'application d'une forte moulure de 68 mm. nécessitée par
l'aspect que doit présenter le chéneau.

Comme décoration cette même tôle est garnie de tables
rectangulaires en tôle de 3 mm. posées en applique et séparées par de petits montants 40×4.

La face arrière est simplement armée d'un cours de cornière en haut et d'un fer plat en bas avec un petit montant
40×4 au droit des entretoises intérieures.

L'assemblage des trois tôles se fait avec deux cornières
40×40 et les parois verticales sont entretoisées tous les
mètres par un plat 40×9. Deux fers plats placés sur les
bords intérieurs pincent le plomb et l'un d'eux reçoit les
chevrons.

Afin de ne pas avoir à lever de trop lourdes pièces, on
peut faire des joints de montage en J (fig. 2).

La portée n'étant que de 2 m. 50, on peut se dispenser
de mettre une panne en donnant aux chevrons $\frac{35 \times 40}{5,5}$ si on
voulait employer les petits fers à vitrage il faudrait les supporter par un fer à T, qui reporterait la charge sur plusieurs

travées. Ces chevrons fixés, d'un côté sur le chéneau, s'appuient (fig. 7) sur une cornière scellée contre le mur.

Pour les parties cintrées, la disposition des chevrons est un peu différente ; pour éviter qu'ils ne se rencontrent tous au même point on dispose (fig. 2 et 7) une panne cintrée intermédiaire en forme de Z, il y aura donc en ces points un ressaut, à partir duquel on supprimera un chevron sur deux.

La figure 5 donne le détail du motif milieu en tôle repoussée au marteau, les ornements qui le surmontent sont en fer plat 25×11.

Planche 55.

PETIT JARDIN D'HIVER

Cette construction est adossée à une maison d'habitation, sa largeur est de 4 m. 98 et sa longueur de 5 m. 50, mais on pourrait l'allonger de plusieurs travées sans modifier les dimensions des fers, en disposant des fermes comme celle indiquée sur la figure 3.

L'extrémité a la forme d'un demi hexagone (fig. 4) et l'ossature métallique est faite de quatre arêtiers ou demi-fermes portant sur des poteaux en fer double T de 120 larges ailes. Au milieu des deux travées suivantes on a placé une ferme (fig. 3) composée de 4 cornières $\dfrac{40 \times 40}{4,5}$ reliées par des montants et croisillons en fer plat 40×5 ; à mi-hauteur un tirant et un poinçon en fer rond de 20 mm., ornés de petits fers, maintiennent l'écartement des pieds d'arbalétriers.

Dans les parties étroites, des goussets assurent la rigidité et permettent l'assemblage de la panne de surélévation. Les demi-fermes comprennent les mêmes éléments.

Les montants verticaux du vitrage sont en fer mouluré
40×13 armé de fer plat 40×9 ; les traverses en fer 40×
23 (fig. 8 et 9), n'ont plus que 11 mm. d'épaisseur dans les
parties ouvrantes. Le soubassement en tôle de 3 mm. est
fixé à la partie inférieure sur une cornière 50×50 et doublé
d'une plinthe ; la traverse haute est formée par un fer à U
120×45 qui reçoit la goulotte de buée en cornière 90×30.
Les figures 8 et 9 sont des coupes verticales dans le
vitrage, elles indiquent très clairement la construction des
traverses pour les châssis fixes et pour les parties ouvrantes.

Au-dessous du chéneau et pour relier les têtes des colonnes, nous avons disposé une poutrelle en cornières 30×
30 avec remplissage en fer plat 35×5 cintré sur champ ;
cette partie est vitrée et porte des châssis à soufflet, en fer
rainé de 16 mm., ouvrant intérieurement.

Le chéneau est fait de trois tôles de 3 mm. d'épaisseur
assemblées par des cornières 40×40 ; il est supporté par
des consoles en tôle pleine, fixées sur les ailes des poteaux
et s'il est nécessaire sur les montants de la poutrelle.

Les chevrons du vitrage en fer à T 35×40 reposent,
soit sur la panne de surélévation et sur le bord du chéneau, soit sur cette même panne et sur les ailes d'un fer à
T formant panne faîtière.

L'échelle et la passerelle de service se construisent très
légèrement en fer rond de 18 pour les montants et la main
courante et de 14 pour le chemin ; deux longerons en cornières 50×30 maintiennent ces fers ronds. En avant de la
passerelle on a placé un épi en fers méplats 25×9 et 25×
11 ; la tige en fer carré de 25 mm. est élégie au bout et garnie d'une embase et d'une bague en fonte. Le motif à volutes qui complète l'épi est à trois faces.

Pour terminer ce qui a rapport à la décoration de l'ensemble, nous dirons qu'à chaque angle de chéneau est po-

sée une crosse forgée en fer plat 25×7. Les motifs qui forment encadrement de la porte sont en fer carré de 11 mm. et appliqués extérieurement sur le verre.

Comme installation, on a placé extérieurement contre la partie supérieure de soubassement, une jardinière (fig. 6) en tôles et cornières, dont la paroi verticale apparente peut être garnie de faïences ou terres cuites. Cette jardinière est supportée par de petites consoles en fer forgé qui se fixent sur les montants en fer plat de la tôle de soubassement.

La figure 7 nous montre la disposition des jardinières mobiles intérieures dont les parois verticales sont entretoisées de distances en distances.

Derrière cette jardinière et dissimulés par des plaques de tôle découpées en arabesques, se trouvent les tuyaux de chauffage soutenus par des consoles ou de petits supports.

Planche 56.

—

VÉRANDAHS

On donne le nom de *Vérandahs* à de légères constructions en fer que l'on place au droit d'une pièce ayant vue en façade. Ces galeries de peu de largeur généralement sont vitrées et recouvertes avec du verre ou du zinc, quelquefois aussi on utilise la saillie pour former terrasse.

La figure 1 nous représente une de ces constructions établie au rez-de-chaussée et servant de vestibule ; sa longueur est de 2 m. 30 sa largeur de 1 m. 35, les pans sont coupés à 45° comme nous l'avons indiqué sur le plan. Les montants sont en fer plat 30×14 réunis à diverses hauteurs par six cours de traverses 30×8 ; les cadres ainsi formés portent à

la partie inférieure un remplissage en tôle de 3 mm. La coupe
AB d'un angle nous montre que la tôle est pincée sur les
montants entre une fourrure 18 × 5 chanfreinée et une moulure placée extérieurement ; les diverses pièces sont assemblées avec rivets et vis. Sur le montant dormant de la porte
est vissé un battement en fer plat 25×4 (Détail A) et le panneau lui est fixé par une cornière et un fer mouluré. Enfin
la section GH nous indique que l'assemblage de la tôle sur
la traverse se fait d'une façon analogue et qu'il se trouve en
plus une moulure intérieure pour former appui de la vitre
maintenue de l'autre côté par du mastic.

Le chéneau de 0,140 sur 0,180 est formé avec des tôles de
3 mm. d'épaisseur et cornières 25 × 25, il est soutenu au
droit des montants par des consoles en fer forgé.

Le remplissage des panneaux supérieurs se fait avec ornements en fer 7 × 15.

Le second exemple (fig. 2) est du type *Bow-Window*, et
peut être placé à un premier étage ; on soutient alors cette
construction par des consoles en fer T de dimensions en rapport avec les charges qu'elle doit supporter. La longueur de
la vérandah est de 2 m. 30, sa largeur de 0 m. 860, les montants sont en fers plats doubles aux angles comme on le voit
dans la coupe CD et la partie inférieure porte un double
remplissage en tôle de 2 mm. ; ce soubassement a été orné
avec des consoles en fer forgé 25×7 agrémentées de pointes
de diamant et agraffes vissées. La section EF montre que
les traverses intermédiaires sont en fers à vitrage moulurés
intérieurement tandis que les autres traverses sont de simples fers plats auxquels on a ajouté la moulure nécessaire.

Le chéneau qui a 0,140 de hauteur sur 0,200 de largeur
est composé de tôles de 3 mm. de cornières 25 × 25 et orné
de rosaces étampées. Comme dans l'exemple précédent les
fers à T qui supportent les vitres de la couverture ont 30×30.

Planche 57.

—

VÉRANDAHS

La planche 57 représente une vérandah ouverte de 4 m. 50 de longueur sur 2 m. de largeur. Le comble formé de simples fers à T est cintré, il repose sur les cornières des chéneaux supportés, soit par des consoles scellées dans le mur de façade, soit sur des colonnes en fonte, reliées par une poutrelle ornée. Ces colonnes sont posées sur le soubassement en maçonnerie.

Le détail A nous montre l'assemblage des fers à T de ferme ou demi-ferme, d'arêtiers ou de panne faîtière autour d'un cylindre en tôle ; les détails B, C et D se rapportent à la colonne, au chéneau et à l'assemblage des extrémités de chevrons sur la cornière.

Sur la même planche nous avons donné un exemple de vérandah fermée et entièrement vitrée, de 6 m. 50 de longueur et 2 m. 50 de largeur. Le comble est formé de fermes à deux versants, dont la membrure inférieure est en anse de panier; les fers employés sont des T réunis par des goussets doubles, rivés sur les âmes.

Le détail E montre l'assemblage de la partie supérieure avec faîtage en fer à T boulonné sur les goussets. Les chevrons sont supportés d'un côté, par le chéneau et de l'autre par une cornière fixée contre le mur, en leur milieu ils sont soutenus par la panne de faîtage.

Les parois verticales ont une ossature en fer carré ou plat avec fers à vitrage ; les montants d'angle auront 0,04 à 0,05 carré et les montants dormants des baies $0,04 \times 0,2$. Le soubassement en tôle de 2 à 3 mm. est fixé sur un cadre en cornières 40×20 et orné de cadres et tables en appliques.

Le chéneau peut être formé de feuillards 150×3 avec cornières de 25 à 30 mm. de largeur d'ailes, et garni de zinc n° 14 sur forme en bois.

Planche 58.

—

VÉRANDAH, ANNEXE DE LA SALLE A MANGER

Placée sur un bâtiment neuf ou ancien, une annexe métallique est certainement celle qui, par la légèreté de· sa structure, s'harmonise le mieux avec l'ensemble sans apporter un appoint de lourdeur qu'une construction basse en maçonnerie ne manquerait pas de donner.

De plus, l'emploi de la vitrerie comme parois et comme toiture assure largement la lumière dans les pièces contiguës qui en seraient totalement privées avec une construction non translucide.

Dans l'exemple que nous donnons, planche 58, l'annexe fer et verre est accolée à la propriété au droit de la salle à manger. Elle peut être utilisée : 1° comme agrandissement de la salle à manger ; 2° comme salle à manger proprement dite ; 3° comme jardin d'hiver pendant la saison froide.

Suivant son orientation, pour garantir l'intérieur des rayons solaires pendant l'été, le comble est recouvert de claies et les parties verticales sont munies de stores qu'on peut relever facultativement suivant les besoins. Ces stores sont placés à l'extérieur, de manière à empêcher l'introduction de la chaleur, ce qui arriverait, si les stores étaient intérieures car, comme on le sait, le verre est diathermane à la chaleur rayonnante lumineuse et athermane à la chaleur rayonnante obscure, par conséquent, la chaleur ayant traversé le verre passerait sans aucune difficulté au travers des stores pour se répandre dans l'intérieur.

BOW-WINDOWS SUPERPOSÉS ET ISOLÉS

Les mots anglais *bow-window* se traduisent par fenêtre en saillie. C'est un balcon vitré dont le principal avantage consiste en un agrandissement sensible de la pièce à laquelle il est adjoint. Sur les voies publiques, les saillies des bow-windows sont naturellement la conséquence de celle autorisée pour les balcons et qui elle-même varie suivant la largeur des rues ou boulevards.

Les bow-windows se font en maçonnerie et en fer. Nous préférons de beaucoup cette dernière manière, qui, outre l'avantage de gagner de la place — puisque l'épaisseur des parois peut être réduite à 0 m. 04 — donne à profusion la lumière et permet la vue en tous sens. Le bow-window en pierre qui se fait fréquemment, est certainement une grande ressource décorative pour l'architecte, mais sa construction par la nature même des matériaux employés, occupe une place qui pourrait être plus utilement occupée par des plantes ou des meubles.

A notre avis, le bow-window entièrement métallique doit être construit avec la plus grande légèreté compatible avec une construction rationnelle et solide. Ce qu'on perdra peut-être au point de vue architectural, on le regagnera largement à celui du pittoresque, si on a su donner aux lignes nerveuses du fer des formes bien en rapport avec les besoins et si on a habillé avec goût de plantes et de draperies ces légères constructions.

Les bow-windows en fer, bien construits, formant un ensemble rigide, fatiguent fort peu la construction. C'est presqu'entièrement une pression verticale que, étant donnée leur faible saillie, ils imposent à la façade. Si nous sup-

posons un simple accrochage, la saillie étant généralement
1/5 de la hauteur, nous aurons un effort d'arrachement très
peu considérable. Mais raisonnablement, on ne peut demander à ces armatures légères, dont la principale fonction
est de maintenir les verres, une indéformabilité absolue.
On prend donc le parti de les faire simplement reposer sur
une partie en encorbellement suffisamment solide pour en
supporter la charge. Pour cela, que le bow-window soit
simple, ou qu'ils s'agisse de plusieurs balcons vitrés superposés, on se sert comme repos à chaque étage de balcons
en pierre dure ou de solives passantes. C'est ce dernier
moyen de construction, le plus rationnel et le plus employé que nous avons figuré sur nos exemples planche 60.

Le bow-window est presque toujours prévu au projet,
il suffit alors de laisser un certain nombre de solives sur la
façade, de les réunir par un fer U ou par une tôle et de venir
ensuite placer la construction sur cette plate-forme. S'il
s'agit d'un bow-window à établir sur une façade, on peut
le placer sur consoles ou même encore faire des deux côtés
latéraux, en les étudiant exprès dans ce but, deux potences
qui supporteront toute la charge.

Construction. — Conçu simplement, un bow-window
peut se composer de deux montants d'angles en carré de
0 m. 040 $\times$ 0 m. 040 habillés de cornières 0,040 $\times$
0 m. 020; de montants dormants et traverses de fenêtres
0 m. 040 $\times$ 0 m. 020 ; de montants-bâtis et traverses
0 m. 036 $\times$ 0 m. 016 ; habillages cornières 0 m. 040 $\times$
0,020 et 0 m. 036 $\times$ 0,016 ; petits bois T 0 m. 035 $\times$ 0,040 ;
battements fer plat ; soubassement tôle 2 mm. 1/2 avec cadre
en cornière et moulure ; cadre du panneau en fer plat ou en
moulure ; chéneau — pour bow-window isolé ou supérieur
— feuillard 0,140 $\times$ 0,003, habillé de cornières 0,025 $\times$ 0,025
et moulures haut et bas ; garniture zinc n° 14 sur forme en

sapin, moignon en plomb s'il y a une descente ; petits-bois du comble T 0 m. 020 ✕ 0 m. 025 ; cornière solin 0 m. 025 ✕ 0 m. 025.

La ceinture réunissant les solives pour former appui au bow-window, peut être, ainsi que le chéneau, décorée de rosaces en fonte. Fréquemment on décore la partie supérieure des vitrages verticaux par de petits rinceaux en fer forgé de neuf à onze millimètres de côté.

Traitées plus richement, ces constructions peuvent comporter des pilastres, des profils en fonte, des faïences et des terres-cuites.

Les bow-window sont très exposés aux pluies, l'eau en pénétrant dans les assemblages produit une oxydation qui compromet gravement la durée de l'ouvrage. Pour éviter cela, il faut que tous les fers soient assemblés à bain de céruse et qu'un entretien sérieux soit fait par des applications de peinture quand le besoin s'en fait sentir.

Sur le simple vu des dessins, on se rend compte de la difficulté que présentent ces balcons vitrés au point de vue du nettoyage des verres. Placés quelquefois à 18 m. 00 de hauteur on ne peut compter, sans arriver à l'établissement d'échafaudages, pouvoir conserver les parties vitrées en état de propreté. Le jet à la lance est insuffisant et incommode ; la corde à nœuds n'est nullement pratique ; pour arriver à assurer un entretien satisfaisant, on doit donc pratiquer autant de parties ouvrantes qu'il est nécessaire pour permettre d'atteindre facilement tous les points du vitrage extérieur.

PONTS ET PASSERELLES

Les ouvrages destinés à permettre le passage des charges roulantes, voitures, chariots, matériel de chemin de fer, au-dessus des rivières, canaux, routes ou voies diverses, se nomment *Ponts* et nous désignerons sous le nom de *Passerelles* ceux sur lesquels les piétons sont seuls autorisés à circuler.

Le bois n'est utilisé que pour la construction des passerelles ; pour les ponts il faut avoir recours à la maçonnerie, au fer ou autres métaux analogues.

Les ponts en maçonnerie, ayant la forme de voûtes, exigent des piles et culées de dimensions d'autant plus grandes que le poids des matériaux est plus considérable ; leur durée est presque illimitée, mais ils ont l'inconvénient de demander des points d'appuis intermédiaires lorsqu'ils doivent atteindre une certaine longueur.

Le fer et l'acier, quelquefois la fonte, avec leurs formes mieux appropriées à la résistance, ont seuls donné, jusqu'à présent, de bons résultats. La diminution de poids mort à la partie supérieure de l'ouvrage a permis de réduire le cube des maçonneries des piles et culées, d'employer le fer dans la construction même des piles et comme conséquence le prix de premier établissement s'est trouvé de beaucoup moins élevé.

Si le sol n'est pas assez consistant, même à une très grande profondeur, pour supporter les piles, le métal donne la facilité de les supprimer en faisant de grandes travées ; de plus, dans la construction des ouvrages en maçonnerie très difficiles à appareiller, comme les ponts biais, les tabliers métalliques rendent de très grands services.

Enfin le fer se prête mieux à l'aspect de grande légèreté que réclament de pareils travaux, tout en étant moins coûteux que ceux en pierres et plus résistants que ceux en bois.

Lorsque nous parlons du fer, nous voulons également dire l'acier que les forges livrent d'ailleurs avec les mêmes profils et dont le prix se rapproche chaque jour de plus en plus de celui du fer.

Les fers employés dans la construction des ponts et passerelles doivent être doux, malléables à chaud et à froid et leur cassure à nerf doit être fine et homogène.

Les tôles qui se fendent sous le poinçon, qui se déchirent lorsqu'on veut les cintrer seront rejetées. Les fers cornières ou autres fers spéciaux seront parfaitement dressés à froid et leur charge de rupture ne doit en aucun cas être inférieure à 30 kg. par millimètre carré, ce qui permettra de leur faire subir une charge pratique de 6 kg., le coefficient de résistance de l'acier pouvant en moyenne être pris à 10 kg. par millimètre carré de section.

La fonte de deuxième fusion présentera dans sa cassure un grain gris, serré et avec arrachements ; toutes les pièces moulées seront ébarbées très soigneusement au burin et à la lime.

Les boulons et rivets en fer ductile et tenace ne présenteront, comme nous avons déjà eu l'occasion de le dire, aucune détérioration si on les courbe en leur milieu de façon à former un angle de 45°.

Le travail à l'atelier est également d'une très grande importance et l'on ne saurait trop prendre de précautions pour assurer un bon travail.

Les fers à saillies devront avoir des tranches bien régulières et d'équerre à la direction générale des fers.

Pour aider au travail du poinçonnage, on indiquera sur chaque pièce par des coups de pointeau les axes qui serviront à repérer exactement les alignements des trous ; les fers poinçonnés seront ébarbés de telle sorte qu'ils puissent parfaitement s'appliquer les uns sur les autres.

Les trous de rivets se correspondront d'une façon absolue et la rivure, précédée du serrage des fers superposés, sera faite avec des rivets chauffés au rouge dans des fours situés près des ouvriers, de manière à obtenir une tête ni criquée ni fendue. Dans l'intervalle des rivets, il est indispensable que les cornières et couvre-joints soient parfaitement appliqués sur les fers qu'ils recouvrent, même dans les changements d'épaisseur.

Pour faciliter le transport et le levage au lieu de pose, la construction est généralement divisée en un certain nombre de parties, mais, pour éviter les erreurs, toute pièce qui sortira de l'atelier aura été préalablement assemblée avec celles qui précèdent ou qui suivent et avec les pièces latérales en contact.

Dans l'atelier, on travaille les fers à plat sur des chantiers en bois ou en fer élevés de 0 m. 80 au-dessus du sol pour permettre le passage des ouvriers au-dessous de l'ouvrage.

L'assemblage définitif des tabliers métalliques au lieu de pose se fait de plusieurs manières selon les formes et dimensions de ces tabliers, la disposition des lieux ou les servitudes de passage.

Pour les ouvrages peu importants, il est quelquefois commode de monter les poutres sur le sol et de les lever au moyen d'une chèvre, on assure l'écartement par quelques entretoises que l'on boulonne provisoirement. D'autres fois, on peut faire le montage sur un échafaudage qui supporte entièrement ou partiellement la partie métallique.

Le système qui consiste à monter le tablier sur l'une des rives et à le mettre en place par lançage est employé pour les ponts en poutres droites.

Le pont entièrement monté est raidi dans toutes ses parties au moyen de pièces de bois et muni à l'avant d'un faux-nez et à l'arrière d'un contre-poids ; il faut évidemment qu'il n'y ait aucun mouvement de bascule au moment où le porte-à-faux est le plus grand. Dans chaque cas particulier, on calcule la meilleure longueur à donner au faux-nez et le poids le plus rationnel à mettre à l'arrière.

Le pont ainsi complété est placé sur des galets et on le fait avancer soit avec des leviers soit en le tirant avec un treuil à palan placé sur l'autre rive. Une fois à l'emplacement qu'il doit occuper, on le fait reposer sur des cales que l'on enlève pour le faire descendre sur les appuis.

Passerelles. — Les passerelles ne devant pas recevoir de charges roulantes, nous les considérerons comme ayant à supporter une surcharge uniformément répartie qui s'ajoutera à leur poids propre. Le poids mort comprendra le poids des fers et le poids du platelage généralement en bois, quelquefois en tôle ; plus rarement on établit des petites voûtes en briques sur lesquelles on fait un carrelage en ciment ou asphalte avec interposition de béton.

La surcharge est le plus souvent de 300 kg, par mètre carré, celle que l'on emploie dans le calcul des trottoirs de ponts, mais si l'on a à craindre qu'une foule très compacte puisse stationner sur la passerelle on prendra 450 kg. par mètre carré, c'est un maximum qui n'est jamais atteint dans ces sortes de travaux.

Que le platelage soit placé à la partie inférieure, en un point quelconque de la hauteur ou à la partie supérieure des poutres et dans ce dernier cas, si la largeur l'exige, on peut en placer une partie en encorbellement de chaque côté, on multipliera la surface par la somme des charge et surcharge et en divisant par le nombre de poutres et par la longueur de la passerelle on aura la charge par mètre courant sur chacune des poutres que l'on calculera comme nous l'avons vu pour les planchers, et si on regardait les entretoises comme simplement posées sur les appuis, on les calculerait comme les solives, la charge uniformément répartie sur la longueur s'obtenant en multipliant la longueur par la charge par mètre carré et par l'écartement de deux entretoises.

Prenons l'exemple d'une passerelle dont nous donnons la section transversale dans la figure 1 : elle se compose de

deux poutres de 14 m. de portée, écartées de 2 m. d'axe en
axe et réunies par des entretoises ou pièces de pont sur

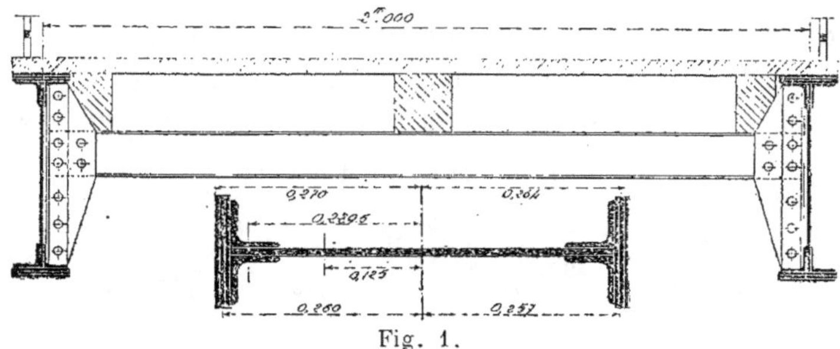

Fig. 1.

lesquelles repose le plancher, nous mettrons ces entretoises
tous les deux mètres.

Le poids du plancher est de 60 kg. par mètre carré, le
garde-corps pèsera 63 kg. le mètre courant et nous supposerons qu'il est fixé sur les poutres. La surcharge sera de
400 kg. par mètre carré.

Chaque entretoise portera donc, si son poids est de 15 kg.
le mètre courant :

$$
\left.\begin{array}{l}
2 \text{ m} \times 15 = 30 \text{ kg.}\\
4 \text{ m}^2 \times 60 = 240 \text{ kg.}\\
4 \text{ m}^2 \times 400 = 1.600 \text{ kg.}
\end{array}\right\} 1870 \text{ kg.}
$$

Un fer à double T de $\dfrac{120 \times 65}{6,5}$ travaillant à 8 kg. nous donnerait 2.256 kg. pour la même portée de 2 m., le métal travaillera donc à $\dfrac{1870 \times 8}{2.256} = 6$ kg. 6.

Par mètre courant de poutre, nous aurons une charge de
$\dfrac{1870 \text{ kg.}}{4} = 467$ kg. à laquelle il faudra ajouter le poids de la
poutre et des attaches des pièces de pont, soit 100 kg. et celui
du garde-corps, 63 kg. Nous aurons donc un poids total de :

$$467 + 100 + 63 = 630 \text{ kg. au mètre linéaire.}$$

Si la portée devient 1 m., la charge sera :

$$630 \text{ kg.} \times 14 \times 14 = 123.480 \text{ kg.}$$

En supposant que le métal travaille à 6 kg.,

$$\frac{123.480}{6 \times 8.000} = 2,57$$

nous donnera le coefficient qu'il faudra former avec les éléments du tableau de la résistance des matériaux.

Nous composerons une poutre avec une âme 500×8, 4 cornières $\dfrac{70 \times 70}{8}$ et deux semelles 150×20.

$$
\left.
\begin{array}{l}
\text{Ame } 500 \times 8, \quad 10,42 \times 8 = 83,36 \\
4 \text{ cornières } \dfrac{70 \times 70}{8} = 225,00 \\
2 \text{ semelles } 150 \times 20, \; 27 \times 15 = 405,00
\end{array}
\right\} 713,36
$$

divisons par la demi hauteur $\dfrac{540}{2} = 270$, nous obtiendrons $\dfrac{713,36}{270} = 2,764$, le coefficient de résistance sera alors $\dfrac{2,57 \times 6}{2,764} = 5$ kg. 6.

Répartition des semelles. — Dans tous les cas que nous avons examinés jusqu'à présent, et cette remarque s'applique à ceux que nous aurons à étudier, nous avons supposé que la poutre conservait sur toute sa longueur la section trouvée. En général il n'en est pas ainsi et on cherche à diminuer le poids en ne donnant aux semelles que la longueur nécessaire.

Supposons donc qu'au lieu de deux semelles 150×20 d'un seul morceau nous formions deux paquets de trois semelles, les deux premières pourront avoir 7 mm. d'épaisseur chaque et la dernière 6 mm. seulement, la section totale sera la même, puisque la somme des épaisseurs est toujours de 20 mm.

Pour avoir la longueur utile de chacune des semelles, il suffira de multiplier la portée par le coefficient $\sqrt{1 - \dfrac{a}{A}}$.

A sera le coefficient primitif que l'on cherche à former dans le calcul de la poutre.

a sera le coefficient formé avec les divers éléments de la

poutre à laquelle on supprimera une ou plusieurs semelles sur chaque table.

Ainsi, si dans l'exemple précédent nous supprimons les
semelles extrêmes de 6 mm., il nous restera une poutre
composée de :

$$
\begin{array}{ll}
\text{1 âme } 500\times 8 & = 83,36 \\
\text{4 cornières } \dfrac{70\times 70}{8} & = 225,00 \\
\text{2 semelles } 150\times 14, \ 15\times 18,5 & = 277,50
\end{array} \Bigg\} 584,86
$$

la demi-hauteur de la poutre étant de $\dfrac{528}{2}$ le coefficient sera

$$\frac{584,86}{264} = 2,21,$$

donc la largeur minima que devra avoir la semelle de 6 mm.
supprimée sera :

$$L = 14 \text{ m.} \sqrt{1 - \frac{2,21}{2,57}} = 0,37\times 14 = 5,20.$$

Nous lui donnerons une longueur un peu supérieure, soit
6 m. ou 3 m. de chaque côté du milieu de la poutre.

Enlevons une nouvelle semelle de 7 mm. sur chaque table
nous obtiendrons :

$$
\begin{array}{ll}
\text{Ame } 500\times 8 & = 83,36 \\
\text{4 cornières } \dfrac{70\times 70}{8} & = 225,00 \\
\text{2 semelles } 150\times 7, \quad 15\times 9 & = 135,00
\end{array} \Bigg\} 443,36
$$

Divisons par la demi-hauteur $\dfrac{443,36}{257} = 1,72.$

$$L = 14 \text{ m.} \sqrt{1 - \frac{1,72}{2,57}} = 0,81\times 14 = 11,34.$$

Nous composerons donc chaque platebande de :

1 semelle de 14 m.		de longueur et	7 mm.	d'épaisseur.	
1 —	11,50	(11.34) —	7	—	
1 —	6	(5,20) —	6	—	

Dans une poutre à section constante sur toute sa longueur
le coefficient de travail diminue depuis le milieu jusqu'aux
extrémités et pour avoir sa valeur en un point quelconque
nous nous servirons de la formule :

$$c = C \left(1 - \frac{4d^2}{l^2} \right).$$

c est le coefficient cherché, — C le coefficient de travail trouvé dans le calcul de la poutre, — d la distance du milieu de la poutre au point et l la portée de la poutre.

Ainsi, pour la poutre précédente comportant des semelles de 20 mm. d'épaisseur, nous obtiendrons pour un point situé à 3 m. du milieu :

$$(1) \quad c = 5\,\text{kg}.\,6 \left(1 - \frac{4 \times 3^2}{14^2} \right) = 4\,\text{kg}.\,6.$$

Cette formule servira également dans le second cas que nous avons examiné, mais il y aura lieu de tenir compte des ressauts des semelles. Ainsi à la distance de 3 m. nous avons un ressaut et pour connaître le travail du métal au droit du ressaut lorsqu'il n'y a plus que deux semelles il faudra multiplier $c = 4\,\text{kg}.\,6$ par le rapport $\frac{2,764}{1}$ nous trouverons 5 kg. 75.

Pour un point situé à 4 m. de l'axe nous aurions :

$$c = 5\,\text{kg}.\,6 \left(1 - \frac{4 \times 4^2}{14^2} \right) \times \frac{2,764}{2,21} = 4\,\text{kg}.\,75.$$

On agirait de même pour le second ressaut en faisant alors intervenir dans l'équation (1) le rapport $\frac{2.764}{1,72}$.

Vérification des rivets. — D'après la définition de la flexion, les coefficients c que nous venons de calculer s'appliquent aux fibres les plus fatiguées de la poutre, c'est-à-dire aux faces extérieures des semelles, ils diminueront en même temps que la distance à la fibre neutre et deviendront nuls pour cette fibre. Nous considérerons donc qu'on peut obtenir la valeur de ce coefficient c pour un point de la section transversale en multipliant le coefficient de travail de la fibre la plus éloignée par la distance du point à la fibre neutre et divisant par la moitié de la hauteur de la poutre et nous supposerons que dans chaque élément la force intérieure passe par le centre de gravité de cet élément.

Ainsi pour la poutre (fig.1) et pour une section faite à 4 m. du milieu nous avons trouvé $C = 4,75$. Nous aurons donc :

$$\text{Semelles} \quad \frac{257 \times 4,75}{264} = 4\,\text{kg}.\,5.$$

$$\text{Cornières} \quad \frac{230 \times 4,75}{264} = 4\,\text{kg}.\,1.$$

$$\text{Ames} \quad \frac{125 \times 4,75}{264} = 2\,\text{kg}.\,2.$$

En multipliant par les sections nous aurons les efforts pour la demi-poutre :

$$\text{Semelles} \quad 2.100 \times 4,5 = 9.450\,\text{kg}.$$
$$\text{Cornières} \quad 2.100 \times 4,1 = 8.610\,\text{kg}.$$
$$\text{Ame} \quad 2.000 \times 2,2 = 4.400\,\text{kg}.$$

Si, pour une partie de poutre où l'épaisseur des semelles reste invariable et pour deux sections voisines on fait le même calcul :

La différence des efforts trouvés pour les semelles donnera l'effort qui tendra à cisailler les rivets qui les assemblent aux cornières.

Dans chaque cas on fera la somme des efforts des cornières et des semelles et la différence permettra de vérifier si le nombre des rivets qui réunissent les cornières aux âmes est suffisant.

En divisant les différences ainsi calculées par le coefficient de travail et par la section d'un rivet on aura le nombre minimum des rivets à placer dans l'intervalle considéré. On pourra faire le calcul pour un intervalle vers le milieu de la longueur et pour un autre près d'un des appuis et on prendra le plus grand des deux résultats pour toute la poutre afin de faciliter la division et par suite le travail du poinçonnage.

Appuis. — Nous avons dit dans un précédent chapitre que pour une poutre posée sur deux appuis et chargée uniformément, la charge sur les appuis était égale à la moitié du poids total, ce sera donc pour chacune des poutres de la passerelle (figure 1) :

$$\frac{630 \times 14}{2} = 4.410 \, \text{kg}.$$

La section totale de la poutre étant 10.300 mm² on voit qu'il n'y a pas lieu de tenir compte de l'effort de cisaillement qui est faible.

Si on voulait avoir la valeur de cet effort en un point de la poutre il faudrait multiplier le poids $\frac{P}{2}$ par le rapport entre la distance du point au milieu de la poutre et la portée. En divisant par la section totale en ce point on aura l'effort par millimètre carré que nous pourrons regarder comme également réparti dans toute la section ; par conséquent, en multipliant par la surface de chaque élément nous obtiendrons de nouveaux efforts intérieurs qui s'ajouteront à ceux précédemment étudiés et augmenteront d'autant les sections de rivets.

Sur les culées les abouts de poutres reposent sur des plaques en tôle ou fonte dites sabots de dilatation (fig. 2) ;

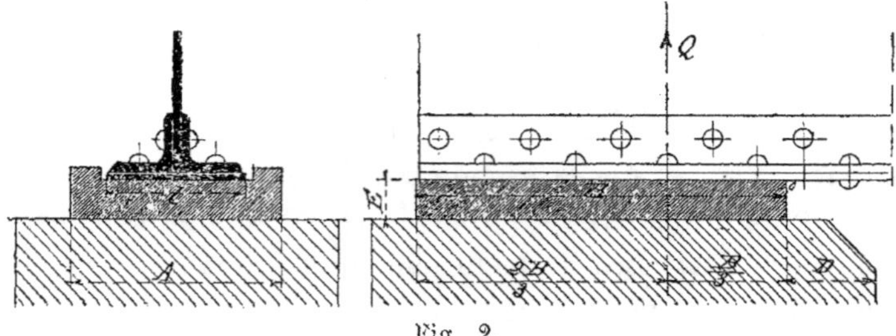

Fig. 2.

quelquefois on ménage, dans l'épaisseur, des rainures pour le passage des têtes de rivets ; d'autres fois, les rivets sont fraisés, les semelles portent alors entièrement sur les sabots.

Entre ces sabots et la pierre d'appui, on place très souvent des feuilles de plomb pour répartir uniformément la

pression. Enfin, si les semelles sont minces, il faudra renforcer chaque extrémité par un bout de tôle plus épaisse qui
permettra de fraiser convenablement les têtes de rivets.

La longueur B de la plaque d'appui est généralement de
0 m. 40 à 0 m. 50, son épaisseur E est du dixième, soit
0 m. 04 à 0 m. 05, quand à sa largeur minimum A, elle est
égale à la largeur des semelles augmentée de deux fois l'é-
paisseur de la plaque.

La distance D au bord du sommier en pierre varie de 0 m. 10
à 0 m. 20 suivant la dureté de la pierre ; ce sommier doit
toujours être fait d'un seul morceau.

On considère que la réaction de l'appui Q passe au 1/3
intérieur de la longueur du sabot ; donc ce que nous avons
appelé la portée sera la distance entre les murs des culées
augmentée de $2\left(D+\dfrac{B}{3}\right)$. La flexion tendant à faire tourner
la poutre autour de l'arête intérieure C du sabot, c'est en ce
point qu'aura lieu la plus forte pression qui diminuera progressivement pour devenir nulle à l'autre extrémité, si nous
supposons alors la pression Q uniformément répartie sur
toute la semelle, il ne faudra pas que le coefficient de travail
des matériaux en contact dépasse la moitié de la charge par
unité de surface qu'on pourrait faire supporter en toute sécurité à ces matériaux.

Ainsi, dans l'exemple précédent, nous prendrons B = 0 m. 40
comme $l = 0,15$ la surface qui transmettra à la fente du sabot la pression Q = 4.410 kg. sera :

$$400 \times 150 = 60.000 \text{ mm}^2$$

et par unité de surface nous aurons $\dfrac{4.410 \text{ kg.}}{60.000 \text{ mm}^2} = 0$ kg. 07,
chiffre très inférieur à la moitié du coefficient pratique de
la fonte à la compression.

La plaque de fonte a 0,040 d'épaisseur, la largeur A sera
alors $0,15 + 2 \times 0,04 = 0$ m. 23 et la surface en contact avec
le sommier.

$$400 \times 230 = 92.000 \text{ mm}^2$$

la pierre supportera $\dfrac{4.410}{92.000} = 0$ kg. 05 par millimètre carré, soit 5 kg. par centimètre carré. Comme pratiquement on peut charger une pierre de 20 kg. par centimètre carré, nous voyons, dans ce cas encore, que nous n'atteignons pas la moitié de cette valeur.

Au lieu de faire porter les extrémités de chaque poutre sur de simples plaques, on emploie pour les ouvrages d'une certaine importance des pièces spéciales qui fixent la position des réactions et permettent à la poutre de fléchir sans pour cela que la réaction change de place.

Ces sabots sont formés de deux pièces séparées par une articulation, les uns sont fixés sur les sommiers et les autres reposent sur des rouleaux pour permettre à la poutre de se dilater sans qu'aucune résistance, autre que le frottement de roulement, ne s'oppose à ce mouvement.

Poutres à treillis. — Lorsque les poutres ont une grande hauteur il est impossible de leur donner une âme en tôle ayant toute cette hauteur, on les compose alors de deux membrures que l'on réunit par des montants verticaux et des barres de treillis inclinées ; chaque membrure comporte une ou plusieurs semelles, deux cornières et quelquefois une âme.

Nous donnerons quelques indications qui permettront de calculer les efforts qui se développent dans chacune des parties d'une poutre de cette nature, les charge et surcharge étant uniformément réparties, nous pourrons ainsi vérifier si les dimensions adoptées conviennent.

La figure 3 est un exemple d'une poutre à treillis en N. d'après ce que nous avons dit pour la flexion, les membrures supérieures seront comprimées, celles inférieures tendues ; les montants travailleront à la compression. Quand aux barres de treillis, si le point de rencontre de deux d'entre elles, placées symétriquement par rapport au milieu de la portée, est au-dessous de la poutre, elles seront tendues; si ce point est au-dessus les barres seront comprimées.

Lorsqu'il y aura un panneau au milieu de la longueur de la poutre, comme dans le cas de la figure 3, les montants 5 et les barres de treillis (5) ne subiront aucun effort, il en serait de même pour un montant placé au milieu.

Les membrures supérieures et inférieures marquées des mêmes lettres *aa, bb, cc, dd*, subiront les mêmes efforts au moins en valeur absolue, car les premières sont comprimées et les autres tendues.

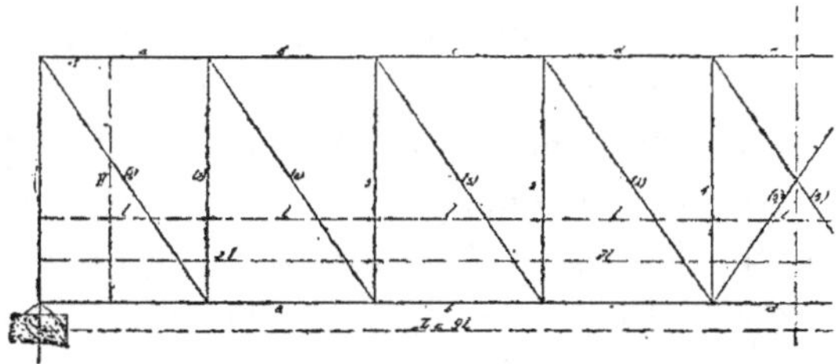

Fig. 3.

La poutre étant symétrique, la valeur absolue de l'effort dans la membrure supérieure du milieu *e* sera la même que pour celle inférieure *d* et par conséquent que celle supérieure la plus voisine.

La membrure inférieure près de l'appui ne supportera aucun effort, mais comme il faut une liaison, on lui donnera la même section qu'à celle *a* immédiatement à côté.

Enfin, si la poutre est à croix de St-André, on la divisera en deux poutres, en N et en N et on fera les calculs pour chaque poutre comme supportant la moitié de la charge totale, on ajoutera ensuite entre elles les valeurs trouvées pour les membrures et les montants correspondants.

L'une de ces poutres portera le panneau du milieu comme il est indiqué sur la figure 3, l'autre ne présentera aucune barre de remplissage dans ce panneau. Les barres de treillis

de la poutre en N seront comprimées, la membrure supérieure de rive ne supportera aucun effort et la valeur absolue de l'effort sera la même dans la première membrure
du bas et deuxième du haut, dans la deuxième membrure
du bas et troisième du haut, et ainsi de suite ; enfin la membrure inférieure du milieu et ses deux voisines supporteront un effort égal à celui de la membrure supérieure du
milieu.

Ces considérations étant admises, voyons de quelle façon
on détermine l'effort dans une membrure quelconque.

On calcule le poids que doit supporter la poutre par mètre
courant absolument comme nous l'avons fait pour le cas
d'une poutre à âme pleine, soit p ce poids. On obtiendra
l'effort dans une des membrures désignées par une même
lettre en multipliant le poids p par les distances du montant
commun aux extrémités de la poutre et divisant par 2 fois
la hauteur totale de cette poutre. Ainsi, pour les membrures
b l'effort pour chacune d'elles sera :

$$\frac{p \times 2l \times 7l}{2H}$$

et si la poutre a une hauteur de 1 m. des panneaux $l = 1$ m.
et que $p = 1.000$ kg. par mètre courant $\dfrac{1.000 \times 2 \times 7}{2} = 7,000$
kg. sera l'effort ; si le métal travaille à 6 kg. par millimètre
carré, la section minimum à donner à la membrure sera :

$$\frac{7.000}{6} = 1.167 \ \text{mm}^2.$$

Si nous avions une portée de 24 m., que nous pourrions
diviser en 20 panneaux de 1 m. 20 chaque, la hauteur de
la poutre étant 1 m. 50, on demande quelle sera la section
des membrures dont le montant commun est situé à 9 m.60
d'une extrémité, le poids par mètre courant étant 1.500 kg.
et le coefficient 7 kg. par millimètre carré,

$$\frac{1.500 \times 9,60 \ (24 - 9,60)}{2 \times 1,50} = 69.120 \ \text{kg}.$$

sera l'effort, et
$$\frac{69.120}{7} = 9.874 \ \text{mm}^2$$
sera la section demandée.

Pour avoir l'effort de compression dans un montant quelconque on multipliera le poids par mètre courant par la largeur d'un panneau et par le nombre de montants comptés jusqu'à celui ou ceux du milieu qui ne subissent aucun effort, sans les y comprendre, mais en comptant celui pour lequel on opère. Ainsi, pour le montant 1, il faudra multiplier par 4, pour 2 par 3, pour 3 par 2 et pour 4 par 1 (fig. 3).

Si $l = 1$ m. et $p = 1.000$ kg., l'effort sur le 2 sera :
$$1 \times 1.000 \times 3 = 3.000 \ \text{kg.}$$
d'où on déduira la section.

On obtiendra l'effort d'extension dans une barre de treillis en multipliant celui trouvé pour le montant portant le même numéro par $\dfrac{\sqrt{H^2 + l^2}}{H}$.

Ainsi pour (2) ce sera :
$$3.000 \ \text{kg.} \ \frac{\sqrt{1+1}}{1} = 3.000 \times 1.414 = 4.242 \ \text{kg.}$$

Les sections trouvées seront évidemment les sections nettes des pièces, trous de rivets déduits, il faudra donc avoir soin de faire cette déduction dans les fers que l'on choisira.

Pour les barres de treillis comprimées, il faudra vérifier s'il n'y a pas lieu de craindre le flambage, on le fera comme nous l'avons expliqué précédemment.

Planche 61

PASSERELLE MÉTALLIQUE

Les données qui ont servi à l'établissement de cette passerelle sont :

1° Longueur entre culées . . . . . .   13 m. 680
2° Largeur d'axe en axe des poutres. .   1 m. 360
3° Hauteur libre sous tablier . . . .   2 m. 750
4° Surchage d'épreuve par mètre carré .   500 kg.

M. Agnel, constructeur à Nice, a adopté pour cet ouvrage des poutres avec croix de St-André qu'il a utilisées comme garde corps en plaçant le platelage à la partie inférieure.

Les poutres de 14 m. 480 de longueur totale, ont une hauteur hors semelles de 1 m. 020. Les membrures supérieures ont partout la même section transversale et sont formées d'une semelle 140×6, d'une âme 110×6 et de deux cornières $\frac{45 \times 45}{7}$, celles inférieures de section également uniforme comprennent une semelle 140×6 reliée à une âme 170×6 par deux cornières à ailes inégales $\frac{100 \times 45}{7}$.

Les extrémités des poutres, au droit de leur portée sur les sabots, forment de petits panneaux avec âme de 400×6. Les montants en fers à U $\frac{60 \times 22}{7}$ sont écartés de de 0 m. 720 d'axe en axe (fig. 6) et reliés aux membrures par deux rivets à chaque bout et comme ces fers sont rivés sur les cornières le constructeur a placé (fig. 9) des fourrures pour racheter les épaisseurs.

Les barres de croisillons en fer plat 55×7 sont réunies en leur milieu par un rivet et sont prises à leurs extrémités sous les montants.

A la partie inférieure les poutres de rives sont entretoisées par des poutrelles en fer double T $\frac{80 \times 45}{6}$ reliées pour un longeron de même forme. Ces entretoises disposées tous les 1 m. 440, sont fixées sur les membrures des poutres au moyen d'équerres, fig. 5 et fig. 10, de $\frac{120 \times 70}{6}$ la figure 11 montre que l'attache des diverses parties du longeron se fait de la même manière.

Sur chaque membrure inférieure est boulonnée une longrine en chêne de 100×70 d'équarrissage sur laquelle on visse le platelage en madriers de chêne de 50 mm. d'épaisseur ; le longeron supporte le plancher en son milieu (fig. 5 et 7).

Sur les culées, des sabots en fonte reçoivent les abouts de chaque poutre : la face en contact avec la semelle présente des rainures longitudinales pour le passage des têtes de rivets (fig. 8); au-dessous de la plaque une nervure en croix sert à maintenir invariable la position du sabot pendant la dilatation du tablier. Si l'on avait démandé que les parties frottantes fussent dressées, il aurait fallu river sous la semelle un fer large plat assez épais pour être raboté, les rainures auraient alors été inutiles puisque les rivets auraient été fraisés.

Le poids mort de la passerelle étant de 3.800 kg. la charge totale par mètre courant de poutre sera de 425 kg. les fers ne travailleront pas à plus de 5 kg. par millimètre carré, et la charge sur la pierre de taille formant sommier ne dépassera pas 1 kg. par centimètre carré.

Planche 62

—

PASSERELLES

1° **Passerelle en arc**.—Cette passerelle, destinée au passage des piétons, est formée par deux arcs dont la distance d'axe en axe est de 1 m. 300 ; le garde-corps étant fixé sur la cornière extérieure le passage libre sera de 1 m. 340.

Les arcs sont entretoisés par des fers laminés en double T de 80 mm. de hauteur qui s'y attachent au moyen d'équerres de 8 mm. d'épaisseur.

Chaque arc est composé d'une âme en tôle sur laquelle

sont rivées à la partie inférieure deux cornières $\frac{60 \times 60}{7}$ et une semelle 130×6. L'extrados est indiqué par un fer à T de $\frac{100 \times 60}{6}$ placée du côté extérieur.

La fig. 1 de la planche n° 62 et les diverses sections montrent que l'âme se prolonge au delà de l'arc, afin de permettre l'assemblage des bois de l'escalier ou du platelage et cela au moyen d'une ou deux cornières qui raidissent la poutre tout en servant à la mise en place du garde-corps.

Afin de donner plus de légèreté, la tôle a été évidée en certains points et notamment près des culées.

La pierre de taille reçoit les naissances de l'arc par l'intermédiaire d'une plaque de tôle de 180 mm. de largeur et de 15 mm. d'épaisseur et c'est au moyen de cales en fer placées entre cette plaque et la semelle inférieure que l'on règle la position de la passerelle de façon à ce que les charges sur chaque appui se répartissent aussi uniformément que possible.

Les marches de l'escalier sont en chêne de 50 mm. d'épaisseur assemblées sur l'âme en tôle de l'arc au moyen de boulons de 14 mm. de diamètre et de cornières $\frac{60 \times 60}{7}$ rivées sur cette âme. La fig. 2 donne cet assemblage ainsi que celui à tenon et mortaise de la contremarche en chêne de 40 mm.

Le platelage en chêne de 50 mm. se fixe sur les cornières supérieures par des boulons à tête encastrée dans le bois.

2° Passerelle à grandes mailles. — L'écartement entre les deux poutres qui forment cette passerelle est de 1 m. 800 et la portée comptée entre culées est de 8 m. 800.

Les dimensions des fers sont telles qu'en augmentant la longueur et le nombre de barres de treillis on peut atteindre des portées de 11 m., 15 m. 40 et même 22 m.

Chaque poutre peut être considérée comme formée de deux éléments accolés et dont la construction est aisée.

Chaque élément est composé de deux cornières simples, dont la distance entre les ailes extrêmes est de 1 m. 300, réliées entre elles par des goussets et des barres de treillis dont l'ensemble forme un V. Les deux demi-poutres sont rivées entre elles.

La liaison entre deux poutres est composée : d'un entretoisement supérieur en fers cornières $\dfrac{60 \times 60}{7}$ placée à chaque nœud comme l'indique la fig. 9 et d'un longeron intermédiaire en cornière $\dfrac{80 \times 80}{9}$, d'un entretoisement inférieur analogue au précédent mais sans longeron et enfin d'une entretoise oblique reliant les deux autres et de même section transversale.

La figure 10 donne le détail d'une poutre au droit de la culée.

Pour les faibles portées le tablier peut être simplement posé sur la pierre de taille, mais à partir de 11 m. il y aurait intérêt à adopter des sabots dilatation en fonte et dans ce cas la partie inférieure de chaque poutre porterait, à partir de l'extrémité et sur une longueur de 500 mm. une semelle de 180×8 à rivets fraisés ou non suivant la forme des patins. Le plancher en chêne de 40 mm. est boulonné sur les cornières des poutres et repose sur le longeron intermédiaire.

3° **Passerelle à petites mailles.** — Les deux poutres de cettepasserelle forment garde-corps et sont distantes de 1 m. d'axe en axe, elles sont reliées à la partie inférieure et tous les mètres par des entretoises en cornières simples de $\dfrac{40 \times 40}{5}$ dont l'attache se fait comme dans la fig. 2 ; ce sont ces entretoises qui servent de point d'appui au plancher. Chaque poutre d'une longueur totale de 7 m. 300 comporte quatre cornières

$\dfrac{40 \times 40}{5}$ et deux âmes 120×5, le remplissage est fait par des barres de treillis en fer plat de 50×5 rivées sur les âmes. Des montants en fer cornières $\dfrac{40 \times 40}{5}$ raidissent l'ensemble de la poutre. Cette passerelle repose simplement sur la maçonnerie.

4° Passerelle en plein cintre. — Les figures 13 et 14 montrent l'ensemble de cette passerelle qui se compose de deux fermes semblables. Chaque ferme comprend un arc en cornière $\dfrac{50 \times 50}{7}$ des montants disposés tous les mètres et supportant les cornières supérieures de mêmes dimensions sur lesquelles se fixent les madriers du plancher et le garde-corps. Les entretoisements et contreventements n'existent que pour les quatre plus grands montants et comprennent deux cornières horizontales et une croix de St-André en métal de même forme et de dimensions $\dfrac{50 \times 50}{7}$. L'arc peut être fixé sur ses appuis au moyen de boulons pris dans la maçonnerie, mais la figure 15 donne une modification que l'on peut employer, la rotule et son coussinet peuvent se faire en fer forgé.

Toutes les pièces de cette passerelle sont réunies par des âmes ou goussets de 6 mm.

Le plancher peut se faire en madriers de 200×80 mis à plat et boulonnés sur les cornières supérieures.

5° Passerelle rustique. — Le tablier de ce genre de passerelle est formé de fers laminés du commerce, la portée en est généralement faible. Dans l'exemple de la figure 17 la passerelle est formée de deux fers double T de $\dfrac{160 \times 80}{8}$ espacés d'axe en axe de 1 m. 200 et auxquels on a donné une légère flèche, l'entretoisement est fait avec des fers à double T $\dfrac{100 \times 50}{7}$ disposés tous les deux mètres et boulonnés sur les pièces longitudinales au moyen d'équerres.

Le garde-corps façon bois se fait soit en fonte soit en fer et se trouve dans le commerce sous forme de branches que l'on n'a plus qu'à réunir par soudure ou au moyen de vis.

6° **Passerelle sur colonnes**. — Cette passerelle de 1 m.500 de largeur se compose d'un tablier droit reposant sur quatre colonnes en fonte ornée et de deux escaliers, dont les limons qui sont les prolongements des poutres principales, viennent reposer sur les pierres de taille du mur de soutènement. Le tablier est formé de deux poutres de 750 mm. de hauteur composées d'une âme de 7 mm.; de quatre cornières $\frac{80 \times 80}{9}$ et de deux semelles 200×9. Sur les colonnes et tous les deux mètres l'entretoisement est fait au moyen de doubles T en fers assemblés et comprenant une âme de 7 mm., quatre cornières $\frac{60 \times 60}{7}$ et deux semelles 140×7. Tous les mètres des fers à double T de 140 mm. servent d'entretoises intermédiaires; l'assemblage des entretoises sur les poutres se fait avec des cornières $\frac{60 \times 60}{7}$ tel qu'il est indiqué dans la figure 20 pour une entretoise principale. Le plancher formé de lames longitudinales en chêne de 50 mm. d'épaisseur, repose sur ces diverses entretoises et est fixé au moyen de boulons. Les escaliers d'accès ont des marches en tôle striée de 6 mm. d'épaisseur et des contremarches en tôle ordinaire de 2 mm., ils sont assemblés aux limons par des cornières de $\frac{40 \times 40}{5}$.

(Voir texte de la planche 63 page 286).

Planche 64.

PASSERELLE EN ARC A ARTICULATIONS SUR LES APPUIS

Dans l'établissement des ponts en arc à surface d'appui, il est difficile de réaliser le contact parfait de ces surfaces, de là résulte toujours une grande incertitude dans la répartition des efforts sur les appuis, la moindre déformation reportant toute la charge sur l'une des extrémités de la surface de contact. De plus, les variations de température développent dans ce système des efforts d'autant plus considérables que la flèche est plus faible.

Pour éviter ces inconvénients, il est préférable de remplacer les surfaces d'appui par des articulations qui obligent les réactions à passer par des points fixes et bien définis et diminuent l'influence des variations de température qui disparaîtrait entièrement s'il se trouvait à la clef de l'arc une troisième articulation.

La planche n° 64 représente une passerelle en arc à articulations sur les appuis, elle est destinée à relier deux parties d'une même propriété traversée en déblai par une route. La différence de niveau entre le sol de la route et celui de la propriété est de 5 m. 250.

Les règlements de voirie prescrivent pour les ponts en arc une hauteur libre sous clef de 5 m., et 4 m. 50 sous semelles pour les ponts en poutres droites ; or une poutre de 10 m. de portée aurait eu dans le cas présent de 8 à 900 mm. de hauteur et n'aurait pu être admise qu'en plaçant le tablier à la partie inférieure et utilisant la poutre comme garde-corps, ce qui aurait nui à l'aspect de grande légèreté que comporte un pareil ouvrage.

La passerelle est composée de deux arcs à tympans avec treillis en N, l'entretoisement des arcs est fait soit au moyen de croix de St-André soit avec de simples cornières pour la partie médiane.

Chaque arc (fig. 3) est formé d'âmes en fer de 6 mm. d'épaisseur reliées à des semelles par des cornières de 50 mm. comme le montrent les sections *mn, op, uv*. La clouure est faite avec des rivets de 14 mm. espacés de 65 mm. d'axes en axes.

Les montants et barres de treillis en cornières de 50 mm. sont rivés sur les âmes principales et réunis entre elles par des rivets et des rondelles d'épaisseur (fig. 16 et 17). Du côté extérieur de chaque arc et tous les mètres se trouvent des consoles (fig. 12) destinées à supporter le garde-corps et à permettre de donner à la passerelle la largeur demandée de 1 m. 250.

Les arcs sont entretoisés par des croix de St-André en cornières simples de 50 mm., rattachées entre elles et aux montants par des goussets de 6 mm. Dans la section *ef* une seule barre de contreventement est nécessaire et dans les sections *ab* et *cd* le peu de hauteur des arcs rend ces pièces inutiles.

Les cornières formant liaison supérieure servent à supporter le plancher en chêne de 40 mm. d'épaisseur qui, à chaque extrémité, repose sur une pièce de même nature de 100×160 (fig. 10). L'assemblage est fait par des boulons à tête encastrée dans le bois, l'écrou portant sur l'aile de la cornière ; le diamètre des boulons est de 14 mm.

Les articulations au nombre de quatre (deux par poutre), se composent de deux coussinets en fonte comprenant entre eux l'axe en fer.

Pour un ouvrage de plus grande importance il y aurait lieu de faire les coussinets en acier coulé et l'axe en acier forgé.

Le coussinet servant d'appui à la naissance de l'arc porte, venue de fonte, une équerre à nervures destinée à recevoir la retombée de l'arc ; la liaison est faite par six rivets sur chaque aile.

L'axe est en fer de 50 mm. de diamètre, sa largeur est de 120 mm.

Le coussinet inférieur transmet la charge à la pierre de taille par l'intermédiaire d'une feuille de plomb ; des nervures donnent à l'ensemble la solidité et la résistance nécessaires.

Le garde-corps en fer de 20×20 avec croix a une hauteur sur platelage de 860 mm., il est maintenu par des jambes de force boulonnées, comme les montants sur les consoles.

La passerelle pèse par mètre courant 290 kg., elle a été établie de façon à pouvoir supporter une surcharge de 500 kg. par mètre de longueur. Dans ces conditions le coefficient du travail du fer sera toujours inférieur à 4 kg. par millimètre carré.

PONTS

Les ponts peuvent se classer en ponts-rails et ponts-routes suivant qu'ils doivent livrer passage aux voies de fer ou aux voies de terre.

La circulaire ministérielle de juillet 1877 laissait aux constructeurs la liberté d'admettre dans leurs calculs l'hypothèse des surcharges uniformément réparties variables avec la portée.

Pour les ponts-rails, les surcharges, qui correspondaient à la largeur normale des voies et au matériel roulant généralement employé, étaient réglées par mètre courant de simple voie conformément au tableau suivant (Tableau 1).

Tableau 1.

Portée en mètres	Surcharge en kilos	Portée en mètres	Surcharge en kilos
2m00	12000 k.	11m00	6900 k.
3,00	10500	12,00	6500
4,00	10200	13,00	6200
5,00	9800	14,00	5900
6,00	9500	15,00	5700
7,00	8900	16,00	5500
8,00	8300	17,00	5400
9,00	7800	18,00	5200
10,00	7300	19 à 20	5000 à 4900

Le règlement du mois d'août 1891 a obligé les construc-

teurs à établir leurs projets dans l'hypothèse du passage
d'un train type dont la composition se rapproche autant que
possible de celle des trains les plus lourds formés avec le
matériel actuellement en service sur les réseaux français.

Ce train type se composera de deux machines à quatre
essieux, de leurs tenders et de wagons chargés dont les
poids et dimensions sont donnés dans la fig. 4.

Il est certain que si l'on avait à construire un pont pour
le passage d'une voie étroite, il ne faudrait employer ni les
chiffres du tableau 1, ni ceux de la figure 4 ; les charges

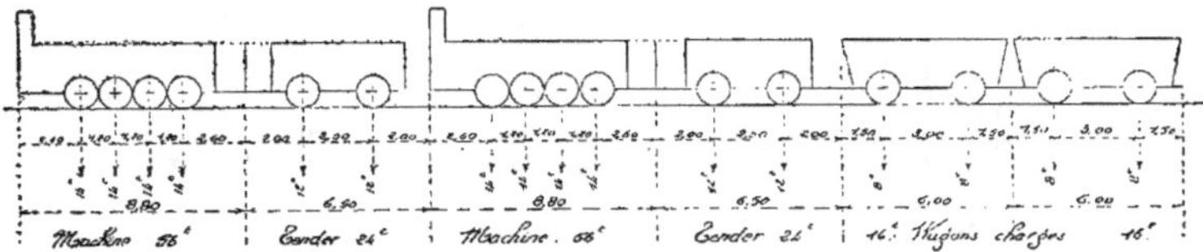

Fig. 4.

seraient fixées par les conditions d'établissement de la
voie, c'est-à-dire d'après le poids du matériel roulant qui
devrait circuler.

Pour les ponts-routes on prendra comme surcharge celle
des deux combinaisons de poids suivantes qui fera subir
aux fermes longitudinales la plus grande fatigue eu égard à
leur portée, savoir :

Une surcharge uniformément répartie et évaluée à raison
de 300 kg. par mètre carré, ou bien une surcharge composée d'autant de voitures de 11 ou 16 tonnes, que le tablier
pourra en contenir avec leurs attelages, sur le nombre de
files que comporte la largeur de la voie. Le poids de 11
tonnes s'applique aux véhicules à deux roues, chargement
compris ; celui de 16 tonnes se rapporte aux voitures à
quatre roues, dont les essieux sont écartés de 3 m.

On fera le choix entre les voitures à deux ou quatre roues
de manière à obtenir le plus grand travail du métal et l'on

supposera qu'une file de voitures occupe une zone de 2 m. 50 de largeur.

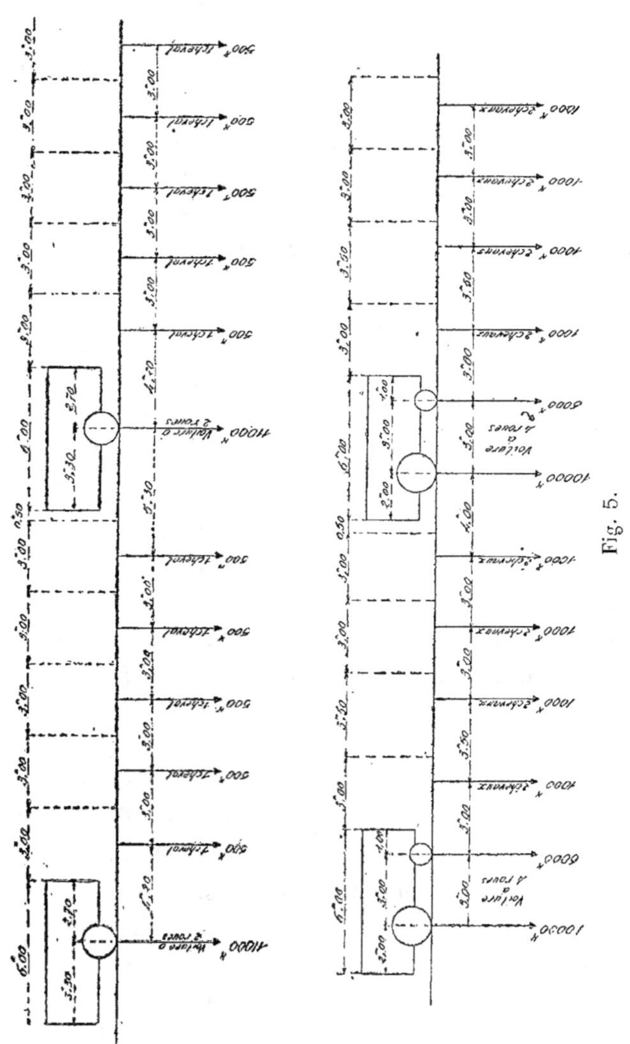

Fig. 5.

Dans les deux cas les trottoirs auront une surcharge de 300 kg. par mètre carré.

Dans certaines localités les dimensions des ponts pour voies charretières peuvent être réduites, eu égard aux circonstances locales, mais dans aucun cas le poids du véhicule et de son chargement ne peut être inférieur à 6 tonnes pour les voitures à deux roues et à 8 tonnes pour les voitures à quatre roues.

Nous donnons dans la figure 5 la disposition des voitures de 11 et 16 tonnes avec leurs attelages.

Chaque file de voiture étant considérée comme occupant 2 m. 50 de largeur de chaussée, pour un pont de 7 m. par exemple, sans les trottoirs, la charge sera donnée par deux files de véhicules. Comme dans le calcul on doit comparer le cas de la charge uniformément répartie de 300 kg. et ceux du passage de voitures de 11 et 16 tonnes et choisir celui d'entre eux qui donnera les plus grands efforts, nous indiquons dans le tableau 2 les charges uniformément réparties par mètre courant qui, pour une zone de 2 m. 50, correspondent au passage des voitures.

Tableau 2.

Portée en mètres	Surcharge, par mètre courant et pour une file de voitures de 2 m. 50 de large, correspondant à la surcharge maximum donnée par le passage d'une voiture de :	
	11 tonnes	16 tonnes
4ᵐ00	5500 k.	5200 k.
5,00	4400	4350
6,00	3650	3750
7,00	3150	3350
8,00	2750	3050
9,00	2450	2800
10.00	2200	2600
12,00	1850	2300
14,00	1600	2050
16,00	1450	1850
18,00	1300	1700
20,00	1200	1600

Pour les ponts-rails et les ponts-routes la charge morte varie suivant la nature du plancher et suivant la forme que l'on donne au tablier ; cependant, à titre de première indication, on pourra compter :

Voie sur traverses ou longrines, le mètre courant : 180 kg.

Plàtelage de 8 cm. d'épaisseur, le mètre carré : 70 kg.

Chaussée de 0 m. 20 d'épaisseur, le mètre carré : 350 kg.

Voûtes en briques de 11 mm. et remplissage des tympans en béton, le mètre carré : 400 kg.

Plancher en tôles embouties, le mètre carré : 76 kg.

Quand au poids du métal, nous donnons dans le tableau 3 des valeurs moyennes qui serviront dans les premiers calculs et que l'on modifiera s'il est nécessaire lorsqu'on connaîtra les dimensions des fers.

Tableau 3.

Portée en mètres	Poids au mètre carré	
	Ponts rails	Ponts routes
$4^{m}00$	135 k.	150 k.
5.00	150	155
6,00	160	160
7,00	165	170
8,00	170	175
9,00	175	180
10,00	180	185
12,00	200	195
14,00	220	205
16,00	230	215
18,00	245	225
20,00	260	235

Ces poids ne comprennent que les fers du tablier, si le plancher est métallique il faudra le compter à part ; pour les ponts-routes les poids donnés dans la seconde colonne supposent la chaussée empierrée et une surcharge de voitures de 11 et 16 tonnes,

Calcul des poutres dans le cas des charges roulantes.
— Les ponts rails sont à une ou deux voies, les ponts-routes peuvent être à plus de deux voies suivant les besoins de la circulation et pour ce dernier cas la voie est de 2 m.50 de large.

Si nous composons un pont de deux poutres de rives réunies par des entretoises, chacune des poutres portera, 1/2, 1, 1 1/2, 2 fois la charge roulante des figures 4 et 5 suivant que le passage sera à une, deux, trois ou quatre voies.

Pour les ponts-rails à poutres jumelées comme dans l'exemple de la planche 65, chaque poutre portera 1/2 fois la charge de la fig. 4.

S'il y a trois poutres dans la section transversale, on répartira la charge entre ces diverses poutres ; de sorte que nous pouvons dans tous les cas supposer que nous connaissons la charge roulante qui agit sur une seule poutre et considérer à part cette poutre.

Pour une poutre soumise à des charges roulantes, l'effort maximum se produira lorsqu'une des charges passera par le milieu de la poutre et cette charge s'obtiendra en prenant les charges les plus lourdes et les plus rapprochées et les disposant sur la poutre de façon que la différence entre les poids placés de chaque côté de l'essieu considéré soit la plus petite possible. Les plus lourdes charges seront toujours disposées vers le milieu de la poutre.

Ainsi supposons un pont-rail à deux voies, de 15 m. de portée, et formé de deux poutres, chacune d'elles supportera la charge du train-type (fig. 4), si les voies ont la largeur normale de 1 m. 519.

Comme il n'y a aucune charge en avant de la première locomotive il est inutile de l'essayer, disposons alors la seconde vers le milieu, par exemple comme il est indiqué sur la figure 6, comme charges portant sur la poutre de chaque côté du milieu, nous avons à gauche : 14 t. + 14 t.

+ 12 t. = 40 t. ; à droite : 14 t. + 12 t. = 26 t., la différence est 14 t. Plaçons l'essieu A au milieu, la charge 12 t.
de gauche sortira de la poutre et ne comptera plus, nous
aurons de ce côté 14 t. + 14 t. + 14 t. = 42 t., à droite
au contraire nous aurons une charge de 12 t. en plus et sur
ce côté le poids sera 12 t. + 12 t. = 24 t., la différence
42 t. — 24 t. = 18 t. est supérieure à celle déjà trouvée,
cette position ne peut donc convenir. En plaçant l'essieu B

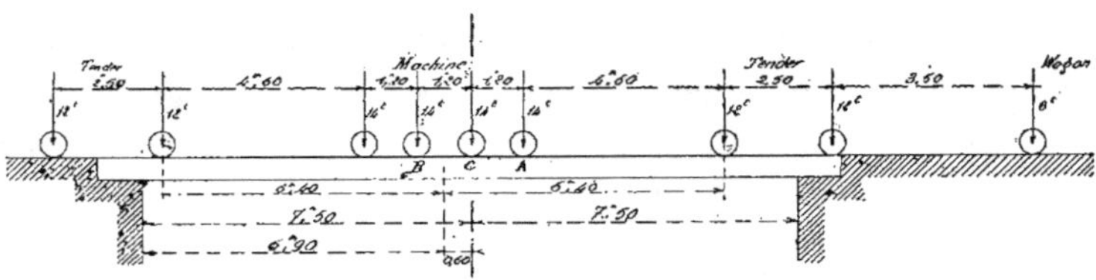

Fig. 6.

en C on trouverait 14 t., on pourra donc placer indifféremment l'un des deux essieux, les résultats seraient iden-
tiques dans ce cas particulier. On suppose alors les charges
ainsi placées uniformément réparties sur la longueur
qui sépare les deux extrêmes, dans le cas actuel nous aurons 80 t. sur 12 m. 80 et on détermine facilement la distance du milieu de cette longueur à l'appui le plus rappro-
ché, de simples additions et soustractions des longueurs
suffisent pour cela.

Nous connaissons donc $d = 6$ m. 90, $L = 15,00$ et
$l = 12,80$; il résulte que nous retombons dans un des cas
étudiés dans le chapitre « Résistance des matériaux ».

$$\text{Formons : } \frac{d}{L} = \frac{6,90}{15,00} = 0,46 \text{ et } \frac{l}{L} = \frac{12,80}{15,00} = 0,85$$

Comme ces coefficients ne sont pas dans le tableau que
nous avons donné nous appliquerons la formule :

$$P' = 8P \left(1 - \frac{d}{L} \right) \left(1 - \frac{1}{2}\frac{l}{L} \right) \frac{d}{L}$$

dans laquelle P est le poids de 80 t. et P′ est le poids correspondant, la charge étant supposée uniformément répartie sur la longueur L = 15 m.

$$P' = 8 \times 80.000 \text{ kg. } (1 - 0,46) \left(1 \frac{1}{2} \, 0,85 \right) 0,46$$

$$P' = 92160 \text{ kg.}$$

et par mètre courant :

$$\frac{92.160}{15,00} = 6.144 \text{ kg.}$$

A ce poids on ajouterait la surcharge uniforme due aux
trottoirs s'il y avait lieu, et la charge morte et toutes les
autres parties du calcul se feraient comme nous l'avons indiqué à plusieurs reprises.

Cette manière de calculer n'est pas absolument exacte,
mais elle évite de faire des épures et donne des résultats
très approchés de la réalité.

Lorsque les rails ne seront pas à l'aplomb des poutres on
calculera les entretoises comme des pièces posées sur deux
appuis, supportant une charge morte uniformément répartie et une surcharge appliquée sur un point ou en deux
points également distants du milieu et égale aux plus
lourdes charges qui peuvent passer. Il en sera de même
pour les ponts-routes.

Si on veut considérer ces entretoises comme encastrées
il faudra être assuré d'une attache convenable sur la
poutre.

Très souvent la hauteur de la poutre est fixée par les
conditions même d'établissement, lorsqu'ils n'en est pas
ainsi on pourra la prendre égale au 1/10 ou 1/12 de la portée. Pour les autres parties on prendra la largeur des
plates-bandes les 40/100 de la hauteur de la poutre jusqu'à
1 m. et les 30/100 si cette hauteur atteint 2 m.

L'épaisseur de l'âme sera de 8 mm. jusqu'à 0 m. 50 de
hauteur de poutre, 10 mm. jusqu'à 1 m. et 12 mm. jusqu'à 2 m.

Les cornières seront de 0 m. 06 à 0 m. 07 de largeur d'ailes pour les poutres de 0 m. 50 de hauteur, 0 m. 07 à 0 m. 08 pour 1 m. et 0 m. 08 à 0 m. 10 pour 1 m. 50.

On aura ainsi les dimensions principales qui permettront de trouver avec plus de facilité le coefficient servant au calcul.

Planche 63.

—

PONTS POUR ROUTES.

Nous donnons deux exemples de ponts-routes dont l'un est établi pour livrer passage à des véhicules de moindre largeur et moins pesants que ceux dont nous avons parlé plus haut. Notre but est de montrer au constructeur qu'il doit lors de l'établissement d'un projet rechercher les seules charges qui peuvent passer sur le pont afin de ne pas donner aux fers des dimensions exagérées.

1° **Ponts avec chaussée et trottoirs sur voûtes en briques**. — Le tablier de ce pont est formé par trois poutres longitudinales entretoisées par des pièces de pont servant de sommiers aux voûtes en briques qui supportent la chaussée.

Les poutres de rives sont composées d'âmes de 950×10 reliées à des semelles de 15 mm. d'épaisseur par des cornières $\dfrac{120 \times 120}{12}$; les calculs ont montré la nécessité de renforcer les semelles sur une partie de la longueur. La poutre intermédiaire est moins haute que les poutres de rives et présente des tables de 45×450 réunies à une âme 700×10 par quatre cornières. Comme on ne peut engager sur le pont qu'une file de voitures, les poutres de rives seront les plus chargées quand une des roues passera près du trottoir et la poutre intermédiaire lorsque la charge sera placée symétriquement par rapport à son axe.

Chaque poutre repose à ses extrémités sur des sabots de dilatation de 0 m. 50 de longueur qui transmettent la pression à la maçonnerie par l'intermédiaire de deux épaisseurs de plomb de 7 mm. chaque.

Les entretoises de 360 de hauteur sont formées d'une âme de 10 mm. d'épaisseur et de quatre cornières $\frac{100 \times 100}{12}$, elles sont reliées aux poutres longitudinales par des goussets de 10 mm. et des cornières $\frac{80 \times 80}{10}$. Ces entretoises sont espacées de 1,340 d'axes en axes sauf celles du milieu qui ne sont distantes que de 0,980.

L'extrémité des poutres présente une âme de 10 mm. consolidée par des cornières et sur laquelle se fait l'assemblage de la tôle de 8 mm. qui empêche le sable ou les pierres de pénétrer dans l'espace utile à la dilation.

Les trottoirs sont supportés par des consoles en encorbellement formées d'une âme de 8 mm. et de cornières $\frac{80 \times 80}{10}$, l'espacement de ces consoles est de 670 mm.

2° Ponts avec chaussées sur tôles embouties. — Ce pont d'une portée de 4 m. a une largeur de 2 m. 90 d'axe en axe des garde-corps, il peut être fréquemment employé sur les chemins ruraux et pour livrer passage à des voitures ayant au plus 1 m. 400 de voie, il a été établi pour le cas de véhicules de 8 tonnes.

Le tablier est formé de deux poutres de rives reliées par des entretoises, et espacées de 2 m. 150 d'axe en axe. La section transversale donne les dimensions des divers éléments et montre l'attache de la pièce de pont sur la poutre.

Un longeron composé d'une âme de 300 $\times$ 8 et de quatre cornières $\frac{70 \times 70}{8}$ réunit toutes les entretoises. La section longitudinale montre la disposition de la tôle garde-grève et du sabot en fonte de 350 de longueur.

Le trottoir formé d'un dallage en ciment repose sur une tôle fixée sur la poutre de rive et de l'autre côté sur un fer à U de $\frac{220 \times 70}{10}$, qui est soutenu tous les mètres par des consoles en tôle de 8 mm. d'épaisseur.

La chaussée est supportée par des tôles embouties de 8 mm. d'épaisseur et de 70 de flèche, mais il serait possible de modifier cette construction en supprimant le longeron du milieu et en se servant des cornières inférieures des pièces de pont comme sommiers pour la retombée de voûtes en briques de 110 d'épaisseur. Cette modification comporterait l'adjonction aux pièces de pont d'une semelle supérieure.

Planche 65.

—

PONT A POUTRES JUMELÉES.

Les formes des ponts-rails sont très variables, tantôt les rails sont à l'aplomb des poutres, tantôt ils sont placés à côté, mais pour des portées de 4 à 10 m. le type le plus courant est celui de la planche 65.

Le dessin représente un pont à poutres jumelées de 6 m. d'ouverture établi pour une seule voie ; la longueur totale du tablier métallique est de 6 m. 800, et sa largeur entre garde-corps est de 4 m. 520.

Chaque poutre jumelée est formée de deux double T de 511 de hauteur écartés de 0 m. 30 et réunis à la partie inférieure par de petites entretoises de 0,20 de hauteur qui supportent la longrine.

Les figures 2 et 3 donnent les dimensions des divers éléments qui composent les poutres et montrent que pour empêcher tout mouvement de la longrine on a disposé, dans des entailles pratiquées dans le bois, des bandelettes de fer plat que l'on boulonne après la pose de la longrine, sur les ailes horizontales d'équerres rivées sur les âmes des poutres.

Cette manière de faire évite de percer le bois pour le passage des boulons.

Le rail est fixé sur les longrines au moyen de tirefonds.

Les deux caissons sont maintenus à l'écartement de 1 m. 519 d'axe en axe des rails, pour la voie normale, par des entretoises en treillis placées tous les mètres et composées (fig. 2) de 4 cornières $\dfrac{55 \times 55}{7}$ réunies par un croisillon en fer plat de 50×7.

Les poutres de rives destinées à supporter les gardes-corps et trottoirs comprennent une âme 250×6 et 4 cornières $\dfrac{60 \times 60}{6}$.

Le plancher en tôle striée de 6 mm. d'épaisseur est vissé sur les solives en fer à T de $\dfrac{100 \times 80}{8}$ qui le supportent et au droit de chacune des poutres le joint est recouvert par un large plat.

Dans la section transversale EF (fig. 2) nous voyons que chaque poutre a un sabot spécial dont la fig. 6 nous indique la section longitudinale.

Le garde-corps avec montants en fer carré 20×20 et main-courante en fer demi-rond 40×15 (fig. 10 et 11), est boulonné sur les poutrelles de rive (fig. 9).

Ce pont a été établi dans les conditions prescrites, le travail du métal par millimètre carré de section étant limité à 6 kg. pour les fers laminés tant à l'extension qu'à la compression et à 5 kg. pour la fonte travaillant à la compression.

La hauteur du dessus du rail au-dessous de la poutre est la plus réduite possible, l'emploi de ce type est donc tout

indiqué pour les passages inférieurs lorsque les remblais
ont une faible hauteur. Ce système a de plus l'avantage de

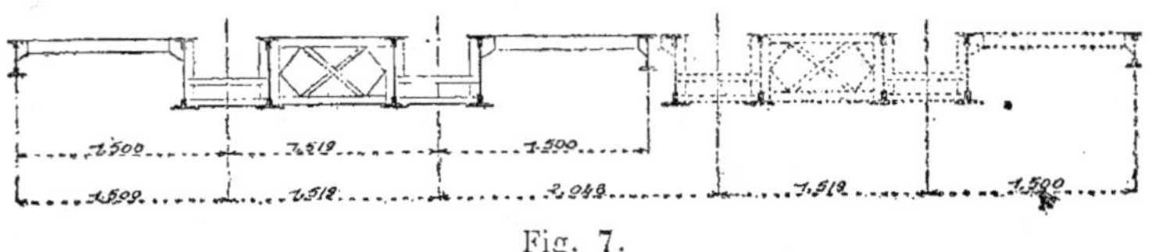

Fig. 7.

pouvoir s'adapter aux doubles voies sans changer les dimensions des poutres par la modification indiquée en traits
pointillés sur la figure 7.

Planche 66.

—

DÉVELOPPEMENT DES VOLUMES ET DES LIGNES QUI S'Y RATTACHENT

**Développement d'une pyramide droite à base poly-
gonale régulière**. — La base de la pyramide donnée est
un hexagone régulier ABCDEF (fig. 1) ; il faut d'abord chercher la vraie grandeur d'une des arêtes de la pyramide en
élevant au point O (fig. 1) une perpendiculaire OS′ à l'un
quelconque des rayons, OE par exemple. La perpendiculaire OS′ aura la même longueur que O′S (fig. 2) et en joignant S′E on aura l'arête en grandeur réelle.

Pour faire le développement on n'a qu'à tracer d'un point
S_1 quelconque (fig. 3) avec un rayon égal à S′E un arc de
cercle sur lequel on portera successivement 6 cordes égales
aux côtés AB, BC, etc… en A_2B_2, B_2C_2, C_2D_2, D_2E_2, E_2F_2, F_2A_2 et
en joignant les points $A_2B_2C_2D_2$… au point S_1 on aura le développement de toutes les faces.

En traçant sur l'un des côtés de la figure 3, C_2D_2 par

exemple, un hexagone semblable à celui de la figure 1, on aura alors le développement total.

Si la pyramide était coupée par un plan quelconque XY non parallèle à la base A_1D_1 (fig. 2) et qu'on veuille obtenir le développement de la partie inférieure de la pyramide, on projettera sur le plan (fig. 1) les points GHIJ (fig. 2) en $G_1H_1I_1J_1K_1L_1$ et on ramène les points G_1L_1 et J_1 sur OE en traçant du centre O des arcs ayant un rayon égal à G_1O, L_1O et J_1O, on obtient les points G_2L_2 par lesquels on mène (et aussi par K_1) des parallèles à OS′. Les parallèles coupent en $G_3L_3K_3$ et J_3 l'arête S′E.

On porte alors sur les arêtes S_1A_2 (fig. 3) la distance S′G_3 en G′, sur S_1B_2 et S_1F_2 on porte S′L_3 en H′ et L′ sur S_1C_2 et S_1E_2 on porte S′K_3 en I′ et K′, et enfin sur S_1D_2 on porte S′J_3 en J′.

Tous ces points G′H′I′J′K′L′G′, joints entre eux, donnent le développement des limites du plan.

Développement d'un cylindre droit. — Pour développer un cylindre droit il faut d'abord savoir faire l'opération pour une circonférence.

On développe une circonférence en la divisant en un certain nombre de parties égales. Faire le plus grand nombre de divisions qu'il sera possible pour les avoir plus petites, de façon qu'on puisse sans différence sensible comparer chaque partie de la circonférence divisée, à une petite ligne droite.

Dans un cylindre droit le développement est donné par un rectangle ayant pour base la longueur de la circonférence développée et pour hauteur, la hauteur du cylindre (fig. 4 et 5).

Par le calcul on obtient la longueur d'une circonférence en multipliant le diamètre par 3.14159. Ainsi une circonférence de 1 m. 50 de rayon (3 m. de diamètre) a pour développement 3 m. $\times$ 3.14159 = 9 m. 42477.

Développement d'un cylindre oblique. — Un cylindre est oblique quand son axe n'est pas perpendiculaire aux bases (fig. 6).

Supposons qu'on veuille obtenir le développement de sa surface.

On divise la section droite (fig. 7) en parties égales par les points ABCDEFG, etc., qui servent à déterminer quelques génératrices $A_1B_1C_1$ du cylindre parallèles aux côtés A_1A_1 et G_1G_1 (fig. 6).

Le cylindre peut être développé indifféremment d'après l'une quelconque des génératrices, aussi bien A_1 que E_1 ou que G_1.

Prenons la génératrice A_1 comme ligne de développement au départ.

On trace une ligne d'emprunt ZZ' parallèle à l'axe du cylindre, et on abaisse sur cette ligne des perpendiculaires des deux points A_1 on obtient A'_1. Sur la ligne $A_1A'_1$ prolongée on porte successivement les distances A'_1B', $B'C'$, $C'D'$, $D'E'$, etc., égales à AB, BC, CD, DE (fig. 7) jusqu'en A'.

La ligne A'_1A' est donc le développement de la circonférence de section droite du cylindre.

Si par les points $B'C'D'E'F'$, etc., on mène des parallèles à ZZ', on a la position des génératrices dans la surface développée. Il ne reste plus qu'à projeter les extrémités $B_1C_1D_1$, etc., des génératrices de la figure 6 sur leurs correspondantes de la figure 8 en $B'_1C'_1D'_1E'_1F'_1$, etc., et à faire passer une courbe par ces points pour que le problème soit résolu. Les deux bases développées sont $A'_1B'_1C'_1$ et A'_1.

Dans ce cylindre, les bases sont des ellipses (fig. 9), dont $A'_2G'_2$ serait le grand axe et $D'D'_2$ le petit (ce dernier égal à DD ou diamètre du cylindre, fig. 7).

On peut tracer ces ellipses en faisant l'axe $A'_2G'_2$, parallèle et égal à A_1G_1, et en abaissant des points $A_1B_1C_1D_1E_1F_1$ des perpendiculaires sur lesquelles (fig. 7) on porte les longueurs $B_2B'_2=BB$, $C_2C'_2 = CC$, $D'D_2 =$ au diamètre DD, etc.

Il est bien entendu que les points B_2 et B'_2 sont à égale distance de l'axe $A'_2G'_2$, de même pour les points $C_2C'_2$, etc.

Développement d'un cône droit. — Pour développer le cône représenté figure 10, on tracera un arc de cercle XX' (fig. 11) en prenant comme rayon la longueur AB de l'hypothénuse du triangle-rectangle l'ayant engendré (génératrice du cône), puis du point X on porte la longueur de la circonférence de base développée en XY.

En joignant YO, on a une portion de cercle limitée par la ligne YOX qui est le développement du cône.

Il a été dit précédemment que si on coupe un cône par un plan parallèle à l'un de ses côtés, l'intersection est une ligne courbe appelée *parabole*.

Si on le coupe par un plan perpendiculaire à la base, on obtient une hyperbole.

Ainsi, dans la figure 12, le plan UV parallèle au côté BC donne une parabole et le plan XY donne une hyperbole.

Pour avoir le développement de la parabole, on tracera des cercles qui dans la figure 12 sont coupés par le plan UV en $D_1E_1F_1$.

En plan, si on projette $VD_1E_1F_1U_1$, on a $V_2D_2E_2F_2U_2$, par lesquels passera la ligne déterminant la section du cône (fig. 101).

Pour avoir la parabole en vraie grandeur, on tracera (fig. 102) un axe parallèle à UV et des points $UF_1E_1D_1V$ on abaissera des perpendiculaires jusqu'en $U_3F_3E_3D_3V_3$. On portera alors sur ces lignes et par moitié de chaque côté de OO' les longueurs F_2F_2 (fig. 13) en G (fig. 14), E_2E_2 en H, D_2D_2 en I et enfin V_2V_2 en J. La courbe qui passera par ces points détermine la grandeur exacte de la parabole.

Le développement de l'hyperbole s'obtient de la même façon (fig. 15).

Pénétration d'un cylindre et d'une pyramide. — Le cas considéré ici est la pénétration d'un cylindre et d'une pyramide à base quadrangulaire.

Les axes de ces deux solides sont parallèles et situés dans un même plan.

Dans la figure 17, on voit projetés en plan la pyramide dont la base est ABCD et le sommet S, ainsi que le cylindre de diamètre EF dont l'axe passant par O est parallèle à l'axe de la pyramide qui passe par S.

Il s'agit de déterminer sur chacune des faces de la pyramide la ligne d'intersection du cylindre.

Considérons la face ABS (fig. 16).

On divise le côté AB en un nombre quelconque de parties égales (1), cinq par exemple, par les points $abcd$ qu'on joint au sommet. On opère de même dans la figure 17 pour avoir en plan les lignes qui viennent d'être tracées dans la projection verticale. Ces lignes du plan coupent le cylindre aux points $a_1 b_1 c_1 d_1$ on relève ces points (ainsi que les points d'intersection A_1 et B_1 des arêtes de la pyramide et du cylyndre) sur la figure 16 par des perpendiculaires qui coupent les lignes AS, aS, bS, cS, dS et BS en $A_2 a_2 b_2 c_2 d_2 B_2$. En joignant ces points par une courbe continue on a la projection verticale de la ligne d'intersection sur la face ABS. La courbe de la face opposée DSC est identique parce que les axes du cylindre et de la pyramide sont dans le même plan ZZ' médian.

Pour obtenir les intersections sur les faces ADS et BCS on fait un tracé semblable. Le côté DA ayant été en premier lieu divisé par les points $efgh$ qu'on a joints au sommet (fig. 18 et 19) on a obtenu les points $D_1 e_1 f_1 g_1 h_1 A_1$ qui projetés sur l'axe XY en $D'_1 e'_1 f'_1 g'_1 h'_1$ et A'_1 sont ensuite ramenés sur les

---

(1) La division en parties égales n'est pas obligée. Elle a été préférée ici pour la facilité des figures et du texte.

lignes DS et $eSfSgShS$ et AS (fig. 18) coupent celles-ci en $D_2e_2f_2g_2h_2A_2$ qui sont autant de points de la courbe d'intersection sur la face ADS. Même tracé pour la face BSC.

On se rend facilement compte que la vraie grandeur d'une face ABS, par exemple, sera représentée par un triangle isocèle de base AB et de hauteur égale à AS ou BS mesurée sur la figure 16. La longueur AS est en effet la vraie grandeur de la hauteur du triangle projeté horizontalement.

Ce triangle une fois tracé on se sert encore des lignes d'emprunt eS, fS, gS, hS (fig. 19). On projette les points $D_3e_3f_3g_3h_3A_3$ et on a les éléments de la courbe réelle d'intersection.

En C_3B_3 passe la courbe de la face BCS opposée à ADS.

Quant au développement du cylindre il a été indiqué trop souvent dans les problèmes précédents pour qu'il en soit de nouveau question.

Toutes les autres pénétrations de cylindres et de pyramides se résolvent d'une façon analogue.

Planche 67.

—

PÉNÉTRATION DES SOLIDES

Pénétration de deux cylindres de mêmes diamètres dont les axes sont perpendiculaires. — Ce tracé se rencontre souvent pour l'assemblage des fers ronds.

Soient donnés les deux cylindres de même diamètre ABCD et EFGH (fig. 20) dont les axes VX et YZ se rencontrent à angles droits, on veut avoir la ligne d'intersection de ces deux cylindres.

Sur les deux circonférences de centres O et O′ (fig. 21 et 22) représentant les sections des deux cylindres, on trace des divisions égales ab, bc, etc. et $a'b'$, $b'c'$, $c'd'$, etc., par lesquelles on mène des génératrices qui se rencontrent en $a_1b_1c_1$, points appartenant à la ligne d'intersection des cylyndres.

Il est à remarquer dans le cas actuel que les lignes d'intersection des cylindres sont des droites allant de H et G au point de rencontre V des deux axes VX et YZ.

Pour avoir la vraie grandeur de l'intersection HV des cylindres (fig. 23), se reporter à ce qui a été dit pour la figure 9, planche 66.

Pénétration de deux cylindres de diamètres différents dont les axes sont perpendiculaires. — Les deux cylindres sont ABCD et EFGH (fig. 26) ayant VX et YZ comme axes.

On trace (fig. 24 et 27) la 1/2 section du petit cylindre et on la divise en parties égales par les points $a'b'c'd'$.

On mène les génératrices du petit cylindre par les points $a'b'c'd'$, génératrices qui rencontrent en $abcd$ le grand cylindre (fig. 25).

En menant sur le grand cylindre (fig. 26) les génératrices des points $abcd$, on a les points de rencontre $a_1b_1c_1d_1$ avec celles du petit cylindre.

Les points $a_1b_1c_1d_1$ appartiennent à la courbe d'intersection.

Si l'on veut avoir le développement de la courbe, on tracera (fig. 28) au-dessus et au-dessous d'un arc V_1X_1 et à des distances égales à B_1a, ab, bc et cd (fig. 25), des parallèles sur lesquelles on projettera les points H $a_1b_1c_1d_1$ G (fig. 26) en $H_2a_2b_2$ $c_2d_2G_2$ (fig. 28) qui déterminent la trace développée de la pénétration du petit cylindre dans le grand.

On peut maintenant développer le petit cylindre en traçant (fig. 29) des génératrices parallèles à Y_1Z_1 et à des distances égales à H_1a', $a'b'$, $b'c'$, etc. On projette ensuite sur ces génératrices les points $dcba$ en $d_3c_3b_3a_3$ et qui sont autant de points des extrémités des génératrices.

Pénétration de deux cylindres obliques et de diamètres différents. — On a les deux cylindres EBCD ayant pour axe XX' et AF_1G_1G ayant YY' comme axe (fig. 33).

Les cercles de centres O_1 (fig. 30) et O_2 (fig. 31) représentent la section droite du petit cylindre, celui du centre O (fig. 32) est la section droite du grand cylindre.

On divise les deux cercles de centres O_1 et O_2 en parties égales, soit en 12, par exemple, et on mène sur la figure 33 les génératrices du petit cylindre par les points de division *abcdefg* de la figure 30.

On mène également les génératrices du petit cylindre par les points de division $d_1e_1f_1g_1$ de la figure 31. On obtient avec le grand cylindre les intersections $d_2c_2e_2b_2f_2$ et a_2g_2 (fig. 32).

Par les points trouvés en dernier lieu $d_2c_2e_2$, etc., on mène à EB des parallèles qui coupent les génératrices du petit cylindre (fig. 35) en $b_3c_3d_3e_3$ et f_3. On fait passer une courbe continue par tous ces points, et on obtient ainsi l'intersection des deux cylindres.

Le développement de la trace du petit cylindre sur le grand (fig. 34) se fait de la même façon que si les cylyndres ont leurs axes perpendiculaires l'un sur l'autre.

Si on veut obtenir le développement du petit cylindre (fig. 35) on opère aussi comme il a été indiqué dans les tracés précédents.

Pénétration d'une sphère et d'un cylindre qui n'ont pas le même axe. — Soit le cylindre ABCD (fig. 36) dont l'axe est VX et la sphère de centre O.

Dans la figure 37, la sphère a son centre en O' et l'axe du cylindre est en YZ.

Pour avoir la ligne d'intersection du cylindre sur la sphère, on coupe celle-ci par des plans EF, GH (fig. 36), parallèles à la base AB du cylindre.

Ces plans sont représentés (fig. 37) par les cercles de centres O′ ayant O′E′ et O′G′ pour rayons.

La circonférence passant par E′ coupe la projection du cylindre en E_1, celle qui passe par G′ la coupe en G_1. On relève les points E_1 et G_1 sur les cercles correspondants de la fig. 36 par des parallèles menées à l'axe VX, et on a les points E_2 et G_2 qui sont des points de la courbe d'intersection des deux solides.

COMBLES

On nomme *Comble* l'ensemble des pièces de charpente destinées à supporter la couverture d'un bâtiment. D'une façon générale, un comble est composé de *fermes, pannes, chevrons* et *lattis*.

Le lattis reçoit directement la couverture et transmet la

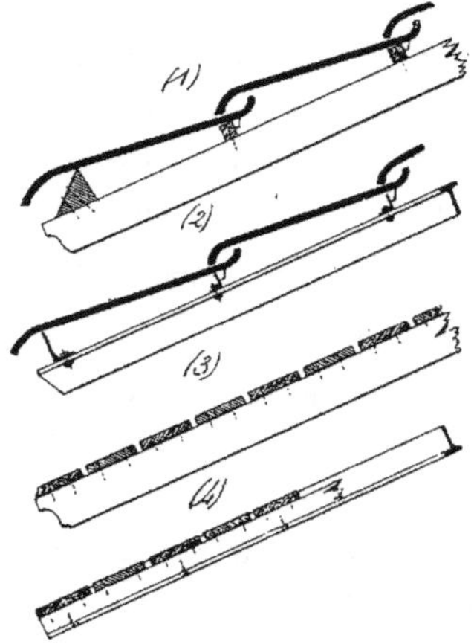

Fig. 1.

charge aux chevrons. Si la couverture est en tuiles, le lattis se fait en bois de 25×30 mm. d'équarrissage correspondant

à un écartement de chevrons de 0 m. 50 d'axe en axe ;
lorsque les chevrons sont plus espacés, il deviendra nécessaire d'augmenter la hauteur du bois jusqu'à 40 mm. Les
lattes en bois sont toujours posées et clouées sur des chevrons en bois, elles se placent à une distance moyenne de
0 m. 34 ; cet écartement est variable suivant la provenance
des tuiles, les unes demandent 0 m. 33, les autres 0 m. 35,
aussi conseillerons-nous aux constructeurs de toujours ré-
clamer plusieurs échantillons des tuiles à employer. Cette
remarque a une grande importance lorsque le lattis doit
être fait en fer et posé sur des chevrons métalliques dont
tous les trous d'assemblage seront percés à l'atelier.

Les lattes en fer sont des cornières, des fers à T ou en U,
elles s'assemblent sur les chevrons (2) soit avec de petits
boulons, soit au moyen de vis ; avec un lattis en fer on peut
prendre un espacement de chevrons de 3 m. au plus et de
1 m. au moins, c'est-à-dire que dans certains cas les fers sont
fixés directement sur les arbalétriers des fermes.

Les cornières $\frac{25 \times 25}{4}$ et $\frac{60 \times 60}{7}$ conviennent à des portées de
lattes de 1 m. à 3 m. et donnent toujours une économie sur
les autres profils, surtout si on a soin de les disposer comme
nous l'avons indiqué sur la figure ; les cornières à ailes
inégales sont encore d'un bon emploi et doivent être pré-
férées pour les portées un peu grandes en faisant l'assemblage sur la branche de moindre largeur. La première ran-
gée de tuiles portera toujours sur une latte bordure de
dimensions plus fortes que les autres.

Pour avoir une clôture plus étanche on place quelquefois
un voligeage entre les lattes et les chevrons pendant le
montage, si la pose doit avoir lieu une fois la construction
terminée, on fixe les voliges sous les chevrons ou sous les
lattes suivant que l'on a affaire à du bois ou du fer.

Le lattis tel que nous venons de l'étudier ne peut convenir

aux couvertures en ardoises ou en zinc, aussi dans ces cas emploie-t-on des voligeages fixés sur les chevrons en bois au moyen de clous et maintenus sur les ailes des chevrons en fer avec des vis à bois. En (3) nous avons représenté le cas de voliges de 12 mm. d'épaisseur en sapin, posées sur chevrons 80/80 en bois espacés de 0 m. 50 ; la disposition serait la même si les ailes des chevrons en fer étaient placées à la partie supérieure. Pour bien faire comprendre les différentes constructions, nous avons au contraire supposé (4) que le chevron en T était disposé de façon à permettre un assemblage facile avec la panne qui le supporte ; l'aile ne devant en aucun cas faire saillie sur le plan du voligeage, nous avons vissé sur les ailes ou boulonné sur l'âme des réglettes en bois sur lesquelles il sera facile de clouer le voligeage. Au lieu de laisser un vide entre les frises, on peut les poser jointives et alors si on a eu soin d'employer des voliges rainées, il suffira d'en fixer quelques-unes.

Lorsqu'on veut supprimer les chevrons il devient nécessaire de ne pas écarter les pannes de plus de 1 m. et d'employer des frises de 20 mm. d'épaisseur clouées sur tasseaux que l'on fixe sur les pannes.

Nous avons vu quel était l'écartement que l'on donnait aux chevrons, il nous reste donc à étudier leurs divers assemblages avec les pannes. Les chevrons prennent leurs points d'appui sur les pannes faîtières, intermédiaires et de rives ou sablières, ils s'établissent suivant la ligne de plus grande pente de la toiture. Dans les conditions ordinaires, on emploie des bois de 80/80 d'équarrissage ou des fers profilés ; les cornières $\frac{50 \times 50}{6}$ et $\frac{60 \times 60}{.7}$ conviennent bien à des écartements de pannes de 1 m. 50 à 2 m., pour des portées supérieures, il faut avoir recours à des fers double T ou en U de 60 à 80 mm. de hauteur.

Lorsque les chevrons sont en bois, on peut les poser

simplement sur les pannes (1) en pratiquant une entaille pour les empêcher de glisser, si le soulèvement de la toiture est à craindre, on les fixe au moyen de vis. En (3) et (4) nous avons donné deux autres dispositions; dans la pre-

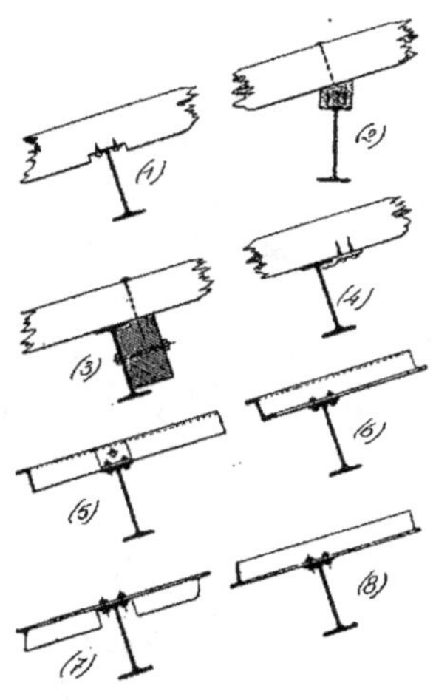

Fig. 2.

mière on cloue le chevron sur un bout de tasseau boulonné sur l'âme du fer, dans la seconde, on maintient le chevron avec une patte. Les pannes sont quelquefois verticales, on modifie alors les constructions précédentes en employant un tasseau en bois vissé sur l'aile supérieure (2), c'est d'ailleurs la disposition en usage lorsqu'il est nécessaire de poser le voligeage directement sur les pannes.

L'assemblage des chevrons en fer profilés sur les pannes se fait au moyen d'équerres (5) ou en boulonnant les ailes entre elles, ainsi que le représentent les croquis (6), (7) et (8).

Les pannes transmettent la charge aux fermes et bien que nous n'ayons indiqué sur la figure 2 que des fers double T il est évident que toute autre forme conviendrait également et que les attaches des chevrons ne seraient en rien modifiés par l'emploi des fers cornières à **T** ou en **U** ; lorsque l'écartement des fermes atteint 10 mètres et plus, on est même conduit à composer les pannes avec des fers plats, tôles et cornières.

L'assemblage des pannes avec les arbalétriers des fermes se fait de différentes façons, selon la forme de ces arbalétriers et la composition des fermes, nous en donnons plusieurs exemples sur la figure 3. Lorsque la panne s'appuie sur la ferme (1) on la fixe sur l'aile supérieure de l'arbalétrier soit avec des boulons, soit avec des équerres, en fer forgé ou en tôles et cornières, boulonnées également sur les deux fers, une seule équerre placée comme soutien suffit généralement.

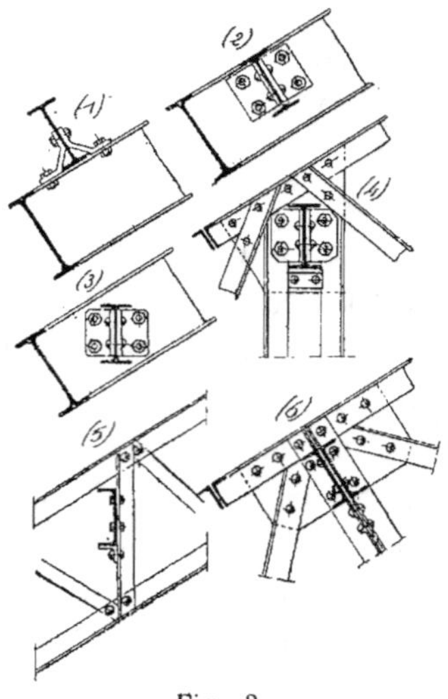

Fig. 3.

L'assemblage avec équerres rivées sur l'âme de la panne et boulonnées sur l'âme de l'arbalétrier et sur les goussets (2), (3), (4), est très employé ; si la panne est placée vertiégalement, on profite de cette disposition pour la soutenir par une cornière (4).

Avec des arbalétriers à treillis il est quelquefois plus avantageux de composer les pannes avec des fers à U que l'on boulonnera sur les montants (5) ou que l'on fixera sur une tôle gousset perpendiculaire à la direction de la ferme (6). Dans tous les cas, chaque fois que la panne sera verticale, il y aura lieu de combiner l'assemblage de façon à ce que les boulons ou rivets ne travaillent pas au cisaillement ; on réduira ainsi leur nombre au chiffre strictement nécessaire pour l'attache.

Les combles sont à un ou deux égouts suivant que les eaux sont rejetées d'un seul ou des deux côtés de la ligne de faîtage ; il s'en suit que les fermes doivent être à une ou deux pentes selon la forme du comble. Les fermes transmettent la charge de la couverture au sol ou aux murs et leur emplacement dépendra des points résistants dont on disposera ; c'est toujours par là qu'il conviendra de commencer l'étude d'un comble et l'on en déduira la portée des pannes.

Si aucune condition ne fixe les points d'appui il faudra prendre parmi les diverses solutions celle qui donne le plus d'économie, soit augmenter le nombre de fermes et diminuer les dimensions des fers qui les composent et celles des pannes, ou diminuer le nombre de fermes et augmenter les sections des éléments. L'écartement entre deux fermes consécutives varie généralement de trois à six mètres, c'est cet intervalle qu'on nomme une *travée* ; mais dans certains cas les supports n'étant placés que tous les six mètres, par exemple, on aura intérêt à étudier si l'emploi d'une ferme intermédiaire ne serait pas avantageuse, cette ferme légère placée au milieu de la travée reposerait sur les pannes extrèmes qu'il faudrait alors considérer comme de véritables poutres.

Parmi les fermes à une seule pente, nous trouvons celles encastrées à une extrémité, libres à l'autre, et celles qui sont soutenues aux deux bouts.

Les premières s'emploient dans la construction des auvents et marquises, elles sont scellées ou ancrées dans les murs ou assemblées contre des colonnes. On en trouvera des exemples sur les planches 71, 81, 85, 92 et 97, et en (1) et (2) de la figure 4 nous en donnons deux autres modèles qui permettent d'atteindre des portées de 4 m. sans qu'il soit utile d'employer des cornières de plus de $\dfrac{60 \times 60}{6}$ et des fers plats 50×7.

Ces fermes sont en somme de véritables consoles qui, ne devant en général supporter que de faibles charges, peuvent être établies très légèrement de façon à servir à la décoration de l'ensemble.

Les fermes d'appentis reposent à leurs deux extrémités sur des supports, murs, colonnes ou poutres, et se réduisent très souvent à un simple fer profilé encastré dans l'un

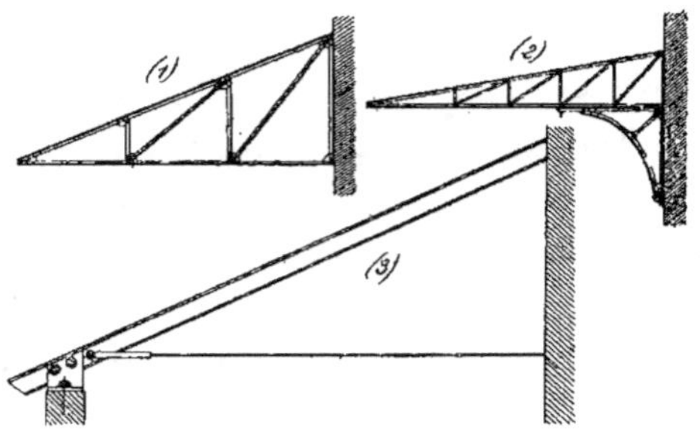

Fig. 4.

des murs et posé sur l'autre appui ; si le second support ne peut résister à la poussée on dispose un tirant (3) avec ou sans tendeur. Lorsque la portée augmente, on soutient le milieu de l'arbalétrier avec une contrefiche et l'on met un poinçon pour empêcher la flexion du tirant, c'est le cas qui a été traité sur la planche 76.

Les demi-combles à plusieurs pentes ou cintrés s'obtiennent avec des demi-fermes Mansard ou cintrées.

Les combles à deux égouts s'établissent sur fermes à deux ou plusieurs pentes ou cintrées. Si l'espace qui sépare les deux murs pignons ne dépasse pas 5 ou 6 m., on peut se dispenser de mettre une ferme et on se contente de poser les pannes sur les murs ; mais en général il n'en sera pas ainsi et on devra supporter les pannes en un ou plusieurs points de leur longueur. La ferme la plus simple consisterait à placer deux fers suivant la ligne de plus grande pente, à les assembler à leur sommet et à faire reposer le pied de chaque arbalétrier ainsi formé sur chacun des murs, mais comme les murs ne doivent subir aucune poussée surtout à leur partie supérieure on est conduit à mettre mettre un tirant et à former ainsi la seule figure géométrique dont l'indéformabilité soit absolue, le triangle. Si la portée de la ferme l'exige, on soutiendra ce tirant par une ou plusieurs aiguilles pendantes suivant sa longueur comme nous l'avons indiqué sur les exemples des planches 76, 78-79, 84 et 97. Les arbalétriers se font en fers profilés ou on les compose avec des fers plats et des cornières, souvent aussi ce sont de véritables poutres armées (pl. 82), mais lorsqu'il n'y a aucune raison pour laisser libre l'intervalle qui les sépare de l'entrait, il est plus avantageux de réduire leurs dimensions et d'employer alors les fermes à contrefiches.

Le type le plus simple est représenté sur la planche 84 (fig. 5), c'est la ferme Polonceau, que nous avons d'ailleurs donnée également dans la coupe transversale courante du marché de Corbeil (pl. 94 et 95).

Ces fermes se construisent avec deux contrefiches ou bielles et treize tirants, les assemblages peuvent être fixes ou mobiles suivant qu'il sera utile de donner ou non de la tension aux diverses pièces.

Les fermes dites américaines (fig. 2, pl. 84) sont aujourd'hui très employées, elles permettent d'obtenir de grandes portées et n'exigent pas de pièces de forge ; les contrefiches sont ou inclinées sur l'arbalétrier; et les poinçons verticaux, ou perpendiculaires à cet arbalétrier les aiguilles pendantes sont alors remplacées par des pièces qui joignent les extrémités opposées de deux contrefiches. Quant au tirant, il est ou horizontal ou légèrement incliné pour chaque demi-ferme.

Il est quelquefois nécessaire d'avoir une grande hauteur libre sans êtré pour cela obligé de surélever tout le comble ; on donne à la membrure inférieure une forme cintrée et on la dispose de manière qu'elle n'exerce aucune poussée sur des appuis (pl. 84, fig. 1).

Les fermes à pentes inégales (Sheeds), les fermes brisées (Mansard) et les fermes cintrées sont décrites dans le

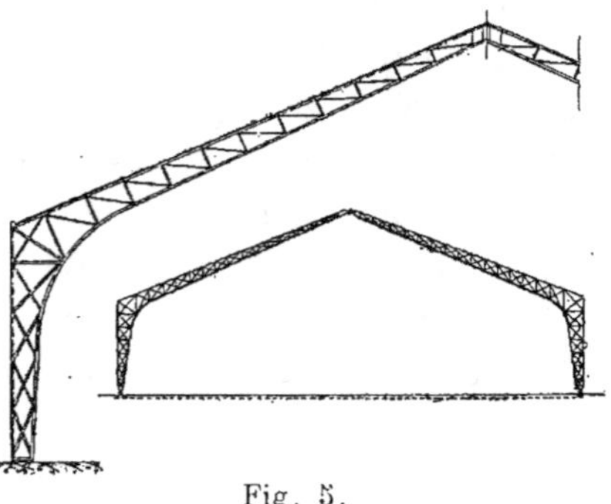

Fig. 5.

cours de cet ouvrage. Pour terminer cette étude, nous donnerons un type de ferme dont les arbalétriers font corps avec les pieds-droits, c'est la ferme de Dion. On pourrait y ajouter des rotules soit pour relier les deux demi-fermes, soit pour servir d'appui aux pieds-droits ; l'avantage de cette disposition, très employée dans les constructions de l'exposition de 1889, est de faciliter la dilatation et de permettre une détermination rigoureuse des efforts. Les rotules inférieures reposent sur des sabots que l'on relie par un tirant placé sous le sol de façon à annuler la poussée qu'on ne peut toujours songer à contrebalancer par une fondation suffisamment résistante.

Les diverses fermes disposées comme nous venons de le voir ont le plus souvent besoin d'être contreventées, c'est-à-dire reliées les unes aux autres de telle sorte que tout mouvement longitudinal soit impossible. Le contreventement se fait par des tirants en fers ronds ou plats partant du pied de l'une des fermes pour aboutir au faîtage de la ferme voisine ; on substitue ainsi aux rectangles formés par les pannes des triangles indéformables.

Les barres diagonales peuvent se placer entre les pannes et le voligeage ou sous les pannes, elles sont fixées très près du pied de l'arbalétrier ou même sur la sablière. Dans les fermes à contrefiches, en plus du contreventement posé suivant la pente de la toiture, on réunit très souvent les pieds des différentes bielles par des tirants dont on peut régler la tension au moyen d'un écrou. Enfin sur la planche 84 (fig. 1) on trouvera un exemple de contreventement vertical des fermes placé au faîtage et rendant solidaires les différents supports.

L'éclairage des surfaces couvertes se fait au moyen de châssis vitrés disposés sur une partie de la toiture ou avec des lanterneaux à parois verticales ouvertes ou fermées selon l'aération qu'il convient de donner. Les vitres, généralement en verre double du commerce se posent au mastic sur des petits fers à T dont la table est rabattue sur l'âme pour former arrêt, ces fers portent sur de fausses pannes en cornières ou en Z boulonnées sur les chevrons. Si l'on a à craindre la chute d'objets quelconques sur les parties vitrées, on les protège par des grillages formés de panneaux amovibles et maintenus par des supports de 0 m. 20 de hauteur. Les parois verticales qui doivent laisser passer la lumière se ferment avec des rideaux vitrés et persiennes en verre ; ces deux dispositions sont représentées sur les planches 94 et 95.

CROUPES ET NOUES

Nous avons considéré jusqu'à présent les combles comme formés de fermes verticales et nous avons supposé que ces fermes modifiées suivant les besoins, existaient également sur les murs pignons ; il n'en est pas toujours ainsi et très souvent même on coupe en cet endroit le comble par un plan de pente quelconque, mais généralement égale à celle de la toiture.

Les surfaces triangulaires, formant égout aux extrémités d'un comble prennent le nom de *croupes*, elles sont droites quand le mur pignon est perpendiculaire à ceux de longs pans et *biaises* dans le cas contraire (1).

Au sommet C on place une ferme courante DE et en AC et BC deux demi-fermes d'arêtier ; si l'écartement des murs l'exige on met en CF une demi-ferme de croupe pour soutenir les pannes. Cette demi-ferme, placée dans le prolongement du faîtage, est généralement composée des mêmes éléments que les demi-fermes de longs pans DC et CE.

Si nous considérons deux combles disposés de façon à ce que leur rencontre se fasse sous un angle quelconque, l'arête saillante sera un *arêtier*, l'autre sera une *noue*. Ainsi dans le croquis (2), qui représente deux combles de mêmes dimensions on placera des fermes courantes en LI, une

ferme de noue suivant GHI et deux demi-fermes courantes
en MH et NII ; l'angle rentrant HI formera la noue.

Pour avoir la vraie longueur d'un arêtier ou d'une noue
il suffira de faire le rabattement autour de la trace du plan
en prenant comme hauteur du triangle rectangle la distance du faîtage à la ligne du dessus des sablières ou des
pieds d'arbalétriers.

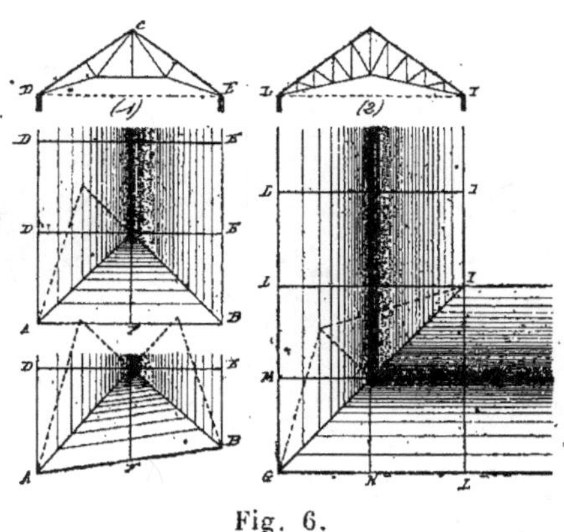

Fig. 6.

Si les deux combles, sans avoir même largeur, ont une
hauteur égale, l'intersection se projettera toujours en plan
suivant une ligne droite.

Il peut arriver que l'un des bâtiments viennent se raccorder sur l'autre ainsi que nous l'avons représenté sur les divers croquis de la figure 6 ; si les combles (1) ont même
largeur, leur intersection donnera naissance à deux noues
CB et CF, dans ce cas on établira des fermes biaises BD et
AE dans le comble principal et deux fermes suivant les
diagonales. Si la distance AD est grande on pourra soutenir
les pannes sur le long pan libre en mettant une demi-
ferme suivant le prolongement du faîtage du bâtiment de
raccord.

Lorsque l'un des combles est moins élevé (2) l'intersec-

tion s'obtiendra en portant la hauteur *ab* en *a'b'* et descendant le point *b'* de rencontre avec le rampant du comble
principal en G sur le plan de la faîtière, GF et GH seront
de petites noues ou noulets qui s'établiront sans difficulté,
le sommet G pouvant s'appuyer sur une panne ordinaire ou
renforcée et maintenue, si le besoin s'en fait sentir, par une
fausse ferme.

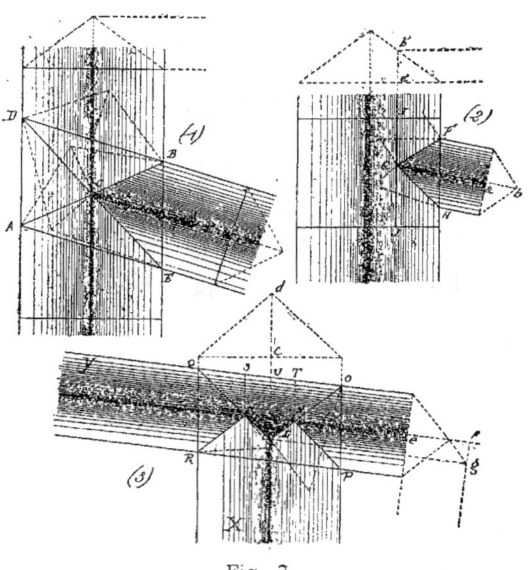

Fig. 7.

En (3) nous avons indiqué une autre disposition, le
comble X étant plus élevé que le comble Y nous prolonge-
rons le rampant de ce dernier jusqu'au faîte en portant la
hauteur *cd* en *ef*, nous obtiendrons le point *g* et par projection le point L. Pour composer la charpente nous pourrons disposer une ferme PR et deux demi-fermes de croupe
LQ et OL, deux fermes biaises OP et QR et deux demi-
fermes de noues NR et MP et si les dimensions des bâtiments demandent une grande solidité nous ajouterons les
demi-fermes NS et MT et enfin LU.

Si les bâtiments se terminaient en angle les tracés précédents seraient encore applicables et on aurait encore des arêtiers tels que ML et des noues ou noulets MP, l'arêtier d'angle étant QL.

Si les combles étaient en arc, les arêtiers et noues seraient cintrés, leur forme et longueur vraies s'obtiendraient facilement comme nous l'avons expliqué à propos de la pénétration des solides (planche 68), nous n'insisterons donc pas davantage sur ce sujet.

RÉSISTANCE DES FERMES MÉTALLIQUES.

Les charges qui agissent sur les combles sont permanentes ou accidentelles.

Les charges permanentes, ou poids mort du comble, comprennent le poids de la couverture et le poids des matériaux (fer et bois) qui ont servi à la construction des lattis, chevrons, pannes et fermes.

On rapporte généralement les poids au mètre carré de surface horizontale couverte, ils seront donc variables suivant la nature de la couverture et son inclinaison, et suivant la portée, le nombre et la forme des fermes.

Les charges accidentelles proviennent de l'action du vent et du poids dû à une couche de neige ; comme les précédentes ces charges varieront avec la pente donnée à la toiture. Mais dans chaque cas particulier il faudra tenir compte de la situation de la charpente à établir.

Les tuiles de 45 kg. au mètre superficiel donneront une charge de 48 à 53 kg. par mètre carré de surface couverte la pente par mètre variant de 0,40 à 0,60.

Le zinc n° 14, le plus communément employé, posé sur voliges de 34 mm. d'épaisseur, donnera par mètre carré de projection horizontale un poids de 34 à 38 kg. pour une pente de 0,20 à 0,60.

Les ardoises sur voliges de 25 mm. d'épaisseur pèseront de 45 à 50 kg. pour une inclinaison variable de 0,20 à 0,60.

Quant au poids des matériaux qui composent l'ossature de la charpente, pour une première approximation, on pourra compter par mètre carré de surface couverte, le fer travaillant à 6 kg. par millimètre carré.

> Couverture en zinc,   30 kg.
> Couverture en ardoises,   43
> Couverture en tuiles,   56

Ces poids comprennent les fermes, pannes, chevrons, lattis et contreventement.

Le vent dont la vitesse varie de 1 m. à 45 m. par seconde, exerce sur une surface perpendiculaire à sa direction un effort qui peut atteindre 280 kg. par mètre carré, mais il n'est pas nécessaire de considérer des pressions aussi fortes et l'expérience montre qu'en comptant de 10 kg. à 55 kg. par mètre carré de projection horizontale on se trouvera dans de bonnes conditions. Ces charges correspondent d'ailleurs à une pression de 200 kg. sur des surfaces inclinées de 0,20 à 0,60 par mètre et si l'on prend la pente moyenne de 0,40 la charge sera de 27 kg.

La neige pèse environ dix fois moins que l'eau et dans nos climats une couche de 0 m. 50 ou de 50 kg. par mètre carré sera un maximum et en général il suffira de compter 25 kg.

Donc pour les charges accidentelles et dans les conditions ordinaires d'établissement des charpentes on pourra prendre 25 ou 50 kg. suivant qu'une seule ou les deux surcharges seront à craindre. Mais si dans les constructions provisoires on peut totalement négliger ces charges, il faudra dans d'autres circonstances les considérer comme agissant avec toute leur valeur.

Pour nous résumer, dans un calcul d'avant-projet, nous compterons par mètre carré de surface horizontale couverte.

Charpente couverte en zinc, 90 kg. ou 115 kg.

Charpente couverte en ardoises, 115 kg. ou 140 kg.

Charpente couverte en tuiles, 130 kg. ou 155 kg.

Selon que la surcharge sera de 25 ou de 50 kg.

Dans l'étude d'un comble on déterminera d'abord l'emplacement des fermes et le type à adopter. D'après la longueur des travées on connaîtra la charge sur chaque ferme ; d'après l'espacement des pannes, chevrons et lattis on connaîtra la charge sur chacune de ces pièces en ne considérant toutefois que les poids placés au-dessus et pour en faciliter l'évaluation nous donnons ci-dessous le détail des poids que nous avons indiqués plus haut :

	Couvertures en		
	tuiles	Ardoises	Zinc
	kg.	kg.	kg.
Fermes et contreventement,	19	19	17
Pannes,	14	14	13
Chevrons,	10	10	»
Lattis,	13	»	»
	56	43	30

Les pièces pour lesquelles la charge agira normalement à la section droite se calculeront comme posées sur deux appuis en composant les poids tels que nous l'avons indiqué ; pour les pièces inclinées il faudra tenir compte de la pente en multipliant par un coefficient de réduction variable de 0,98 à 0,86 selon que l'inclinaison sera de 0,20 ou de 0,60 par mètre ; ce même coefficient sera de 0,82, 0,78, 0,74 et 0,70 pour des pentes de 0,70, 0,80, 0,90 et 1 m.

Pour obtenir les efforts qui agissent sur les contrefiches,

pòinçons, montants et tirants des fermes, il faudra répartir la charge uniforme suivant les nœuds formés par la rencontre de ces diverses pièces avec l'arbalétrier, la tracer à une échelle convenable et la décomposer par des parallèles à la direction de ces pièces. On aura ainsi à l'échelle la valeur des efforts (tensions ou compressions) qui permettront de déterminer les sections et on vérifiera, ainsi que nous l'avons déjà démontré (Résistance des Matériaux), s'il n'y a pas lieu de craindre le flambage pour les pièces comprimées.

Les variations de température engendrent des efforts dont il faut tenir compte pour éviter des accidents. Si nous admettons par exemple que la température, au moment de la pose soit de 10° et que sous l'influence du soleil ou du froid, la variation puisse atteindre 30° en plus ou en moins, ce qui n'a rien d'exagéré, comme la dilatation de l'unité de longueur du fer pour un élévation de température de 1° est de 0 m. 000012 nous aurons pour 30° comme allongement ou retrait 0 m. 00036. Or une barre de fer de 1 m. de longueur sous un effort de traction de 1 kg. par milimètre carré de section s'allonge de 1/16000 = 0,00006, si donc la pièce est maintenue à ses extrémités le travail sera $\frac{0,00036}{0,00006} = 6\,kg.$ par milimètre carré. On voit que dans ses conditions il ne resterait que peu de résistance aux autres efforts et que l'on serait conduit à augmenter de beaucoup la section des pièces. Dans la pratique on laisse toujours un certain jeu aux boulons de scellement des pieds d'arbaletriers en donnant une forme ovale aux trous des sabots ; les autres pièces moins raides fléchissent légèrement.

Planche 68.

—

ARÊTIER DROIT

Supposons représenté sur la figure 1 un petit comble droit

reposant sur un mur ; la figure 3 sera l'élévation de la moitié d'une ferme de croupe, suivant la hauteur et la largeur, que l'on a voulu donner, et sur la figure 4 nous tracerons le plan de la demi-croupe. Dans ce plan, on trace la largeur des fers ; aussi bien pour la ferme et demi-ferme de croupe, que pour l'arêtier ; en ayant soin d'arrêter ce dernier à la rencontre des versants du comble au point G'.

Pour avoir la vraie grandeur de cet arêtier, il suffit de le rabattre sur le plan horizontal, en lui donnant pour base, la longueur de son axe en plan, et pour hauteur celle de la ferme de croupe, comme l'indique la fig. 5.

Nous tracerons donc. à une distance quelconque, suivant la place disponible, un trait E'-G parallèle à l'axe en plan en projetant les deux points extrêmes B'G' ; à partir du point E', nous porterons comme nous l'avons dit, une hauteur E'B' égale à celle EB' de la ferme ; la ligne qui joindra les deux points B' et G' nous donnera la longueur théorique de l'arêtier ; mais comme il est composé d'un fer d'une certaine largeur, figurée en plan du reste, on projettera l'intersection de cette largeur, avec les versants du comble en C' sur le plan de rabattement en C ; on mènera de ce point, une ligne parallèle à B'G', ce qui donnera en HC le dessus réel de l'arêtier et le surbaissement B'H. On peut aussi trouver ce surbaissement, en faisant une section verticale, suivant xx' on obtient (figure 2), la coupe U du fer de l'arêtier, rs et st les deux versants du comble, la distance du point s à la semelle supérieure sera le surbaissement.

Pour terminer le tracé de l'arêtier, on portera au-dessous de la ligne HC et normalement la hauteur du fer ; il ne restera plus alors qu'à déterminer, les coupes des extrémités. Celle du bas à droite, est faite suivant la ligne d'assise E'G ; on rapporte (fig. 6) deux équerres d'appui, fixées sur l'arêtier par des boulons et sur le mur par des tiges à scellement. Pour la coupe du haut à gauche, elle

peut se faire de deux façons soit que l'arêtier se prolonge jusqu'à l'intersection des ferme et demi-ferme de croupe ; dans
ce cas elle est assez compliquée, l'assemblage en est difficile
soit qu'elle s'arrête sur une équerre d'angle de forme spéciale, qui tout en simplifiant l'assemblage, le rend d'un
meilleur effet. C'est à ce dernier cas que nous sommes arrê-
tés, nous allons l'expliquer.

La figure 8 représente, d'une façon détaillée, le tracé de
l'équerre de tête, qui doit recevoir l'arêtier.

La coupe de l'arêtier est, donnée par le tracé du rabattement (fig. 5) ; deux équerres en cornières rivées à l'extrémité permettent, d'assembler l'arêtier sur l'équerre de tête,
par des boulons ; cette dernière est tracée, de façon à avoir
sa face milieu LL′ LL′ assez large, pour recevoir l'assemblage ; ayant donc sa longueur, on la trace en plan, comme
l'indique la fig. 8, avec les deux branches LM, droite et
gauche, allant sur les ferme et demi-ferme de croupe et s'y
assemblant au moyen de boulons ; on obtient le développement
de cette équerre en la rabattant sur un plan vertical ; pour
avoir sa position, par rapport à l'arêtier, on projette une
de ses branches LM, sur la ferme en L′M′ ; puis amenant
d'équerre à l'axe de la croupe, le point L en J, on à J B,
qui représente le dessus de la partie milieu, qui reçoit l'a-
rêtier ; or on voit dans la fig. 5, au rabattement de l'arêtier
et dans le haut, que ce dernier est à une distance B′H, du
faîte de la croupe, en retranchant cette distance, de celle
(JB fig.8), la différence que nous allons appeler H J, servira
à tracer l'arrivée de la coupe de l'arêtier sur l'équerre développée ; pour cela, on projette (fig. 8), les deux points du
plan LL′, puis d'équerre à ces deux lignes, on trace la hauteur prise en L′L ; on obtient LLL′L′, sur l'axe on porte HJ.
H représente le dessus de la coupe de l'arêtier, et HJ sa distance verticale à l'équerre qui le reçoit ; du point H on porte
au dessous la hauteur de la coupe de l'arêtier et son profil ;

il ne reste plus que les deux branches développées à tracer
or le comble étant à 45°, on portera LM L′M′ semblable à
LM L′M′ de la ferme de croupe et à la même pente; on fera
de même pour l'autre branche et on les aura ainsi développées ; il suffira de relever en plan, fig. 8, l'angle H L M,
de ployer les branches à cet angle, pour avoir l'équerre bien
complète.

Planche 69.

—

ARÊTIER CINTRÉ

Nous supposons, comme dans le cas précédent, un petit
comble en fer à double T, avec fermes et demi-fermes, de
la forme d'un quart de cercle dont l'ensemble est représenté fig. 4.

La figure 1, représente en élévation, une moitié de ferme
de croupe, BC au cintre indiqué ; le plan (fig. 5) donne
un quart de la croupe, composée de la moitié de la ferme
CC, d'une demi-ferme KB et de l'arêtier BH.

Pour avoir l'arêtier en élévation, dans ce cas particulier,
il suffirait, de tracer un quart d'ellipse, ce qui pourrait se
faire par les moyens ordinaires ; mais, comme cela se présente assez rarement ; nous croyons qu'il est préférable, de
donner des tracés, qui puissent indistinctement s'appliquer
à tous les cas; voici donc la manière d'opérer. On commence par marquer sur le cintre de la panne de croupe
BC, une certaine quantité de points DEFIJ, à volonté ; plus
il y en a et plus la courbe est précise ; on les rapproche
encore plus, dans la retombée de la courbe, parce que le
cintre y est généralement plus prononcé, surtout dans les
courbes paraboliques.

Puis on projette ces points en plan (fig. 5), jusqu'à leur rencontre sur l'axe de l'arêtier BH.

En D″E″F″I″J″ on fait le rabattement de l'arêtier sur un plan vertical (fig. 3), comme nous l'avons déjà indiqué, pour l'arêtier droit ; en projetant les points B″D″E″F″I″J″HG, au-dessus de la ligne A′G′, puis portant prises sur la ferme (fig. 1), au fur et à mesure, les hauteurs AB pour A′B′, dD, pour d′D′, e′E′, etc., jusqu'en J′, on aura ainsi tous les points pour tracer la courbe de l'arêtier ; comme on le voit au point H, la largeur du fer de ce dernier, vient toucher les deux versants du comble ; or, ce point étant projeté en H′, on a le surbaissement de l'arêtier, comme dans les combles droits ; il suffit de tracer une courbe parallèle à la première, et de mettre la hauteur du fer, pour avoir l'arêtier complet.

Il est arasé en bas, suivant la ligne de base A′G′, avec ses deux équerres d'appui sur le mur ; dans le haut, il vient butter dans l'angle des deux fermes, les ailes sont entaillées à la rencontre de ces fermes (fig. 2) : le point B′ se projette sur le rabattement, pour avoir la la coupe de l'âme du fer ; les autres coupes pour les ailes se projettent de la même façon, ainsi que les équerres.

Planches 70 et 71.

—

KIOSQUE POUR MUSIQUE

Le kiosque pour musique que nous représentons dans les planches 70 et 71, a la forme d'un octogone régulier inscrit dans un cercle de 10 mètres de diamètre et dont les axes des colonnes occupent les sommets.

Les colonnes placées aux angles formés par les côtés de l'octogone portent le chéneau, les consoles des demi fermes centrales, des fermes d'auvent, ainsi que celles qui sont placées sous le chéneau.

Les demi fermes centrales, dont nous venons de parler, s'assemblent à leur tour sur la face intérieure du chéneau.

Deux cours de pannes dans chaque versant soutiennent la couverture en zinc.

Les côtés de l'octogone donnent les axes du chéneau.

Pour avoir la longueur d'un de ces côtés, on multiplie la longueur du rayon, soit ici 5 m. par 0 m. 765 et nous trouvons 3 m. 825.

Si maintenant nous voulons avoir la plus courte distance de l'axe du chéneau au centre du kiosque, nous multiplions la longueur du côté 3 m. 825 par 1 m. 208, ce qui donne 4 m. 6206.

Voilà donc les lignes principales de constructions bien déterminées.

On obtiendra les longueurs intérieures ou extérieures du chéneau et du lambrequin de la même façon.

Les nombres 0,765 et 1.208 que nous avons employés sont le résultat de formules sur lesquelles nous ne pouvons insister sans sortir du programme que nous nous sommes proposés de suivre.

La hauteur du sol du kiosque au-dessous du chéneau est de 6 m.

Colonnes. — Les colonnes, en fonte creuse de 90 mm. de diamètre intérieur et de 130 mm. extérieur, dans le corps de la pièce, sont formées d'une embase octogonale moululurée, d'un fût F (fig. 2, Planche 71), également octogonal, à cannelures, d'un chapiteau C avec cornes de bélier et enfin d'un autre fût F_1 recevant les consoles des fermes et du chéneau.

Le fût supérieur F_1 est disposé de telle façon que les fers montants des consoles s'appliquent sur une partie plane (fig. 9).

Les chéneaux posent directement sur les colonnes.

Pour la descente des eaux pluviales on se servira de deux colonnes diamétralement opposées. L'écoulement se fera par une canalisation traversant le massif et allant rejoindre l'égout.

Chéneaux. — Les chéneaux relient les colonnes et sont suffisamment tenus avec elles par les consoles des pans sans qu'il soit besoin de les assembler par un autre moyen.

Nous montrons par la figure 9 le mode d'attache des consoles sur les colonnes et, par la figure 6, l'attache du chéneau et de la console. Les vis à employer auront 10 ou 12 mm. de diamètre.

Un chéneau est composé (fig. 6) de deux faces verticales en tôle de 0 m. 20 sur 5 mm. d'épaisseur, d'un fond également en tôle de même épaisseur et de quatre cornières 40 $\times$ 40/4, dont deux en haut, placées extérieurement, et deux dans le fond assemblant les parois verticales et le fond.

Les cornières hautes devront être percées sur l'aile horizontale de trous de 9 mm., écartés de 0 m. 50 pour la fixation de la fourrure en bois A qui reçoit le voligeage.

Au droit des colonnes, c'est-à-dire à la jonction de deux chéneaux, des couvre-joints extérieurs B et intérieurs seront placés sur chaque face verticale (fig. 3) et un couvre-joint intérieur sera mis dans le fond.

Nous recommandons de bien soigner ces joints lors de la mise en place et de mettre des rivets au lieu de boulons s'il est possible. Il est indispensable d'obtenir un joint absolument rigide qui résiste dans de bonnes conditions à la poussée provenant des demi-fermes qui tendent toujours à s'ouvrir.

Des cadres en fer plat de 20 $\times$ 7 décorent les faces des chéneaux.

Il ne faut pas oublier dans la tôle du fond de percer des trous fraisés pour visser la planche qui reçoit le zinc de garniture (fig. 6).

Fermes et demi-fermes. — Il ne peut exister dans ce kiosque qu'une ferme complète allant d'une colonne à une autre colonne opposée. Il existe en plus six demi-fermes qui viennent toutes s'assembler sur la ferme complète au moyen des équerres droites et ouvertes indiquées à la fig. 5.

Une variante à cette disposition consisterait à établir un

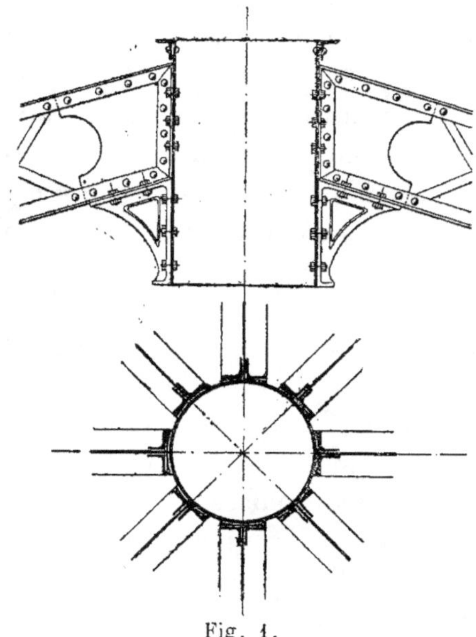

Fig. 1.

tambour rond ou octogonal en tôle ou en fonte et d'y adapter les demi-fermes avec ou sans interposition de fourrures, c'est le cas que nous avons indiqué dans la figure ci-dessus. On peut compléter l'assemblage par de petites consoles en fonte et fermer les extrémités par des plaques résistantes qui serviront à fixer les motifs d'ornementation.

La ferme ou chaque demi-ferme est composée de quatre cornières $\frac{40 \times 40}{4}$ et de goussets découpés en tôle de 5 mm. d'épaisseur.

On remarquera que les cornières supérieures des fermes centrales sont reliées au milieu du chéneau avec les cornières supérieures des fermes d'auvent. Un joint convenable J (fig. 2) sera fait comme il a été indiqué au chapitre spécial des joints de façon que les cornières travaillent comme si elles n'avaient pas été interrompues. Reliées de cette façon, la ferme d'auvent et la demi-ferme s'équilibrent dans une certaine mesure et les consoles sont un peu soulagées.

Nous avons mis en auvent, au milieu des travées de chéneaux, des fermes supportées d'autre part par le lambrequin pour diminuer la portée du bois dans ces travées. La composition est la même que pour les autres pièces supportées par les consoles (fig. 1).

Une plaque en tôle de 7 mm., découpée et coudée sous chaque demi-ferme suivant la pente de la couverture, relie la tête de toutes ces pièces à leur partie inférieure.

Il est nécessaire de bien soigner aussi cet assemblage et, sauf empêchement, dans le montage il faudra mettre des rivets de préférence aux boulons.

Dans la fig. 2, la partie hachurée H à la tête de la ferme représente la trace de l'équerre ouverte qui reçoit la demi-ferme placée à 45° avec elle.

Pannes. — Les pannes sont en fer double T larges ailes de 100 mm. de hauteur et reçoivent la moulure en bois (M) sur laquelle est cloué le voligeage. La fixation se fait au moyen de vis traversant les ailes supérieures du fer à double T (fig. 4).

Pour avoir le tracé du bout de la panne, on se reportera au chapitre des combles qui donne la manière d'opérer pour obtenir la coupe biaise de la panne et l'assemblage sur la ferme.

Lambrequins. — Un tôle de 5 mm. d'épaisseur et de 0 m. 30 de hauteur (fig. 7), qui relie les extrémités des fermes d'auvent forme le lambrequin.

A la partie supérieure est placée une moulure assez accentuée comme saillie, à la partie inférieure une moulure demi-ronde.

A l'intérieur du lambrequin on a posé avec des rivets fraisés une cornière de $40 \times 40/4$, percée de trous de 9 mm. dans l'aile horizontale pour visser la fourrure N du voligeage.

Entre les deux moulures sont placées les rosaces qui achèvent la décoration ; le modèle de rosace sera assez saillant et isolé de la tôle du lambrequin au moyen d'une rondelle de 10 mm. d'épaisseur.

Nous recommandons cette façon de procéder pour que les rosaces placées à cette hauteur relativement grande ne paraissent pas trop plates et produisent des ombres assez fortes.

Planches 72-73.

—

CHARPENTE MIXTE D'UN PAVILLON D'ANGLE MANSARD, AVANT-CORPS RACCORDÉ AVEC LES AILES

La charpente du pavillon d'angle représenté en plan par le rectangle ABCD, de 10 m. de longueur sur 9 m. de largeur hors œuvre, se compose de deux fermes principales tronquées EF et GH dont la figure 1 nous donne l'élévation.

Les arbalétriers, en fer double T ao de 0 m. 20 sont coudés au niveau des plates-formes et reliés par deux entraits sur lesquels s'assemblent les solives du faux plancher et du plancher intermédiaire au moyen d'équerres en cornières. L'entrait haut de même force que les arbalétriers porte huit solives de 0 m. 10 de hauteur ; sur l'entrait retroussé, en fer double T de 0 m. 22 la se fixent onze solives de 0 m. 16. L'assemblage de ces entraits avec les arbalétriers se fait avec deux plaques en tôle de 9 mm. d'épaisseur, découpées comme nous l'avons indiqué sur le dessin (fig. 1).

Les quatre arêtiers, de mêmes dimensions et de même forme que les arbalétriers, sont assemblés à la tête avec les entraits hauts des fermes principales au moyen d'équerres forgées ; la figure 2 représente l'élévation d'un de ces arêtiers dont on peut suivre le tracé en se rapportant aux lignes horizontales sortant de la ferme principale, puisque les hauteurs sont les mêmes, et aux perpendiculaires au plan de cet arêtier.

Les pannes de brisis, en fer double T de 0 m. 18, portent, fixées au moyen de boulons, des fourrures en bois de sapin 0 m. 23 $\times$ 0 m. 11, sur lesquelles s'appuient les têtes des chevrons de brisis en sapin 0 m. 08 $\times$ 0 m. 11 et les pieds des chevrons de terrasson ; ces pannes s'assemblent avec les fermes par l'intermédiaire d'équerres en cornières.

Étant donné le peu d'importance du terrasson, nous l'avons fait entièrement en bois.

Les chevrons de brisis, dont les pieds reposent sur une plate-forme en chêne de 0 m. 10 d'épaisseur et de 0 m. 18 de largeur, sont cloués à hauteur du plancher intermédiaire sur une fourrure en sapin 0 m. 08 $\times$ 0 m. 18 boulonnée contre une ceinture en fer double T de 0 m. 20 ; cette ceinture forme pannes et s'assemble avec les fermes principales au moyen d'équerres en cornières.

En *abcde* (fig. 1), nous représentons le type de ferme

employé pour le comble des ailes de la construction ; cette ferme comporte deux arbalétriers coudés comme ceux du pavillon, un entrait recevant le faux plancher et deux arbalétriers de terrasson assemblés entre eux avec des goussets triangulaires en tôle de 9 mm. d'épaisseur. Le faîtage, en fer double T de 0 m. 12 $l\,a$ est fixé sur ces goussets avec des équerres, il est garni sur son aile supérieure d'une fourrure en bois 0 m. 08 $\times$ 0 m. 08 maintenue par des vis.

Les pannes, en fer double T $a\,o$ de 0 m. 12 sont également garnies de fourrures boulonnées et s'assemblent sur les arbalétriers au moyen d'équerres.

Le plan IJKL représente l'aile de face avec une seule ferme MON semblable à celle que nous venons d'étudier ; la pente du terrasson a été établie de façon à ce que la couverture puisse être faite en tuiles à emboîtement. Cette aile se termine par une croupe formée par les arêtiers brisés JO et IO ; chacun de ces arêtiers en fer double T de 0 m. 14 $l\,a$ (fig. 4) est coudé à la partie inférieure et s'assemble avec l'arêtier de terrasson au moyen de deux plaques découpées suivant l'angle de l'épure et fixées par des boulons dits à trois fers. Des fourrures en bois délardées suivant les angles des rampants, sont fixées sur les ailes supérieures des fers d'arêtiers au moyen de vis à tête ronde.

La figure 5 représente la coupe longitudinale de l'aile de face avec faîtage, pannes, faux plancher et plancher bas ; comme il n'y a pas de demi-ferme de croupe, les pannes de brisis et de terrasson sont portées directement par les arêtiers.

Pour obtenir en plan le raccord du comble en aile sur le rampant XY du pavillon d'angle, on descend le point Q de rencontre de xy avec la ligne de faîte PQ en T sur le plan OT du faîtage, on aura ainsi le sommet des noues de raccord ; la ligne de brisis RS (fig. 5) rencontre le dessus du chevron de brisis xy en s que l'on descend en plan jusqu'à l'intersection des pannes de bris R'U, R"V ; TU et TV seront en plan les noues de terrasson, en joignant UK et VL on obtiendra les noues de brisis.

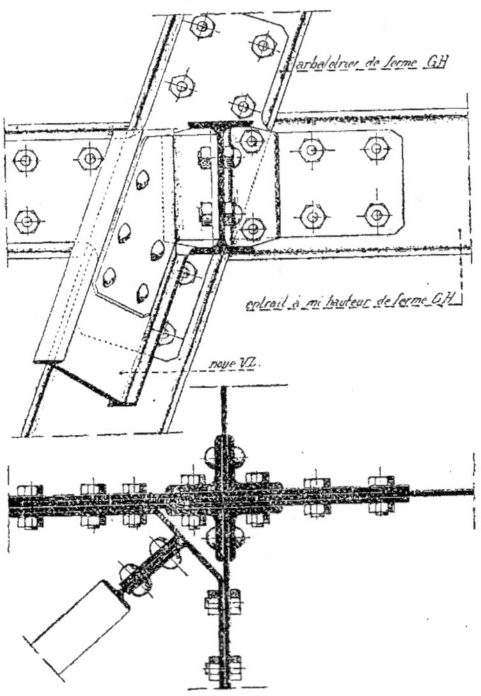

Fig. 1.

Nous donnons sur le croquis ci-dessus l'assemblage sur la ferme principale GH de la ceinture formant panne à hauteur du plancher intermédiaire dans le pavillon d'angle, de la panne de brisis du comble en aile et de la noue VL ; ces divers fers sont assemblés au moyen de goussets.

La figure 6 représente l'élévation des noues VL de bris et VT de terrasson développée au moyen d'un arc de cercle Tm, le point m est remonté en n, sommet de la noue en élévation.

Pour tailler les empanons ou petits chevrons ayant des coupes biaises à chaque extrémité, on fait une *herse* ou développement des rampants. On prend la longueur du chevron XY (fig. 1) avec les points S de la panne de brisis de l'aile et Q faîtede cette aile que l'on porte (fig. 7) en X'S'Q'Y' ; on porte également la longueur du chevron de terrasson Y'Q' (fig. 1) en Y'Q' (fig. 7), puis la longueur de la sablière X″KB prise en plan et rapportée en herse en X'K'B' (fig. 7) sur une ligne perpendiculaire à X'Y'. En S'U' (fig. 7), on marque la longueur de la demi-panne de bris S″U du plan et en dernier lieu on trace en $y'r'$ (fig. 7) la longueur de la demi-panne de bris du pavillon d'angle $y″r$. Sur la herse B'r' sera l'arêtier bas de brisis, $r'q'$ l'arêtier de terrasson, K'U la noue basse et U'Q' la noue de terrasson.

On fixe les demi-épaisseurs des arêtiers et noues et on espace les chevrons de brisis de 0 m. 33 et ceux de terrasson de 0 m. 40 d'axe en axe.

L'autre côté de la herse se fait de la même manière, en prenant la longueur du chevron $fgpt$ (fig. 3) que l'on porte en $f'g'p't'$ de la herse (fig. 7).

Les fausses coupes se prennent sur les rampants de chaque chevron respectif.

Planches 74-75.

—

CHARPENTES MIXTES

1° Ferme à entrait retroussé (fig. 1). — La figure 1 nous donne un exemple d'une ferme mixte que l'on pourra employer pour couvrir un hangar de 7 m. 800 de largeur dans œuvre. Les deux arbalétriers en bois de 180×100 d'équarrissage sont assemblés à mi-bois au sommet (détail B, fig. 3) et reliés par deux goussets en tôle découpée de 8 mm·

d'épaisseur ; les pieds de ces arbalétriers reposent sur des sabots en fers à U (détail D, fig. 4), fixés sur chacun des murs au moyen de quatre boulons à scellement de 18 mm.

Un entrait retroussé formé de deux moises 120×40 est placé à mi-hauteur de la ferme et porte au milieu de sa longueur un gousset de 8 mm. sur lequel viennent s'attacher (détail C, fig. 5) l'aiguille pendante en fer rond de 16 mm. et les tirants inclinés en cornières $\dfrac{35 \times 30}{4}$ dont les ailes horizontales sont rivées sur les tables supérieures des fers à U formant sabots. L'écartement intérieur des deux moises d'entrait étant de 40 mm., on maintient le gousset avec des fourrures en bois ; les cornières des tirants sont rivées entre elles tous les 0 m. 500, avec interposition de rondelles de 8 mm. d'épaisseur, et forgées à 110 mm. d'écartement entre les ailes verticales pour laisser passer l'arbalétrier et permettre l'attache sur les fers à U.

Le détail A (fig. 2) nous montre l'assemblage de l'entrait moisé avec l'arbalétrier, chacune des pièces est entaillée de 10 mm.

On peut espacer ces fermes de 3 m. 00 et les relier par des pannes en 120×100 d'équarissage qui recevront les chevrons en bois 80×70.

2° Ferme à arc de renfort (fig. 6). — Le type de ferme que nous représentons sur la figure 6 convient, lorsqu'il est nécessaire de donner au comble un aspect de plus grande légèreté, on supprime, au moins en partie, les pièces de bois formant entrait, contrefiches et poinçon, on relie les extrémités libres de ces pièces par un arc en fer et on maintient l'écartement des arbalétriers par un tirant soutenu en son milieu par une aiguille. La ferme (fig. 6) a 10 m. de portée dans œuvre, elle comporte deux arbalétriers en bois de 220×120 d'équarrissage, dont l'assemblage sur le poinçon 150×120 est consolidé par deux goussets équerres de 8 mm. d'épaisseur (détail E, fig. 7) et dont les pieds reposent sur les faux entraits.

Le détail G (fig. 9) indique de quelle façon se fait la liaison d'un arbalétrier avec le faux entrait et du potelet 150 × 120 placé contre le mur. L'arc de renfort en fer à U $\frac{120 \times 65}{10}$ est fixé à sa naissance contre le poteau au moyen de goussets de 8 mm. rivés sur les ailes (détail J, fig. 12) et le tout est supporté par une console en fonte creuse, scellée dans la maçonnerie. Cet arc vient soutenir chaque arbalétrier en son milieu, par l'intermédiaire d'une fourrure en bois assemblée à tenon dans l'arbalétrier et prise entre deux goussets (détail F fig. 8).

Le faux entrait en 180×120 d'équarrissage est relié avec l'arc par deux goussets (détail H, fig. 10) que traverse le boulon de fourche du tirant en fer rond de 25 mm. de diamètre. Ce tirant en deux pièces avec écrou à lanterne est soutenu en son milieu par l'aiguille pendante de 16 mm. qui vient d'autre part s'attacher sur les goussets de liaison de l'arc et du poinçon (détail I, fig. 11). Les pannes 180×100 sont fixées sur les arbalétriers avec des tasseaux en bois, et le contreventement du faîtage est formé par des contrefiches reliant le poinçon à la panne faîtière.

La distance d'axe en axe des fermes est de 3 m. 500.

3° **Shed** (fig. 13). — La ferme en dent de scie ou Shed (fig. 13), se compose d'un arbalétrier en bois 140 × 100 soutenu au milieu de sa longueur par une bielle en fonte, sorte de contrefiche armant la pièce avec deux tirants, et d'un second arbalétrier 120×100 perpendiculaire au premier relié au pied de la bielle au moyen d'un tirant en fer rond de 16 mm. Cette ferme repose d'un côté sur un mur de 450 d'épaisseur et de l'autre sur une sablière en bois de 200×180 d'équarrissage placé sur des colonnes creuses en fonte. L'écartement des fermes est de 3 m. ; la couverture en zinc est posée sur un voligeage en sapin rainé de 0 m. 024 cloué sur des pannes 120×80 espacées de 0 m. 500 d'axe en axe et fixées sur les arbalétriers avec des équerres en cornières. Le détail K (fig. 14) nous montre l'assemblage des deux arbalétriers entaillés à mi-bois, avec goussets de 7 mm. boulonnés ; l'arbalétrier de long pan se prolonge pour venir supporter la panne faîtière doublée d'un fer à U de 60 mm. qui reçoit les fers à vitrage en T $\dfrac{35 \times 30}{5}$ posés tous les 0 m. 378. Ces fers fixés à mi-longueur sur une panne intermédiaire en fer à U sont boulonnés à leur base sur un fer de même forme (détail L fig. 15) maintenu sur l'arbalétrier avec des bouts de cornières.

Les deux arbalétriers assemblés sur la sablière sont reliés par des moises en fer à U $\dfrac{80 \times 35}{7}$ qui permettent l'attache des tirants.

La bielle en fonte a une section en croix de 1100 millimètres carrés au milieu et d'environ 700 à chacune des extrémités ; la tête est fixée par un boulon entre les ailes d'une pièce coulée spécialement et vissée sur l'arbalétrier de long pan (détail M, fig. 16); on pourrait également forger cette pièce ou la remplacer par deux cornières.

Le détail N (fig. 17) nous indique l'assemblage du pied de la bielle et des trois tirants au moyen de deux plaques en tôle découpée de 10 mm. d'épaisseur ; ces plaques sont écartées de 45 mm. intérieurement, il faut donc forger à chaque bout de tirant un œil. Comme l'écartement entre les moises en fer à U est de 100 mm., il sera nécessaire pour n'avoir pas à former une tête trop large, de mettre en ces points et de chaque côté du tirant des rondelles jusqu'à une épaisseur de 27 mm. 5.

L'arbalétrier de long pan est assemblé sur la sablière posée sur le mur et porte également à cet endroit deux moises en fer à U dont on visse les ailes inférieures sur la pièce de bois longitudinale.

4° **Ferme Polonceau** (fig. 18). — La figure 18 représente une ferme Polonceau à deux contrefiches, elle a 11 m. 520 de portée entre les faces intérieures des deux poteaux en bois qui la supportent. On peut considérer chaque arbalétrier comme une poutre armée composée d'une pièce principale 200×120 sur le milieu de laquelle porte une contrefiche 120×120 dont le pied est relié à chacune des extrémités de la poutre par deux tirants en cornières $\dfrac{35 \times 35}{5}$

Chaque arbalétrier s'appuie dans un sabot en fonte (détail R, fig. 22) boulonné sur le poteau montant, le premier boulon servant à fixer la panne sablière. Le tirant se boulonne sur chaque face du sabot et vient, avec un écartement un peu plus faible entre les cornières qui le composent, se fixer sur les goussets du pied de la bielle (détail Q fig. 21) ; entre ces points l'entretoisement est maintenu par des boulons traversant de petits tubes en fer.

Les deux arbalétriers assemblés au sommet à mi-bois (détail O, fig. 19) sont de plus reliés par des goussets en tôle qui reçoivent les cornières des tirants et permettent l'attache de l'aiguille en fer rond de 16 mm. qui soutient le tirant entrait en son milieu (détail P, fig. 20), ce tirant en fer de 22 mm. de diamètre est en deux pièces reliées par un écrou à lanterne. Les pannes intermédiaires ont 180×100 d'équarrissage ; ces fermes peuvent se poser à 3 m. 50 les unes des autres.

5° **Ferme américaine** (fig. 23). — Ces fermes se font soit avec un entrait droit comme nous l'avons indiqué (fig. 23) soit avec un entrait légèrement surélevé au milieu. Dans notre exemple la ferme repose d'un côté sur un poitrail supporté par des colonnes en fonte et de l'autre sur un mur de 0 m. 500 d'épaisseur ; la portée entre l'axe de la colonne et le nu intérieur du mur est de 13 m. 400. La distance d'axe en axe des fermes est de 4 m. Les arbalétriers formés de deux pièces moisées de 230×80 d'équarrissage reposent sur un faux entrait en bois de 0,160 de hauteur, l'assemblage est complété par deux goussets de 8 mm. sur lesquels sont rivées les cornières $\dfrac{70 \times 70}{9}$ de l'entrait. L'attache sur le poitrail ou sur le mur se fait avec des boulons simples ou à scellement avec interposition d'une semelle en tôle de 12 mm. (détail U, fig. 26).

Les arbalétriers sont assemblés à mi-bois (détail S, fig. 24) et portent entre eux un gousset en tôle de 12 mm. maintenu par des fourrures en bois ; ce gousset permet une bonne liaison et sert à fixer l'aiguille pendante du milieu de la ferme. Les autres aiguilles traversent les contrefiches 160×100 boulonnées entre les moises et viennent prendre leur point d'appui supérieur sur une pièce de forge disposée comme nous l'avons représenté sur le dessin (détail T fig. 25).

A la partie inférieure les aiguilles traversent les pieds des contrefiches et s'appuient sur les ailes des cornières de l'entrait au moyen d'une semelle double de 10 mm. Les détails V et X (fig. 27 et 28) indiquent la construction et montrent la liaison de ces mêmes contrefiches avec l'entrait.

Planche 76.

—

COMBLE DE 12ᵐ ET APPENTIS DE 6ᵐ.

Le comble de 12 m. dont la fig. 1 donne l'élévation d'une ferme est couvert en tuiles mécaniques.

Les fermes en fer double T $260 \times 68/10$ sont distante, de 4 m. 50 et reposent sur des poteaux en fer double T $140 \times 80/6$ écartés de 12 m. à l'extérieur. Trois cours de pannes sont disposés dans la longueur d'un arbalétrier sans compter la panne faîtière et la panne basse ou sablière.

Sous le pied de chaque poteau (fig. 8 et 9) on a placé une semelle en fer d'une épaisseur de 10 mm. qui répartit également sur le dé en pierre la charge de deux demi-travées de comble. On assemble cette semelle au poteau par deux équerres en cornière 100×100 rivées sur celui-ci. Deux boulons à scellement de 25 mm. de diamètre de tige (fig. 8 et 9) traversent équerre, semelle et pénètrent de 0 m. 25 dans le massif recevant le poteau.

Les poteaux sont reliés aux arbalétriers des fermes (fig. 3) par des goussets découpés dans de la tôle de 7 mm. d'épaisseur, rivés sur le poteau et boulonnés sur l'arbalétrier. Boulons et rivets ont 16 mm. de diamètre.

Au faîtage (fig. 4) l'assemblage est de même genre.

L'entrait est formé de deux fers plats de 70×7 appliqués sur les goussets reliant les poteaux aux arbalétriers ; l'attache est faite au moyen de trois boulons de 16 mm. à chaque extrémité. Les entraits en cornières sont très souvent employés, si leur longueur est grande, on les fait en plusieurs pièces et quand un joint tombe au droit d'une aiguille pendante, l'assemblage se fait comme nous l'avons représenté sur le croquis (fig. 1). Entre les ailes verticales on met un gousset et sur les branches horizontales deux fers plats, autant que possible on chevauche les joints. Le gousset sert à l'attache de la tête du poinçon que l'on forge en fourche.

Un poinçon en fer plat de 40×7 suspendu entre les goussets du faîtage (fig. 4) soutient l'entrait en son milieu par un boulon de 10 mm. (fig. 7).

Comme pannes on a mis des fers double T $120 \times 45/5$

supportés à chaque extrémité par des tasseaux en cornières 60 × 60/7 (fig. 5) rivés sur les arbalétriers. Les équerres sont également en 60 × 60/7.

On voit que dans les arbalétriers les trous ont tous 18 mm.

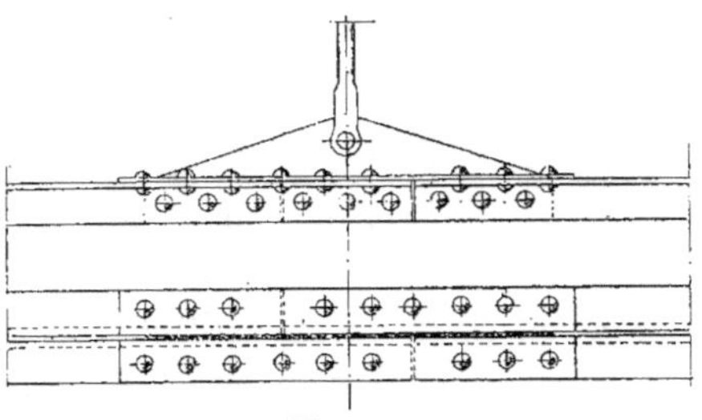

Fig. 1.

de diamètre pour recevoir soit des rivets, soit des boulons de 16 mm. la barre a donc l'avantage de ne passer que sous un seul poinçon ce qui procure une économie de main-d'œuvre assez appréciable.

Les chevrons en bois sont écartés de 0 m. 400 environ (11 divisions pour 4 m. 50). Ils sont tenus aux pannes par de simples clous à crochet qui prennent sous l'aile du fer (fig. 3, 4 et 5).

Ce genre de combles a l'inconvénient d'exiger un travail de forge assez coûteux lorsqu'il faut couper les ailes des double T de poteaux et d'arbalétriers.

Le comble en appentis (fig. 2) est couvert en zinc.

Les fermes ont 3 m. 75 entre axes et sont composées de fers double T 120 × 45/5 scellés en H (fig. 2) dans le mur et reposant en F sur des poteaux en fer double T 80 × 55/3,5 dont l'extérieur est à 6 m. du mur.

Le scellement H (fig. 12) est fait d'un tirant en fer plat 50 × 7 à l'extrémité duquel on a soudé à la forge un fer rond de 20 mm. fileté et portant un écrou qui serre sur un plateau d'ancrage en fonte (fig. 13), de 0 m. 20 de diamètre et de 0 m. 03 d'épaisseur totale, placé de l'autre côté du mur.

On fixe le tirant sur l'arbalétrier par deux boulons de 14 mm.

L'assemblage des arbalétriers sur les poteaux (fig. 10) est fait de la même façon que pour le comble sur poteau qui vient d'être décrit.

L'entrait en 40×5 est pincé d'un côté entre les goussets (fig. 10) par deux boulons de 10 mm. A l'autre extrémité le scellement est identique à celui de l'arbalétrier.

Pour soulager l'arbalétrier, part de son milieu G une contrefiche en deux cornières $40 \times 40/5$ qui rejoint en I l'entrait et est assemblé avec celui-ci et sur l'arbalétrier par deux boulons de 10 mm. (fig. 11 et 14).

On a soulagé l'entrait par un poinçon en 40×5 suspendu en G. (fig. 11) sur l'arbalétrier, ce poinçon est forgé de manière à épouser l'aile en fer.

Les pannes sont assemblées par des équerres en cornière $60 \times 60/7$ dont les boulons ont 14 mm. de diamètre.

Pour porter les chevrons on a placé le long du mur une pièce de bois 8×8 soutenue de mètre en mètre environ par des crochets à scellement (fig. 15) en plats de 40×7.

Les chevrons sont d'un côté cloués sur cette pièce et sont tenus à leur passage sur chaque panne par des clous à crochets.

Planche 77.

—

COMBLE EN BRISIS OU A LA MANSARD

Les combles à la mansard employés fréquemment dans les maisons de rapport, les châteaux, les monuments publics ont l'avantage de laisser beaucoup plus d'espace que les autres combles et permettent ainsi d'installer soit des pièces habitables soit des greniers très vastes en un mot d'utiliser le maximum de place.

Les arbalétriers des fermes sont brisés et comprennent une partie inférieure presque verticale et une partie supérieure de pente assez faible. La partie inférieure de l'arbalétrier prend le nom de *bris* et la partie supérieure se nomme *terrasson*.

La ferme que nous représentons pl. 77, fig. 1 est composée de fers double T de 220 ordinaire comme arbalétriers, d'un entrait également en double T de 200 et d'un tirant plat 100×11 noyé dans l'épaisseur du plancher. Elle laisse comme hauteur libre entre le plancher et le comble 3 m. 50.

Les fermes, écartées de 4 m. 80 d'axe en axe sont reliées entre elles sur l'arbalétrier inférieur par deux cours de pannes et sur l'arbalétrier supérieur par un cours seulement. Toutes ces pannes ainsi que celle du faîtage sont en fer double T 160 ordinaire et sont normales aux rampants.

La panne de bris placée a la jonction des deux parties de l'arbalétrier est verticale et à 200 de hauteur.

Le pied de l'arbalétrier est assemblé par deux cornières $80 \times 80/9$ sur une semelle de 10 mm. d'épaisseur coupée aux angles intérieurs comme l'indique la fig. 6. Les rivets sont fraisés sous la semelle. Deux boulons à scellement de 25 mm. de diamètre et qui pénètrent de 0 m. 300 dans le mur tiennent le pied de la ferme sur la maçonnerie.

Afin d'assurer une bonne répartition de la charge du comble sur le mur on a placé sous la semelle de 10 mm. une plaque de plomb de 5 mm. d'épaisseur.

La jonction des deux pièces formant l'arbalétrier complet (bris et terrasson) est opérée au moyen de goussets de 7 mm. rivés sur l'arbalétrier du terrasson, sur l'entrait et boulonnés sur le double T inférieur (assemblage C. fig. 4). Les goussets portent les équerres d'assemblage et le tasseau de la panne de bris.

L'entrait assemblé à chaque extrémité et son âme passe entre les goussets, les ailes de ce fer ayant été coupées.

Au milieu de sa longueur un gousset est rivé de chaque côté (fig. 7) et est relié au faîtage de la ferme par un poinçon en fer plat 80×7.

L'assemblage des doubles T du terrasson est faite de la même façon au faîtage qu'au droit de la panne de bris (Assemblage A fig. 2).

Dans toute la ferme les boulons et les rivets ont 20 mm. de diamètre.

Pour la couverture les pannes en fer ont été doublées de fourrures en bois boulonnées sur les fers comme dans les figures 9 et 10 ou fixées par des tirefonds comme dans la figure 11.

On a mis sous la tête et sous l'écrou de chaque boulon une rondelle de 5 mm. d'épaisseur afin de pas serrer directement sur le bois.

Les chevrons 80×80 ont été cloués sur les pannes et longitudinalement existe un parquet formé de frises de 30 mm. d'épaisseur recevant le zinc.

Planches 78, 79 et 80.

—

COMBLE DE 20ᵐ DE PORTÉE A CROUPES ET LANTERNEAU VITRÉ POUR MAGASIN

Quant on veut, autour d'un comble, faire régner un chéneau, on établit ce comble avec des croupes. Les plans formés par les versants se rencontrent et déterminent une ligne d'arête, par suite une croupe.

Dans le cas qui nous occupe, l'éclairage donné par les châssis placés dans les longs pans des murs n'étant par suffisant on a adopté une ferme avec un lanterneau vitré.

Le lanterneau est la partie du comble qui surmonte la ferme proprement dite.

Fermes. — Les fermes (pl. 78, 79 fig. 1) composées de poutres à treillis hautes de 0 m. 50 avec des cornières 90 × 90/10 et des croisillons doubles en 60 × 8, sont écartées de 6 m. d'axe en axe.

Les arbalétriers ont un rampant de 0 m. 40 par mètre et sont reliés par trois cours de pannes en fer double T 200 × 100/8. Au droit des pannes, sur un montant large plat 220 × 8, sont rivées des cornières 90 × 90 formant tasseaux.

Les entraits E, c'est-à-dire les pièces qui réunissent transversalement les pieds de fermes sont composés de deux cornières 90 × 90/10 ayant deux joints dans leur longueur au droit des aiguilles verticales A disposées pour les empêcher de fléchir sous leur propre poids.

Le joint d'entrait est indiqué sur la fig. 13 de la même planche.

Il est fait selon les principes indiqués dans une autre partie de cet ouvrage.

Au droit des joints d'entraits sont placés des tirants longitudinaux en deux cornières 70 × 70/9 allant de ferme en ferme et assemblés à leur passage sur les entraits par des goussets posés à plat. La figure 14 de la planche 78-79 montre l'assemblage du tirant longitudinal, du tirant de la demi-ferme de croupe et de celui d'arêtier sur l'entrait de la ferme principale de croupe.

Enfin, les fermes reposent sur des poteaux en tôle et cornières portant des consoles à leur partie supérieure, et sont fixées sur celles-ci par dix boulons de 20 mm. de diamètre (pl. 78-79, fig. 2).

Les fermes du lanterneau ainsi que leurs poteaux n'ont que 0 m. 200 de hauteur avec cornières en 45 × 45/5 et les treillis en N sont en fer plat de 35 × 8. Elles reposent sur la partie horizontale des fermes principales et sont assem-

blées à celles-ci par des consoles ayant des cornières verticales de même échantillon que les cornières du poteau, tandis
que les cornières horizontales ont 65 ✕ 45 et permettent un
boulonnage plus facile sur les cornières 90 ✕ 90 de la ferme
principale. Le diamètre des boulons est de 16 mm.

Au milieu et par dessus les arbalétriers de lanterneau
passe une panne à treillis composée avec des fers de même
échantillon que ceux-ci; cette panne divise le vitrage du rampant en deux parties égales et le surélève dans la moitié
située près du faîtage.

Sous le lanterneau et dans le sens longitudinal, les fermes sont reliées entre elles à leur brisure par des sablières
de 0 m. 50 de hauteur en cornières de 70 ✕ 70/9 et treillis
doubles de 50✕8 (pl. 80, fig. 3 et 4) ; dix boulons de 20 mm.
servent à l'assemblage.

Arêtiers. — Dans les combles avec croupes, la fabrication des arêtiers qu'ils soient en forme de double T, composés de fers plats et cornières ou qu'il aient tel profil qu'il
conviendra d'adopter, demande beaucoup de soins.

Le plan du dessus des fermes que nous appellerons plan
de toiture est considéré comme servant de départ pour les
arêtiers.

En principe, le rabattement d'un arêtier est facile ; pour
obtenir l'arêtier se projetant en plan suivant BC (pl. 78, 79,
fig. 11) il suffit de tracer un triangle en prenant une base B_1C_1
(fig. 12) parallèle à BC et une hauteur C_1D_1 égale à la moitié
de la ferme. La ligne B_1D_1 est la vraie grandeur de la ligne
d'intersection des plans de dessus des fermes. Elle sera désignée dans la suite par *ligne de construction* car en réalité
elle ne représente pas le dessus des arêtiers.

Si on considère la fig. 7 et si on coupe le plan de toiture
par un plan horizontal on obtient sur l'arêtier les points a
et b qui, rabattus sur la ligne de contruction (fig. 6) en b_1 et

a_1 montrent bien que le point a_1 est plus haut que le point b_1. Il arriverait donc que le bord de l'aile a de l'arêtier qui ne doit pas être plus haut que le point b serait hors du plan de toiture et que les lattis qui posent directement sur les fermes principales, comme on le voit dans la figure 1 et 2 de la pl. 78, 79 seraient relevés en arrivant sur l'arêtier.

Pour remédier à cet inconvénient on surbaisse l'arêtier. Il suffit de mener par b_1 (fig. 6) une horizontale qui coupe en a_2 la ligne aa_1 et de tracer par ce point une parallèle à la ligne de construction. On a cette fois le dessus de l'arêtier, les lattis continueront maintenant à être parfaitement horizontaux et poseront sur le bord de l'arêtier.

Il est évident que si les versants n'avaient pas la même pente, l'arêtier ne serait plus à 45° et il faudrait surbaisser de la quantité donnée par le versant qui a la plus forte pente au mètre.

L'assemblage du pied de l'arêtier (pl. 78, 79, fig. 4 et 5) est fait avec le poteau d'angle d'une manière analogue à celui des fermes.

L'assemblage de la tête se voit pl. 80 fig. 1 et 2. On place d'abord une équerre forgée qui relie la ferme et la demi-ferme de croupe et l'arêtier se boulonne simplement sur cette équerre.

Pannes. — Une autre difficulté se présente pour les pannes venant s'attacher sur l'arêtier.

Si les pannes étaient verticales il n'y aurait qu'une coupe biaise à faire sur les ailes suivant l'angle formé en plan par l'arêtier et la ferme. La panne serait de même longueur à sa partie supérieure et à sa partie inférieure.

Mais si les pannes sont normales au rampant, tel est le cas considéré, on opère comme il va être indiqué.

Sur une ferme la panne a comme trace les points $fghijk$, etc. qui en plan rencontrent l'arêtier en $f'g'h'i'j'k'$ etc. Par le point de rencontre O de l'axe de la panne et du dessus de l'arbalétrier, on trace une horizontale XY et on cherche sa correspondante X'Y' sur l'arêtier en projetant le point O en O' et en O'₁ (fig. 7 et 6).

Des points $f'g'h'i'j'k'$ de la fig. 7 on trace alors des perpendiculaires. On prendra sur la fig. 8 les distances $mpqn$ etc. des point $fghi$ etc. à l'horizontale XY et on portera ces distances sur les lignes correspondantes à chacun des points de la fig. 6. On obtient les points $f'_1 g'_1 h'_1 i'_1 j'_1 k'_1$ qui déterminent la vraie grandeur de la coupe biaise de l'extrémité de la panne sur l'arêtier.

La fig. 9 trop simple pour être expliquée, donne l'extrémité d'une panne en grandeur réelle.

On a donc maintenant tous les éléments pour faire l'assemblage de la panne sur l'arêtier.

Chevrons. — Les chevrons en cornières $70 \times 70/8$ sont écartés entre leurs axes de 0 m. 50, il y a donc douze divisions entre deux fermes.

A leur partie supérieure ils sont boulonnés sur des cornières 120×80 rivées sur la sablière inférieure du lanterneau (fig. 10 et 10 bis, pl. 78, 79) et à leur partie basse ils sont boulonnés sur une cornière $60 \times 60/7$ placée hors du chéneau.

Ils sont fixés sur les arêtiers par une équerre ouverte (fig. 16, 17 et 18, pl. 80).

Pour avoir la coupe de l'aile verticale on fait une section ZZ de l'arêtier suivant le dos d'un chevron. Cette section (fig. 18) est obtenue en relevant la hauteur des points $rstu$ par rapport à une horizontale coupant le plan de toiture horizontale qui a sa correspondante sur la figure 16.

Les chevrons sont assemblés sur les pannes dans leur partie courante par des sabots en fonte (fig. 3, pl. 78, 79) qu'on enfile sur la panne avant de la poser sur la ferme. Les boulons de fixation ont 14 mm. de tige.

Lattis. — Les lattis, comme il a été dit précédemment, posent sur les arbalétriers et sont boulonnés sur ceux-ci ainsi que sur les chevrons.

Ils sont en cornière de $40 \times 40/4$, et le diamètre des boulons est de 8 mm. Les joints de lattis sont faits sur les fermes. Sur le rampant la division de lattis est de 0 m. 355 de dos à dos de cornières.

Comme lattis de rive ou sur chéneau on met une cornière de 60×40, l'aile de 60 mm. posée verticalement pour permettre un garnissage de chéneau plus commode.

Chéneau. — Le chéneau a la forme générale d'un U. Il est composé d'une tôle de fond de 500×7, d'une paroi avant 500×7 et d'une paroi arrière en 400×7. Les trois tôles sont réunies entre elles par des cornières $60 \times 60/7$ et sont en outre maintenues de mètre en mètre par des équerres forgées (pl. 78, 79, fig. 2 et 16) en 50×14 rivées sur les trois faces et qui ont pour but d'empêcher ou du moins de remédier à la déformation du chéneau lors du rivetage. A l'extérieur une nervure en cornière 60×60 borde le haut de la tôle et du côté de l'intérieur du bâtiment une autre cornière 60×60 reçoit les chevrons (fig. 16) ; sur les poteaux des fermes sont rivées des consoles qui soutiennent le chéneau. Celui-ci y est fixé par des boulons de 14 mm. ainsi que sur le pied de la ferme (fig. 2, pl. 78, 79). Un joint de chéneau existe à chaque ferme.

Lanterneau.— Les faces verticales du lanterneau sont vitrées. Les châssis composant ces faces sont formés d'un cadre en cornière $45 \times 45/5$ fixé sous la panne (pl. 80, fig. 7) et de montants verticaux en T 35×40 vissés sur la cornière du cadre. La fig. 8, pl. 80, montre vu de face l'assemblage d'un cadre sur la sablière au moyen du gousset de celle-ci prolongé par le bas.

Les boulons ont la tête fraisée à l'intérieur du cadre et

.10 mm. de diamètre. En pignon le cadre est fixé entre les poteaux de la ferme du lanterneau (fig. 9).

La partie surélevée du lanterneau pose sur une panne à treillis (fig. 5 et 6, pl. 80). Le faîtage en T 45 × 50 est porté au droit des fermes par un pied formé d'un gousset découpé et de cornières de même échantillon que celles de la ferme (fig. 14 et 15) soit en 45 × 45/5.

Entre deux fermes les supports sont en cornière 45 × 45 boulonnés sur la panne au moyen d'équerres (fig. 12 et 13, pl. 80). Le vitrage du lanterneau dépasse la ferme pignon d'une division de vitrage soit de 0 m. 40. Le dernier chevron est une cornière 45 × 25 au lieu d'être un T 40 × 45.

Comme on le voit dans la figure 14 les chevrons sont coudés au faîtage et sont vissés sur le fer à T.

Dans le bas du lanterneau ils sont tenus sur la panne à treillis par des équerres ouvertes en fer plat 40 × 5 boulonnées sur la panne tandis que le chevron est vissé sur l'équerre.

De trois en trois chevrons, c'est-à-dire tous les 1 m. 20, sont placés au faîtage et en face de la panne des supports en fonte recevant des tringles sur lesquelles on appuie une échelle pour faciliter soit la pose, la réparation ou le nettoyage des vitres (fig. 5, 10 et 11). Les boulons des supports ont 6 mm. de diamètre. Comme tringles, on prend des tubes de 30 mm. de diamètre intérieur ou du fer rond de diamètre moins fort.

Planche 81.

—

TYPE DE HANGAR EN FER POUR MARCHANDISES

Etant donnés les perfectionnements actuels de la fonderie de fonte et d'acier, il nous a paru intéressant de présenter aux lecteurs de cet ouvrage un hangar à marchandises étudié sur les données d'un type de ferme figurant à l'exposition d'Anvers (1) (1894), et dont l'originalité consiste dans l'emploi judicieux et raisonné de la fonte.

Nous ne croyons pas utile d'insister beaucoup pour en faire reconnaître de suite tous les avantages.

En effet, chacun sait qu'en mécanique, toutes les fois que l'on a assembler entre elles plusieurs pièces de profils différents présentant l'une sur l'autre des inclinaisons quelconques, l'emploi d'une pièce de fonte s'impose, or, ce qui est vrai en mécanique l'est encore beaucoup plus en charpente, puisque là les éléments se reproduisent et permettent, avec un modèle solide et bien fait, la reproduction pour ainsi dire indéfinie de la même pièce ; il y a donc de ce fait avantage au point de vue économique.

De plus dans ce type de ferme, les pièces rivées étant pour ainsi dire supprimées il en résulte une grande facilité de montage et de démontage, ce qui a en outre l'avantage de permettre le réemploi des pièces quand le bâtiment ne présente qu'un caractère temporaire.

Remarquons, en terminant cet exposé, que les pièces principales : colonnes, arbalétriers, contrefiches, sont réunis entre elles par des tirants et que, par conséquent, il ne devient plus indispensable de leur donner des longueurs absolument mathématiques puisque les petites différences de constructions peuvent se compenser au moyen du filetage des tirants.

La figure 1, de la planche 81, représente l'élévation d'une ferme, c'est-à-dire la coupe du bâtiment faite en avant de cette ferme.

Les colonnes de cette ferme sont formées de deux fers à double T de 235/95/10 entretoisés en haut et au milieu par des supports en fonte et dont le pied est formé par un socle en fonte dont la base est percée d'un trou laissant

---

1) Galerie des industries diverses.

passage à un tuyau en fonte de 180/200 servant à l'écoulement des eaux ; la liaison de ce socle (fig. 4) avec les fers de colonne s'opère au moyen de deux agrafes en fer plat de 50/8 posées à chaud ; on obtient ainsi un serrage très énergique et très simple qui forme un tout rigide.

La tête de colonne (fig. 5) est formée par deux supports en fonte réunis entre eux par quatre boulons, ces supports portent un talon à la partie supérieure pour s'opposer aux glissements dans le sens vertical ; ils portent en outre des empreintes nécessaires à l'emboîtement des fers à double T des arbalétriers de la ferme proprement dite et des auvents.

Le support de la ferme porte deux oreilles destinées à recevoir les tirants horizontaux composés par deux fers ronds de 33 de diamètre ; une oreille placée à la partie supérieure sert à fixer au moyen d'un boulon la panne inférieure.

Le support des auvents porte également à la partie supérieure une oreille pour la fixation de la panne inférieure et deux oreilles inférieures pour recevoir les tirants des auvents formés par deux fers plats de 45/6. La partie du support où vient s'emboîter le fer de l'arbalétrier est percée de deux trous destinés à recevoir des boulons qui traversent l'ensemble et qui ont pour but de s'opposer à l'effort d'arrachement engendré par la tendance qu'a l'auvent tout entier de pivoter autour du support de la contrefiche comme centre.

Les colonnes sont entretoisés vers le milieu par deux supports (fig. 6) en fonte dont l'un est destiné à recevoir le tirant incliné formé par un fer rond de 18 et dont l'autre porte l'empreinte nécessaire pour recevoir la contrefiche de l'auvent (fer à double T de 160/95/10) ; ces deux supports sont réunis par quatre boulons dont le corps est tangent aux ailes des fers de colonne afin de les maintenir à écartement intérieur constant ; les fers de colonne sont maintenus extérieurement par deux talons que porte chaque support. Enfin pour empêcher le glissement vertical des supports le long des colonnes par l'effort qu'exercent sur eux les pièces qu'ils ont à supporter, on rend ces supports solidaires des fers de colonnes à l'aide de quatre boulons traversant les supports et les ailes de ces fers.

Les arbalétriers sont réunis à la panne faîtière (fig. 7) de 180/70 par un support en fonte portant à sa partie supérieure deux oreilles destinées à la recevoir, le tout traversé par un boulon. Ce support est muni d'empreintes nécessaires pour recevoir les arbalétriers de 200/100/10 et de quatre oreilles placées à la partie inférieure pour recevoir les tirants inclinés formés de fers ronds de 22 de diamètre.

Les contrefiches en fer à double T de 120/72/6 sont réunies aux tirants par une pièce de fonte (fig. 8) portant les empreintes et les trous nécessaires.

Les arbalétriers sont réunis aux contrefiches (fig. 9) par des griffes en fer plat de 70/10 fixées aux contrefiches par deux boulons et maintenues à écartement fixe par un fer plat de 45/6 portant un boulon à chaque extrémité.

Les contrefiches des auvents sont réunies au support des arbalétriers des auvents par un tirant en fer plat de 45/6 fig. 10), formant griffe d'un côté et réuni par deux boulons à une autre griffe courte placée de l'autre côté du fer. Pour éviter le déplacement de la griffe le long du fer à double T, on l'a rendue solidaire par un troisième boulon traversant le tout.

Les pannes intermédiaires de 180/70 sont fixées sur les arbalétriers (fig. 11 et 12) par un simple étrier en fer plat de 30/4 cloué sur les pannes ; ces étriers sont remplacés par un bout de cornière de 100/100/10 pinçant l'arbalétrier par deux boulons à crochet partout où la première fixation est impossible.

Les fermes sont contreventées par un treillis (fig. 10)

formé de cornières réunies entre elles par des goussets, et ne présente en lui-même aucune particularité.

Les pannes supportent les chevrons de 120/60 ; ces chevrons servent de support aux lattes portant la couverture en tuiles.

Le chéneau (fig. 5) est en bois et garni à l'intérieur d'une feuille de plomb portant aux endroits convenables des raccordements avec les tuyaux de descente dissimulés dans les colonnes.

Le pignon se compose de deux colonnes extrêmes en forme de poutres à caisson formées de deux fers de 235/95/10 réunis par une plate-bande de 10.

Elles sont assemblées aux arbalétriers extrêmes et aux fers horizontaux par des équerres munies de boulons.

Les assemblages *abcdefg* (fig. 14) qui se rencontrent dans ce pignon ne présentant rien de particulier, il nous paraît inutile d'insister sur leur construction.

Planche 82.

—

TYPE DE FERME DÉMONTABLE(1)

Cette ferme se recommande par la simplicité de sa construction, par sa facilité de démontage et son prix de revient peu élevé, conséquence naturelle de sa légèreté.

La figure 1 représente l'élévation de cette ferme qui se compose de deux arbalétriers en fer à T de 90/40 reposant à leur base sur les murs extrêmes du bâtiment et réunis à leur sommet par des goussets formant le faîtage et dont nous verrons plus loin la description.

Etant donnée la longueur de ces arbalétriers on n'a pu songer à les exécuter d'une seule pièce, on a donc été obligé de les rabouter et la fig. 5, représente ce raboutage qui

---

(1) Cette ferme a été exécutée sur les plans de MM. Grassi et Carlo, architectes, par M. Agnel, constructeur à Nice.

est formé par deux fers plats de 80/10 de section d'une longueur suffisante pour assurer la rigidité de l'assemblage et réunis entre eux par six rivets de 23 mm. de diamètre traversant les âmes des fers.

Ces arbalétriers sont assemblés à leur sommet par deux goussets en tôle de 3 mm. d'épaisseur (fig. 2). Afin d'obtenir entre ces goussets l'espace nécessaire pour loger les têtes du poinçon et des tirants obliques, on a dû intercaler entre ces goussets et les âmes des fers à T des fourrures en fer plat de 80/10, la liaison de l'ensemble étant faite au moyen de six rivets de 23 mm. de diamètre traversant à la fois les âmes et les fourrures.

L'entrait est constitué par deux fers à double T scellés dans les murs extrêmes au moyen d'un étrier d'ancrage (fig. 3) formé d'un fer plat de 60/8 replié et emprisonnant entre ses branches un fer rond, de 40 mm. de diamètre, noyé dans la maçonnerie ; les autres extrémités des fers composant l'entrait reposent sur un mur intermédiaire de 0 m. 55 d'épaisseur. Ces fers à double T ont respectivement 160/80 et 180/85 suivant leur portée ; ils sont réunis par deux fers plats de 100/11.

Les deux arbalétriers sont reliés vers leur milieu par un entrait retroussé en fer à double T de 100/60 dont les extrémités sont réunies aux arbalétriers d'une part et d'autre part à deux autres fers à double T de même section qui constituent les jambes de force de la ferme. L'assemblage des arbalétriers avec l'entrait retroussé et les jambes de force s'opère, comme l'indique la fig. 4, au moyen d'une tôle de 3 mm. d'épaisseur fixée sur l'âme du fer d'arbalétrier par six rivets de 23 mm. de diamètre et portant à sa partie inférieure des cornières doubles de 30/30 réunies aux âmes des fers composant l'entrait et les jambes par huit boulons qui en opèrent la liaison tout en rendant le démontage très facile ; ces boulons servent également à fixer

sur l'âme des fers à double T, le patin de la contrefiche intermédiaire qui est constituée par un fer rond de 30 mm.
de diamètre.

L'assemblage des jambes de force et de l'entrait proprement dit s'opère, comme l'indique la figure 3, au moyen
d'une tôle de 5 mm. d'épaisseur rivée sur l'entrait dont on
a pour cela abattu l'aile sur une longueur suffisante. Cette
tôle porte à sa partie supérieure une cornière double fixée
au moyen de sept rivets de 12 et réunie à l'âme de la jambe
de force par douze boulons de 12 mm. de diamètre.

La liaison des arbalétriers et de l'entrait retroussé
s opère :

1° Par un poinçon et deux tirants obliques constitués par
des fers ronds de 20 mm. boulonnés avec les goussets de
faîtage comme le représente la figure 2. Le poinçon est terminé à sa base par un filetage traversant l'âme de l'entrait
et terminé par un écrou.

2° Par deux contrefiches en fer rond de 30 mm. boulonnés à leur partie supérieure sur l'âme des arbalétriers et
terminées à leur partie inférieure par un taraudage qui
opère la jonction entre l'entrait retroussé et les tirants
obliques comme l'indique la figure 6. Cet assemblage comprend également un autre tirant en fer rond de 20 mm.
qui relie l'entrait retroussé et les jambes de force ; ce tirant
fait partie d'un autre assemblage comprenant la jambe de
force, deux tirants et une contrefiche. Cet assemblage ne
présentant aucune différence sensible sur celui représenté
(fig. 6) il est inutile de le décrire.

Enfin, l'arbalétrier et l'entrait proprement dits sont
réunis à leurs bases par une contrefiche en fer rond de
30 mm. boulonnée à ses deux extrémités dans l'âme des
fers dont elle opère la jonction.

Comme les fermes ainsi constituées présentent une
grande rigidité, comme, d'autre part, elles sont solidement

encastrées dans les murs extrêmes, on a pu se passer de chevronnage et on a tout simplement disposé sur les arbalétriers un lattis composé de fers à U de 42/18 qui servent à l'accrochage des tuiles formant la toiture.

Planche 83.

—

FERME EN DENTS DE SCIE OU SHED

La fig. 1 de la planche 83 représente un type de ferme dit en dent de scie ou shed. La propriété caractéristique de ce type de ferme est de procurer un excellent éclairage aux bâtiments dans la construction desquels on le fait entrer. On doit à cet égard orienter le bâtiment de façon que la partie vitrée soit au nord, de façon à obtenir l'éclairage nécessaire sans cependant risquer d'incommoder le personnel par une chaleur exagérée.

Ce type de ferme présente aussi l'avantage de se prêter à une construction économique et de pouvoir y fractionner facilement le travail en spécialités, ce qui est indispensable pour certaines industries ; en effet, le bâtiment que l'on obtient ainsi se trouvant tout naturellement partagé en travées bien distinctes, rien n'est plus facile que de les séparer par une cloison légère qui les rend absolument indépendantes l'une de l'autre sans nuire à leur éclairage.

Enfin, la disposition d'ensemble se prête admirablement à l'installation des transmissions, ce qui rend un grand service aux industries où l'on doit employer la force motrice.

Ce genre de construction s'impose donc pour ainsi dire dans certaines industries où une installation méthodique et un éclairage parfait doivent se trouver réalisés.

Parmi ces industries on peut citer les tissages, filatures, ateliers de petite mécanique de précision, etc.

Les fig. 2 et 3 de la planche 83 représentent l'ensemble d'une installation de petit atelier mécanique où nous avons cherché à grouper les spécialités suivant l'ordre rationnel ci-dessus décrit.

La fig. 1 montre, comme nous l'avons dit plus haut, l'élévation d'une ferme. Elle se compose de deux arbalétriers dont l'un est composé d'un fer double T de 180/100 et l'autre d'un fer double T de 100/45 assemblés entr'eux à angle droit par deux équerres de 120/45/10 (fig. 4) le tout solidement maintenu par huit rivets de 15 mm.

Ces deux arbalétriers sont réunis à leur base par un tirant horizontal en fer rond de 22 mm. de diamètre terminé aux extrémités par une fourche dans l'œil de laquelle s'engage un boulon traversant un sabot en fonte qui reçoit le pied des arbalétriers. Au milieu de ce tirant horizontal se trouve placé un tendeur (fig. 8) dans lequel viennent se visser à pas contraires les deux fers ronds contituant le tirant dans son ensemble. Le but de ce tendeur est de raccourcir ou d'allonger le tirant horizontal et de compenser ainsi dans une certaine mesure les petites erreurs de construction.

Les deux arbalétriers et le tirant horizontal constituent un triangle indéformable qui repose sur deux colonnes en fonte pour les travées intermédiaires, sur une colonne et un mur pour les travées extrêmes (fig. 3).

Les colonnes en fonte creuse, d'une épaisseur de 20 mm., ont 180 mm. de diamètre à la partie supérieure du fût et 200 millimètres à la base ; elles reposent sur des dés en pierre ou en maçonnerie élevés sur un lit de béton. La partie supérieure des colonnes est carrée de façon à servir de semelle au contreventement ; les cornières verticales extrêmes de ces contreventements viennent s'appliquer sur les colonnes et sont réunies entr'elles par 8 boulons de 15 mm. traversant les colonnes. Ces colonnes sont terminées à la partie supérieure par une semelle carrée renforcée par des nervures et servant de base de fixation aux sabots en fonte supportant les fermes (voir fig. 9 et 12).

Le contreventement des fermes est composé par un treillis formé de cornières doubles de 100/100/11 entretoisées par des cornières de 90/90/10 rivées sur des goussets de 10 mm. en leur point de jonction avec les cornières horizontales et en leur point de croisement.

La panne faîtière formée par un fer à U de 150/55 (fig. 4), est assemblée aux arbalétriers principaux de deux fermes successives par des équerres de 130/130/10 réunies entr'elles par des rivets de 15 mm.

Les pannes intermédiaires sont constituées par des fers à double T de 160/48 pour les arbalétriers principaux et par des fers à U 150/155 pour les arbalétriers secondaires.

L'assemblage des pannes intermédiaires avec l'arbalétrier principal se font (fig. 6) au moyen d'équerres de 120/120/10 réunies par des rivets de 15 mm. de diamètre.

L'assemblage des pannes intermédiaires de l'arbalétrier secondaire (fig. 11) se fait au moyen d'équerres rivées de 125/85/10.

Les fers à vitres composés par des T simples de 40/45 sont fixés sur les pannes en fer à U de l'arbalétrier secondaire au moyen de vis à métaux à tête fraisée.

Le chevronnage de la toiture est constitué par des fers à double T de 80/40 réunis à la panne faîtière par des équerres en fer plat de 10 mm. d'épaisseur affectant la forme représentée (fig. 5) et aux pannes intermédiaires par une équerre de 75/50/8 (fig. 7), emprisonnant le fer à double T du chevronnage au moyen de deux boulons à crochet.

Les lattis supportant les tuiles mécaniques sont formées

par des cornières de 40/40/5 fixées aux fers du chevronnage par des vis à métaux.

Le chéneau est composée d'une feuille de zinc supportée par des pannes en bois fixées au chevronnage par des équerres de 60/60/10 comme le représentent les figures 1 et 10, et portant aux extrémités des amorces de tuyau de descente venant s'emboîter dans le tuyau fixé aux murs des extrémités de travées par des colliers.

Lorsque la portée de ces fermes augmente, on emploie comme arbalétriers des poutres à treillis et pour ne pas

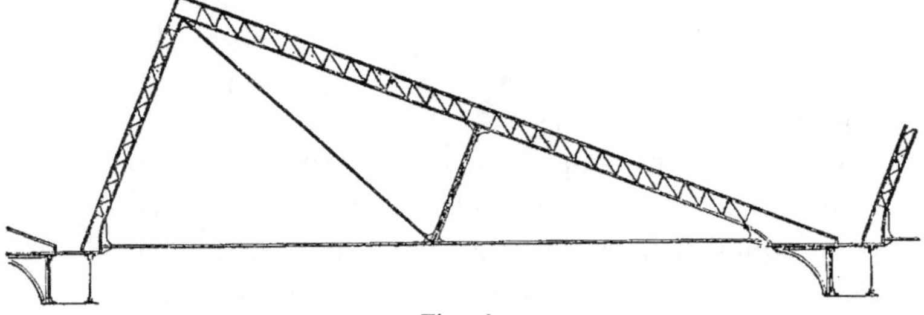

Fig. 1.

trop accroître leur hauteur, on les soutient en leur milieu par des contrefiches dont on relie les pieds aux sommets des fermes. C'est le cas que nous avons indiqué sur le croquis ci-après, l'entrait ou tirant horizontal est en doubles cornières ainsi que le tirant incliné, la bielle peut alors être formée de quatre cornières ou de deux fers à T et si le nombre de fermes est assez grand, on pourra couler une pièce en fonte sur un modèle établi spécialement. Les assemblages sont fixes et les goussets sont pris dans la tôle des poutrelles.

Planche 84.

FERMES DIVERSES

Figure 1. — Nous avons représenté sur cette figure une

ferme de comble de 16 m. de portée avec appentis sur les côtés ; la partie centrale du bâtiment devant recevoir un pont roulant pour la manœuvre des grosses pièces, la forme en arc était toute indiquée.

La ferme principale est donc constituée par un arc en cornières $\frac{60 \times 60}{7}$ relié, au cornières supérieures $\frac{60 \times 60}{7}$ formant arbalétrier suivant la pente de la toiture, par des montants et contrefiches en cornières de dimensions variables suivant leur position et que nous avons indiqué sur le dessin.

A la naissance et vers le milieu de l'arc, afin d'obtenir plus de raideur, on a remplacé les croisillons par des tôles pleines de 5 mm.

Les colonnes qui supportent cette ferme sont en fonte creuse de 7 m. de hauteur au-dessus du niveau du sol, elles sont coniques et leur diamètre extérieur est de 0 m. 20 à la partie supérieure. Elles sont prolongées jusqu'à la rencontre des arbalétriers de ferme principale par des fers à double T de 200×100 sur lesquels se boulonnent les consoles et arbalétriers de l'appentis et les cornières latérales $\frac{60 \times 60}{7}$ de la ferme en arc.

Les consoles qui supportent le chemin de roulement du pont sont formées par le prolongement de la tôle du pied de l'arc, découpée comme le montre le dessin et consolidée par des cornières $\frac{60 \times 60}{7}$. La poutre qui reçoit le rail, en fer Zorés de 60 mm. de hauteur, est formée par un fer double T laminé de 300×135 boulonné, au moyen de cornières $\frac{100 \times 100}{12}$ de 250 de hauteur sur l'âme de la console.

Le lanterneau a 0 m. 16 de hauteur au-dessus de l'arbalétrier est composé de fers à vitrage de 30 mm. soutenus par des files de cornières $\frac{40 \times 40}{5}$ et supportés au droit de chaque ferme par des potelets.

Les fers à double T de 200, arbalétriers des appentis, reposent sur les murs de 450 d'épaisseur par l'intermédiaire de sabots en fonte maintenus sur la pierre de couronnement au moyen de boulons de scellement de 20 mm. de diamètre ; les trous venus de fonte dans le sabot pour le passage des boulons doivent être ovales de manière à permettre tout mouvement dû à la dilatation du fer.

Les fermes distantes d'axe en axe de 5 m. sont reliées à la partie supérieure par une poutre de faîtage formée de deux triangles juxtaposés en cornières $\frac{45 \times 45}{5}$, réunis par montants en fers plats 45×9.

La partie inférieure est contreventée sur les côtés par un arc à croisillons dont nous avons donné le détail avec dimensions des fers.

Les pannes en fer à double T de 160 mm. pour la ferme principale et de 120 mm. de hauteur pour les appentis sont fixées sur les fers correspondants au moyen d'équerres et soutenues par des cornières placées sous l'aile inférieure.

Chaque panne porte un tasseau en bois de 80×80 d'équarissage sur lequel on cloue le voligeage qui reçoit la couverture en zinc.

Le remplissage des bas côtés au-dessus de l'appentis se fait en tôle de 1 mm.

Figure 2. — La figure 2 nous montre un exemple de ferme à treillis en N, que nous avons supposé reposer sur un pan de fer mais qui pourrait aussi bien porter sur des murs en maçonnerie. Chaque ferme, d'une portée de 15 m. d'axe en axe des poteaux, est composée de deux arbalétriers en cornières $\frac{95 \times 60}{9}$ reliés par des goussets de 8 mm. aux poteaux et dont l'écartement est maintenu par un entrait en cornières $\frac{95 \times 60}{9}$. Cet entrait, horizontal dans le cas de la figure 2 pourrait être plus ou moins surélevé suivant les conditions d'établissement du comble.

Le triangle de 4 m. de hauteur ainsi formé est divisé par des montants verticaux qui, n'ayant à résister qu'à des efforts de traction, sont faits en fers plats 55×8 ; chaque trapèze est enfin triangulé par des barres en cornières de dimensions variables suivant leur longueur. Nous avons indiqué sur les dessins les divers profils des fers, mais nous ferons remarquer que le montant du milieu ou poinçon est formée de deux fers plats 70×10.

Les poteaux du pan de fer sont composés de deux fers à U de $\dfrac{114 \times 45}{10}$.

Les assemblages des divers fers entre eux se font au moyen de goussets en tôle de 8 mm.

Les fermes, espacées de 4 m. d'axe en axe, sont contre-

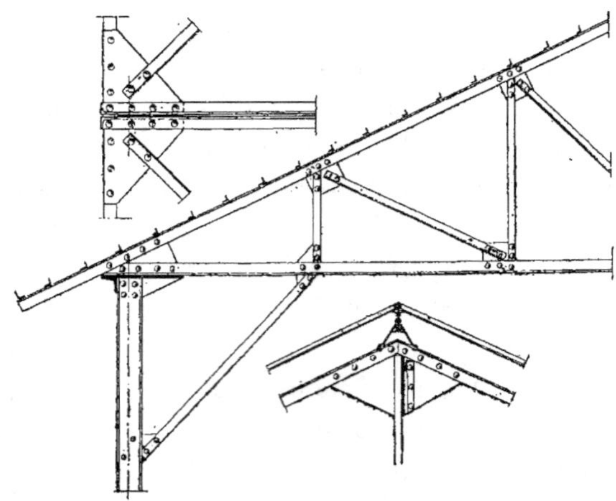

Fig. 1.

ventées verticalement et horizontalement par des croix de St-André en cornières $\dfrac{95 \times 60}{9}$ et $\dfrac{60 \times 60}{7}$ qui donnent à l'ensemble une rigidité parfaite.

Nous avons représenté sur le croquis (fig. 1) l'attache des différentes pièces entre elles.

Le contreventement suivant les arbalétriers est formé par

les cornières $\frac{50 \times 50}{6}$ du lattis placées à 355 mm. d'écartement et boulonnées directement sur les cornières supérieures de la ferme. La couverture est en tuiles.

Figure 3. — Ce genre de ferme est très employé pour couvrir des ateliers, aussi en donnons-nous une application à une succession de hangars de 15 m. de portée.

Les colonnes sont espacées de 10 m. dans le sens longitudinal ; il y a une ferme par poteau et deux fermes dans l'intervalle de deux poteaux successifs, la distance d'axe en axe des fermes sera donc approximativement de 3 m. 33.

Pour porter les fermes intermédiaires, on a relié chaque file de colonnes par une poutre à treillis de 1 m. de hauteur dont la semelle supérieure sert d'assise au chéneau en fonte par l'intermédiaire de cales en bois ou fonte qui permettent d'en régler la pente.

Les colonnes sont en fer double T à deux âmes, dites à caisson et composées de deux âmes 270×10 reliées aux semelles 250×10 par quatre cornières $\frac{50 \times 50}{6}$; elles portent à la partie supérieure et dans le sens longitudinal deux consoles qui reçoivent et soulagent la poutre.

Cette poutre qui réunit deux colonnes et sert de point d'appui aux deux fermes intermédiaires comprend deux âmes 200×10 reliées à des semelles de mêmes dimensions par quatre cornières $\frac{80 \times 80}{10}$, le treillis rivé sur les deux âmes est formé de montants doubles en fer plat 80×10 et de croix de St-André en fer de même section.

Toutes les fermes sont semblables, qu'elles soient intermédiaires ou à l'aplomb des poteaux, nous n'en décrirons donc qu'une.

Les arbalétriers de 0 m. 40 de hauteur sont composés de quatre cornières $\frac{60 \times 60}{7}$ avec croisillons en fer plat de 50×6, qui sont remplacés à tous les points d'assemblage par des

tôles de 6 mm. ; c'est ainsi que la tôle du pied de l'arbalétrier forme console et sert à fixer la ferme sur le poteau.

L'entrait formé de deux cornières $\dfrac{50 \times 50}{6}$ est fixé sur les
joues des consoles et soutenu par trois aiguilles pendantes
50×7.

Les pannes en fer double T 120×45 sont équerrées sur les
arbalétriers et soutenus dans chaque travée par des pièces de
fonte boulonnées sur chacun des deux chevrons intermédiaires en fer à T $\dfrac{50 \times 50}{6}$ placés dans cette travée.

Le lattis qui doit supporter la couverture en tuiles est en
fer cornière $\dfrac{35 \times 25}{4}$.

Les fers à vitrage $\dfrac{35 \times 40}{6}$ du lanterneau reposent sur des
cornières ou fer à T de faîtage de $\dfrac{50 \times 50}{6}$ soutenus par des
supports en fonte à l'aplomb de chaque ferme.

Figure 4. — Dans un grand nombre de cas il est avantageux de donner à la nervure inférieure de la poutre à
treillis une forme légèrement cintrée de façon à augmenter
la hauteur d'attache soit d'un arbalétrier avec son support
soit des arbalétriers entre eux.

La figure 4 représente un comble de 16 m. de portée
dans œuvre attaché sur des colonnes en fer, montants d'un
pan de fer avec remplissage en briques de 0 m. 22.

Chaque arbalétrier est formé de quatre cornières $\dfrac{70 \times 70}{9}$
réunies par des montants et barres inclinées en fers plats de
sections variables.

La jonction des deux arbalétriers est faite par quatre cor-
nières $\dfrac{45 \times 45}{6}$ assemblées sur une âme de 135×10 ; leurs
pieds boulonnés sur les poteaux et supports en fonte
des chéneaux, sont reliés par un tirant en fer rond de
20 mm. dont l'extrémité filetée est maintenue, dans une
fourche en fer 60×8, au moyen d'un écrou qui permet de

donner une certaine tension. Ce tirant est fait en deux parties assemblées sur l'axe de la ferme et soutenu en ce point
par un fer rond de 20 mm. de diamètre.

Les colonnes ont la forme d'un double T et sont composées
d'une âme 330×10 et de quatre cornières $\frac{120 \times 80}{10}$; leur distance d'axe en axe est, comme pour les fermes, de 5 m. et
elles sont reliées à la partie supérieure par deux fers à dou-

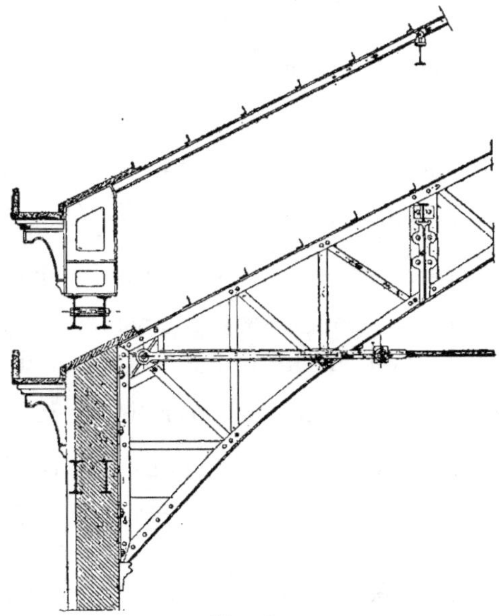

Fig. 2.

ble T jumelés de 220 de hauteur sur lesquels on boulonne
les supports du chéneau.

Les pannes en fer à I de 140 supportent, dans l'intervalle de deux fermes, trois chevrons régulièrement espacés
en fer à U de 40 mm. Sur ces chevrons se fixent directe-
ment les lattis en fer cornière $\frac{50 \times 50}{6}$ qui reçoivent la couverture en tuile.

Dans cette construction le jour arrivant par des ouvertures pratiquées dans la maçonnerie de remplissage, le lanterneau ne servira que comme cheminée d'aération, aussi est-il recouvert en tuile et ses bas côtés sont-ils fermés avec des volets en tôle. Les chevrons qui supportent la couverture sont en fer à double T de 55 maintenus par des montants et contrefiches.

Figure 5. — La figure 5 représente deux fermes, l'une de 8 m., l'autre de 15 m. La première comprend deux arbalétriers en deux fers à U $\frac{140 \times 45}{7}$ reliés à leur partie inférieure par un entrait en deux cornières $\frac{60 \times 60}{7}$ soutenu lui-même en son milieu par un poinçon en cornières $\frac{60 \times 40}{5}$; dans la seconde, nous retrouvons deux arbalétriers en deux fers à U $\frac{160 \times 55}{7}$, un tirant surélevé en cornières $\frac{70 \times 70}{9}$ et une aiguille pendante en cornières $\frac{60 \times 40}{7}$. La portée de l'arbalétrier étant trop grande par rapport à ses dimensions transversales, nous l'avons soutenu en son milieu au moyen d'une bielle en cornières $\frac{60 \times 40}{7}$ dont nous avons relié le pied au faîtage par une barre en cornières $\frac{60 \times 40}{7}$; nous avons ainsi formé un comble Polonceau rigide sans pièce de forge ni articulations.

Les fermes espacées de 3 m. d'axe en axe reposent sur des murs en maçonnerie, leur partie commune porte sur une poutre de 0 m. 50 de hauteur formée d'une âme de 500×8 et de quatre cornières $\frac{70 \times 70}{9}$.

Cette poutre est supportée tous les 6 m. par des colonnes en fonte.

Le lattis est fermé de fers cornières $\frac{60 \times 40}{6}$ rivés ou boulonnés sur les fers à U qui composent un arbalétrier ; la couverture est en tuiles.

Les chassis de vitrage placés suivant la pente du comble

sont composés de fers à T $\frac{35 \times 40}{5}$ supportés par des cornières $\frac{70 \times 35}{7}$ assemblés en Z sur leurs larges ailes.

Planche 85.

—

ABRI A VOYAGEURS POUR OMNIBUS ET TRAMWAYS

Dans les lignes de tramways à vapeur ou d'omnibus desservant plusieurs communes éloignées les unes des autres, il existe généralement trois sortes de stations qui sont : les stations gardées, les stations-abri et les haltes-poteaux.

La figure 1 représente l'élévation d'une station-abri, qui est destinée, comme son nom l'indique suffisamment, à procurer aux voyageurs un abri contre les intempéries sans que la Compagnie fermière ait toutefois jugé nécessaire de mettre à sa disposition un personnel d'exploitation vu le peu d'importance de la station à exploiter.

Nous avons cherché à réaliser, comme il convient en pareil cas, une construction à la fois simple et robuste.

Cette station-abri est aménagée de façon à desservir la voie montante et la voie descendante ou au besoin deux lignes différentes. Deux panneaux en tôle placés bien en vue à l'extrémité inférieure des auvents sont pourvus des indications précises qui peuvent être utiles aux voyageurs.

La longueur totale de la station est de 4 m. à 4 m. 50 entre les pignons.

La figure 1 représente l'élévation d'un pignon qui se compose de trois montants dont les deux extrêmes sont formés par des cornières de 65/65/6 et le montant du milieu par un T de 100/80/8. Ces montants sont réunis entr'eux par des cornières de 65/65/6 et entretoisées par un croisillonnement en fer plat de 65/6. Tous ces fers composant le pignon sont assemblés sur goussets en tôle de 5 mm. d'épaisseur et fixés sur ces goussets au moyen de rivets de

15 mm. de diamètre. Les arbalétriers des auvents sont formés par des fers à U de 100/50/7 réunis aux montants par des goussets rivés en tôle de 5 mm.

Les jambes de force des auvents sont formées par des cornières cintrées de 65/65/6 renforcés au milieu par une contrefiche en cornière de même profil.

Le faîtage est constitué comme l'indique la figure 3 par un fer à U de 120/60/8 posé à plat et réuni aux montants du milieu de chaque pignon par des équerres en fer plat de 100/10 fixées aux montants par quatre rivets de 15 mm. de diamètre.

Le fer à U que nous venons de décrire supporte la panne faîtière en bois 8/8 et le tout est fixé sur les équerres extrêmes par des tirefonds.

Les pannes intermédiaires de 70/60 (fig. 4) sont fixées aux arbalétriers des auvents par des bouts de cornière de 65/65/6 formant équerres assemblées au moyen de boulons.

La figure 5 représente la panne inférieure extrême. Cette panne affecte le profil indiqué par le dessin et emboîte le panneau indicateur qui est fixé par des petits rivets fraisés sur une cornière de 100/65/8, réunie aux extrémités inférieures des arbalétriers par des équerress en fer plat.

La toiture est constituée, comme l'indique la figure 7, par un voligeage cloué sur les pannes, le tout recouvert de panneaux en zinc de 1 mm. d'épaisseur avec recouvrements. Les montants du milieu de chaque pignon sont réunis entr'eux, comme l'indique la figure 2, par un fer à U de 120/60/8 fixé à la partie inférieure de ces montants par des équerres en fer plat de 100/10 analogues à celle représentée (fig. 3).

Les fers à U réunissant les extrémités supérieure et inférieure des montants du milieu des pignons supportent, comme l'indique la figure 2, un voligeage formant cloison contre laquelle sont adossés les bancs de repos.

La figure 6 représente le garnissage intérieur des pignons au moyen d'un voligeage cloué sur montants et traverses moulurés afin de laisser un logement nécessaire aux têtes des rivets.

Pour un abri de plus grande dimension, on pourrait adopter le genre que nous représentons au croquis ci-dessous. Les fer-

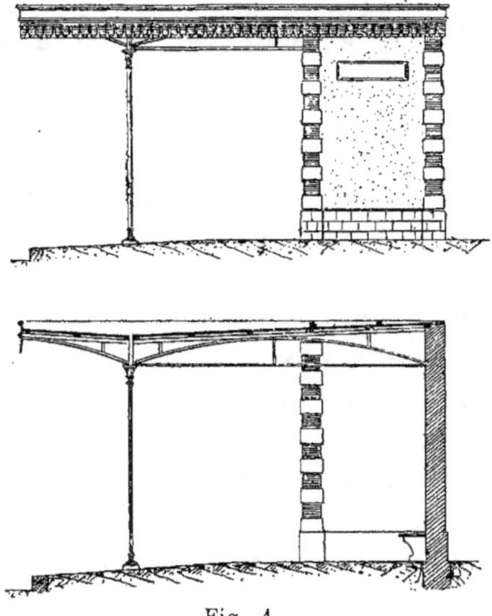

Fig. 1.

mes formées de cornières cintrées avec tirant et poinçon servent de point d'appui au milieu de l'arbalétrier ; en disposant les fermes tous les 4 m. on peut leur donner 5 m. de portée entre colonnes ou entre mur et colonnes comme dans notre exemple.

Un auvent de 1 m. 50 augmente encore la surface abritée.

Planches 86, 87, 88, 89, 90 et 91.

—

COUPOLE DE 11ᵐ DE COTÉ ET DE 10ᵐ DE HAUTEUR AVEC FERMES ET ARETIERS EN TREILLIS PANNES ET CHEVRONS EN FER A DOUBLE T.

La coupole représentée sur les planches 86, 87, 88, 89,

90, 91, couvre une pièce carrée de 10 m. de côté ; elle se compose : d'une ferme, deux fermettes, quatre arêtiers, de pannes, de chevrons et de quatre sablières, qui la reçoivent sur le mur.

La figure 1, planche 86, nous montre l'ensemble de la coupole en perspective, vue du dessus du plan horizontal, sous un angle d'environ 45°.

La figure 2, planche 86, représente le plan d'ensemble de la coupole, à l'échelle de 0 m. 01 pour mètre.

Ferme. — La ferme reçoit l'assemblage des fermettes, des arêtiers et des pannes ; elle est composée de deux arbalétriers, formés chacun par une poutre à treillis cintrée en élévation et reliés entre eux par un grand gousset en tôle, destiné à recevoir lés fermettes et les arêtiers.

La planche 87 représente (fig. 1) l'élévation de cette ferme, qui a 11 m. de portée entre axe des pieds, et 10 m. de hauteur totale.

L'intrados et l'extrados de chaque arbalétrier, sont formés chacun de deux cornières, cintrées suivant des arcs de cercle et reliées entre elles, par des montants et des treillis en fer plat. Certains montants servent à l'assemblage des pannes et sont à cet effet percés de trous pour les recevoir.

Le pied de chaque arbalétrier ést formé par un gousset en tôle percé de trous pour permettre la liaison avec les équerres des sablières correspondantes.

Comme nous l'avons dit plus haut, à la partie supérieure, un gousset réunit les deux arbalétriers ; il est percé de trous pour les boulons qui fixent les équerres des fermettes et celles des arêtiers : ce gousset doit être pris, dans une tôle d'acier de préférence, et assemblé et rivé, sur les deux arbalétriers, au chantier de montage, avant la mise en place de la ferme.

Fermettes. — Les fermettes, sont semblables aux arbalétriers des fermes, elles ont même portée et même hauteur ; elles n'en diffèrent, que par le gousset de faîtage, lequel porte deux cornières percées de trous pour le passage des boulons qui les fixent sur la plaque de la ferme.

Arêtiers. — Les arêtiers ont tous les mêmes formes et dimensions, puisque la coupole est carrée ; il nous suffira donc de déterminer l'un deux.

La fig. 1, planche 88, 89, représente l'élévation d'un arêtier ; on voit qu'il est composé, comme la ferme, d'une poutre à treillis, cintrée en élévation, il s'assemble à sa partie inférieure, sur les sablières, par deux équerres en cornière fixées sur ces dernières ; à la partie supérieure l'assemblage se fait également au moyen de deux équerres en cornière, rivées sur le gousset et fixées, par des boulons, sur une équerre de forme spéciale. Cette équerre est boulonné sur la ferme et la fermette, comme le montre la fig. 2 de la planche 87, et à une plus grande échelle les figures 6 et 7 de la planche 90-91.

Épure d'un arêtier. — Les fig. 1, 2, 3, planche 90-91 représentent le tracé d'un arêtier ; la figure 1 est l'élévation de la ferme à 0 m. 02 pour mètre, avec la position des pannes, telle qu'elle est prévue et indiquée sur le dessin d'exécution.

La figure 3 est le plan d'une croupe ; A'E' représente l'axe de l'arêtier, il est à 45° par rapport à la ferme et à la fermette de croupe.

Rabattons l'arêtier (fig. 2) sur le plan horizontal en prenant $l\ t$ comme ligne de plan ; l'extrados de la ferme étant un arc de cercle, nous aurons pour l'arêtier, un arc d'ellipse, que nous déterminerons par points ; prenons par exemple le point X de l'extrados de la ferme, qui est à la distance XZ. du plan horizontal, il viendra sur le rabattement en X à la même distance XZ de lt, nous pouvons de la sorte, prendre autant de points que nous voudrons.

Le faîtage de la ferme, viendra en A à la même distance AC (c'est-à-dire à 10 m.), sur l'élévation de la ferme et sur le rabattement de l'arêtier ; en joignant tous les points ainsi trouvés, nous aurons tracé l'extrados de l'arêtier, avant le surbaissement.

On remarquera que nous avons pris, de préférence, des points tombant à l'axe des pannes afin d'avoir en même temps, l'arrivée de ces dernières, sur l'épure de l'arêtier.

Le surbaissement de l'arêtier sera donné en plan, par la distance M'E', distance obtenue, en traçant la largeur du dessus de l'arêtier en plan, qui est comme cela a été dit, formé comme âme par un gousset et des croisillons et par deux cornières d'une certaine largeur. Dans le rabattement, le point M' vient en M ; l'extrados de l'arêtier, pour le surbaissement, passera donc par le point M, et sera un arc d'ellipse parrallèle au précédent.

On peut déterminer la courbe, passant par la partie supérieure des pannes, mais cela serait inutile, il suffit de chercher les points 3, 11 et 19, sur le rabattement ; on les a, puisque nous avons pris de préférence, comme point de division, l'emplacement des pannes sur la ferme. On détermine de même les points 5, 13, 21 et en joignant 3 et 5, 11 et 13, 19 et 21, on aura représenté l'axe de la trace des pannes, sur le plan vertical, passant par l'axe de l'arêtier ou mieux, l'axe des arrivées de pannes sur l'arêtier. Pour le tracé de l'intrados, avant le surbaissement, on opérera par points comme pour l'extrados ; les mêmes projections serviront, il n'y aura que les hauteurs à prendre sur l'intrados de la ferme, pour les reporter sur le rabattement de l'arêtier, aux points correspondants.

On obtiendra également un arc d'ellipse. Le surbaissement de l'arêtier n'influe pas sur son intrados, mais comme il en résulterait une diminution de sa hauteur, et par suite de sa résistance, ce qui ne serait pas logique, puisque ce sont les arêtiers qui fatiguent le plus, et que, d'un autre côté, l'œil ne serait pas satisfait; les points L et D ne se profileraient pas parallèlement au mur ; pour ces raisons, il est préférable de le surbaisser aussi, en faisant un arc parallèle au précédent, et passant par le point L, qui correspond avec l'alignement de la ferme. L'arêtier se trouve ainsi représenté par le contour LKJM en traits pleins, qui doivent être suivis pour la construction, et en traits pointillés DBAE qui représentent le tracé théorique.

Nous avons déjà parlé de la façon de tracer l'axe de la panne sur l'arêtier, nous allons indiquer maintenant, comment on trace la coupe complète de la panne ; prenons la panne n° 2, celle du milieu ; les figures 4 et 5 des plan-90-91, nous donnent ce tracé.

La figure 4 représente l'arrivée de la panne n° 2 sur la ferme, nous opérerons comme il est dit plus haut, pour en trouver les différents points sur le rabattement, à la rencontre de l'arêtier ; seulement comme nous n'avons pas la place pour représenter complètement le plan de la croupe, à l'échelle choisie, nous prendrons un plan horizontal ll, commun à l'élévation et au rabattement, de telle sorte que les hauteurs des axes de pannes, soient les mêmes sur les deux figures ; en opérant de la même manière, pour tous les points, on aura la coupe complète de la panne. Il est souvent très utile, d'avoir la coupe de la panne, sur le plan de l'âme de l'arêtier, ou sur le plan de l'aile verticale des cornières et cela dans le cas où il y aurait des épaisseurs différentes ; on devra donc porter ces épaisseurs en plan pour obtenir ce résultat, du reste nous en parlons plus loin dans la construction des pannes.

Le tracé de chaque panne sur l'arêtier, étant ainsi déterminé, on indiquera les goussets qui les reçoivent, avec leurs trous de boulons pour fixer les équerres des pannes, en ayant soin de mettre ces goussets, d'une largeur suffisante, pour recevoir l'assemblage ; on tracera ensuite les treillis comme on l'a déjà fait pour les fermes, il ne reste plus qu'à déterminer les équerres de tête. La figure 7, planche 90-91; est le plan de l'assemblage de l'arêtier sur la ferme, la figure 6 est le développement de l'équerre ; les deux branches inclinées sont les mêmes, et sont déjà représentées, suivant *ustv*, planche 87, figure 1, telles qu'elles doivent être ; les droites *tv* sont les lignes de pliage, on représentera sur les deux branches *ustv*, les trous déjà tracés sur les fermettes, planche 87, fig. 1, ainsi que les trous pour assemblage des arêtiers.

Pannes. — Les pannes en fer à double T sont normales à l'extrados de la ferme, la coupole couvrant une pièce carrée, les pannes situées dans un même plan horizontal, sont toutes semblables, il suffira donc d'en déterminer une, pour avoir les autres.

La figure 8 (planche 88-89), représente l'élévation de la panne n° 2 en perspective.

Nous voyons qu'il y a pour une panne, quatre choses principales, à déterminer :

1° La coupe biaise complète sur l'axe de l'arêtier.

2° La coupe biaise de l'âme, sur l'arêtier et l'angle de cette coupe avec l'axe longitudinal de la panne.

3° La coupe biaise de l'aile et l'angle de cette coupe également avec l'axe longitudinal de la panne.

4° La longueur de l'axe supérieur, celle de l'axe inférieur s'obtiennent en faisant la coupe, d'après les résultats trouvés à l'épure.

Nous avons vu plus haut, dans le tracé de l'arêtier, comment on déterminait la coupe biaise complète de la panne, c'est-à-dire sa trace sur l'arêtier (fig. 4 et fig. 5, planches 90, 91) ; sur les figures 4 et 5, planches 88, 89, nous avons déterminé les coupes de l'âme et de l'aile ainsi que de leurs angles. Prenons par exemple la coupe de l'âme ; la figure 4 représente l'élévation de la panne, sur la ferme en plan. l'âme se projette suivant $s''b''ct$; rabattons l'âme sur le plan horizontal, en la faisant tourner, autour de sa trace horizontale tc en élévation le point b, va décrire un arc de cercle, et venir en b''' et en plan il se trouvera en b' sur une perpendiculaire à ct, passant par b''; en joignant cb', nous avons la coupe de l'âme, et $b'ct$, est l'angle supérieur de la coupe. Comme vérification, on doit avoir $b'c$ (fig. 5 pl. 88, 89) égal à 13, 11 (planche 90, 91, fig. 5).

Pour la coupe de l'aile, nous ferons un rabattement, sur le plan horizontal autour de fv ; $ur'fv$ sera la coupe de l'aile et $r'fv$ l'angle supérieur de la coupe. La longueur théorique des ailes supérieures et inférieures de la panne est $ur'fv$ et la longueur théorique de l'âme est $s'b'ct$; pour avoir les longueurs exactes, il faudra en déduire les épaisseurs des âmes, des fermes et arêtiers, ces épaisseurs prises en biais suivant la direction de l'axe de la panne, plus un peu de jeu pour faciliter l'assemblage de ces pannes sur place.

On tracera les trous des boulons, pour fixer les équerres, en ayant soin, avant, de se rendre compte si ces boulons pourront passer facilement, surtout dans les équerres fermées où la longueur pourrait gêner.

Equerre des pannes. — Les pannes sont fixées sur les

fermes par des équerres en cornière ordinaire, et sur les arêtiers, par des équerres découpées dans de la tôle, et pliées suivant les angles trouvés ; les deux équerres sur l'arêtier sont, l'une ouverte, l'autre fermée ; pour le développement de l'équerre fermée, nous commencerons par indiquer, la branche *ahim*, qui est celle qui se trouve sur la panne ; nous la retrouvons figure 9, planches 90, 91, puis nous indiquerons la branche *mijo*, c'est celle qui se trouve sur l'arêtier ; nous la retrouvons figure 5, planches 88, 89, de telle sorte que l'angle *hij*, figure 8, planches 88, 89, soit égal à l'angle 13, 11, 32, formé par l'aile de la panne, avec l'axe de l'âme figure 5, planches 88, 89 ; *mi* est la ligne de pliage ; on pliera donc l'équerre suivant cette ligne, de telle sorte que les bords supérieurs des deux branches, fassent entre eux l'angle *hij*, figure 8, planches 90, 91, lequel est le même, que l'angle *r'fv*, planches 88, 89, figure 5.

On opérera de même pour l'équerre ouverte ; pour éviter des retouches au montage, il est bon de présenter à l'atelier, les pannes munies de leurs équerres, sur les arêtiers ; ces équerres seront assemblées par des boulons de mesure, et fixées aux arêtiers de la même façon.

Chevrons. — Les chevrons sont en fer à double T, et ont pour but, dans ce cas particulier, de soulager les pannes, sur le milieu de leur longueur, pour les empêcher de fléchir : les chevrons cintrés, suivant une courbe parallèle à la ferme, et passant par le dessus des pannes, sont assemblés à ces dernières par des équerres en cornière ; l'âme du chevron inférieur s'engage entre deux cornières, rivées sur les sablières et s'y assemble avec des boulons.

Sablières. — Les quatre sablières sont semblables, elles ont leurs extrémités coupées d'onglet, à l'emplacement où vient reposer le pied de l'arêtier ; chaque sablière est en deux pièces avec un joint droit au milieu, à la retombée des pieds de fermes et de fermettes. Des couvre-joints plats, assemblent tous ces joints, au moyen de boulons fraisés en dessous comme le sont tous les rivets des sablières, afin que ces dernières portent bien sur le mur d'appui ; on rive d'avance toutes les équerres, recevant les pieds des arêtiers, fermes, fermettes et chevrons.

Les sablières sont scellées sur le mur, par des tiges à queue de carpe d'un bout (fig. 12), avec partie filetée, et écrou de l'autre, ces scellements sont disposés environ tous les 0 m. 500.

Planche 92.

—

ABRIS POUR MARCHÉS

Lorsqu'une agglomération de population est insuffisante pour autoriser l'installation d'un marché permanent et la construction de halles, soit pour la vente des denrées, soit comme dans les grandes villes pour la vente des fleurs, on a recours à des abris fixes ou mobiles de faible hauteur et qui sont d'un prix de revient peu élevé ou ne modifient pas la perspective de l'emplacement sur lequel ils sont élevés.

Les marchés mobiles sont disposés en longues files par places de 2 m. 50 de largeur et 2 m. de profondeur ; leur charpente est des plus simples et consiste en montants en bois ou fer creux de 40 mm. de diamètre, ferrés à la partie inférieure, que l'on engage dans une douille scellée dans le sol ; la partie supérieure de ces montants porte des crochets qui reçoivent les anneaux d'extrémité des pannes en bois de 30 à 40 mm.

Si, comme nous l'avons indiqué sur le croquis (fig. 1),
le petit arbalétrier, légèrement incliné, est maintenu
sur le montant par un verrou, il faudra visser sur

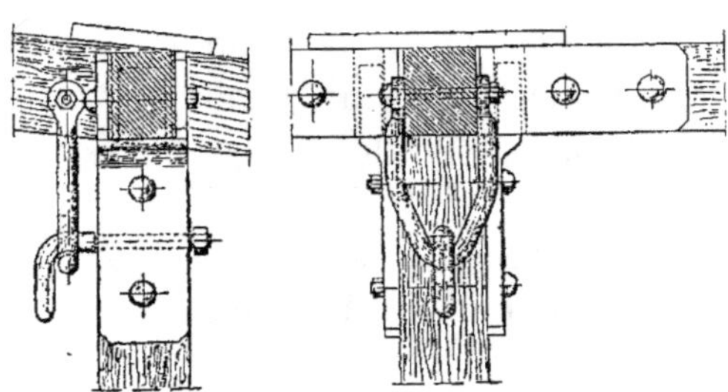

Fig. 1.

le bois une plaque de tôle qui empêchera le soulèvement des
pannes. Ces abris sont couverts en toile avec chevrons en
bois placés tous les 40 cm. ; des ligatures en corde maintiennent cette couverture sur les pannes. Afin que le montage
de ces constructions soit simple, il faut que leur hauteur ne
dépasse pas celle à laquelle un homme de moyenne taille
peut arriver sans le secours d'aucun appareil ; on donne
généralement une hauteur moyenne de 1 m. 900.

Les abris fixes sont des constructions qui doivent être
excessivement légères et peuvent servir de motif de décoration ; la planche 92 en donne un exemple.

La figure 1 est l'élévation du pavillon central et de deux
travées intermédiaires. En section transversale (fig. 2) nous
voyons la forme de la ferme avec ses auvents surélevés pour
marquer le pavillon.

Les fermes courantes, espacées de 3 m. 500, ont également
une portée de 3 m. 500 entre les axes des colonnes ; elles
présentent (fig. 4) une nervure inférieure cintrée et sont
formées de cornières $\frac{40 \times 40}{5}$ reliées par des goussets en tôle
de 4 mm. Les auvents de 1 m. 00 de largeur sont supportés
par des consoles en cornières dont nous avons donné les

dimensions sur la figure 4 ; ces consoles sont reliées entre elles par une cornière ouverte $\frac{50 \times 50}{6}$ sur laquelle on fixe la bordure et ornements en zinc.

Les colonnes à section extérieure octogonale sont en fonte creuse et se prolongent au delà du chapiteau par une partie carrée sur laquelle viennent se boulonner les consoles des auvents et les pieds des fermes.

A la partie supérieure (fig. 4 et 5) les fermes sont contre-ventées par une poutre de forme légèrement cintrée et com-posée de cornières $\frac{40 \times 40}{5}$.

Les colonnes d'une même file sont reliées par une poutre en tôle découpée, laissant au-dessus du sol une hauteur libre de 2 m. 500. Cette poutre sert de support au chéneau.

Le voligeage en chêne à rainure et baguette apparente est cloué sur des lames de bois placées sur les fermes et s'appuie à la partie supérieure sur une faîtière en sapin 60×60. Au milieu d'une travée, ce voligeage est supporté dans un plan parallèle aux fermes par un fer à T $\frac{50 \times 50}{6}$ dont on boulonne l'aile horizontale sur les pièces de contreventement. La cou-verture est en zinc.

Planches 93, 94 et 95.

—

MARCHÉ DE CORBEIL

Sur les planches 93, 94 et 95 nous donnons les élévations et détails d'exécution du marché de Corbeil, suivant les des-sins que nos collaborateurs, MM. Ducastel, architecte et Michelin, ingénieur-constructeur, ont bien voulu nous com-muniquer.

En élévation (pl. 93), le pavillon central comprend trois

travées, l'une de 8 m. 50, les deux autres de 4 m. 25, avec pilastres et panneaux portant motifs de décoration. Les petits pilastres reliés aux colonnes courantes, comme nous l'avons indiqué dans la coupe transversale (pl. 94 et 95) ont la forme de caissons dont les parois latérales sont faites avec une âme en tôle de 6 mm. d'épaisseur sur laquelle se rivent les cornières 60 $\times$ 60 qui reçoivent les traverses et croisillons en fer plat 60 $\times$ 7 des faces d'élévation. Les grandes pilastres ont les mêmes formes et dimensions, mais ils présentent, rivées sur les âmes du côté de la grande grille d'entrée, une poutrelle en cornières 50 $\times$ 50 avec âme 160 $\times$ 6 qui recevra la traverse basse du rideau vitré et la retombée de la ferme cintrée.

Contre les treillis et maintenues par des cornières 30 $\times$ 30 des plaques de poteries forment remplissage et pour que la pose puisse se faire au moment du montage, le treillis intérieur de chaque pilastre est démontable.

La distance entre les faces intérieures des poteaux pilastres est de 15 m. 200 et comme il était impossible de mettre sur cette longueur des supports pour recevoir les fermes intermédiaires du pavillon central, on a relié les pilastres au moyen de deux poutres à treillis de 0 m. 80 de hauteur avec montants et croisillons en cornières 50 $\times$ 50. L'élévation latérale et la coupe transversale du pavillon central (pl. 94 et 95) montrent cette poutre dont l'assemblage avec les pilastres est renforcé par des consoles.

Les fermes intermédiaires écartées de 3 m. 80 environ, ont des membrures en cornières 45 $\times$ 45 réunies par un treillis en N, elles reposent contre les poutres longitudinales et sont en plus maintenues par de petites consoles.

Sur la planche 93 nous voyons que de chaque côté du pavillon central est disposée une galerie divisée par travées de 5 m. de longueur; à chacune de ces travées correspond une ferme supportée par deux colonnes en fonte.

La ferme est du type Polonceau à une contrefiche, avec
arbalétriers en fer double T de 160, bielles en fonte,
tirants en fer rond de 20 à 35 mm. et poinçon de 15 mm.
de diamètre ; les assemblages des tirants avec les arbalétriers
sont faits comme nous l'indiquons au croquis (fig. 1). Au
droit des colonnes, les arbalétriers sont coudés pour pouvoir supporter le chéneau, deux consoles en fer plat de
50 mm. complètent cet assemblage. Les colonnes en fonte
ont 6 m. de hauteur, elles sont creuses et de section rectangulaire avec chanfreins sur les angles.

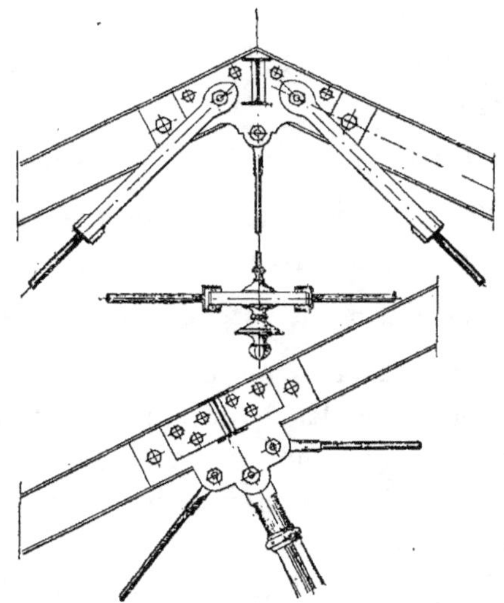

Fig. 1.

Les diverses fermes sont reliées par une panne faîtière,
deux sablières et sur chaque arbalétrier par sept cours de
pannes intermédiaires en fer double T de 80 de hauteur ;
sur ces pannes on a fixé un parquet rainé de 25 à point de
Hongrie, cloué sur des tasseaux en sapin 54 $\times$ 34 et recouvert par des feuilles de zinc n° 12 de 0 m. 65 de largeur.

A l'extrémité coudée de chaque arbalétrier, une panne
en fer double T, ailes ordinaires, de 80 de hauteur, supporte

le chéneau en avant de la façade au moyen d'un tasseau en sapin 54 × 34 vissé sur les ailes supérieures. Nous en trouvons tous les détails, ainsi que ceux du chéneau en zinc appliqué sur bois dans l'élévation d'une travée courante et les diverses coupes qui s'y rapportent. La coupe suivant AB montre que dans une travée la hauteur est divisée en trois parties par deux traverses en fer à U armées de cornières jet d'eau ; le remplissage de la partie inférieure est fait par un briquetage de 110, avec enduit intérieur en ciment de Portland et briques apparentes à l'extérieur, disposées suivant des assises de couleur différente ; cette murette repose sur une pierre en roche d'Euville formant parpaing, qui est elle-même placée sur un lit de béton, coulé en rigole de 0 m. 50 de largeur.

La première traverse en fer à U $\frac{140 \times 50}{7}$ porte deux cornières 30 × 30 qui reçoivent le remplissage en briques creuses de 55 d'épaisseur, avec enduit en plâtre au sas ; ce briquetage se termine à la seconde traverse en U $\frac{80 \times 40}{6}$ qui sert de support à la cornière basse 30 × 30 formant feuillure du rideau vitré. La coupe, suivant GH, nous montre que les traverses sont réunies à 1 m. 6915 de l'axe de chaque colonne par deux montants en fer double T de 80 ailes ordinaires.

Le rideau vitré comprend huit travées de vitres et trois travées de lames, les fers à T de $\frac{40 \times 40}{6}$ qui forment feuillures pour les premières, s'assemblent à leur partie supérieure sur une cornière cintrée $\frac{50 \times 30}{5}$ faisant partie des consoles latérales des colonnes. Les montants des travées de lames sont en fer à T $\frac{60 \times 60}{6}$, ils portent les tapées en bois destinées à fixer les lames et viennent s'appuyer à la partie supérieure sur une cornière 50×50 fixée sous la semelle de la sablière.

L'élévation latérale et la coupe transversale du pavillon central (pl. 94 et 95) indiquent suffisamment comment on a disposé les vitrages sur ces parois verticales pour que nous en donnions d'autres détails.

Nous avons représenté l'élévation de l'un des pignons pour lequel la forme de la ferme diffère de celle que nous avons examinée dans la coupe transversale courante.

Les colonnes sont doubles, celles d'angle en fonte creuse du modèle courant (coupe a et coupe b) sont reliées par des traverses et croisillons à un pilier en forme de caisson, composé de deux âmes 120×6, deux semelles 200×6 et quatre cornières 45×45. C'est contre cet ensemble que vient appuyer la ferme dont la membrure inférieure a la forme d'une anse de panier et comprend une âme 150×6, deux cornières 50×50 et une semelle 140×6. Le remplissage est fait avec des montants et barres de treillis inclinées en cornières 50×50.

Le briquetage est composé comme nous l'avons déjà dit pour les travées de façade, au-dessus de la deuxième traverse, les persiennes en verre occupent toute la largeur du pignon et, au-dessus, une poutre à croix de St-André entretoise les colonnes ; cette poutre, qui reçoit les cornières feuillures des vitrages, est formée de quatre cornières 50×50. Nous l'avons indiqué dans la coupe verticale du pignon.

Le rideau vitré est divisé en plusieurs parties par des montants de portes ou des montants milieux en fer double T de 140 larges ailes ; ces fers sont reliés à mi-hauteur de vitrage par une traverse extérieure de 60×45.

Dans le pignon, on a ménagé deux entrées munies de grilles de fermeture dont nous donnons le détail. Ce sont de simples barreaudages ronds, fixés sur des traverses 34×20

d'un cadre dont les montants ont 34×34 pour ceux de pivot et 34×25 pour les battements.

Le dormant de la porte est formé par des cornières $\dfrac{40 \times 40}{6}$ rivées sur les fers double T du cadre de la baie. Ces fers dont nous avons eu l'occasion de parler à propos du vitrage, sont scellés dans le béton et portent à cet effet deux goussets rivés sur leurs ailes et deux cornières 70×70 fixées sur l'âme ; une plaque d'appui de 400, maintenue sur les goussets par des cornières de 50, donne une bonne assise.

La traverse de la baie est un fer à double T de 100 de hauteur, qui est fixé sur l'âme de chaque montant par une console en cornière de 30, avec âme pleine de 5 mm. ; la semelle supérieure de cette traverse est prise entre les ailes du fer à U de couronnement du briquetage de 60.

Nous avons donné également l'élévation d'une travée de grille sur la façade ; dans ce cas, il y a deux panneaux fixes dont les extrémités portent d'un côté sur la colonne et de l'autre sur un montant en fer plat 60×30 ; la coupe KL nous montre de quelle façon on a scellé l'extrémité de ce montant dans la rigole en béton. Le linteau est formé d'un fer à double T $\dfrac{120 \times 70}{5}$ fixé sur des consoles plus fortes que pour la baie de pignon et qui doivent être attachées sur la colonne en fonte au moyen de goujons vissés et portant un écrou pour serrer la cornière de console.

Planche 96.

—

GARE AVEC ABRI EN FER

La planche 96 représente une gare avec abri en fer.

La figure 1 montre l'élévation d'une ferme et la figure 2

le plan général du hall couvert qui constitue pour nous la seule partie intéressante.

La ferme employée est connue sous le nom de comble anglais ; elle a une portée de 15 m., est couverte en tuile de Bourgogne et possède un lanterneau vitré. Elle repose par l'une de ses extrémités sur le mur extérieur du bâtiment de la gare et par l'autre sur une colonne en forme de caisson composée de deux fers en U de 180/60/8 assemblés au moyen de deux plates-bandes en tôle de 7 mm. rivées sur les ailes des fers à U au moyen de rivets de 17 mm. de diamètre.

La portée de la ferme étant de 15 m., nous avons divisé cette demi-portée en quatre parties égales et placé sur l'arbalétrier une panne à chaque point de division, ce qui donne aux chevrons une bonne portée de 2 m. environ.

Les fermes sont espacées de 5 m. comme l'indique le plan général du hall (fig. 2). La ferme proprement dite se compose d'un entrait relevé de 0 m. 04 par mètre, formé par deux cornières adossées de 60/60/6.

Cet entrait opère sa jonction avec les arbalétriers qui sont composés de deux cornières adossées de 80/60/9, au moyen d'un gousset rivé. La figure 4 représente cet assemblage. Le gousset est en tôle de 7 mm. et l'entrait, ainsi que l'arbalétrier, sont fixés sur ce gousset chacun par cinq rivets de 17 mm. de diamètre.

La figure 3 montre l'assemblage des deux arbalétriers avec la panne faîtière qui est formée par un T de 180/60/8.

Cet assemblage s'opère au moyen de quatre cornières adossées de 60/60/8, dont deux se prolongent pour former le poinçon du lanterneau.

Les arbalétriers sont réunis à l'entrait par un poinçon en fer plat de 70/7 placé au milieu de la portée, par des aiguilles intermédiaires au nombre de six, en fer plat de 60/6 et par des contrefiches constituées par des cornières de 60/60/6.

Les assemblages des aiguilles et des contrefiches avec l'entrait ou les arbalétriers se font au moyen d'un simple gousset rivé avec rivets de 17 mm. de diamètre ; comme on le voit, ces assemblages sont de la dernière simplicité et il nous a paru absolument superflu d'en donner le détail.

La figure 5 représente la fixation des chevrons sur les pannes et des lattes sur les chevrons. Ces derniers sont en bois de 70/50 et les lattes en 30/30.

La figure 6 est une variante pour chevrons et lattes en fer.

Dans ce cas, les chevrons sont formés par des cornières de 70/70/7 et les lattes par des cornières de 25/25/3 rivées sur les chevrons.

La figure 7 est l'assemblage des aiguilles formant montants du lanterneau avec les arbalétriers de la ferme. Cet assemblage se fait au moyen d'un gousset en tôle de 7 mm.

L'assemblage des pannes sur l'arbalétrier, représenté figure 8, se fait au moyen d'une équerre rivée en fer à T de 130/70/7.

Le lanterneau est constitué par deux arbalétriers en cornière de 60/60/6, réunies par des goussets rivés au poinçon central et aux deux aiguilles placées de chaque côté.

Ces arbalétriers supportent eux-mêmes une panne faîtière et deux pannes ordinaires réunies aux arbalétriers par des équerres en fer à T qui composent un assemblage analogue à celui représenté figure 8.

Ces pannes supportent enfin les fers à vitres formés par des fers à T de 40/35/4.

Planche 97.

—

HALLE A MARCHANDISES. CHARPENTE MIXTE.

Les combles mixtes, en fer et bois, sont employés principalement dans les charpentes économiques ; très souvent, aussi, l'adjonction de pièces de fer sert à consolider une charpente en bois, soit que le comble ait été construit avec des dimensions insuffisantes, soit qu'on veuille lui faire supporter une charge plus considérable que celle qui a été prévue lors de son établissement.

Il est évident que pour toute pièce d'une construction soumise à un effort de tension, on devra employer le fer, mais si une pièce un peu longue travaille à la compression sans qu'il soit possible de prendre des points d'attache intermédiaires, il sera avantageux d'employer le bois qui, pour une même résistance, présentera des dimensions telles que tout flambage ou gauchissement sera évité.

Nous avons choisi comme exemple celui d'une halle aux marchandises ; le comble a 10 m. de portée entre les axes des colonnes, et se prolonge de chaque côté pour former auvents et garantir les marchandises pendant leur transbordement.

Les figures 1, 2 et 3 nous montrent la forme générale de la construction ; entre deux fermes principales consécutives, reposant sur colonnes, se trouve une ferme intermédiaire qui s'appuie sur la panne en bois, de 250×250 d'équarrissage, formant traverse supérieure des colonnes.

Les fermes principales et intermédiaires sont formées par deux arbalétriers en bois 200×160 assemblés à mi-bois à leur partie supérieure (fig. 5), l'assemblage étant consolidé par des plates-bandes en fer, et une équerre en fonte. A leurs extrémités, les arbalétriers sont reliés par une pièce de bois (fig. 7 et 8) de 350×150, formant panne et maintenue par des boulons à plate-bande ou par des étriers, comme nous l'avons indiqué sur les figures 7 et 8.

Au droit des poteaux, les arbalétriers sont réunis par des tirants en fer rond de 30 mm. de diamètre avec moufle et fourchettes de serrage, l'ensemble est supporté en son milieu par un poinçon dont le collier est serré par un boulon contre les plates-bandes de faîtage (fig. 6).

Les fourchettes se prolongent de chaque côté de l'arbalétrier pour venir se fixer sur les pannes par des étriers qui consolident l'assemblage à redents des bois.

Les poteaux sont en fer composés d'une âme de 250×10 et de quatre cornières $\frac{90 \times 60}{8}$, ils sont scellés à leur partie inférieure dans la maçonnerie du quai sur des massifs que nous avons indiqués en plan (fig. 4). Si on avait voulu les faire en bois, il aurait fallu leur donner une section carrée de 250 mm.

Ces poteaux qui ne se trouvent qu'à l'aplomb des fermes principales sont réunis aux arbalétriers par deux consoles, l'une en fonte (fig. 6), l'autre en fer (fig. 7).

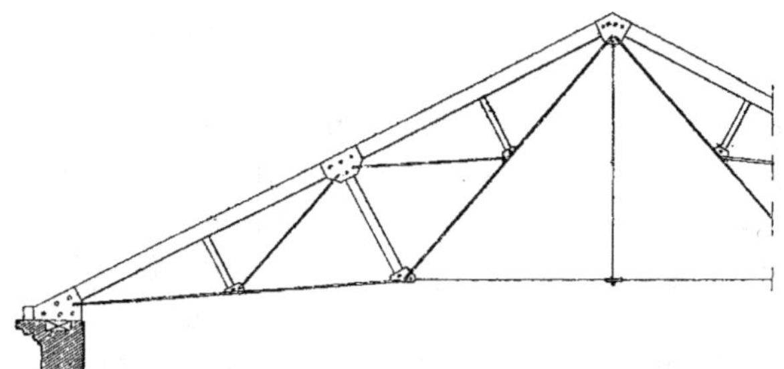

Fig. 1.

La hauteur libre sur l'axe de la voie devant être de 5 m. au moins, une contrefiche en bois, ou aurait dû être placée trop inclinée ou aurait été gênante ; la console boulonnée en fer sur le poteau et sur l'arbalétrier est formée de cornières $\frac{40 \times 40}{5}$ dont l'écartement est maintenu par des montants de même forme.

Le lanterneau de 3 m. 500 de largeur est supporté sur le faîtage par un potelet en fer forgé (fig. 5), les parois latérales sont fermées par des costières en chêne de 40 mm.

d'épaisseur fixés sur les arbalétriers au moyen d'équerres et qui servent de support latéral au châssis en fers à vitrage de 65 mm. de hauteur.

Le voligeage cloué sur les arbalétriers est en chêne de 34 mm. et la couverture en zinc.

Les fermes à contrefiches sont souvent employées en charpente mixte, les arbalétriers et bielles se font en bois et les tirants et poinçons en fers ronds ou cornières. Pour les assemblages, on se sert soit de pièces en fonte coulées spécialement, soit de goussets en tôle. L'exemple que nous donnons au croquis ci-dessus, comprend six contrefiches et la portée de la ferme peut atteindre 30 m. en employant des arbalétriers de 40×22 d'équarrissage et des tirants en fer rond de 40 à 55 mm. de diamètre.

Planches 98 et 99.

—

CONSTRUCTION EN FER ET BRIQUE

Les trois vues de la planche 98 représentent l'ensemble d'une construction en fer et brique dans le genre de celles qui figuraient à l'exposition de Paris en 1889.

L'ossature est entièrement métallique et le remplissage est fait en brique et carreaux céramiques ; on obtient ainsi un tout d'une grande solidité et très élégant au point de vue de l'aspect.

La planche 99 représente tous les détails de construction de l'ossature qui dans la question que nous traitons est la partie intéressante.

Cette ossature est composée de montants en fer à double T de 120/60/8 réunis à leur base par une plaque d'assise en tôle de 5 mm. (assemblage f, pl. 99), l'assemblage se fait au moyen d'équerres en tôle de 10 mm. fixées sur l'âme des fers par des rivets de 15 mm. de diam. ; les plaques d'assises se posent sur un lit en béton. Les montants sont noyés dans une murette en maçonnerie qui dépasse d'environ 0 m. 10 le niveau du sol et est recouverte d'une chape en ciment. A leur partie supérieure les montants sont reliés par un fer à U de 140/65/10 formant sablière fixée par des équerres et des rivets de 20 mm. (assemblage *b*, pl. 99).

Les angles de la construction sont protégés par des cornières de 80/80/8 noyées dans la maçonnerie à leur base et réunies aux sablières (assemblage *a*, pl. 99) par des rivets de 20 mm.

L'encadrement des portes vitrées est constitué par deux montants verticaux au fer à U de 120/60/8 noyés à leur base dans la maçonnerie et réunis à la sablière à leur partie supérieure par des rivets de 15 mm. (assemblage *c*, pl. 99). Une traverse en fer à U de même dimension que les montants assemblée au moyen d'équerres en tôle de 10 mm. et de rivets de 15 mm. forme battement haut de chaque porte (assemblage *e*, pl. 99).

Les encadrements des fenêtres sont constitués d'une façon analogue et il suffira de voir l'assemblage *d* (pl. 99) pour se rendre compte de quelle façon se fait la jonction des traverses avec les montants verticaux.

Le chéneau est formé, comme l'indique l'assemblage *g*, (pl. 99) par des tôles de 3 mm. rivées sur cornières de 50/50/6 vers l'extérieur et sur cornières de 80/80/8 à l'intérieur ; deux tuyaux de descente en fonte placés sur la face arrière du bâtiment assurent l'écoulement des eaux.

Les fermes du comble sont formées par deux arbalétriers et un entrait en fer à U de 100/50/8 réunis à la partie inférieure par un gousset en tôle de 3 mm. fixé sur l'âme des fers par des rivets de 20 mm. (assemblage *g*, pl. 99) et assemblés au faîtage par un autre gousset également rivé (assemblage *h*, pl. 99).

La couverture en zinc, de 1mm. d'épaisseur, à recouvrements et tasseaux également garnis de zinc, est soutenue par un voligeage placé sur les arbalétriers.

Le plancher haut est constitué par un voligeage en pitchpin verni fixé sur les ailes des fers à U composant l'entrait.

La marquise vitrée ne présente aucune particularité saillante ; elle est composée de consoles en tôle garnie d'une cornière de 60/60/8 qui permet de les fixer sur les montants des portes vitrées et sur les cornières d'angles. Ces consoles sont reliées à leur extrémité par une cornière longitudinale qui, avec la cornière fixée sur le bord du chéneau, sert de point d'appui aux fers à vitrage.

L'ensemble est enfin complété par une ornementation en zinc fixée sur la panne faîtière.

Planches 100, 101 et 102.

—

RAMPES

Les rampes ont généralement une hauteur de 1 m. à compter verticalement du nez de l'une des marches ; on leur donne le nom de rampes françaises ou rampes anglaises suivant qu'elles sont posées sur le limon ou fixées contre les marches.

Sur les planches 100, 101 et 102, nous avons donné plusieurs modèles de ces rampes ; on voit qu'on peut mettre des barreaux scellés sur chaque marche ou contre ces mêmes marches, ces barreaux sont réunis par des traverses et le remplissage peut être fait par des barreaux tordus ou avec des motifs en fer forgé avec feuilles repoussées.

Les rampes sur limons se font à panneaux ou à motif courant ; dans le premier cas ce sont les montants qui sont scellés dans le limon, dans le second on est obligé de sceller des tiges et de fixer la traverse basse au moyen de vis.

Les pilastres de départ portent très souvent des consoles renversées plus ou moins ouvragées, mais dont le dessin doit toujours être en rapport avec celui des autres motifs de décoration de la rampe.

Pour les rampes on peut très bien employer des montants 25×25, des traverses 25×14 et les remplissages en 20×9 à 20×14 suivant l'emplacement. Les consoles se feront d'après la largeur du pilastre, on leur donne en général de 20 à 30 mm. de largeur et de 10 à 16 d'épaisseur.

ESCALIERS

Un escalier est formé de plans horizontaux successifs disposés en retrait, ces plans sont les *marches* et le *giron* est la partie d'une marche où l'on pose le pied. Lorsqu'une personne monte un escalier en s'appuyant sur une main courante toujours placée à sa droite, elle suit la *ligne de foulée*, c'est sur cette ligne située à 0 m. 50 environ de la rampe qu'il faudra compter le giron. Les parois verticales qui relient les divers plans horizontaux sont les *contre-marches*.

Si h est la différence de niveau entre deux marches et l le giron, la relation

$$l + 2h = 0,64$$

donnera l'une des dimensions lorsqu'on connaîtra l'autre, mais, pour être applicable, cette formule demande que la longueur de la ligne de foulée entre deux étages ou que la hauteur entre ces mêmes étages puisse varier. Il n'en est pas toujours ainsi, aussi pour les escaliers ordinaires prend-t-on $h = 0,16$ et $l = 0,25$ et en général il faudra avoir soin de ne pas donner à h plus de 0 m. 20 et à l moins de

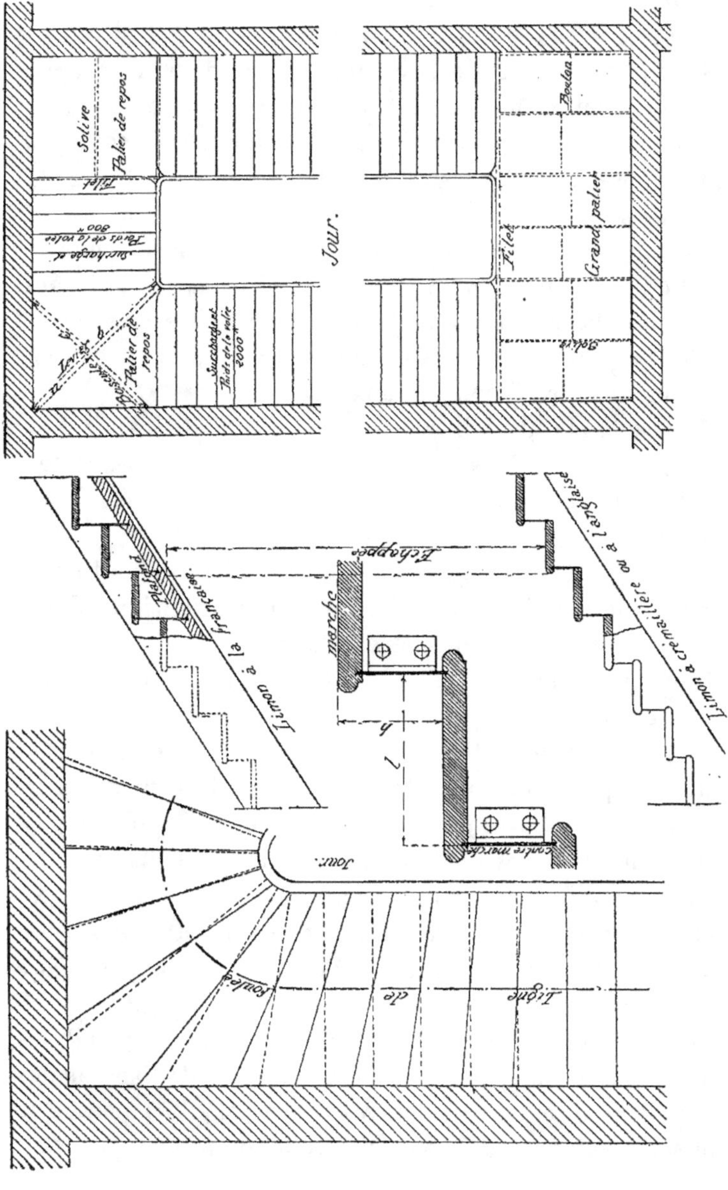

0 m. 22. Quant à l'*emmarchement* ou longueur de la marche elle varie de 0 m. 75 à 1 m. 75 suivant l'importance de l'escalier.

Lorsque les extrémités des marches ne reposent pas sur des murs, on supporte l'escalier au moyen de *limons* qui prennent le nom de *faux limons* s'ils sont placés contre un mur pour éviter l'encastrement de ce côté des abouts des marches.

Les limons se font pleins ou à crémaillères et pour les escaliers ordinaires un large plat de 150×8 serait suffisant, mais dans la pratique afin de pouvoir fixer les marches ou tailler la crémaillère on est conduit à doubler cette hauteur au moins par les limons à l'anglaise.

Le *jour* est l'espace laissé libre au centre de la cage d'escalier, ses dimensions se comptent entre les faces extérieures du limon et ne doivent en aucun sens être inférieures à 0 m. 20.

L'*échappée* est la hauteur comprise entre le bord supérieur d'une marche et le plafond de la révolution immédiatement au-dessus ; on considère qu'une échappée de 2 m. 20 est un minimum absolu dans l'établissement des escaliers des habitations.

Le plus souvent le limon comprend des parties droites et courbes ; quand la courbure est faible la largeur des marches au collet se trouverait très réduite et de plus en passant de la partie droite à la partie courbe l'inclinaison varierait trop brusquement ; pour remédier à ces inconvénients on répartit progressivement ces variations sur un plus grand nombre de marches, c'est ce qu'on appelle *faire le balancement*.

Pour un escalier formé de parties droites et quand les dimensions de la cage le permettent, on peut disposer des *paliers de repos* entre deux étages consécutifs. Ces paliers se font soit en plaçant une *bascule* entre les murs d'angle et s'en servant comme point d'appui d'un *levier* qui portera en porte-à-faux le limon, soit en prologeant horizontalement l'un des limons jusqu'au mur et établissant un plancher avec solives.

Les grands paliers de départ et d'arrivée ou ceux intermédiaires se construisent comme les planchers ordinaires avec filet du coté du jour recevant directement les limons.

Calcul des escaliers. — La charge morte des escaliers est trop variable pour que nous puissions donner des indications exactes, mais connaissant les dimensions et la forme à donner il sera toujours facile d'en déduire le poids. La surcharge doit être proportionnée aux services que l'escalier est appelé à rendre ; tantôt il suffira de compter le poids d'une personne par marche, d'autre fois il faudra en prendre autant que la marche peut en contenir.

Si la marche n'est pas supportée sur tout son pourtour par des fers on la considérera comme appuyée à ses extrémités et comme l'on connaît sa largeur on déduira l'épaisseur ; dans ce cas, la contre-marche ne tiendrait lieu que de remplissage.

Si, au contraire, la marche est soutenue sur sa longueur par deux fers, l'un de contre-marche l'autre de sous-marche, chacun d'eux supportera une partie de la charge, la moitié si le giron est de 0 m. 25. Si la marche a plus de 30 cm. de largeur comme le poids des personnes portera plus sur la contre-marche qu'à l'autre extrémité, on comptera sur les 2/3 pour le fer de contre-marche et 1/3 pour celui de sous-marche.

La charge totale se répartira sur les limons proportionnellement à leur nombre et à leur longueur, nous disons nombre car on peut avoir à faire des escaliers très larges pour lesquels il devient nécessaire d'avoir des limons intermédiaires. Mais d'une façon générale nous supposerons deux limons ou un mur et un limon, la charge sera alors moitié sur chacun d'eux.

Tout limon droit partant d'un palier et arrivant à un autre palier, c'est-à-dire placé entre deux points fixes, travaillera comme une pièce chargée uniformément sur sa longueur et posée sur deux appuis. La charge uniformément répartie sera la moitié du poids de l'escalier correspondant à ce limon multiplié dans les cas ordinaires par 0,87, si la pente est très faible par 0,91 et si la pente est forte par 0,82.

La longueur sera celle mesurée suivant la pente.

Lorsqu'un limon arrivera contre un filet, ce filet, outre la charge uniformément répartie qui pourra provenir du palier, sera chargé en ce point d'un poids égal au 1/4 de celui de l'escalier. Donc, pour les grands paliers intermédiaires, le filet supportera la moitié de la charge totale du plancher correspondant plus à chaque attache de limon un poids concentré. Nous n'insisterons pas sur ces divers cas qui ont été étudiés en détail dans d'autres parties de cet ouvrage, nous ferons seulement remarquer que les résultats obtenus pour les limons ne devront s'appliquer qu'à la partie utile et la hauteur calculée sera comptée perpendiculairement à la direction.

Il arrive très souvent que les limons partent d'un palier pour arriver au palier immédiatement au-dessous sans avoir sur leur longueur aucun point d'appui intermédiaire ; dans ce cas, on aura le poids p' que pourra porter le limon s'il est supposé appuyé sur deux points distants de 1 m. par la relation

$$p' = p \times \left(0{,}50 + \frac{16l}{L}\right)\frac{L^2}{4}$$

dans laquelle :

p est le poids par mètre courant de limon,

l est la largeur du jour,

L est la longueur développée du limon,

Supposons par exemple que la charge totale sur un escalier soit de 3.200 kg., la largeur $l = 0$ m. 20 et la longueur $L = 4$ m.

Le poids sur le limon sera :

$$\frac{3200}{2} \times 0,87 = 1.292 \text{ kg.}$$

donc

$$p = \frac{1292}{4} = 323 \text{ kg.}$$

et

$$p' = 323 \left(0,50 + 16\,\frac{0,20}{4}\right) \frac{16}{4} = 1640 \text{ kg.}$$

Un large plat 150×10 travaillant à 6 kg. par millimètre carré nous donnerait 1.776 kg., le métal travaillera donc à

$$\frac{1640 \times 6}{1776} = 5 \text{ kg. } 5.$$

Lorsqu'on établit des paliers avec bascules et leviers, il est intéressant de pouvoir se rendre compte des dimensions à donner à ces pièces.

La bascule est encastrée ou simplement posée sur les appuis suivant l'épaisseur des maçonneries, en général, l'encastrement est préférable, car la hauteur de la pièce est alors réduite ; elle sera chargée en un point, qui peut être le milieu, d'un poids Q, nous connaîtrons donc les dimensions de cette pièce si nous déterminons le poids Q.

Le levier sera encastré à une de ses extrémités, reposera en un point quelconque de sa longueur sur la bascule et supportera : 1° une charge uniformément répartie sur toute sa longueur, égale au poids du palier ; 2° une charge concentrée à son extrémité libre et égale au 1/4 de la somme des surcharges et poids des volées d'escalier dont les limons portent à son extrémité.

Soit p' la charge uniformément répartie,

P le poids à l'extrémité du levier de longueur b et soit a la distance entre la section d'encastrement et l'appui sur la bascule (fig. 1). Le poids uniformément réparti sur la longueur b correspondant aux deux charges sera :

$$p = p' + \frac{2P}{b}$$

Cette même pièce, de longueur a, posée sur deux appuis devrait supporter :

$$R = p \frac{b^3}{a^2}$$

La charge sur la bascule sera :

$$Q = \frac{3}{8} p \frac{b^3}{a^2}$$

et dans la section d'encastrement :

$$Q' = \frac{5}{8} p \frac{b^3}{a^2}$$

Prenons par exemple : $p' = 300$ k., $P = \dfrac{2800}{4} = 700$ k., $a = 0$ m. 800, $b = 1$ m. 500.

Nous aurons :

$$p = 300 + \frac{2 \times 700}{1.5} = 1233 \text{ k.}$$

$$R = 1233 \times \frac{\overline{1,5}^3}{\overline{0,8}^2} = 6535 \text{ k.}$$

et pour une portée de 1 m. elle supporterait :

$$6535 \times 0,8 = 5228 \text{ k.}$$

On pourrait employer deux fers à double T $\dfrac{120 \times 49,5}{11}$.

La charge sur la bascule sera :

$$Q = 3/8 \; 6535 = 2451 \text{ kg.}$$

et la réaction de l'encastrement :

$$Q' = 5/8 \; 6535 = 4084 \text{ kg.}$$

Si la bascule a 1 m. 600 de longueur, qu'elle soit encastrée et chargée du poids 2451 kg. au milieu, d'après les résultats de notre tableau relatif à ce cas

$$2451 \text{ kg.} \times 1 = 2451 \text{ kg.}$$

sera la charge uniformément répartie sur poutre de 1 m. 600 de longueur posée sur deux appuis.

Pour 1 m. de portée nous aurons :

$$2451 \times 1.60 = 3922 \text{ kg.}$$

Un fer double T $\dfrac{140 \times 53}{12}$ conviendra très bien.

RAMPES POUR ESCALIERS EN BOIS OU EN FER

La rampe est un garde-corps qui empêche de tomber dans l'escalier, et sur lequel on s'appuie pour monter ou descendre.

Elle se compose d'une bandelette en fer sur laquelle on fixe la main courante en bois, et qui est réunie au limon par des barreaux ; suivant la forme de ces derniers, on distingue :

1° Les rampes à cols de cygne ;

2° Les rampes à écuyers ;

3° Les rampes à pitons ;

4° Les rampes à remplissages.

Rampes à cols de cygne. — Ces rampes s'emploient surtout pour les escaliers de service, elles se font à barreaux ronds ou carrés.

A leur partie inférieure, les barreaux sont coudés pour racheter la saillie des marches sur le limon, ils sont épaulés et filetés pour se fixer sur limons en fer ; pour un limon en bois, cette partie est légèrement conique pour faciliter l'entrée du barreau qui s'enfonce à force dans un trou percé à l'avance sur le limon.

Avant de fixer les barreaux, on leur met une rosace en fonte que l'on applique sur le limon en donnant quelques coups de becs-d'âne sur les barreaux.

A leur partie supérieure, ces derniers ont une coupe en sifflet dans les parties rampantes et une coupe droite aux paliers ; ils sont en outre percés d'un trou taraudé pour vis

à métaux, tête goutte de suif fixant la bandelette ; à 10 centimètres environ au-dessous de cette coupe on met une

Détail d'un barreau

à piton   à col de cygne

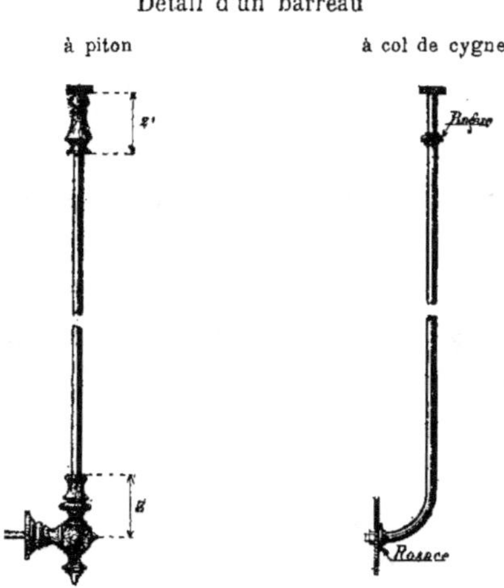

bague en fonte fixée sur le barreau de la même façon que
la rosace ; toutes les bagues doivent se dégauchir entre elles
et former une ligne parallèle à la bandelette.

Rampes à écuyers. — Ces rampes se placent le long
des murs, elles se composent d'une bandelette et de ses
supports que l'on désigne sous le nom d'*écuyers*, ce sont des
pattes à scellements en fer rond ou carré.

Rampes à pitons. — Les rampes à pitons se font à barreaux ronds ou carrés. A leur partie inférieure, les barreaux
sont fixés par l'intermédiaire d'un goujon fileté, sur pitons
en fonte, lesquels sont boulonnés sur les limons dans le
cas d'escaliers en fer et enfoncés à force comme les cols de
cygne dans les limons en bois.

A leur partie supérieure, les barreaux sont terminés

par un pontet ou chapiteau en fonte qui y est fixé par un goujon fileté. C'est sur les chapiteaux que l'on fixe la bandelette.

Il existe dans le commerce une grande variété de pitons simples ou ornés, pour barreaux ronds ou carrés.

Les rampes à pitons sont d'un aspect plus agréable que les rampes à cols de cygne, mais elles sont beaucoup moins solides.

Rampes à remplissages. — Dans les grands escaliers, on emploie des rampes ornées avec motifs en fonte ou en fer forgé, elles sont généralement composées de plusieurs traverses parallèles à la main courante, réunies entre elles par des barreaux en fer carré ou méplat formant cadres avec les traverses et entre lesquels on fixe les panneaux.

Pour les escaliers à la française, la traverse inférieure prend le nom de sommier, elle repose sur le limon et y est fixée par des pattes à scellements pour les escaliers en pierre ou en stuc et par des vis pour les escaliers en bois.

Pour les escaliers à l'anglaise, la traverse inférieure passe un peu au-dessus du nez des marches et est réunie au limon par des pitons, ou, dans certains cas, afin d'obtenir plus de solidité, on fait passer quelques barreaux plus forts que les autres et on les fixe directement sur le limon, ce sont ces barreaux qui portent la rampe et qui par suite reçoivent l'assemblage des traverses.

Ces rampes sont très solides et présentent quelques difficultés pour l'exécution, surtout pour galber les panneaux dans les quartiers tournants, pour cette opération, on est souvent obligé de faire à l'atelier une portion de cylindre ayant comme section la courbure de l'escalier et sur lequel on galbe les panneaux.

Exécution des rampes. — On peut employer deux moyens différents :

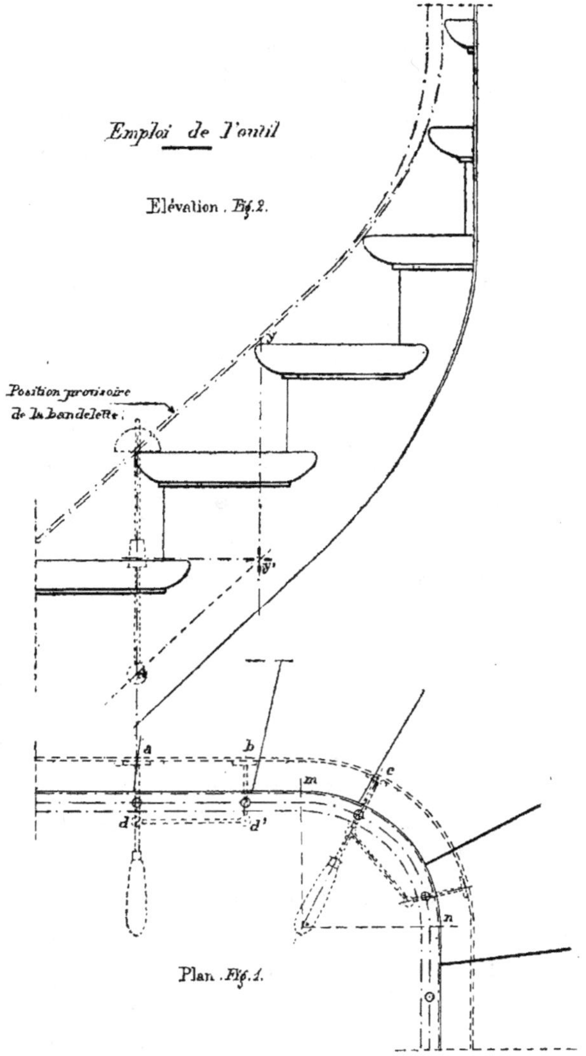

Premier moyen. — On commence par tourner la bandelette, soit que l'escalier ait un limon en fer ou un limon en bois ;

cette opération se fait sur place et de la façon suivante : on cintre la bandelette de sorte qu'elle suive la courbe formée dans le jour par les nez des marches (fig. 1) et on la fixe provisoirement au moyen de presses sur de petits morceaux de lattes cloués sur les marches, elle occupe alors une position parallèle à celle qu'elle devra avoir quand on la fixera sur les barreaux, c'est-à-dire 0 m. 830 plus haut; pour les parties rampantes, cette hauteur 0 m. 83 est adoptée par la plupart des rampistes, et 0 m. 90 aux paliers, ce qui fait que dans sa position provisoire, la bandelette sera de 0 m. 07 au-dessus des paliers.

Dans les parties droites, on place tout simplement la bandelette sur les lattes et on la fixe avec les presses ou quelquefois avec une ficelle ; dans les quartiers tournants, il faut la cintrer à froid au marteau, dans un plan horizontal suivant la courbe *mn* (fig. 1) formée par les nez des marches, puis la débillarder, c'est-à-dire la gauchir suivant le rampant au moyen de deux griffes, cette opération qui est la plus délicate dans l'exécution d'une rampe, se fait graduellement en partant de la naissance du cintre et en présentant souvent la bandelette sur l'escalier afin d'en vérifier la courbure, le débillardement de la bandelette doit toujours se présenter à l'équerre suivant le centre de la courbe afin qu'elle s'applique bien sur la coupe biaise des barreaux, qui doit être d'équerre avec les cols de cygne. Pour ce travail, il n'y a pas de règle absolue à suivre, c'est la forme de l'escalier qui détermine celle de la bandelette, mais quelquefois, quand la courbe présente des jarrets ou des ressauts trop brusques (ce qui arrive surtout pour passer d'un rampant à un palier), on peut s'écarter un peu du dessus des marches, c'est du reste l'œil et l'habitude qui guident dans ce débillardement.

Quand l'escalier est régulier, la courbe de la bandelette est la même que celle de la retombée du limon.

Sur les limons en fer, les pitons sont placés avant de tourner la bandelette, il faudra donc que dans sa position provisoire, l'axe de cette dernière soit au-dessus des axes des pitons.

Pour tourner la bandelette convenablement, il est indispensable d'employer de bon fer au bois (20×6, 22×6 ou 25×7) pour éviter des cassures dans les cintres, car ce travail se fait à froid, à moins de cas spéciaux, pour les rampes à remplissages par exemple, où le sommier est en fer carré ou méplat; il faut alors faire ce débillardement à chaud, ce qui nécessite une forge sur le chantier; on peut éviter cet inconvénient en tournant au chantier une bandelette ordinaire 22×6 par exemple, qui servira de modèle à l'atelier pour débillarder le sommier et les traverses.

Les joints de bandelette se font à l'atelier, ils sont à recouvrement (fig. 6) et se placent de préférence dans les parties droites; le dessous de la bandelette doit former une courbe continue, le ressaut formé au droit du joint sera logé dans une entaille faite sur la main courante en bois; pour fixer cette dernière, on percera dans la bandelette des trous pour vis à tête fraisée.

La deuxième opération consiste à tracer les trous de barreaux sur le limon et à les reporter sur la bandelette, puis de relever les hauteurs et les coupes biaises des barreaux; ces derniers doivent avoir entre eux un écartement maximum de 0 m. 160 d'axe en axe et une hauteur de 0 m. 80 à 1 m. (cette dernière hauteur se mettra principalement dans l'axe des quartiers tournants), au-dessus du devant de la marche. On commence la division dans l'axe d'un palier ou principalement dans l'axe d'un quartier tournant et quand l'escalier est régulier, les barreaux correspondants de plusieurs étages consécutifs doivent être tous sur la même verticale, les trous étant tracés pour un étage, il suffit de les plomber sur les autres étages.

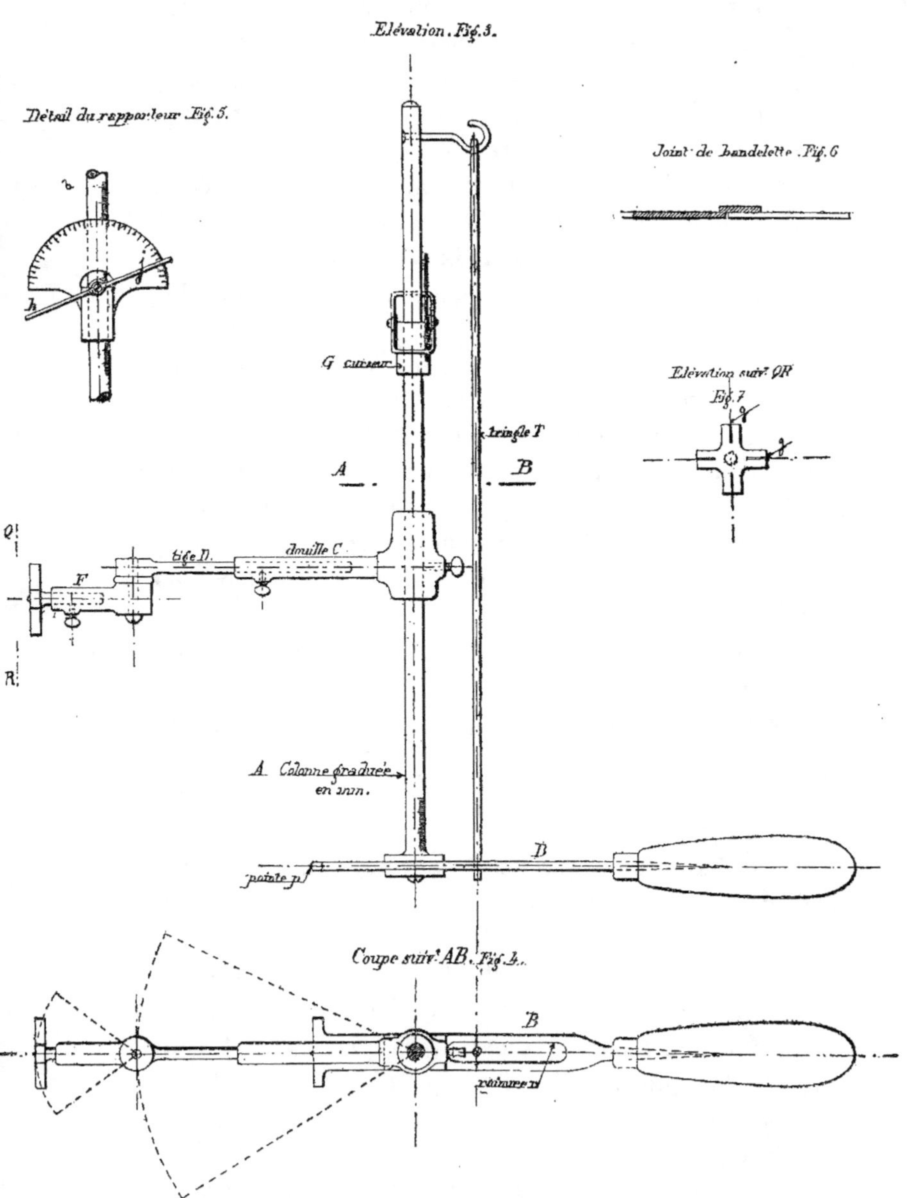

Outil servant à déterminer la division des barreaux et à relever leurs dimensions.
(L. Leperche, ingénieur).

Dans les limons en fer, les trous sont percés d'avance.

Pour faire la division sur les limons en bois, on peut opérer par tâtonnements, mais il est préférable d'employer un outil de relevage. Celui qui est représenté fig. 3 permet de faire en une seule opération :

1° La division des barreaux sur escalier en bois ou même sur escalier en fer quand elle n'a pas été faite à l'atelier ;

2° De tracer les trous sur la bandelette ;

3° De relever les coupes biaises et les hauteurs des barreaux.

Il se compose : 1° D'une colonne A (fer rond de 10 mm.) graduée en millimètres, fixée sur une plaque B de façon à pouvoir glisser dans une rainure faite sur cette dernière ; une tringle T faisant corps avec A sert à indiquer l'aplomb. Pour une rampe à pitons, on ajoute sur B une petite plaque à fourchette dans laquelle peut se loger la soie du piton, car il ne faut pas oublier que ces derniers sont posés avant de tourner la bandelette ;

2° D'une douille C et de sa tige D graduée en millimètres ;

3° D'une branche horizontale F mobile autour d'un axe fixé sur D ;

4° D'un curseur G pouvant se déplacer verticalement sur la tige A.

Pour expliquer l'emploi de cet outil, supposons que l'on ait déterminé la position du trou a (fig. 1-2), et que l'on veuille tracer les suivants b, c... et relever en même temps les barreaux correspondants. On placera l'appareil dans la position indiquée, figure 1-2, la pointe p de la plaque B mise au centre du trou a, on s'assurera que la tige A sera d'aplomb lorsque la tringle T tombera au milieu de la rainure r et en face un repère fait sur cette dernière.

On réglera la tige D de façon que la distance dd' soit de 0 m. 160 et on viendra appliquer la branche horizontale F sur le limon, la hauteur de la douille *c* au-dessus de B devra être telle que le centre de E soit sur une ligne de trusquinage, puis on tracera par les rainures *g* (fig. 7) les axes du trou *b*. La ligne de trusquinage sera menée parallèlement à la retombée du limon et y sera distante de 6 à 8 cm. de telle sorte que si un barreau se trouve en face un nez de marche, on puisse placer la rosace sur le limon.

Cette deuxième opération terminée, sans déplacer l'appareil, on fera glisser verticalement le curseur G jusqu'à ce que sa branche *h* vienne s'appliquer contre la bandelette qui est toujours dans sa position provisoire, on tracera l'axe du trou sur cette dernière, en regardant la direction marquée sur le rapporteur par l'aiguille *j*, on aura la coupe biaise du barreau ; la division marquée par l'aiguille sur la tige A donne la hauteur réduite yy' sur l'axe du barreau depuis le trou du limon jusqu'au dessous de la bandelette ; pour avoir la hauteur exacte il suffit d'ajouter à celle déjà trouvée la longueur fixée par tous les barreaux de 0 m. 830.

On repère le barreau et on relève sur un carnet la hauteur et l'inclinaison trouvées.

Ce travail terminé pour le barreau A, on passe aux suivants.

Dans les quartiers tournants, la distance *dd'* devrait être un peu plus petite que celle des parties droites, mais on conserve la même, car il est préférable que les barreaux des quartiers tournants soient un peu plus resserrés que les autres.

Dans l'exemple choisi, nous faisons la division en montant, dans certains cas il faut la faire en descendant, on opère de la même façon, mais alors l'outil est placé symétriquement.

Quand les trous ont été tracés sur le limon et sur la ban-delette et les barreaux relevés, on enlève la bandelette de sa position provisoire après en avoir repéré les tronçons, puis on retourne à l'atelier.

Deuxième moyen. — On commence par faire la division des barreaux ; on en place un au milieu du quartier tour-nant au-devant duquel on descend un plomb sur toute la hauteur de l'escalier ; on descend d'autres plombs que l'on place par tâtonnements de telle sorte que leur distance hori-zontale soit environ de 0 m. 160 pour les partics droites et un peu moins pour les quartiers tournants, chaque fil re-présentera l'axe d'un barreau, que l'on tracera sur le li-mon ; il rencontrera la ligne de trusquinage qui a été indi-quée dans le premier moyen, au centre du barreau ; on percera les trous d'une profondeur de 4 centimètres envi-ron. Pour les cols de cygne la mèche américaine que l'on emploie doit être 1 mm. plus petite que le diamètre du bar-reau.

Cette première opération terminée, on tournera la bande-lette comme il a été indiqué plus haut et on la placera dans sa position provisoire, il ne nous reste plus qu'à tracer les trous sur la bandelette et à relever les barreaux.

Dans le trou du barreau, on mettra une broche de même diamètre que ce dernier, puis on emploiera l'outil de rele-vage, représenté figure 10 (de notre collaborateur, M. Ch. Baubion, constructeur à Dourdan S.-et-O.). Il se compose d'une tige A carrée ou méplate, graduée en millimètres et d'une longueur de 0,50 à 0,60, d'un curseur E avec rappor-teur D, et d'une tringle à coulisse T munie d'un plomb.

On fixera la partie horizontale B de la tige, munie de son crampon c sur la broche mentionnée plus haut en ayant soin de vérifier l'aplomb, puis on remonte le curseur en ap-pliquant la partie plate E sous la bandelette ; l'aiguille in-

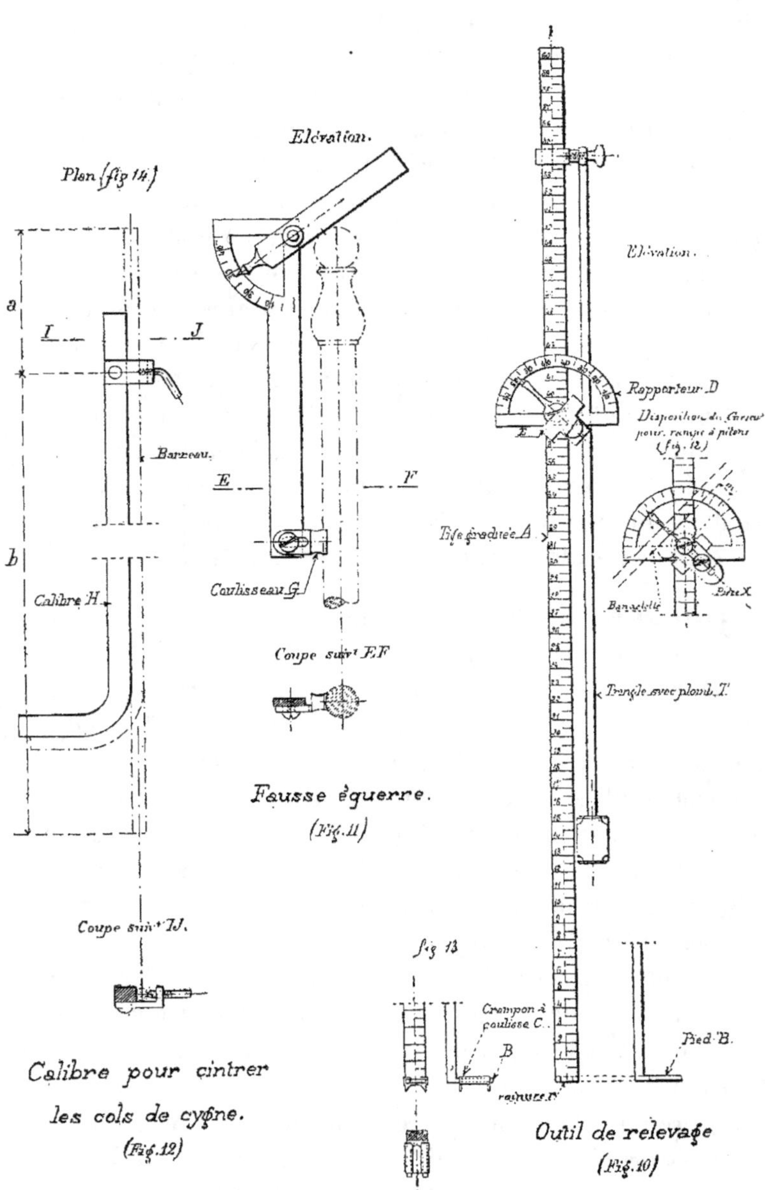

Deuxième moyen (Ch. Baubion, constructeur.)

diquera sur le rapporteur l'inclinaison de la coupe biaise du barreau, et on lira sur la tige A, au-dessus du rapporteur. sa longueur réduite ; on repère le barreau et on prend note des mesures relevées comme on a fait précédemment, on enlève la bandelette et on retourne à l'atelier.

Pour la rampe à pitons on procède de la même façon, seulement, on enlève le petit crampon à coulisse *c* qui était sur la partie B (fig. 13) puis on place cette dernière sur le piton, la soie passant au milieu de la rainure *r* et on remplace la partie plate E du curseur par la pièce X (fig. 12), ce qui permet de corriger la différence de hauteur existant entre le point de contact de la bandelette sur la boule du chapiteau et la partie supérieure de cette dernière, qui est le point de contact de la bandelette dans les paliers, le centre du rapporteur représente l'axe de la boule et la distance *m* est égale au rayon de cette dernière.

Travail à l'atelier. — Pour les cols de cygne on fait le coude en se servant du calibre ou faux rouleau H, représenté figure 14, il se compose d'un fer carré ou méplat cintré à une extrémité, portant à l'autre une patte coudée percée d'un trou taraudé pour une vis à pointe ; ce faux rouleau se place sur un marbre qui peut être composé d'une forte tôle posée sur deux tréteaux ; à défaut de marbre, on peut serrer le faux rouleau et le barreau dans un étau.

La longueur de fer nécessaire pour faire le barreau se compose de trois parties :

1° La longueur réduite *yy'* relevée sur place ; 2° la longueur fixe 0 m. 830 pour tous les barreaux ; 3° la distance *d* nécessaire pour faire le coude et qui dépend de la saillie des marches sur le limon.

On prendra donc une barre de fer de la longueur totale L de ces trois dimensions, puis après avoir fait la coupe biaise on pointera la distance *a* égale à L — *b*, et on placera le barreau dans la position indiquée figure 14, la pointe de la vis étant engagée dans le coup de pointeau du barreau, il ne reste plus qu'à rabattre au marteau le coude sur le faux-rouleau.

Pour faire la coupe biaise, on se servira de la fausse équerre sans son coulisseau G.

Pour les barreaux à pitons, on emploiera la fausse équerre avec son coulisseau G (figure 11), et on pointera le trou sur le chapiteau, pour la hauteur du barreau il faudra déduire celle du chapiteau.

Dans le premier moyen, la hauteur du barreau est égale à la hauteur réduite $(yy' - z)$ plus la distance commune 0 m. 830 et moins la hauteur du chapiteau z'.

Le montage se fera très simplement si toutes les pièces ont été bien repérées.

Au départ, on met un pilastre en fonte ornée ou unie du même style que les pitons s'il y en a ; la hauteur du pilastre varie suivant sa position de 0 m. 800 à 1 m.

Il se termine à sa partie inférieure par une tige à scellement quand la marche de départ est en pierre et par une tige filetée quand la marche est en bois.

Quelquefois on met une tige filetée à la partie supérieure du pilastre pour recevoir une boule de rampe, un vase en fonte ou en cuivre.

Planche 103.

—

ESCALIER A L'ANGLAISE. ÉCHELLE DE MEUNIER

L'escalier de meunier est l'escalier le plus simple, on peut le faire mixte avec marches en bois ou en pierre et limon en fer, plein ou découpé en crémaillère. On peut également l'exécuter tout en fer, avec marches en tôle striée.

La planche n° 103 représente un escalier de ce dernier

genre ; il se trouve placé le long d'un mur dans lequel les contremarches sont scellées.

Limon. — Le limon est découpé en crémaillère, il s'assemble à sa partie supérieure dans un fer double T supportant le palier et repose à sa partie inférieure sur le sol ; il porte des équerres verticales percées de trous pour l'assemblage des contremarches et des équerres horizontales pour recevoir les marches. Pour son tracé en élévation, on portera sur une verticale (appelée échelle des hauteurs), les hauteurs des onze marches composant l'escalier, puis par les points de divisions, on mènera des horizontales qui formeront avec les verticales des contremarches, les crans du limon ; la retombée de ce dernier sera une ligne parallèle aux crans à 10 cm. environ de ces derniers. Le fond de chaque cran est entaillé, ainsi qu'on le voit aux marches 4, 5, 6 (fig. 2), pour laisser passer l'arrière de la marche.

Le limon pourrait ne pas être découpé et rester plein, on le désigne souvent dans ce cas, sous le nom de limon à la française (fig. 4 et 6) ; il reçoit, comme le précédent, des équerres pour les marches et contremarches.

Pour un escalier à l'anglaise, les joints se font de préférence au droit d'un cran, et le couvre-joint se met à l'intérieur avec boulons à têtes fraisées dans le jour.

Pour un escalier à limon plein, le couvre-joints se met dans le jour, c'est un plat de même échantillon que le limon, fixé par des boulons à tête fraisée dans le jour.

La partie inférieure du limon à l'anglaise est découpée pour loger l'arrière de la marche à tête, et il reçoit l'assemblage de la première contremarche.

Le limon rentre dans le sol de 10 cm. environ et porte deux équerres qui lui sont rivées pour augmenter la surface d'assise.

Contremarches. — Elles sont en tôle de 2 ou 3 mm., découpées comme l'indique la figure 3 ; elles sont, d'un côté, assemblées au limon et scellées à l'autre extrémité ; sur les contremarches sont rivées les sous-marches ; dans le cas représenté figure 3, il n'y en a qu'une, tandis qu'il y en a deux dans le cas de la figure 6, mais ce dernier n'est pas avantageux.

Marches. — Les marches sont en tôle striée, elles sont fixées sur les sous-marches et sur le limon par des boulons à tête fraisée ou par des vis à métaux. La première est à tête ; la marche d'arrivée est désignée sous le nom de plaquette, elle peut se fixer sur les doubles T du palier.

Dans la figure 6, les marches butent contre les sous-marches inférieures, quand l'escalier se trouve placé à l'extérieur, ce système est défectueux, car l'eau peut séjourner dans la sous-marche ; quelquefois, l'avant de la marche est bordé d'un fer demi-rond ou d'un fer plat dans le but d'empêcher le pied de glisser.

La bordure de la marche par un fer demi-rond n'est pas avantageuse, car elle ferait plutôt glisser le pied au lieu de le retenir ; la bordure en fer plat est préférable.

La figure 4 représente une coupe verticale faite dans un escalier extérieur, les marches sont formées par des fers demi-rond creux ou pleins rivés sur les cornières des limons ; dans ce cas, il faut un contre-limon.

Rampe. — La rampe est formée de montants en fer rond fixés sur le limon, d'un pilastre fixé sur la marche de départ et de lisses également en fer rond.

Ce système de rampe s'emploie surtout pour usines.

Planche 104.

—

ESCALIER EN FONTE A VIS SAINT-GILLES

Ce genre d'escalier se fait pour boutiques ou magasins et pour ateliers.

Celui qui est représenté sur cette planche n'a qu'un étage, mais s'il en avait plusieurs, sa construction serait la même. Il se compose de marches en fonte reposant les unes sur les autres et réunies entre elles par une rampe formée de barreaux en fonte et d'une bandelette en fer plat.

Marches. — Les marches font corps avec les contre-marches, lesquelles sont découpées afin de diminuer le poids.

La marche de départ (fig. 3, 6, 7), est cintrée en plan et percée de trous pour recevoir les barreaux de la rampe, le pilastre de départ et la marche n° 2.

Les marches courantes (fig. 10, 11), reposent les unes sur les autres par l'avant et par le noyau central.

La marche palière (fig. 1 et 2), également en fonte, est scellée dans le mur latéral et repose par son avant et par son noyau sur la marche n° 15.

Si le palier était trop grand, il faudrait mettre une bascule pour le porter.

Les marches peuvent être ornées de bien des façons différentes, les figures 3, 4, 8 et 9 en représentent un type.

La figure 13 montre la fixation de la rampe sur les marches; le barreau traverse l'avant d'une marche et l'arrière de celle qui est placée directement au-dessous et est fixé sur cette dernière par une vis en fer.

Dans ce genre d'escalier, il est bon de réunir les noyaux de toutes les marches par un fer rond scellé à sa partie inférieure et fixé à sa partie supérieure au palier ou à la bascule quand il y en a une,

Planches 105 et 106.

—

ESCALIERS MIXTES

Cette planche est relative au tracé des limons dans les quartiers tournants, pour les escaliers à l'anglaise et à la française, nous avons choisi les quartiers tournants, parce que c'est la partie la plus délicate du tracé.

Escaliers à l'anglaise. — La figure 2 est le plan d'un quartier tournant. On fait d'abord le tracé du plan ainsi qu'il est démontré, planches 107-108, page 414, de façon que le limon soit parallèle au retour du nez des marches dans le jour, et cela, à la distance de la saillie de ces nez de marches sur les contre-marches.

Le limon et les contremarches étant tracés en plan, nous procéderons au développement du limon (fig. 6) ; pour cela, on relèvera sur une pige, en partant du départ de l'escalier, toutes les distances existant sur le devant du limon entre deux contremarches consécutives, soit $4'5'$, $5'6'$, $6'B$; on tracera sur la pige le développement du 1/4 de circonférence BA, et entre les points trouvés on portera le développement de tous les arcs de cercle, $B7'$, $7'8'$, $8'9'$, $9'A$; à partir du point A, on portera les distances $A10'$, $10'11'$, $11'12'$, etc. Après avoir relevé ainsi un étage d'escalier, on reportera toutes les divisions de la pige sur une échelle de base horizontale placée autant que possible à la partie supérieure de l'endroit réservé pour le développement.

Sur une verticale appelée échelle de hauteurs, on portera les hauteurs de toutes les marches ; toutes ces divisions seront numérotées de bas en haut, et par tous les points de division, on mènera des horizontales qui formeront, avec les verticales menées par les points correspondants de l'échelle de base, la crémaillère du limon.

Pour tracer la retombée du limon, on décrira du fond de chaque cran, comme centre, des arcs de cercle avec un rayon variant de 80 à 150 mm., suivant l'importance de l'escalier et le genre de hourdis employé. On tracera une courbe tangente à tous ces arcs de cercle, puis on la rectifiera, tantôt en sortant des arcs de cercle, tantôt en les coupant suivant le besoin, afin d'obtenir une courbe gracieuse et ne présentant pas de jarrets.

Si, au palier, le limon a une longueur supérieure à celle qu'il a pour les autres marches, sa retombée sera horizontale, on la raccordera alors par des courbes aux volées montantes et descendantes, la hauteur de cette retombée au-dessous de la marche sera donnée par les dimensions des fers de remplissage du palier et par la hauteur de la moulure du plafond, elle doit être assez haute pour que le limon descende au moins 2 cm. plus bas que cette moulure.

Le fond de chaque cran est découpé pour loger l'arrière de la marche ; ce découpage se fait comme il est indiqué aux crans 4, 5 (fig. 6) pour les marches en pierre et quelquefois pour les marches en bois, quand le dessous de l'escalier est apparent ; c'est le profil de l'astragale d'une marche, pour les marches en pierre, il faudra avoir soin de laisser tout autour de ce profil un peu de jeu. Généralement, pour les marches en bois, ce découpage a la forme d'un triangle ayant une hauteur un peu plus petite que l'épaisseur de la marche.

Il ne nous reste plus à tracer que les trous pour fixer les équerres et ceux des pitons de rampe ; on opérera pour les équerres comme on le fait ordinairement en charpente.

Pour les trous de rampe, on relèvera sur la pige précédente les distances existant en plan entre les axes des barreaux, distances prises sur la face intérieure du limon et en développement dans les quartiers tournants ; on reportera ces divisions sur l'échelle de base, en se servant des points

A et B comme repères. (Quand on est bien exercé dans le tracé des escaliers, on relève sur la pige les barreaux en même temps que les crans du limon et on les reporte de même sur l'échelle de base) (Voir page 396 le chapitre spécial).

Dans le développement du limon, les trous des barreaux se trouveront sur les verticales menées par ces points et à 6 ou 8 cm. de la retombée du limon.

Le tracé du limon étant terminé, on percera les trous, on découpera la tôle, puis on lui donnera entre les axes A, B, le cintre indiqué en plan, cette dernière opération peut se faire à la machine à cintrer ou plus souvent à la main, au marteau, en se servant de rouleaux montés sur un tréteau.

On rivera ensuite les équerres d'assemblage des contre-marches et celles supportant les marches, le dessus de ces dernières doit être de 5 à 8 mm. plus bas que le dessus du cran.

Dans un étage d'escalier, on fera un joint près du palier et un ou deux autres, suivant la longueur du limon, dans les parties droites, de préférence au fond d'un cran ; les deux parties d'un limon seront réunies par un couvre-joint en fer plat de même épaisseur que le limon ; pour un escalier de dimensions ordinaires (1 m. d'emmarchement), on mettra cinq boulons fraisés de 12 mm. de chaque côté du joint.

Escaliers à la française. — Le limon est formé de deux tôles entre lesquelles sont vissées haut et bas des fourrures en bois moulurées ; la tôle extérieure porte les marches, contremarches et sous-marches.

Tracé d'un quartier tournant. — La figure 1 représente le plan d'un quartier tournant, ainsi que nous l'avons vu précédemment, les marches sont arrêtées contre le limon.

Pour le développement de la tôle extérieure, nous relèverons sur une pige, ainsi que nous l'avons déjà fait pour

les escaliers à l'anglaise, toutes les distances 8'9', 9'A, A10',
10'11', 11'12', 12'13', 13'B, B14', etc., on les reportera sur
une échelle de base, on tracera une échelle de hauteurs et
en opérant comme précédemment, on déterminera la crémaillère de l'escalier. Le dessus de la tôle sera une courbe
parallèle au-dessus des marches, elle se trace à l'œil, à condition toutefois qu'elle passe au-dessus de tous les nez de
marches ; il en est de même de la retombée inférieure, sa
distance au-dessous des marches doit être telle que le plafond, avec ses moulures, soit complètement masqué. Avant
de terminer le tracé de cette tôle, il faut faire celui de la
tôle intérieure ; dans l'exemple que nous avons choisi comme
coupe de limon (fig. 4), les retombées des deux tôles sont
les mêmes dans les parties droites ; dans les quartiers tournants, il faut que les points eh, fi, gj, BD, soient respectivement à la même hauteur, au-dessus du plan horizontal ;
en partant de ce principe, nous relèverons les points e,f,g,
sur la pige précédente, nous les reporterons entre les points
A et B, sur l'échelle de base et par ces points nous mènerons des verticales. Sur une autre pige, nous développerons
l'arc CD et nous relèverons entre C et D les points h,i,j, etc.
(on peut prendre de la sorte autant de points que l'on veut).
Nous reporterons ces divisions sur une autre échelle de base,
en prenant les axes B et D sur la même verticale.

Pour trouver les points correspondants des deux tôles,
prenons un plan horizontal commun passant par la génératrice BD, sa trace verticale sera représentée sur le développement de la tôle extérieure par ll ; pour le développement de la tôle intérieure, nous prendrons sa trace verticale en $l't'$; après avoir mené les verticales des points
chi, etc., de l'échelle de base, on prendra j'', $= Jj'' = Gg''$;
$Ii = Ff''$; $Hh'' = Ee''$; $Cc'' = A_1A''$; on fera passer un courbe
par tous les points c'',h'',i'',j'',D'' ; à partir de D'' nous tracerons une courbe $D''x$ parallèle à la courbe $B''y$; puis $c''x'$ parallèle à $A''y'$, il peut se faire que ces courbes ne se rac-

cordent pas très bien avec la précédente, alors on les rectifiera en trichant un peu ; si la différence était trop grande, il faudrait en tenir compte pour la tôle extérieure et la modifier dans le même sens. Pour tracer la retombée inférieure, on portera $D''D' = B''B'$; $J''J' = g''g'$; $i''i = f''f'$, etc., les points D', J', i', etc., sont des points de la retombée inférieure, pour la tracer, on opérera comme précédemment.

Si l'on avait à faire un limon ayant la coupe représentée figure 8, on tracerait sur la tôle extérieure deux courbes parallèles à celles du haut et du bas et à des distances respectives m et n (fig. 8) prises normalement au rampant, puis pour tracer la tôle intérieure, on opérerait comme on l'a fait précédemment, en prenant ces deux courbes comme limites d'une tôle extérieure fictive.

Le contour des deux tôles étant tracé, on indiquera les trous d'attache des équerres portant les marches et assemblant les contremarches, les trous d'assemblage des sous-marches et ceux pour vis fixant les fourrures en bois ; sur la tôle intérieure, il n'y aura que ces derniers à tracer.

A leur partie inférieure, les tôles s'assemblent sur la volute de départ et à leur partie supérieure, elles se retournent horizontalement et sont assemblées sur un poitrail.

Les joints des tôles et des fourrures doivent être faits dans les parties droites et être chevauchés entre eux, c'est-à-dire que les joints de la tôle intérieure ne devront pas se trouver en face de ceux des fourrures pas plus qu'en face de ceux de la tôle extérieure ; pour cette dernière, on devra mettre des couvre-joints du côté du jour.

Les tôles du limon étant tracées, on les cintrera dans les quartiers tournants, on rivera les équerres, puis on les mettra en élévation en les fixant entre elles au moyen de cales provisoires, c'est alors que l'on relèvera les calibres nécessaires pour faire le débillardement des fourrures en bois.

Planches 107 et 108.

GRAND ESCALIER A L'ANGLAISE, MARCHES EN BOIS OU EN PIERRE

Cet escalier, qui est construit dans une cage rectangulaire de 4 m. × 3 m. 20, a 1 m. 10 d'emmarchement, il a un étage de 3 m. 40 de hauteur composé de 22 marches de 0 m. 155 de hauteur et de 0 m. 260 de giron.

Les deux murs latéraux peuvent recevoir le scellement des marches et contremarches ; dans le mur face, au départ, se trouve une baie dans laquelle passe l'escalier, d'où la nécessité de mettre un contrelimon.

Pour le tracé du plan, on commence par représenter la cage aux dimensions indiquées ci-dessus, puis on trace des parallèles aux murs à une distance de 1 m. 10 (longueur d'emmarchement), on relie ces parallèles par des arcs de cercle ayant 0 m. 21 de rayon et on a ainsi tracé le contour des nez de marches, c'est ce qui constitue le jour de l'escalier. Du côté du départ, l'emmarchement est un peu augmenté, la ligne des nez de marches se termine alors par une légère courbe. On trace ensuite la ligne des girons au milieu de l'emmarchement, puis on place les marches 3 et 22, elles ont toutes deux leur devant dans le prolongement de la ligne des nez de marches et sont un peu cintrées du côté du jour, ce cintre est souvent désigné sous le nom de *béquet*. Sur la ligne des girons, la distance comprise entre l'avant de ces deux marches, sera divisé en 19 parties égales, ou 19 girons de 0 m. 260.

Pour le balancement des marches, c'est-à-dire leur division sur la ligne des nez de marches, il n'y a pas de règle bien déterminée à suivre, on procède par tâtonnements, en ayant soin de faire des collets allant en augmentant ou en diminuant progressivement vers les quartiers tournants, afin de ne pas sauter brusquement d'une marche large à une étroite, ce qui donnerait au limon une courbe irrégulière avec des jarrets.

Le balancement étant fait, on joint les points ainsi déterminés, aux divisions correspondantes de la ligne des girons et on a ainsi tracé les devants ou astragales des marches. Les deux premières marches sont en pierre, pour les tracer, c'est l'œil seul qui doit guider.

Le *limon* est formé d'une tôle de 6 mm. d'épaisseur, découpée en crémaillère ; il se représente en plan par une ligne parallèle à celle des nez de marches, et à une distance de 40 mm. de cette dernière, c'est également la saillie de la marche sur la contre-marche. Au palier d'arrivée, il se retourne parallèlement aux murs longitudinaux et s'assemble en plusieurs endroits au moyen de cales et boulons à un filet composé de fers à double T, puis il vient se sceller dans le mur latéral. A chaque cran, au fond de marche, il porte une entaille spéciale destinée à recevoir l'oreille en retour de la marche. Il porte également à chaque cran une équerre verticale $\left(\text{cornière } \dfrac{50 \times 50}{5}\right)$ percée de trous pour l'assemblage de la contremarche et deux équerres horizontales en fer cornière $\dfrac{40 \times 40}{4}$ pour porter la marche, ces équerres sont percées de trous pour vis à bois ou tirefonds, en plus, dans le cas des marches en pierre, il est percé d'un trou dans la hauteur du cran pour recevoir l'assemblage des sous-marches.

Dans la hauteur de la retombée du limon sont en outre percés des trous pour recevoir les pitons de rampe.

Les joints des tôles composant le limon, se font dans les parties droites au moyen de couvre-joints fixés aux tôles par des boulons à tête fraisée dans le jour.

Le tracé du limon en élévation, est le même que celui de l'escalier de service à l'anglaise.

Le contrelimon est en tôle de 4 à 5 mm. d'épaisseur, il est également découpé en crémaillère et est apparent dans la baie, aussi est-il percé de trous pour la fixation des pitons de rampe. En plan, le contrelimon se place à 50 mm. environ du mur, auquel il peut être relié par des corbeaux en fer carré de 20 mm.; il se scelle à chacune de ses extrémités dans les murs latéraux.

Le contrelimon reçoit de la même façon que le limon, l'assemblage des marches et des contremarches, mais pour les premières, il aura, vu leur grande largeur, trois équerres horizontales au lieu de deux.

Les contremarches pour semelles en bois, sont en tôle de 4 mm., leur dessus rentre en rainure dans l'avant de la marche supérieure et leur dessous rentre en feuillure dans l'arrière de la marche inférieure. Elles sont assemblées, les unes à leurs deux extrémités sur limon et contrelimon, les autres, du côté du jour sur le limon et scellées dans les murs à l'autre extrémité, pour le scellement, on coupe un peu l'about et on le forme en queue de carpe. Elles portent à leur partie supérieure trois équerres cornières $\frac{40 \times 40}{4}$ per-cées de trous pour tirefonds fixant les marches, et à leur partie inférieure sont rivées deux ou trois pattes ou crochets pour supporter la paillasse du hourdis. Pour semelles en pierre, les contremarches sont constituées par une cornière à branches inégales 100×30, assemblée aux limons et contrelimons de la même façon que les précédentes; elles reçoivent l'assemblage de petites entretoises en fer plat de 40×6.

Les sous-marches sont en fer cornière $\frac{50 \times 50}{5}$ et s'emploient pour semelles en pierre, elles s'assemblent aux limons et contrelimons par une équerre ou mieux, par une des deux branches de la cornière repliée; les sous-marches portent les crochets pour le lattis métallique.

Le filet du palier est composé de deux fers à double T
160 ailes ordinaires, reliés entre eux au moyen de cales et
boulons ; ils reçoivent également par l'intermédiaire de cales
et de boulons l'assemblage du limon. Ces fers reçoivent
d'autre part les entretoises supportant le hourdis du palier
d'arrivée.

Les marches sont en bois ou en pierre, dans ce dernier
cas, elles ont de 50 à 70 mm. d'épaisseur, elles sont moulurées sur le devant et en retour dans le jour.

Les marches en bois sont en chêne de 54 mm. d'épaisseur, rabotées en dessus, moulurées de la même façon que
les précédentes ; elles ont à l'avant, à 40 ou 50 mm. du
devant de l'astragale, une rainure de 10 mm. de largeur
pour y loger le dessus de la contremarche inférieure et ont
également une rainure en retour dans le jour, pour loger le
dessus du cran de limon. A l'arrière, les marches ont une
feuillure de 40 mm. de largeur sur 10 mm. de profondeur
pour permettre à la contremarche supérieure de descendre
plus bas que le dessus de la semelle. Les marches qui ne
portent pas sur le contrelimon, se scellent de 50 mm. dans
les murs latéraux.

La rampe est à barreaux carrés de 20 mm., à pitons
ornés et avec un pilastre de départ en fonte également
orné.

En plan, la rampe se place à 60 mm. du limon, c'est la
saillie du piton choisi sur le limon.

En élévation, la rampe se place à 0 m. 90 environ au-
dessus des nez de marches, dans les parties rampantes et à
1 m. au palier. La division des barreaux se fait tous les
0 m. 160 d'axe en axe, en partant du pilastre ; les pitons
sont en fonte, ils se fixent sur le limon par un écrou qui se
visse sur une tige filetée venue de fonte avec le piton. Dans
la baie, la rampe est la même que dans le jour.

Dans certains cas, les barreaux sont recourbés à leur partie inférieure, et filetés pour recevoir un écrou ; on les désigne sous le nom barreaux à col-de-cygne ; ils s'emploient surtout dans les escaliers de service. La bandelette qui réunit tous les barreaux est en fer plat de 20 à 22 mm. sur 4 ou 5 mm. d'épaisseur, en fer ou bois de très bonne qualité car elle se travaille absolument à froid.

Le lattis métallique est composé de fentons en fer carré de 7 ou 9 mm. reposant sur les crochets rivés sur les contre-marches, quelquefois on met en plus, des fentons perpendiculaires à ceux-ci, auxquels ils sont reliés par des fils de fer ; les fentons longitudinaux reposent à leur partie supérieure dans les ailes des fers double T composant le filet du palier.

Planche 109.

—

ESCALIER A L'ANGLAISE A JOUR ROND

Cet escalier est construit dans une cage ronde et comprend plusieurs étages ; la figure 1 de la planche 109 représente le plan du 1er étage, lequel est composé de dix-neuf marches de 0 m. 165 de hauteur, de 0 m. 280 de giron et de 1 m. d'emmarchement.

Pour tracer le plan, on figurera les murs de la cage, puis le jour, qui est une circonférence décrite du centre avec un rayon égal à celui de la cage, moins la longueur d'emmarchement. On tracera l'avant de la dernière marche, de telle sorte qu'elle ne se trouve pas dans la porte donnant accès dans l'intérieur de la construction. On placera ensuite la première marche, de façon qu'il y ait assez d'échappée pour l'escalier de cave ; on divisera sur la ligne de giron l'espace compris entre l'avant de la première et l'avant de la dernière marche en 18 girons de 0 m. 280, celui de la première marche étant un peu plus grand que les autres. Pour tracer le devant des marches, il suffit de joindre ces divisions au centre de l'escalier.

La marche 19 ou plaquette d'arrivée se retournera dans le jour, ainsi que l'indique le plan.

Le limon est en tôle de 6 mm. et est découpé en crémaillère, il se représente en plan par une circonférence concentrique et à 45 mm. de celle des nez des marches (la saillie du nez de la marche sur la contremarche est également de 45 mm.). Au palier d'arrivée, le limon se retourne horizontalement et est accroché à une bascule au moyen d'équerres et de boulons ; sa partie supérieure rentre de 10 mm. dans la plaquette et sa partie inférieure doit dépasser le plafond de 10 mm., si ce dernier ne porte pas de moulures (voir fig. 2) et de 30 à 40 mm. dans le cas contraire, suivant le profil des moulures. A son départ, le limon est échancré pour loger la moulure arrière de la marche à tête, puis il repose sur le sol par une équerre d'assise. Les marches rayonnant toutes au centre du jour, la retombée du limon en élévation sera une ligne droite dans la partie courante.

A chaque cran, il porte une équerre verticale percée de trous pour l'assemblage de la contremarche et une équerre horizontale pour recevoir le dessous de la marche.

Le limon sera percé de trous pour la fixation des barreaux de rampe.

Le contrelimon est découpé en crémaillère et est en tôle de 5 mm. ; il se place en plan à 50 mm. des murs de la cage ; à sa partie inférieure, il repose sur le sol par une équerre d'assise (fig. 5). A sa partie supérieure, il repose sur les fers double T composant l'écharpe du palier d'arrivée. Dans le cours de sa longueur, on peut le relier aux murs par deux ou trois corbeaux en fer carré. Le contrelimon est échancré au fond de chaque cran comme l'indiquent les figures 3 et 5 ; il reçoit de la même façon que le limon, les assemblages des marches et contremarches.

Les contremarches sont en tôle de 3 mm., elles portent à leur partie supérieure trois équerres horizontales en cornière $\frac{40 \times 40}{4}$ pour recevoir les marches, et à leur partie inférieure des crochets pour recevoir le lattis métallique. La contremarche de départ est cintrée comme la marche, elle est assemblée au contrelimon et repose sur le sol par deux équerres d'assise qui peuvent y être fixées, soit par des tire-fonds, soit par des boulons de fondations.

Les marches sont en chêne de 54 mm. d'épaisseur, rabotées en dessus, moulurées sur le devant et en retour dans le jour et dans la baie du côté du contrelimon, elles sont fixées par des tirefonds sur les limons, contrelimons et contremarches. La première marche est en bois et à tête du côté du jour. La dernière ou plaquette est assemblée sur le limon et sur la dernière contremarche ; elle est rainée à l'arrière pour recevoir l'assemblage du parquet.

Les fers de palier se composent d'une écharpe formée de deux double T 80 larges ailes, scellés à chaque extrémité ; et d'une bascule reposant sur l'écharpe, scellée à une extrémité et recevant l'assemblage du limon à l'autre.

Le lattis métallique supportant le hourdis du plafond est formé de fentons de 7 mm. reposant sur les crochets des contremarches.

La rampe est à barreaux ronds à cols de cygne avec pilastre en fonte au départ.

Planches 110 et 111.

—

ESCALIER MIXTE A LA FRANÇAISE

Cet escalier doit être installé dans un établissement public : mairie, bibliothèque, école, etc., il peut être chargé du haut en bas d'autant de personnes que le permet la longueur d'emmarchement. Il peut se faire avec marches en bois ou en pierre, avec ou sans contrelimons.

Nous avons supposé des marches en bois, un contrelimon à la française du côté de la baie et des contrelimons à l'anglaise armés dans les deux dernières révolutions. Nous avons supposé également que le sol de départ n'était pas suffisamment solide pour supporter l'escalier ; c'est pourquoi ce dernier est soutenu par des faux limons en fer double T et en fer à U s'assemblant dans un poitrail qui prend ses points d'appui sur les murs latéraux.

L'escalier représenté est à un seul étage, il se compose de trois révolutions formant entre elles deux paliers de repos et d'un palier d'arrivée.

Limon. — Le limon est composé de deux tôles, l'une extérieure, en 7 mm. d'épaisseur, reçoit l'assemblage des contremarches, marches et sous-marches, et l'autre intérieure, en 3 mm. d'épaisseur ; entre ces deux tôles sont boulonnées haut et bas des fourrures en bois moulurées.

Le limon est terminé à sa partie inférieure par une volute de départ en bois reposant sur la deuxième marche à tête ; le tracé en plan de la volute se fait généralement à l'œil, on doit le faire en même temps que celui des marches à tête et du pilastre de la rampe. Dans certains cas, principalement pour les escaliers d'honneur, la volute de départ se fait en fonte ou en acier coulé, ce dernier est préférable à cause de la finesse du métal, la surface de la fonte étant toujours un peu rugueuse.

Tout le long de son parcours, le limon est boulonné aux fers à U dans les parties droites ; au palier d'arrivée, il se retourne horizontalement jusqu'au mur de gauche dans lequel il se scelle ; il est en outre boulonné par l'intermédiaire de cales sur le filet du palier.

Faux limons et contrelimons. — Dans la première révolution, le faux limon est en fer double T, il s'assemble à sa partie inférieure dans le poitrail et dans un fer double T du pàlier de repos à sa partie supérieure.

Le fer en U qui arme le limon est assemblé à sa partie inférieure de la même façon que le faux limon et se scelle dans le haut, il reçoit les assemblages des fers de palier, et des fers U armant les limons et contrelimons en retour ; si, pour ce fer U, le cintre entre la partie rampante et la partie horizontale était trop prononcé, il faudrait faire un joint à l'intersection de ces deux parties et mettre les couvre-joints suffisants pour remplacer la section coupée.

La deuxième révolution étant moins grande que les deux autres, on peut se dispenser de mettre un faux limon au milieu de la longueur d'emmarchement, nous avons mis seulement des fers U pour armer les limons. Dans les 2e et 3e révolutions, les contrelimons sont découpés en crémaillère, la figure 8 représente celui de la 3e révolution.

En élévation, le tracé des fers U se fera de telle sorte qu'ils puissent porter autant que possible toutes les sous-marches.

Dans le mur latéral, du côté de la baie, l'escalier étant vu, on y mettra un contrelimon à la française formé de deux tôles et de fourrures en bois, la tôle intérieure recevant l'assemblage des divers autres parties de l'escalier.

Marches. — Les marches sont en chêne, rabotées sur le dessus, moulurées sur le devant seulement, les deux premières sont à tête et en pierre ; les marches sont fixées par des tirefonds, à l'avant sur les contremarches, à l'arrière sur les sous marches et en retour sur les limons.

Contremarches. — Les contremarches sont en tôle de 3 mm. 1/2 d'épaisseur, assemblées de chaque côté sur les

limons et contrelimons ; elles peuvent être bordées à leur
partie supérieure dans toute la longueur, par une cornière
pour porter l'avant des marches, ou y mettre seulement
quelques équerres, c'est ce dernier cas que nous avons représenté.

Sous-marches — Les sous-marches sont en cornière,
assemblées de la même façon que les contremarches, elles
portent des crochets pour les lattis de la paillasse métallique.

Rampe. — La rampe peut être à barreaux à pointes avec
motifs entre eux et se fixer directement sur le limon, ou
elle peut être à panneaux en fer forgé ou fonte reposant sur
un sommier en fer plat ou carré fixé sur les fourrures en
bois du limon.

Le pilastre de départ est généralement en fonte.

Planche 112.

—

ESCALIER A DOUBLE RÉVOLUTION A DESSOUS
APPARENT

Ce genre d'escaliers se fait pour magasins et pour ateliers, dans ce dernier cas, ils sont moins ornés que dans le
premier.

Le limon est formé de plusieurs parties qui se coupent à
angle droit et sont réunies entre elles par des pilastres en
fonte sur lesquels viennent s'assembler les traverses et la
bandelette de la rampe.

Limons. — Les limons (fig. 5, 7, 8) sont des poutres
constituées par une âme en tôle de 7 mm., bordée en haut
et en bas, du côté du jour, par des cornières $\frac{40 \times 40}{5}$, coupées

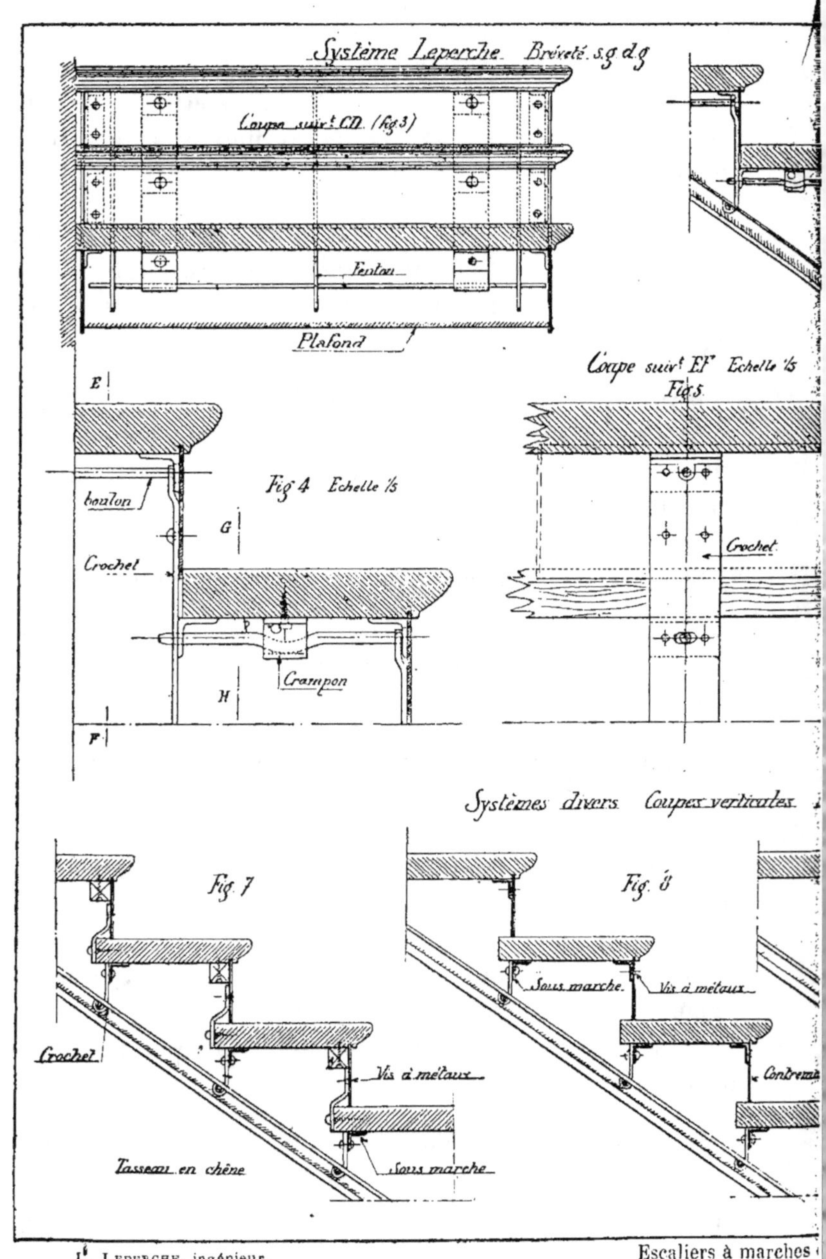

L. LEPERCHE, ingénieur,

Escaliers à marches

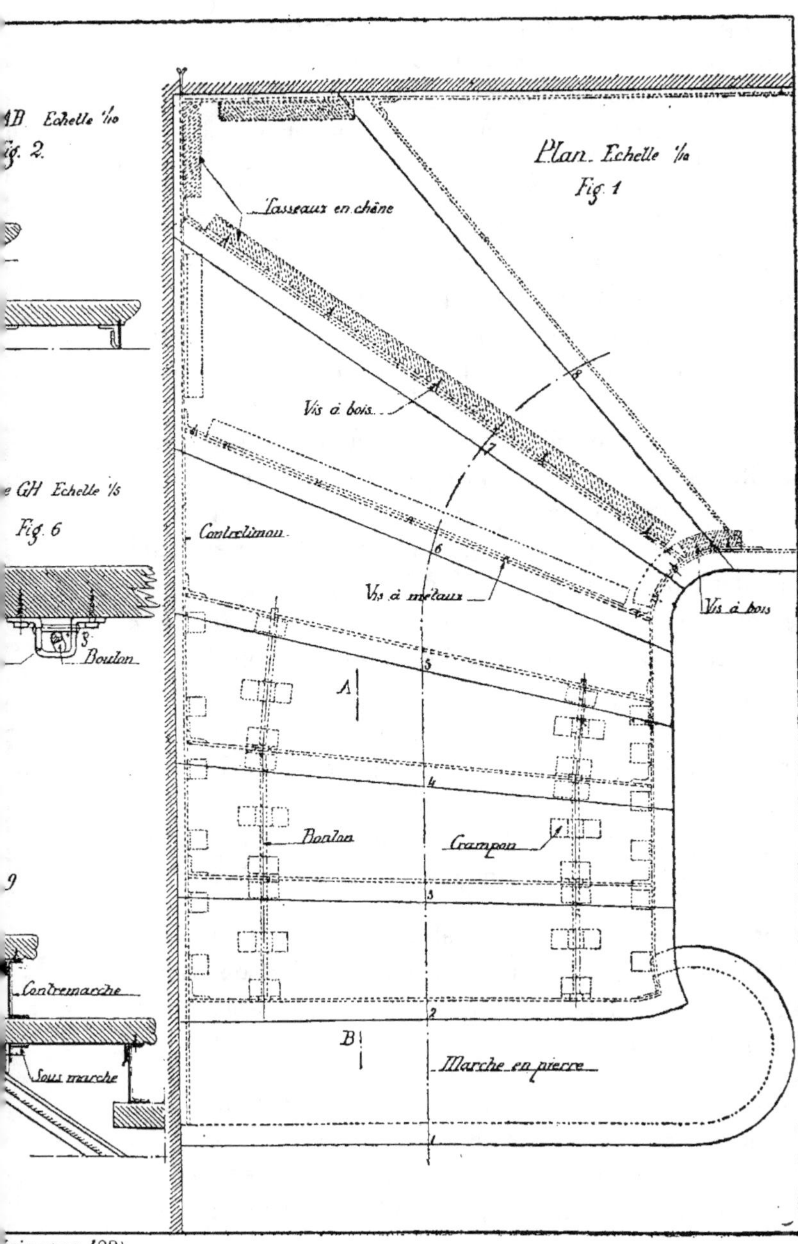

(voir page 428).

d'onglet pour former des panneaux décoratifs avec d'autres cornières verticales de même échantillon.

Les rivets, apparents dans le jour et fraisés de l'autre côté, servent également à l'ornementation. Sur la face intérieure du limon sont fixées, par des rivets fraisés dans le jour, des cornières $\frac{40 \times 40}{5}$; les unes, placées horizontalement, portent les marches, les autres, disposées verticalement, permettent l'assemblage des contremarches (fig. 5 et 6).

Les cornières rampantes viennent buter contre les pilastres, tandis que l'âme se prolonge de la largeur de ces derniers et y est fixée par des vis à métaux.

Au premier palier de repos, les limons se prolongent horizontalement par une poutre de même forme, scellée dans le mur longitudinal et portée à l'autre extrémité par une colonne (fig. 3) placée dans l'axe du pilastre et réunie aux poutres par des consoles en fer forgé. Pour ateliers, cette colonne peut être remplacée par un poteau (fig. 4) formé de fers plats et cornières; les consoles auront la même composition.

La coupe CD (fig. 9) donne la section transversale d'un poteau, avec plaque d'appui et trous pour boulons de scellement.

Au palier d'arrivée (fig. 1), le limon se retourne horizontalement et est fixé sur une poutre portant le palier.

Contrelimons. - Les contrelimons placés tout autour des murs, se composent d'une tôle sur laquelle sont rivées, comme sur les limons, des cornières pour assembler les marches et contremarches.

Contremarches. — Les contremarches, en tôle de 3 mm., sont assemblées sur les limons et contrelimons.

Dans l'exemple représenté figure 5, elles descendent jusqu'au-dessous de la marche, portant les sous-marches et sont bordées en haut d'une cornière $\dfrac{40 \times 40}{5}$ pour porter l'avant de la marche. Dans certains cas, l'astragale de la marche se retourne à l'arrière de cette dernière, alors la contremarche ne descend pas plus bas que le dessus de la marcge et les sous-marches sont indépendantes, on peut même se dispenser de les mettre quand l'escalier n'est pas trop grand.

Marches. — Elle peuvent être en bois ou en pierre, nous avons supposé des marches en bois, sauf les deux premières qui sont en pierre. Comme le dessous de l'escalier est apparent, les marches seront rabotées dessus et dessous, et moulurées à l'avant, quelquefois elles le sont aussi à l'arrière, c'est le cas où la sous-marche est indépendante de la contre-marche.

Les plaquettes des paliers seront moulurées à l'avant et rainées à l'arrière pour l'assemblage des frises de parquet.

Dans certains cas, principalement pour usines, on peut employer le genre de marches représenté figure 6. Dans le sens de la longueur sont placés des fers à T fixés à chaque extrémité sur les limons, c'est entre ces traverses que l'on vient fixer les longrines en bois qui constituent les marches.

Sur le champ de celle qui forme astragale, on vissera un fer demi-rond.

Paliers. — Cet escalier comprend trois paliers de repos et un d'arrivée.

Les premiers sont portés par des fers à double T assemblés sur les limons, sur ces solives, on fixera les frises du parquet, soit directement ou par l'intermédiaire de lambourdes.

Le dessous du parquet sera combiné avec la décoration de l'escalier.

Le palier d'arrivée est porté par une poutre maîtresse

sur laquelle s'assemblent les limons et les fers à double T portant le parquet, ce dernier sera fait comme pour les paliers de repos.

Rampe. — Pour magasins, les rampes sont généralement en fer forgé, nous en avons représenté deux types qui ne diffèrent entre eux que par les motifs de remplissage, ils se composent de barreaux principaux en fer carré fixés sur les limons et recevant l'assemblage des traverses supérieures et inférieures et de la bandelette de la main courante.

Pour escaliers d'usines, on fera une rampe plus simple, comme celle qui est représentée figure 4, dans laquelle les petits montants sont en fer plat, avec entre deux également en fer plat, mais on pourrait employer des petits fers à T. Les montants principaux sont en fer carré avec une patte dans le bas pour les fixer sur limons.

ESCALIERS A MARCHES MOBILES ET DÉMONTABLES

Les escaliers à marches mobiles et démontables ont sur les autres escaliers, le grand avantage de permettre de remplacer sans faire de dégradations, les marches qui sont devenues défectueuses par usure, ou, parce que le bois n'étant pas suffisamment sec, les marches se sont fendues ou se sont cintrées, ce dernier inconvénient se présente très souvent dans les escaliers fortement chauffés en hiver.

Un autre avantage consiste dans la pose des marches lorsque le plafond est terminé et qu'il est bien sec, de cette façon les marches ne sont pas mouillées et ne sont pas non plus abîmées par le passage des ouvriers dans l'escalier, le gros œuvre du bâtiment étant terminé lors de la pose.

Cette sorte d'escalier nécessite l'emploi de contrelimons le long des murs. Il en existe plusieurs genres, ceux représentés figures 7, 8, 9 *ne s'appliquent qu'aux escaliers à l'anglaise,* ils ont de commun :

1° L'emploi de la sous-marche pour porter le lattis métallique du plafond ;

2° L'emploi de contremarches amovibles, c'est-à-dire fixées aux limons par des vis à métaux.

Dans le système représenté figure 7, on fixe par des vis à bois, sur le devant de la marche, du côté du limon et du contrelimon, des tasseaux en chêne (voir plan marche 7) qui, à la pose, seront fixés sur les limons et contremarches également par des vis à bois. La contremarche est fixée sur les limons par des vis à métaux, l'arrière de la marche est portée par des fers plats coudés, vissés sur les contremarches.

Pour démonter une marche, il faut enlever toutes les vis qui se trouvent dans les deux contremarches, celle du dessus et celle du dessous, puis les sortir en les faisant glisser devant le limon, enlever les vis fixant les tasseaux au limon, puis retirer la marche en la soulevant.

Dans le système représenté figure 8 et en plan (fig. 1) à la marche 6, les tasseaux en chêne sont remplacés par des cornières fixées sur les contremarches et sur les limons par des vis à métaux. Pour enlever la marche, on procède de la même façon que précédemment.

Pour ces deux systèmes d'escaliers, nous ferons remarquer la difficulté et même *l'impossibilité d'enlever les contremarches plusieurs années après la pose,* les vis étant rouillées et le bois ayant travaillé, elles ne peuvent plus glisser dans les rainures pratiquées sur le devant des marches.

De plus, le joint de la partie inférieure d'une contremarche avec la marche est apparent et, au bout d'un certain temps, il se produit à cet endroit un jour que l'on est forcé de boucher avec du mastic.

Dans le système représenté figure 9, on fait usage de deux

sous-marches, l'une à l'arrière, l'autre à l'avant, la marche est seulement fixée sur cette dernière par des vis à bois, la contremarche est formée d'une cornière inégale fixée sur les limons par des vis à métaux. Pour démonter une marche, il suffit d'enlever les contremarches supérieure et inférieure, enlever les vis qui la fixent sur la sous-marche avant ; elle est alors libre, on l'enlève en la soulevant.

Dans le système Leperche représenté figures 1, 2, 3, 4, 5, 6, les inconvénients des précédents sont complètement évités et, de plus, *la marche peut se dilater dans tous les sens.*

Il se compose de boulons (généralement deux par marche) que l'on introduit de l'extérieur par un trou pratiqué à la partie supérieure de la contremarche et qui s'engagent dans un trou ovale percé dans les crochets qui portent le plafond, ces boulons étant cintrés, il suffit de les tourner avec une clef à griffes pour presser et maintenir énergiquement par l'intermédiaire du crampon la marche sur ces équerres d'assise. Quand les marches sont très larges, on peut mettre deux crampons par boulon.

Les crochets sont prolongés à leur partie supérieure afin d'empêcher les boulons de s'enfoncer trop loin.

Pour retirer un boulon, il suffit de le tourner de gauche à droite avec une clef à griffes, qui s'engage dans les encoches faites sur la tête du boulon, le coude est alors arrêté par le goujon *g* rivé sur le crampon, et contre lequel il est obligé de glisser horizontalement jusqu'à ce que sa tête échappe la contremarche, on peut alors l'enlever à la main.

Pour démonter une marche *il suffit d'enlever les deux boulons qui la fixent sur ses équerres.*

Ce système, beaucoup plus simple que les précédents, s'applique dans tous les cas pour les escaliers à l'anglaise *et pour ceux à la française.*

Il supprime la sous-marche, l'amovibilité de la contremarche et, par suite, les vis à métaux.

CONSTRUCTIONS INCOMBUSTIBLES, A L'ABRI DE L'HUMIDITÉ ET DES RONGEURS

Parmi les matériaux de construction, les uns, comme le bois, sont combustibles ; les autres, pierres et métaux, supportent mieux les températures élevées mais subissent alors des modifications physiques très importantes.

Les matériaux calcaires et siliceux chauffés et refroidis brusquement par un jet d'eau, s'effritent ou éclatent, aussi lors de la reconstruction d'un bâtiment incendié est-il rare de voir conserver un mur et dans bien des cas ce serait chose possible si certaines parties n'avaient perdu toute cohésion.

Les métaux, le fer, l'acier et la fonte dont l'emploi est courant, s'allongent sous l'action du feu en diminuant de section, ils perdent donc de leur force. Lorsque la dilatation ne peut se faire librement, et c'est le cas général, l'allongement ainsi produit agit sur les murs pour les renverser, si les maçonneries ont la résistance suffisante pour supporter cette poussée, les métaux se déformeront et laisseront passer les matériaux ou objets qui composaient leur charge ; dès lors la construction n'est plus qu'un brasier et il faut se contenter de noyer les décombres.

D'ailleurs dans l'intérieur des habitations et en plus des objets mobiliers, le feu trouve encore de nombreux aliments dans les marches et limons en bois ou doublés de bois des escaliers, dans la menuiserie des cloisons, dans les ossatures en filasse des moulures et en tant d'autres points que nous pourrions presque dire que, malgré l'emploi du fer et et de la pierre le problème de l'incombustibilité des constructions serait encore à résoudre si les recherches de deux ingénieurs distingués n'étaient venu combler cette lacune.

MM. G. Hayes et Le Maire ont eu l'idée de protéger par

un blindage métallique chacune des parties de la construction ; ils ont enfermé entre des parois en acier, les murs, cloisons, planchers, et les combles, de telle sorte que le feu éclatant dans une pièce, se trouvera localisé et les dégâts à l'immeuble se réduiront à peu de chose.

L'armure G. Hayes et Le Maire brevetée se compose de feuilles de *tôle d'acier extra doux*, dont la surface est perforée d'ouvertures rectangulaires disposées en quinconce ; la tôle poinçonnée suivant les diagonales de chaque rectangle présente de petits triangles que l'on recourbe régulièrement au dehors, de sorte qu'un enduit lancé vivement traverse les ouvertures, forme bourrelet intérieurement et est de plus maintenu par ces languettes.

L'enduit, dont l'épaisseur est réduite au minimum par ce procédé, peut être du plâtre, du ciment, de l'asphalte, du stuc ou un mortier quelconque ; on obtient ainsi par le lissage une surface unie, plane et ingerçable, parfaitement résistante puisque l'âme d'acier est raidie par ces griffes ondulées de dimensions plus ou moins grandes suivant les besoins.

Les variations de température n'ont pour ainsi dire aucune influence sur le métal tant à cause de l'enduit protecteur que parce que la tôle est ajourée, les fentes et les crevasses ne sont donc pas à craindre.

Pour les façades on emploie la tôle d'acier tubulaire hérissée à ondes plus ou moins creuses et d'épaisseur proportionnelle à la résistance utile ; les cloisons, de 0 m. 037 à 0 m. 050 d'épaisseur, se construisent en tôle d'acier et enduit des deux faces, elles sont fixées sur cornières et entretoisées de lisses en chêne pour recevoir les tringlages et clous.

Les parois de souche de cheminée s'obtiennent en intercalant dans la double paroi des tubes en acier garnis de plâtre et entourés de terre réfractaire.

Les hourdis de planchers se font également avec des tubes en tôle d'acier G. Hayes et Le Maire que l'on recouvre de plâtre et platras.

Enfin la couverture en acier hérissé recouvert d'un ciment léger spécial remplace avantageusement la tuile, le zinc et autres matériaux exigeant de fortes charpentes et de nombreuses réparations.

Les feuilles d'acier extra doux de 0 m. 380 ou de 0 m. 760 de largeur sur 2 à 3 m. de longueur se fixent au moyen de clous d'acier à tête méplate (50 par feuille de 0 m. 380) ou par des vis d'acier d'un genre spécial ; elles se posent verticalement les unes au-dessus des autres en appareil de pierre de 0 m. 380 de hauteur. L'extrémité des feuilles est formée par un bourrelet rond pour se superposer avec la feuille voisine.

Pour envelopper le profil des corniches et saillies de manière à former l'épannelage, on se sert de feuilles de 0 m. 760 de large.

Ce mode de construction, très employé en Amérique, commence à s'implanter en France, il est très économique puisque la carcasse peut être aussi légère qu'on le voudra et l'ossature faite en matériaux bruts, acier, fer, bois ou pierre ; quand à l'enduit, on lui donne les couleurs les plus diverses, pierre de taille, brique, granit, marbre poli ou mat (stuc), etc.

Ce système a été utilisé par le Ministère de la guerre, les colonies et diverses administrations. Il a fait à l'étranger ses preuves sur la plus vaste échelle.

FIN

TABLE DES MATIÈRES

GÉNÉRALITÉS

RÉSISTANCE DES MATÉRIAUX

BARRIÈRES ET SERRURERIE DE JARDIN

PORTES

SERRURERIE FUNÉRAIRE ET RELIGIEUSE

SERRURERIE DE BATIMENT

RAMPES ET ESCALIERS

CH. JULIOT, ÉDITEUR à DOURDAN (Seine-et-Oise).

VIENT DE PARAITRE

TRAITÉ

THÉORIQUE ET PRATIQUE

DE CHARPENTE

PAR

L. MAZEROLLE

compagnon charpentier du Devoir, ancien ouvrier, contremaître (gâcheur) à Paris, dessinateur et professeur de trait de charpente pendant vingt-sept ans, principal collaborateur, en 1866, au chef-d'œuvre des Compagnons passants charpentiers, qui a été exécuté sur ses plans et sous sa direction, et récompensé aux diverses expositions de Paris, Lyon, Bordeaux, Tours, Agen, par des diplômes d'honneur et des médailles d'or.

Cette publication contient les nouveaux procédés et systèmes de charpente en bois et mixte

TOUS LES DESSINS SONT A L'ÉCHELLE

Les planches sont imprimées avec soin et à deux couleurs pour la charpente mixte.

Les ouvrages anciens parus sur la charpente, tels que **Pierre-Jean Mariette, d'Aviler, Fourneau, Krafft**, etc., étaient très appréciés à leur époque.

Dans les temps anciens, les arts stationnaient par périodes très longues ; les progrès des temps modernes se sont développés avec une toute autre rapidité. Aussi voyons-nous, depuis un siècle à peine, de nombreux ouvrages paraître au fur et à mesure des nouveaux besoins. Aujourd'hui, ce n'est plus par périodes d'un siècle, ni même de quelque vingt années, c'est pour ainsi dire jour par jour que les nouvelles combinaisons apparaissent, les exigences devenant de plus en plus grandes. C'est aussi la recherche du confortable, l'économie du temps et des matières premières, le bon goût, les bonnes formes et l'harmonie qu'il faut joindre à la construction qui obligent le constructeur à faire, pour ainsi dire, des études pour chaque travail nouveau.

L'insuffisance des Traités de *Charpente* publiés jusqu'à ce jour est désormais un fait acquis, et les hommes spéciaux que nous avons consultés sur cette matière nous ont affermi dans cette opinion et encouragé dans notre œuvre.

La plupart des Traités modernes de *Charpente* se sont contentés de donner des épures sans en fournir les ensembles, ce qui est une lacune ; d'autres, au contraire, fournissant beaucoup de dessins de charpente, mais laissant de côté les épures, ne forment également que des œuvres incomplètes.

Ce qui s'impose de nos jours, c'est un traité complet, donnant en même temps que les *effets d'ensemble, leurs épures et tracés,* ainsi que les nombreux documents nouveaux nécessaires à l'étude du *trait,* et permettant de faire ou étudier les plans avec rapidité, tout en rendant un travail d'un bon effet et d'une exécution prompte et économique.

D'un autre côté, le fer joue aujourd'hui un rôle important dans les travaux de bâtiment, et il devenait indispensable d'en donner son application en raison des *charpentes mixtes.*

C'est donc pour répondre à ces besoins que nous avons publié le *Traité théorique et pratique de Charpente.*

L'auteur, **M. Mazerolle,** que nous avons choisi pour mener à bien cette œuvre importante, est suffisamment connu et apprécié de la corporation des charpentiers pour offrir à notre nombreuse clientèle toute garantie et confiance.

M. Mazerolle a travaillé pendant de longues années comme ouvrier charpentier. Devenu contremaître (gâcheur), il a dirigé des travaux importants, puis, comme professeur, il a enseigné le dessin pendant vingt-sept ans à diverses sociétés de sa corporation, et a exécuté, pour une part, et dirigé le *chef-d'œuvre des Compagnons pas-*

sants Charpentiers du Devoir, à Paris, en 1866. Actuellement il est en rapports constants avec les entrepreneurs, architectes, ingénieurs, etc.

L'auteur réunit donc les qualités du praticien, du conducteur de travaux, du constructeur, la connaissance parfaite du *dessin* et du *trait.* Il a groupé ses études et recherches personnelles avec les documents recueillis, afin de présenter un Traité essentiellement pratique qu'il s'est efforcé de rendre aussi simple que possible, tant au point de vue des démonstrations nécessaires qu'à celui de l'explication des planches.

Cette publication répond donc bien aux besoins et aux goûts de notre époque. Toutes les formes y sont représentées avec les principes de tracé propres à chacune d'elles. Elle donne, en même temps, des dessins d'ensemble et de détails afin de rendre l'exécution facile de tous les travaux de *charpente.*

C'est ainsi que, d'une manière claire et précise, nous avons fait figurer en tête du livre les éléments de géométrie indispensables à l'*Art de la Charpente.* L'ouvrage donne ensuite les marques, les outils, les principes de piquer les bois, principes de niveaux de devers, des devers de pas ; il traite des planchers en bois, pavillons, combles, nolets, lucarnes, raccords de moulures, tréteaux, branches de noues, établissement de liens de pente, modèles de charpente bois et fer, échafaudages, etc. Ensuite il passe à la partie des cintres, ponts, passerelles, pavillons divers, tours cinq épis, raccordement de combles, croix de Saint-André, nolet impérial, lunettes, flèches, dômes, etc. Enfin il traite des *escaliers* : échelle de meunier, escaliers à noyau, à crémaillère et à limon, escaliers à la française et à balustres, escaliers jour rond, escaliers à crémaillère en fer, escaliers à la française, deux tôles, débillardement en bois, ossature d'escalier en stuc et marbre, escaliers divers, mixtes, etc., etc.

L'ouvrage est accompagné d'un fort volume de texte explicatif, dans lequel l'auteur s'est surtout attaché à mettre à la portée des praticiens tout ce qui peut leur être utile au point de vue technique.

On peut dire qu'avec ce texte, complété par un dictionnaire des termes employés dans la *charpente,* notre ouvrage est une publication unique en son genre jusqu'à ce jour, et que sa place est marquée chez tous les vrais praticiens, chez tous les amateurs de l'*Art du Trait* aussi bien que chez l'architecte et l'ingénieur, qui aiment à connaître le côté pratique de l'*Art de la Charpente.*

Nos dessins sont représentés dans l'atlas à une grande échelle, d'une manière claire et précise, de telle façon qu'il suffira, pour la plupart des démonstrations, d'un simple coup d'œil pour les comprendre.

Enfin, cette publication contient les nouveaux procédés et systèmes de *charpente en bois* et *charpente mixte.*

L'ouvrage est composé d'un atlas de 112 planches (32×42) imprimées sur beau papier, dessinées à l'échelle et gravées avec le plus grand soin. Un fort volume de texte descriptif et explicatif accompagne les planches.

PRIX DE L'OUVRAGE COMPLET

Atlas, 112 planches et un fort volume de texte. . . . . . **65** fr.

Payable 5 francs par mois ou 15 francs par trimestre

Envoi gratis et franco du catalogue illustré.

Les dessins très réduits que nous présentons ci-après donneront une idée générale de l'ensemble de notre ouvrage.

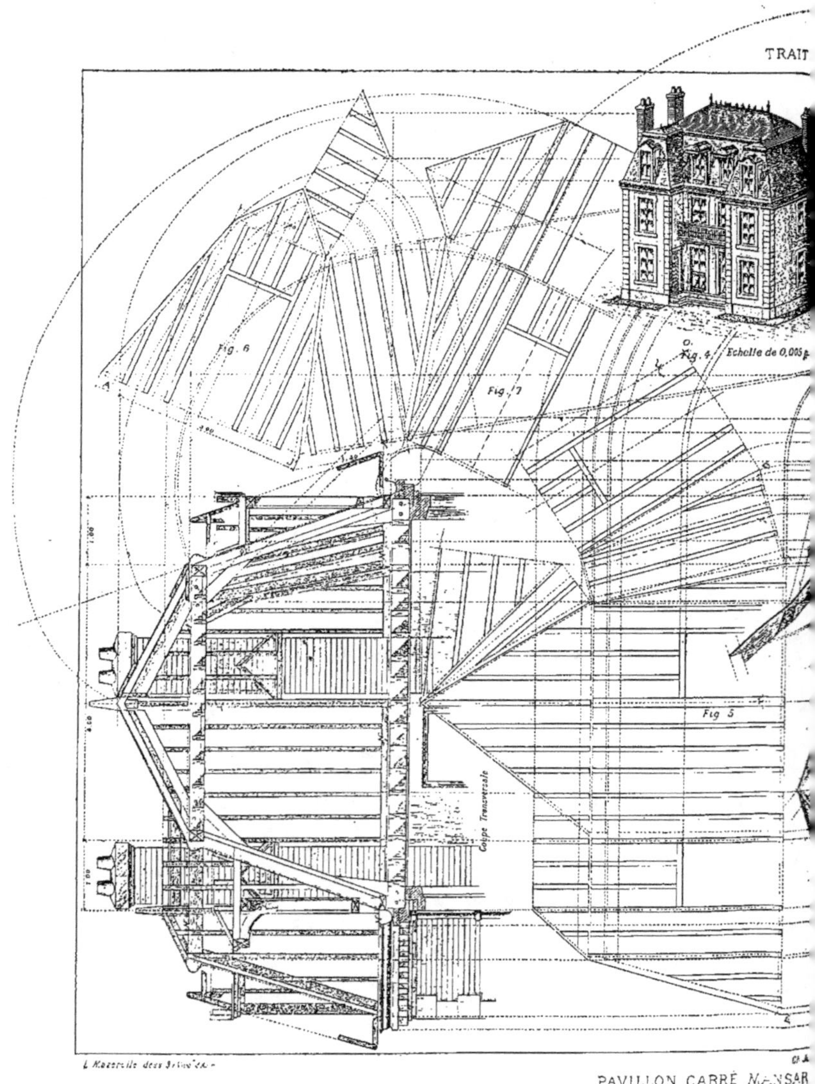
TRAIT
Fig. 6
Fig. 7
O.
Fig. 4
Echelle de 0,005 p
Fig 5
Coupe Transversale
PAVILLON CARRÉ MANSAR

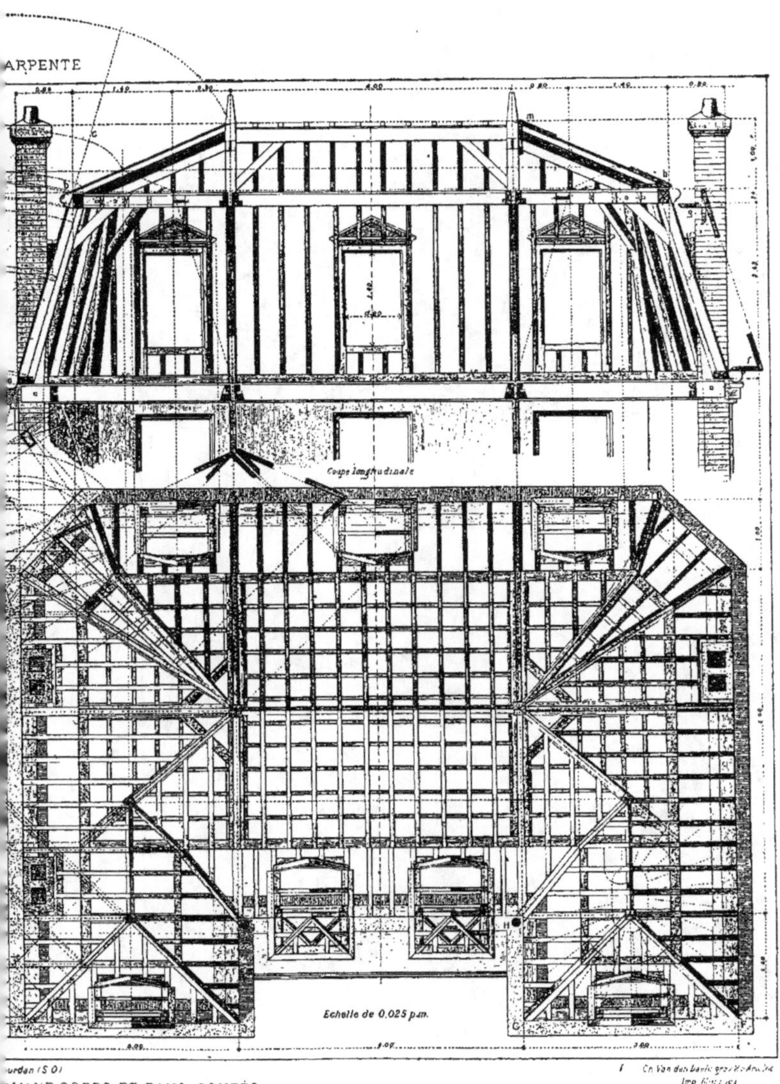
ARPENTE
Coupe longitudinale
Echelle de 0.025 p.m.
AVANT-CORPS ET PANS COUPÉS

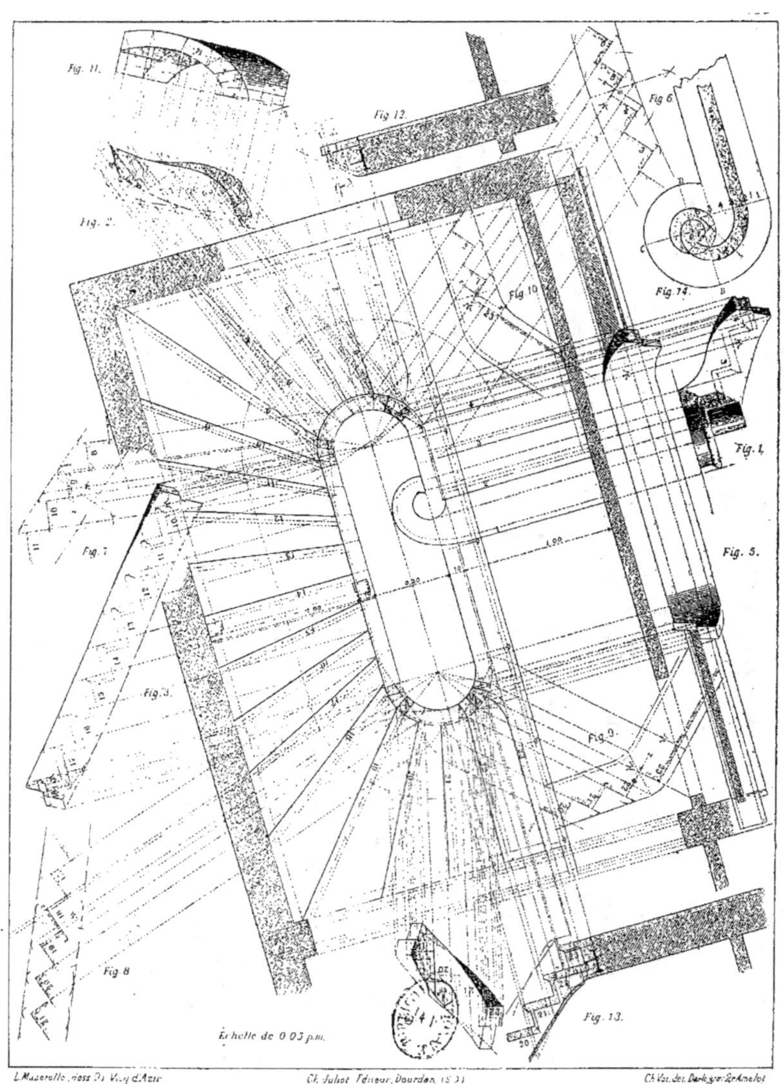

L. Mazerolle, dess. Dr Vicq d'Azir   Ch. Juliot, Éditeur, Dourdan, 1891   Ch. Vtt. del. Duck. gra. Gr Amelot

ESCALIER A LIMON DIT A LA FRANÇAISE (PL.62.)   Imp. Monrocq Paris

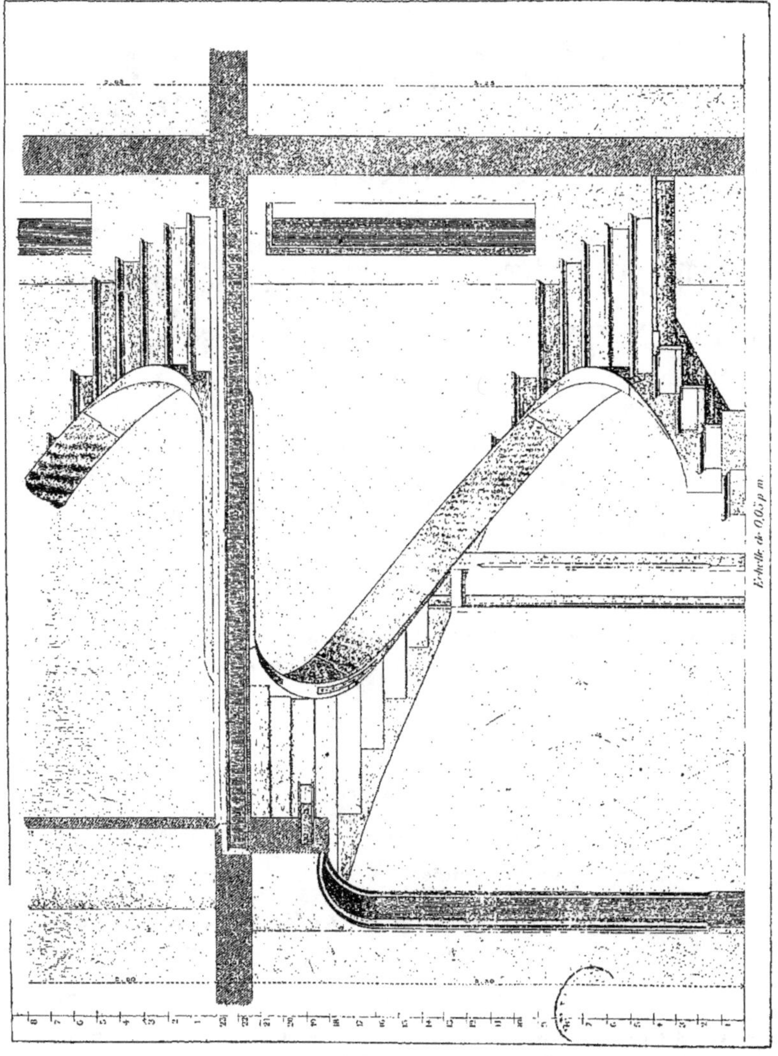

PROJECTION GÉOMÉTRALE DE L'ESCALIER A LA FRANÇAISE.

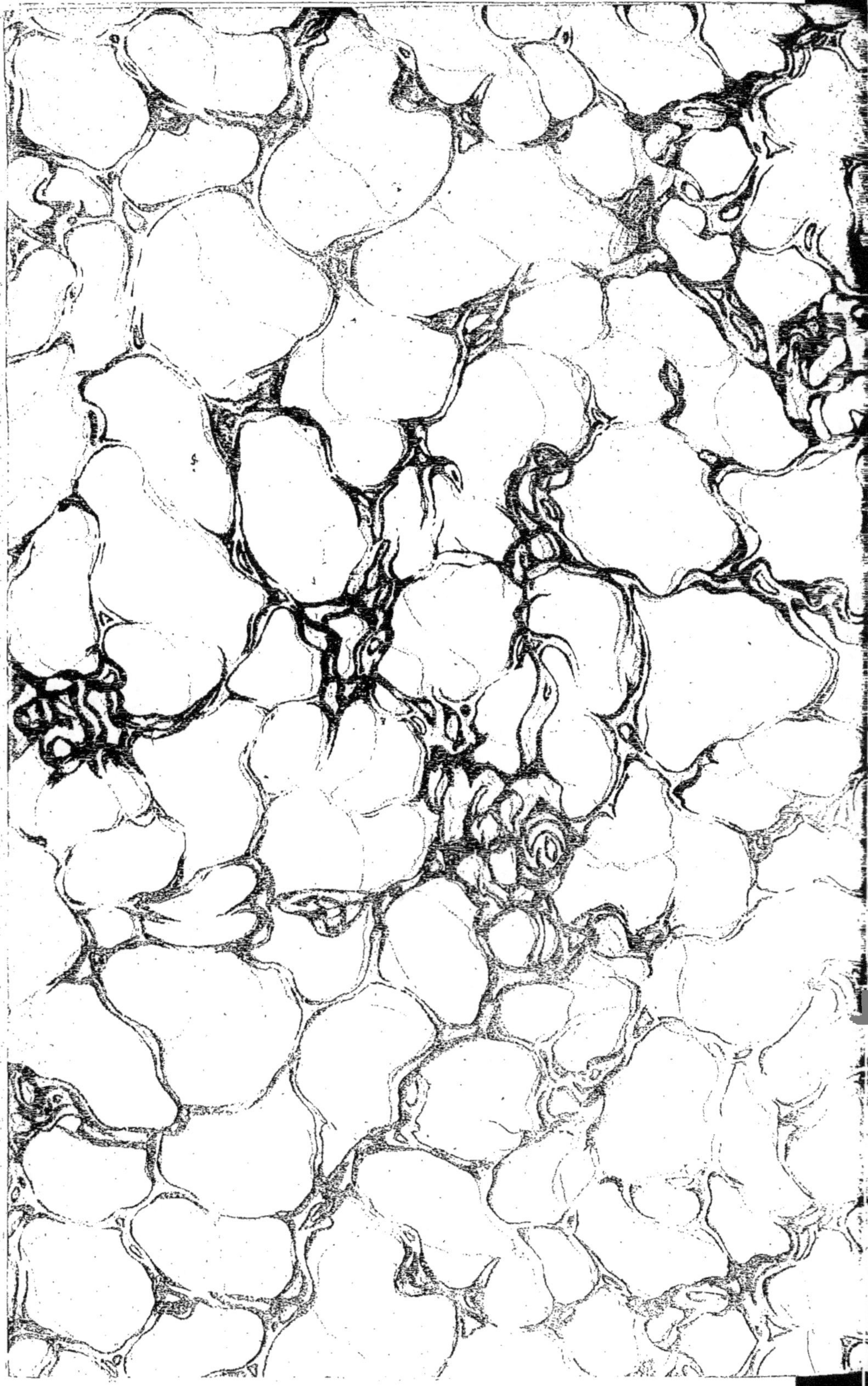

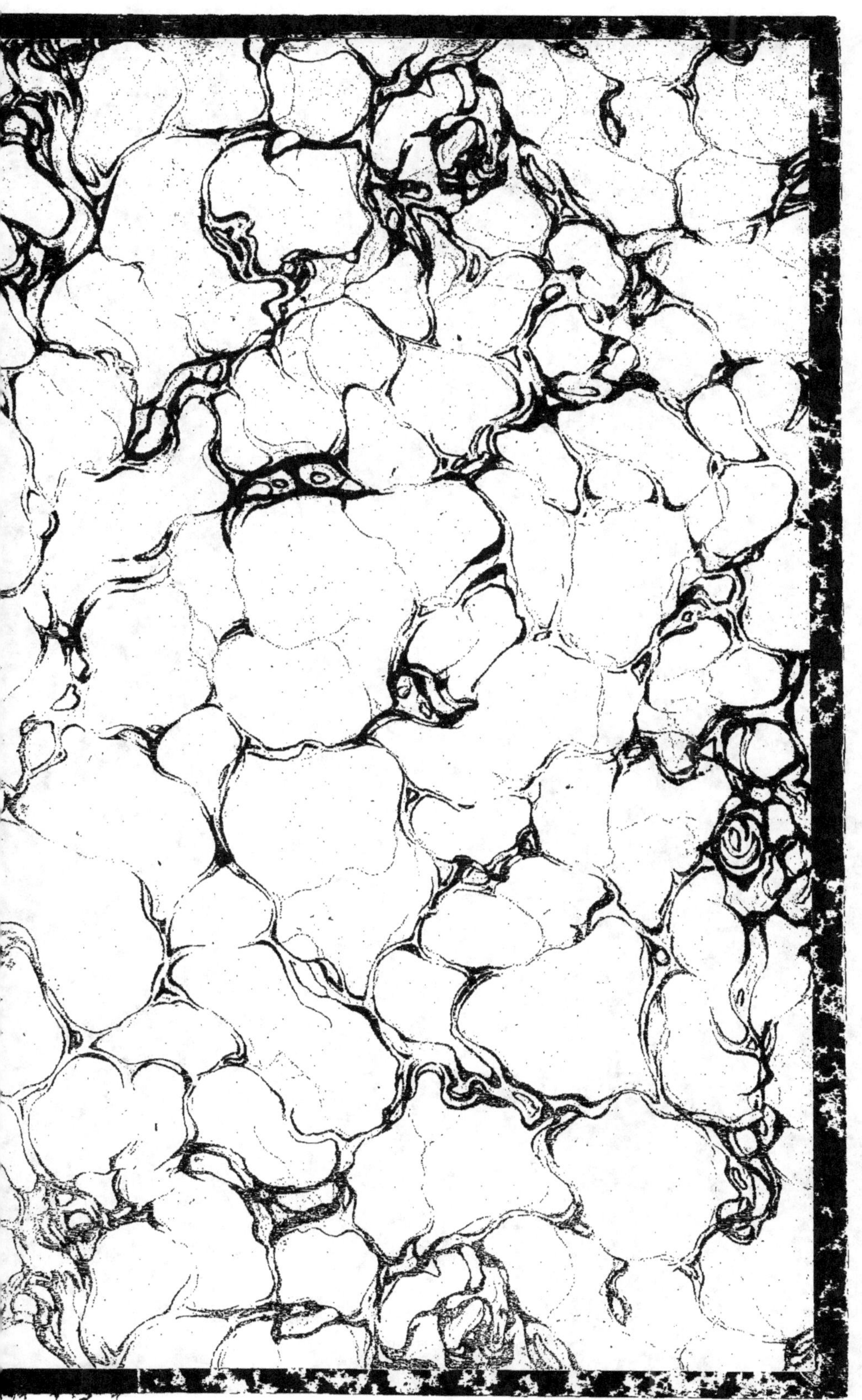

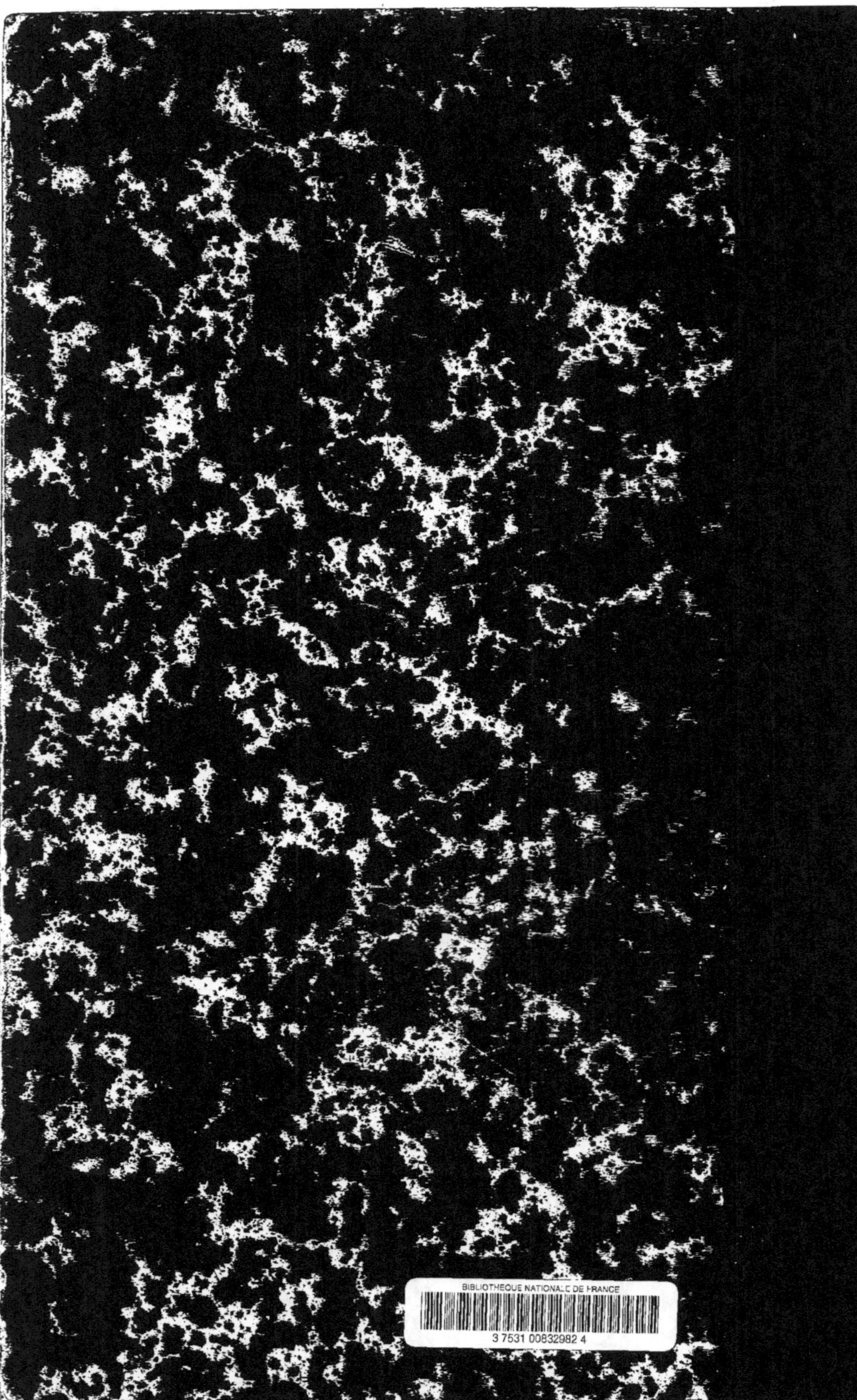